Vahlens Kurzlehrbücher

Betriebswirtschaftliche Entscheidungslehre

von

Prof. em. Dr. Dr. h.c. Günter Bamberg

Prof. em. Dr. Dres. h.c. Adolf G. Coenenberg

und

Prof. Dr. Michael Krapp

16., überarbeitete Auflage

Verlag Franz Vahlen München

Prof. em. Dr. Dr. h.c. **Günter Bamberg** war Inhaber des Lehrstuhls für Statistik an der Universität Augsburg.

Prof. em. Dr. Dres. h.c. **Adolf G. Coenenberg** war Inhaber des Lehrstuhls für Betriebswirtschaftslehre, insbes. Wirtschaftsprüfung und Controlling, an der Universität Augsburg.

Prof. Dr. **Michael Krapp** ist Extraordinarius für Quantitative Methoden an der Universität Augsburg.

ISBN Print: 978 3 8006 5884 8
ISBN E-Book: 978 3 8006 5885 5

Wilhelmstr. 9, 80801 München
Druck und Bindung: Druckhaus Nomos
In den Lissen 12, 76547 Sinzheim
Satz: EDV-Beratung Frank Herweg, Hirschberg

Gedruckt auf säurefreiem, alterungsbeständigem Papier
(hergestellt aus chlorfrei gebleichtem Zellstoff)

Vorwort

Vorwort zur 16. Auflage

Zahlreiche positive Rückmeldungen zur 15. Auflage haben uns darin bestärkt, den eingeschlagenen Weg einer Weiterentwicklung ohne Strukturbruch fortzusetzen. Dementsprechend wurde die Grundkonzeption des Buches – trotz zahlreicher Veränderungen gegenüber der letzten Auflage – unverändert belassen. Inhaltlich wurde insbesondere das Kapitel 9 (Mehrstufige Entscheidungen) überarbeitet. Daneben ließen sich noch die obligatorische Aktualisierung des Literaturverzeichnisses, zahlreiche Detailanpassungen, wie etwa die Abkürzung von Zeitschriftennamen gemäß LTWA („List of Title Word Abbreviations"), sowie einige wenige Fehlerkorrekturen in extenso aufzählen; darauf wollen wir an dieser Stelle aber verzichten.

Gemäß einem empirisch gut untermauerten Gesetz enthält jedes Buch Fehler. Unter http://www.wiwi.uni-augsburg.de/bwl/krapp/druckfehler werden wir die Liste der nach und nach entdeckten Fehler im Internet veröffentlichen. Wir hoffen auf eine kurze Liste.

Unser Dank gilt Frau Veronika Brückel, B. Sc. sowie Frau stud. rer. pol. Annabelle Jänicke, die uns bei der Überarbeitung des Manusktiptes tatkräftig unterstützt haben. Dem Lektorat des Verlages Vahlen, insbesondere Frau Dr. Barbara Schlösser, danken wir für die stets professionelle und zugleich zuvorkommende Betreuung.

Augsburg, im Januar 2019

G. Bamberg
A. G. Coenenberg
M. Krapp

Aus dem Vorwort zur 14. Auflage

Die beiden Alt-Autoren freuen sich, mit Herrn Michael Krapp einen jungen Kollegen zur verstärkten Mitarbeit gewinnen zu können. Herr Krapp hat bereits bei mehreren früheren Auflagen an den Korrekturen und Aktualisierungen mitgewirkt. Da seine zahlreichen Publikationen theoretische Weiterentwicklungen sowie ökonomische Anwendungen des entscheidungstheoretischen Instrumentariums zum Gegenstand haben, besitzt Herr Krapp ausgezeichnete fachliche Voraussetzungen zur erfolgreichen Fortführung des Werkes.

Vorwort zur ersten Auflage

Die Betriebswirtschaftslehre ist eine anwendungsorientierte Wissenschaft. Ihre Aufgabe besteht darin, die in betriebswirtschaftlichen Organisationen tätigen Menschen bei ihren Entscheidungen zu unterstützen sowie den Gesetzgeber bei der Konzipierung von – die betrieblichen Entscheidungen beeinflussenden – Gesetzen zu beraten. Im Mittelpunkt des wissenschaftlichen Interesses der Betriebswirtschaftslehre stehen also die betrieblichen Entscheidungen. Dabei geht es einerseits um die Analyse und Gestaltung der (wirtschaftlichen, rechtlichen, sozialen, psychischen und technologischen) Bedingungen für das Treffen wirtschaftlich vernünftiger Entscheidungen, andererseits um Herausarbeitung, Analyse und Gestaltung der – unabhängig von den jeweils vorliegenden konkreten Bedingungen – allen wirtschaftlichen Entscheidungen zugrunde liegenden gemeinsamen Elemente und Strukturen. Letztere Aufgabe steht im Mittelpunkt der betriebswirtschaftlichen Entscheidungslehre, die damit notwendige Grundlagen für die Formulierung von Unternehmenspolitiken und die Konzipierung betrieblicher Planungssysteme legt.

Angesichts der Entscheidungsorientierung der heutigen Betriebswirtschaftslehre und angesichts der zunehmenden Eindringung entscheidungstheoretischen Gedankenguts in die betriebliche Praxis ist es nur folgerichtig, daß an den meisten betriebswirtschaftlichen Ausbildungsstätten sowohl innerhalb als auch außerhalb des akademischen Bereichs Entscheidungstheorie zum Pflichtbestandteil des Ausbildungsprogramms gehört. Dieses Lehrbuch ist in erster Linie als Lehr- und Lerngrundlage für einen einführenden Kurs über die entscheidungstheoretischen Grundlagen wirtschaftlicher Wahlhandlungen gedacht. Dieser Zwecksetzung dienen das Bemühen um eine leicht verständliche Darstellungsweise, der Verzicht auf detaillierte Literaturanalysen sowie die Ergänzung der meisten Kapitel um Aufgaben mit Lösungen, die das Verständnis der Materie und das Erarbeiten des Stoffes im Selbststudium fördern sollen. Die Ausführungen sind auf die Erörterung prinzipieller Fragestellungen der Entscheidungstheorie beschränkt; Rechenalgorithmen zur Lösung von Entscheidungsmodellen werden – bis auf die Verwendung bestimmter Lösungsverfahren in einigen Aufgaben und bis auf die Darstellung der Grundzüge des dynamischen Programmierens in Kapitel 9 – nicht behandelt. Die Abschnitte 7.4 und 7.5 sowie das Kapitel 8 gehen über das unseres Erachtens notwendige Programm eines einführenden Kurses hinaus. Sie sind für den speziell interessierten Leser gedacht und können im Rahmen eines einführenden Kurses überschlagen werden.

Die Schrift ist insbesondere aus der Vorbereitung von Arbeitsunterlagen für einen Kurs über betriebswirtschaftliche Entscheidungstheorie an der Universität Augsburg entstanden, den wir gemeinsam mit unserem Fakultätskollegen Lutz Haegert durchgeführt haben. Allen Teilnehmern dieses Kurses, die durch ihre Fragen direkt oder indirekt dazu beigetragen haben, einige Stellen des Textes verständlicher zu formulieren, gebührt unser Dank. Für die kritische Durchsicht des Manuskripts und für Anregungen danken wir unseren Mitarbeitern Dr. W. Albers, Priv.-Doz. Dr. O. Emrich, Dipl.-Math. R. Kleine-Doepke und Dipl.-Kfm. Dr. P. Möller. Schließlich gilt unser Dank Fräulein B. Emmrich und Frau E. Forster, die mit viel Geduld und Sorgfalt das endgültige Manuskript und die verschiedenen Vorlagen geschrieben haben.

Augsburg, im Februar 1974

G. Bamberg
A. G. Coenenberg

Inhaltsübersicht

Inhaltsverzeichnis

Abkürzungsverzeichnis

Account Rev	The Accounting Review
Am Econ Rev	American Economic Review
Ann Inst Henri Poincaré	Annales de l'Institut Henri Poincaré
Ann Math	Annals of Mathematics
Ann Math Stat	Annals of Mathematical Statistics
Ann Math Stud	Annals of Mathematics Studies
Appl Financial Econ	Applied Financial Economics
Behav Sci	Behavioral Science
Betr	Der Betrieb
Betriebswirtsch	Die Betriebswirtschaft
Betriebswirtsch Forsch Prax	Betriebswirtschaftliche Forschung und Praxis
Bull Am Math Soc	Bulletin of the American Mathematical Society
Cah Sem Econ	Cahiers Séminaire d'Econométrie
Comput Oper Res	Computers & Operations Research
Econ Appl	Economie Appliqueé
Eur Econ Rev	European Economic Review
Finanz Betr	Finanz Betrieb
Ger Econ Rev	German Economic Review
Harv Bus Rev	Harvard Business Review
Insur Math Econ	Insurance: Mathematics and Economics
Int J Game Theory	International Journal of Game Theory
Int J Prod Econ	International Journal of Production Economics
J Am Stat Assoc	Journal of the American Statistical Association
J Bank Finance	Journal of Banking and Finance
J Bus Econ	Journal of Business Economics
J Econ Behav Organ	Journal of Economic Behavior & Organization
J Econ Dyn Control	Journal of Economic Dynamics and Control
J Econ Theory	Journal of Economic Theory
J Financial Econ	Journal of Financial Economics
J Futur Mark	The Journal of Futures Markets
J Math Econ	Journal of Mathematical Economics
J Math Sociol	Journal of Mathematical Sociology
J Multi Criteria Decis Anal	Journal of Multi-Criteria Decision Analysis
J Political Econ	Journal of Political Economy
J Pub Econ	Journal of Public Economics
J Sched	Journal of Scheduling
J Socio Econ	The Journal of Socio-Economics
Jahrb Natl Ökon Stat	Jahrbücher für Nationalökonomie und Statistik
Kred Kap	Kredit und Kapital
Manag Account	Management Accounting

Manag Sci	Management Science
Math Ann	Mathematische Annalen
Oper Res Spectr	Operations Research Spectrum
Oper Res Verfahr	Operations Research Verfahren (Methods of Operations Research)
Organ Sci	Organization Science
Pac J Math	Pacific Journal of Mathematics
Proc Oper Res	Proceedings in Operations Research
Q J Econ	Quarterly Journal of Economics
Rev Manag Sci	Review of Managerial Science
Schmalenbach Bus Rev	Schmalenbach Business Review
Schweiz Z Volkswirtsch Stat	Schweizerische Zeitschrift für Volkswirtschaft und Statistik
Small Bus Econ	Small Business Economics
Soc Choice Welf	Social Choice and Welfare
Stat H	Statistische Hefte
Think Mag	Think Magazine
Transp Sci	Transportation Science
Unternehmensforsch	Unternehmensforschung
Wirtsch Prüf	Die Wirtschaftsprüfung
Wirtsch Wiss Stud	Wirtschaftswissenschaftliches Studium
Yale Econ Essays	Yale Economic Essays
Z Betriebswirtsch	Zeitschrift für Betriebswirtschaft
Z betriebswirtsch Forsch	Zeitschrift für betriebswirtschaftliche Forschung
Z gesamte Staatswiss	Zeitschrift für die gesamte Staatswissenschaft
Z Interne Revis	Zeitschrift Interne Revision
Z Natl Ökon	Zeitschrift für Nationalökonomie
Z Oper Res	Zeitschrift für Operations Research (früher Unternehmensforschung)
Z Plan Unternehm Steuer	Zeitschrift für Planung und Unternehmenssteuerung (früher Zeitschrift für Planung)
Z Wehrtech	Zeitschrift für Wehrtechnik
Z Wirtsch Soz Wiss	Zeitschrift für Wirtschafts- und Sozialwissenschaften

1. Erkenntnisziele der Entscheidungstheorie

Als „Entscheidungstheorie" wird im Allgemeinen die logische und empirische Analyse rationalen bzw. intendiert rationalen Entscheidungsverhaltens bezeichnet. Den Ausgangspunkt einer solchen Untersuchung bilden stets zwei elementare Faktoren: Ein (oder eine Gruppe von) Entscheidungsträger(n) sowie eine Entscheidungssituation, welche durch mögliche Aktionen, Rahmenbedingungen und Zielsetzungen beschrieben wird, deren – durch den Entscheidungsträger in der Regel lediglich zum Teil beeinflussbare – Kombination zu unterschiedlich günstigen bzw. ungünstigen Ergebnissen für den Entscheidungsträger führt. Grundsätzlich ist zu unterscheiden, welche Aussagen in Bezug auf das Verhalten in solchen Situationen durch eine entscheidungstheoretische Betrachtung generiert werden sollen: Je nach Zielsetzung der Untersuchung wird zwischen einer präskriptiven sowie einer deskriptiven Entscheidungstheorie unterschieden. Um die unterschiedlichen Ansatzpunkte dieser beiden Richtungen der Entscheidungstheorie – wie sie sich zum gegenwärtigen Stand der Forschung präsentieren – verdeutlichen zu können, ist es zweckmäßig, zunächst von einem einfachen Modell eines Entscheidungsprozesses als Interaktionsprozess zwischen einem Subjektsystem und einem Objektsystem auszugehen, wie es in Abbildung 1.1 dargestellt ist.

Das Objektsystem umfasst die unter dem Begriff Entscheidungsfeld zusammenzufassenden Aktionsmöglichkeiten des Entscheidungsträgers und die Bedingungskonstellationen, die den Erfolg einer gewählten Aktion beeinflussen. Ferner umfasst es Gesetzmäßigkeiten, nach denen sich das Entscheidungsfeld sowohl aus sich selbst heraus als auch unter dem Einfluss der Aktionsmöglichkeiten verändern kann. Wesentliche Komponenten des Objektsstems sind somit die objektiven Begrenzungsfaktoren des Handlungsspielraums, beispielsweise institutionelle und juristische Normen, Marktstruktur, Bevölkerungswachstum, Technologien, Kapazität der Produktionsfaktoren oder vorausgegangene Entscheidungen. Das Objektsystem repräsentiert also im Wesentlichen den in der konkreten Entscheidungssituation relevanten Ausschnitt aus der aktuell tatsächlich vorliegenden Umweltsituation des Entscheidungsträgers. Darüber hinaus enthält es die Gesetzmäßigkeiten, nach denen sich diese „Umwelt" durch das Ergreifen einzelner Aktionen verändert bzw. verändern kann.

Zu beachten ist, dass das Objektsystem dem Entscheidungsträger nicht stets vollumfänglich bekannt ist. Vielmehr werden Informationen über den Zustand des Objektsystems durch ein (unter Umständen fehlerhaftes und/oder ungenaues) Informationssystem im Subjektsystem des Entscheidungsträgers verarbeitet. Dieses Subjektsystem enthält die eigentlichen Entscheidungsdeterminanten, die im Rahmen der objektiven Entscheidungsbegrenzungen den Entscheidungsablauf und das Ergebnis des Entscheidungsprozesses maßgebend bestimmen, also das persönliche Zielsystem des Entscheidungsträgers,

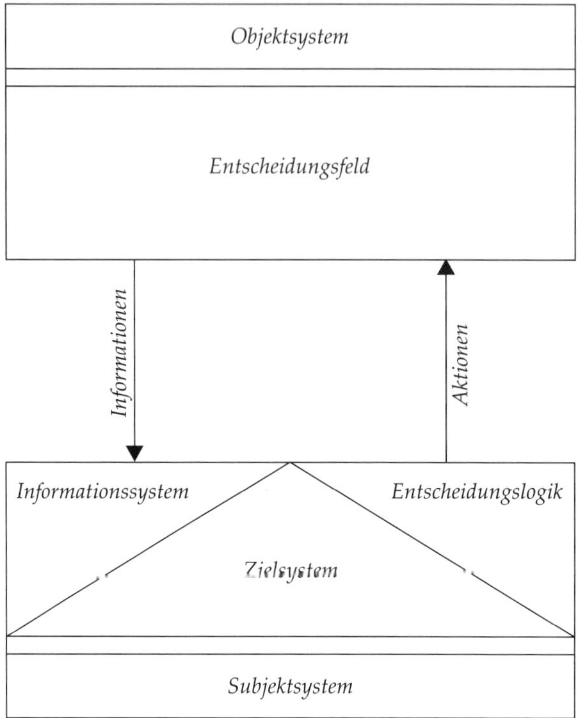

Abb. 1.1: Entscheidungsprozess als Interaktionsprozess

das bereits genannte Informationssystem sowie die Entscheidungslogik, welcher der Entscheidungsträger bei der Auswahl seiner Handlungen folgt. Das Zielsystem des Entscheidungsträgers liefert die notwendigen Wertprämissen zur zielorientierten Ausrichtung der Informationsgewinnung und für den Prozess der entscheidungslogischen Informationsverarbeitung. Zu beachten ist, dass es – anders als beispielsweise in der Ethik – nicht Aufgabe der Entscheidungstheorie ist, dieses Zielsystem moralisch zu beurteilen. Vielmehr ist lediglich von Bedeutung, wie die Vorstellungen des Entscheidungsträgers widerspruchsfrei in das Zielsystem übertragen werden können und wie der Entscheidungsträger im Einklang mit dem gewählten Zielsystem entscheiden könnte bzw. sollte. Durch das Informationssystem wird der Entscheidung ein subjektives Situationsbild zu Grunde gelegt. Es werden somit faktische Entscheidungsprämissen geschaffen. Durch entscheidungslogische Verknüpfung der wertenden und faktischen Entscheidungsprämissen wird eine Bewertung der verfügbaren Handlungsmöglichkeiten und damit eine Lösung des Entscheidungsproblems erreicht.[1] Das Subjektsystem könnte somit vereinfacht als der

[1] So formuliert, liegt die Vermutung nahe, das Treffen von Entscheidungen sei eine relativ schematische Angelegenheit. Die tatsächlichen Schwierigkeiten verstecken sich aber hinter den Begriffen „entscheidungslogische Verknüpfung" und „Lösung". Diese Schwierigkeiten sowie die möglichen Präzisierungen dieser Begriffe werden in den nächsten Kapiteln ausführlich behandelt.

„Horizont" des Entscheidungsträgers aufgefasst werden, also als die Kombination aus seinem durch Informationsverabeitung gewonnenen Wissen um den Zustand des Objektsystems, erweitert um seine persönlichen, das Objektsystem betreffenden Ziele sowie die grundlegende Logik, nach der er seine Aktionen auswählt, um diese Ziele zu verwirklichen. Somit ist zusammenfassend festzustellen, dass das Objektsystem als relevantes Umfeld des Subjektsystems in dessen Informationssystem abgebildet und durch Ergreifen zielentsprechender Aktionen in einen wünschenswerteren Zustand transformiert wird.

Ein Entscheidungsprozess ist somit als die Ableitung einer Entscheidung aus Entscheidungsprämissen zu interpretieren. Aus dieser Charakterisierung ergeben sich für die Entscheidungstheorie zwei Fragestellungen: „Wie kommt es bei gegebenen Entscheidungsprämissen zur Entscheidung?" und „Wie kommen die Entscheidungsprämissen selbst zu Stande?"

Die präskriptive Entscheidungstheorie und die deskriptive Entscheidungstheorie lassen sich schwerpunktmäßig jeweils einer dieser Fragestellungen zuordnen. Die präskriptive Entscheidungstheorie untersucht, wie bei gegebenen faktischen und wertenden Entscheidungsprämissen unter der Voraussetzung rationalen Handelns zu entscheiden ist. Ihr Ziel ist also die Gewinnung vorschreibender, normativer Aussagen. Die deskriptive Entscheidungstheorie geht demgegenüber nur von intendiert rationalem Handeln aus und betrachtet die faktischen und wertenden Entscheidungsprämissen nicht als gegebene, sondern als zu erklärende Größen. Hieraus ergeben sich beschreibende, also deskriptive Aussagen.

1.1 Präskriptive Entscheidungstheorie

Im Mittelpunkt der präskriptiven Entscheidungstheorie steht die Entscheidungslogik; es wird nach Regeln zur Bewertung von Aktionsresultaten gesucht, die dem Postulat rationalen Verhaltens entsprechen. Die präskriptive Entscheidungstheorie ist somit im Wesentlichen eine Rationalitätsanalyse und kann als Erklärung des Rationalverhaltens aufgefasst werden. Der Rationalitätsbegriff ist damit der zentrale Begriff der präskriptiven Entscheidungstheorie. Je nach den Anforderungen, die an die wertenden bzw. faktischen Entscheidungsprämissen gestellt werden, sind verschiedene Rationalitätsbegriffe zu unterscheiden.

Im allgemeinsten Sinne setzt das Rationalitätspostulat lediglich voraus, dass der Entscheidungsträger über ein in sich widerspruchsfreies Zielsystem verfügt und sich seinem Zielsystem entsprechend verhält. Da diese Interpretation des Rationalitätsbegriffes keine Anforderungen an den substanziellen Inhalt der Ziele stellt, sondern nur die Form des Zielsystems betrifft, wird von **formaler** Rationalität gesprochen.

Inwieweit bei Vorliegen formaler Rationalität zugleich Rationalität in einem **substanziellen** Sinne gegeben ist, lässt sich nur durch Bewertung der Entscheidungsergebnisse im Lichte eines als Standard akzeptierten Zielsystems beurteilen. Die Entscheidungstheorie geht nur von der Voraussetzung formaler Rationalität, nicht von der Voraussetzung substanzieller Rationalität aus, da dies ihren Anwendungsbereich auf jeweils bestimmte Gesellschaftssysteme, Organisationstypen usw. einengen würde. In der praktischen Anwendung entscheidungstheoretischer Analysen gewinnt die Forderung nach substanzieller Rationalität dagegen besonderes Gewicht. Dabei wird man die Ziele des jeweiligen Referenzsystems als Beurteilungskriterien bezüglich der Rationalität der zu analysierenden Entscheidungen verwenden müssen.

Legt man das gesamtbetriebliche Zielsystem zu Grunde, so ist denkbar, dass ein nach Maximierung der Liefertreue strebender Vertriebsleiter formal (das heißt hinsichtlich der Ziele seines Geschäftsbereichs) rational handelt, substanziell (das heißt hinsichtlich des gesamtbetrieblichen Zielsystems) dagegen nicht rational handelt – möglicherweise auf Grund einer eher untergeordneten Betrachtung der Lagerbestandshöhe in verschiedenen angrenzenden Unternehmensbereichen. Ähnlich müssen die primär an der Gewinnmaximierung orientierten Entscheidungen eines privatwirtschaftlich geführten Betriebes nicht zwangsläufig substanziell rational sein, das heißt dem Ziel der Gesellschaft entsprechen.

Je nach den an die faktischen Entscheidungsprämissen zu stellenden Anforderungen ist zwischen objektiver und subjektiver Rationalität zu unterscheiden. Von **objektiver** Rationalität ist dann zu sprechen, wenn das Situationsbild des Entscheidungsträgers mit der Wirklichkeit bzw. mit den Informationen über die Wirklichkeit übereinstimmt, wie sie ein objektiver Beobachter (z. B. ein kundiger Unternehmensberater) ermitteln kann. Eine Forderung nach objektiver Rationalität hätte sicherlich den Vorteil, das Entscheidungsverhalten unmittelbarer empirischer Beobachtung und wissenschaftlicher Erklärung zugänglich zu machen. Bei Vorliegen objektiver Rationalität könnte ein objektiver Beobachter aus dem Entscheidungsverhalten auf den verfolgten Zweck schließen oder bei Kenntnis des Zwecks das Entscheidungsverhalten und seine Ergebnisse prognostizieren. Andererseits würde die Annahme objektiver Rationalität die Entscheidungstheorie für die meisten praktischen Zwecke untauglich machen und, falls als Forderung verstanden, in vielen Fällen gegen das Postulat formaler Rationalität verstoßen. Besonders deutlich wird dies in den Entscheidungsmodellen der traditionellen Betriebswirtschaftslehre, die im Allgemeinen auf der Annahme vollkommener Voraussicht des Entscheidungsträgers bzw. auf der Prämisse objektiver Rationalität beruhen. Einerseits kommt der Fall vollkommener Voraussicht praktisch kaum vor, andererseits verstößt die Forderung nach Gewinnung möglichst vollkommener Voraussicht in denjenigen Fällen gegen das Postulat formaler Rationalität, in denen der Entscheidungsträger die Kosten zusätzlicher Informationsgewinnung höher bewertet als den durch die Information zu erwartenden zusätzlichen Nutzen.

Diese Überlegungen führen zum Begriff der **subjektiven** Rationalität, demgemäß eine Entscheidung auch dann als optimal gilt, wenn sie mit den subjektiv wahrgenommenen Informationen des Entscheidungsträgers in Übereinstimmung steht. Bei einem Rückgriff auf das Postulat subjektiver Rationalität müssen – soll das Rationalitätspostulat nicht inhaltsleer werden – die möglichen Informationsentscheidungen des Entscheidungsträgers in die entscheidungstheoretische Analyse einbezogen werden.

Zusammenfassend lässt sich die präskriptive Entscheidungstheorie als Analyse von Entscheidungen unter dem Postulat subjektiver Formalrationalität kennzeichnen.

1.2 Deskriptive Entscheidungstheorie

Während die präskriptive Entscheidungstheorie der Frage nachgeht: „Wie sind Entscheidungen bei gegebenen Entscheidungsprämissen zu treffen, so dass sie dem Postulat subjektiver Formalrationalität entsprechen?", versucht die deskriptive Entscheidungstheorie die Frage zu beantworten: „Wie werden Entscheidungen in der Wirklichkeit getroffen und warum werden sie so und nicht anders getroffen?" Wie schon ausgeführt, wird mit dieser Fragestellung offenkundig, dass die deskriptive Entscheidungstheorie nicht von gegebenen Entscheidungsprämissen ausgehen kann, sondern deren Zu-Stande-Kommen zum Untersuchungsobjekt erheben und daher empirisch beobachtete Begrenzungen der Rationalität in ihre Aussagen einbeziehen muss.

Der deskriptiven Entscheidungstheorie stellen sich – wie jeder deskriptiven Theorie – explikative und explanatorische Aufgaben. Die explikative Aufgabe besteht in der Bildung exakter Begriffe und deren Abgrenzung zu den Begriffen der Umgangssprache oder anderer wissenschaftlicher Disziplinen sowie in der Schaffung begrifflich-theoretischer Bezugsrahmen als Vorstufe der Modellentwicklung. Die Aufdeckung und Erklärung empirischer Zusammenhänge zwischen den Variablen des Bezugssystems gehört zur explanatorischen Aufgabenstellung. Auf der Basis hinreichend abgesicherter Gesetzeshypothesen und bekannter Ausgangsbedingungen gilt es zu erklären, warum bestimmte Ereignisse eingetreten sind bzw. eintreten werden. Solche wissenschaftlichen Erklärungen basieren auf einer einheitlichen Formalstruktur, die sich auf folgende Elemente zurückführen lässt:

Explanandum:

Eine Menge von beschreibenden, empirisch gewonnenen Aussagen über den zu erklärenden Sachverhalt.

Explanans:

1) Ein Gesetz, das für die Erklärung des infrage stehenden Sachverhaltes relevant ist.
2) Anfangsbedingungen, die im konkreten Fall die Gesetzesaussage festlegen.

Die Erklärung besteht in der Ermittlung eines unbekannten Explanans aus einem bekannten Explanandum.

Folgendes Beispiel mag zur Verdeutlichung dienen: Es gilt, die in den vergangenen Zeitperioden um einen gewissen Betrag gestiegene Nachfrage nach einem bestimmten Produkt einer Unternehmung zu erklären (Explanandum). Als Explanans wäre in diesem Falle denkbar eine – statistisch zu ermittelnde – Nachfragefunktion, die die Absatzmenge als abhängige Variable der Parameter Preis und Werbeausgaben darstellt (Gesetzeshypothese), und die empirisch beobachtete Tatsache, dass das Unternehmen den Preis gesenkt und das Werbebudget erhöht hat (Anfangsbedingung). Damit wird zugleich klar, dass sich das Erklärungsmodell auch zur Erstellung von Prognosen verwenden lässt, indem aus dem bekannten Explanans mittels logischer Ableitung auf das unbekannte Explanandum geschlossen wird. Erklärung und Prognose stellen – wie in Abbildung 1.2 veranschaulicht – zueinander inverse Operationen dar.

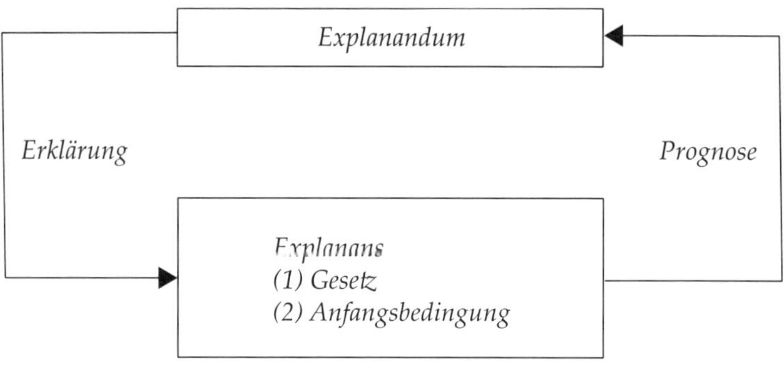

Abb. 1.2: Erklärung und Prognose

Man kann die Bemühungen um eine deskriptive Entscheidungstheorie nach der historischen Abfolge zwei Richtungen zuordnen. Zunächst verzichtete man auf die Bildung spezieller deskriptiver Modelle des Entscheidungsverhaltens. Stattdessen bemühte man sich, die Modelle der präskriptiven Entscheidungstheorie zur Erklärung des Entscheidungsverhaltens zu benutzen und, soweit sich Widersprüche zu empirischen Beobachtungen ergaben, die Modelle insbesondere im Hinblick auf die Berücksichtigung von Persönlichkeitsfaktoren des Entscheidungsträgers und die Situationsbezogenheit der Modell-Ansätze zu erweitern. Auf Grund empirischer Untersuchungen, deren Ergebnisse hier nicht im Einzelnen nachgezeichnet werden können, wird im Schrifttum vielfach die Ansicht vertreten, dass die Modelle und Modellerweiterungen der präskriptiven Entscheidungstheorie allenfalls einen geringen real verwertbaren Erkenntnisgewinn generieren können. Die Ursache hierfür wird im Ansatz dieser Richtung der Entscheidungstheorie begründet gesehen. Als primär präskriptive Theorie geht sie weit gehend von gegebenen Tatsachen- und Wertprämissen aus und postuliert Rationalität des Entscheidungsverhaltens. Eine auf Erklärung und Prognose des Entscheidungsverhaltens ausgerichtete Theorie muss aber – wie bereits ausgeführt – das Zu-Stande-Kommen der Entscheidungsprämissen und empirisch zu beobachtende Abweichungen vom Rationalverhalten in ihre Modellansätze einbeziehen.

Diese Erkenntnis, die nicht ausschließt, dass aus der zunehmenden Durchdringung der Wirtschaftswissenschaften mit präskriptiven Rationalmodellen des

Entscheidungsverhaltens und mit der zunehmenden Verbreitung solcher Modelle in der Wirtschaftspraxis tief greifende Veränderungen des tatsächlichen Entscheidungsverhaltens zu erwarten sind, hat zu einer anderen Richtung in den Bemühungen um eine deskriptive Entscheidungstheorie geführt. Sie ist durch den Übergang von der Rationalitätsanalyse der Entscheidung zu einer interdisziplinären, insbesondere verhaltenswissenschaftlichen Analyse der den Entscheidungs- und Problemlösungsprozessen zu Grunde liegenden kognitiven Prozesse des Individuums gekennzeichnet. Der grundlegenste und wegen seiner Bezugnahme auf Entscheidungen in Unternehmen betriebswirtschaftlich besonders interessante Ansatz zu einer eigenständigen deskriptiven Entscheidungstheorie ist die von Cyert/March (2001) konzipierte und von Simon (1957, 1981; March/Simon, 1993) stark beeinflusste „behavioral theory of the firm". Diese im betriebswirtschaftlichen Schrifttum viel beachtete Theorie des Entscheidungsverhaltens in Organisationen soll nachfolgend in kurzen Zügen dargestellt werden.

Ausgangspunkt der **Verhaltenstheorie der Unternehmung** ist die psychologische Erkenntnis, dass die Rationalität wegen der limitierten Informationsgewinnungs- und -verarbeitungskapazität des Individuums Begrenzungen unterliegt und deshalb nur von intendierter Rationalität ausgegangen werden kann. Auf diese Begrenzungen der Informationsgewinnungs- und -verarbeitungskapazität reagiert der Entscheidungsträger durch mehr oder weniger starke Vereinfachungen des Entscheidungsproblems, die sich sowohl auf die faktischen als auch auf die wertenden Prämissen beziehen. Einerseits beschränkt der Entscheidungsträger seine Informationsgewinnungsakte auf einen sehr begrenzten Bereich des Entscheidungsfeldes, andererseits strebt er nicht nach optimalen, sondern lediglich nach befriedigenden Lösungen seines Entscheidungsproblems. Die Folge dieser Vereinfachungen ist ein adaptives Problemlösungsverhalten, das sich als Strategie der kleinen Schritte oder als Strategie des „Durchwurstelns" charakterisieren lässt. Neben dem eigentlichen Auswahlprozess stehen damit in der Verhaltenstheorie der Unternehmung das Zu-Stande-Kommen der faktischen und wertenden Entscheidungsprämissen, nämlich der Prozess der Informationsgewinnung und Zielbildung, im Mittelpunkt der Betrachtung.

Die Verhaltenstheorie der Unternehmung rückt von der traditionellen Konzeption der Unternehmung als einer konfliktfreien Wirtschaftseinheit – repräsentiert durch den Eigentümer, den Manager oder durch eine fiktive „Unternehmung an sich"– ab und betrachtet die Unternehmung als Instrument der Zielrealisation sämtlicher an der Unternehmung beteiligten Personen. Nach dieser Interpretation erscheint die Unternehmung als eine Koalition, der alle mit der Unternehmung in direkter Beziehung stehenden Personen, also etwa Unternehmensleitung, Beschäftigte, Anteilseigner, Kreditgeber, Kunden und Lieferanten angehören. Das organisatorische Zielsystem, das durch einen Verhandlungsprozess zwischen den Koalitionsteilnehmern zu Stande kommt, weist zwei Merkmale auf: Einerseits stehen die Ziele je nach Zusammensetzung der Koalition und je nach Stärke der Verhandlungspartner in mehr oder minder großem Umfang miteinander in Konflikt. Andererseits sind die Ziele nicht an Extremalforderungen, sondern an befriedigenden Anspruchsniveaus orientiert. Die Zielansprüche sind dabei keine fest vorgegebenen Größen; vielmehr ändern sie sich mit dem Grad der tatsächlich als realisierbar angesehenen Zielerreichung. Dies kann auf Grund eigener Erfahrungen oder auf Grund von Erfahrungen vergleichbarer Unternehmungen geschehen.

Die Zielansprüche passen sich den vergangenen Erfahrungen nur mit einer gewissen Zeitverzögerung und lediglich in gedämpftem Ausmaß an. Ursache für diese relative Stabilisierung der Zieländerungsprozesse gegenüber fluktuierenden Umfeldbedingungen ist ein Stabilisierungsmechanismus, der sich im Wechselspiel zwischen organisatorischen Anspannungssituationen (organizational pressure) und organisatorischen Entspannungssituationen (organizational slack) äußert. Zielunterschreitungen führen zu einer Anspannungssituation, die sich in einem Druck nach Leistungsverbesserungen in allen Teilen der Organisation und in einer Intensivierung der Suche nach neuen Alternativen bemerkbar macht. Zielüberschreitungen haben eine Entspannungssituation zur Folge; erzielte Überschüsse bilden ein Reservepolster für künftige Anspannungssituationen.

Der Informationsprozess gipfelt in der Bildung von Erwartungen über den Erfolg geplanter Maßnahmen, die durch die Auswertung gewonnener Informationen zu Stande kommen. Sie werden damit außer von den verwendeten Auswertungsmethoden und den Persönlichkeitsfaktoren des Entscheidungsträgers von der Intensität und Richtung des Informationsgewinnungsprozesses bestimmt. Die Informationsgewinnung ist durch motivierte Suchprozesse gekennzeichnet. Die Suche beginnt infolge realisierter oder erwarteter Zieluntererfüllungen. Sie dauert an, bis eine zieladäquate Alternative gefunden oder bis die Zielansprüche den verfügbaren Aktionsmöglichkeiten angepasst wurden. Die Intensität des Suchprozesses ist somit entscheidend vom Grad der organisatorischen Anspannung abhängig. Die Richtung der Informationsgewinnung ist durch die Problemorientierung der Suchprozesse gekennzeichnet: Die Suche konzentriert sich auf die Nachbarschaft des Problem-Symptoms und orientiert sich zunächst an den bestehenden Problemlösungen. Erst wenn dieses schrittweise Vorgehen erfolglos bleibt, werden neuartige Problemlösungen in Betracht gezogen.

Der eigentliche Auswahlprozess ist durch folgende drei Merkmale gekennzeichnet: Problemorientierung, Orientierung an den Standardentscheidungsregeln und Orientierung an zufrieden stellenden Handlungsalternativen. Problemdefinition, Standardentscheidungsregeln und Reihenfolge der Betrachtung von Alternativen bilden zusammen mit ihren vielfältigen Einflussfaktoren die entscheidenden Determinanten des Auswahlprozesses. Nach der Verhaltenstheorie der Unternehmung stehen diese Einflussfaktoren über vier Konzepte miteinander in Beziehung: die Quasi-Lösung von Konflikten, die Vermeidung von Ungewissheit, die problemorientierte Suche und der organisatorische Lernprozess.Trotz inkonsistenter Zielvorstellungen der Organisationsteilnehmer kommt es selten zu offenen Konflikten. Es werden vielmehr Quasi-Konfliktlösungen herbeigeführt. Dies geschieht durch die organisatorische Partition von Zielsystem und Entscheidungsfeld, durch die Setzung anspruchsbezogener statt extremaler Zielforderungen und schließlich durch die sequenzielle und nicht simultane Beachtung der Organisationsziele entsprechend einer Dringlichkeitsordnung. Das Streben nach Ungewissheitsabsorption äußerst sich in zwei Verhaltensweisen: einerseits in einem an den dringenden Problemen orientierten kurzfristigen reaktiven Verhalten sowie in der Auflösung größerer Entscheidungsprobleme in relativ unabhängige Teilentscheidungen, andererseits in dem Bemühen um Stabilisierung des Entscheidungsfeldes durch langfristige Absprachen, Verträge und Ähnlichem. Die problemorientierte Suche ist, wie schon ausgeführt, vor allem durch die Orientierung der Informationsgewinnung an den Problem-Symptomen und den bisherigen Lösungsverfahren gekennzeichnet. Organisatorische Lernprozesse zeigen sich in der Abhängigkeit der Zielansprüche, der Dringlichkeitsordnung für die Beachtung von Zielen und Alternativen und des Suchverhaltens von den gewonnenen Erfahrungen (vgl. Cyert/March, 2001, S. 126).

In der Forschung wurden die Konzepte von Cyert/March (2001) weitläufig aufgegriffen, einer Vielzahl anderer Theorien zu Grunde gelegt und in ihnen weiterentwickelt. Ein vollständiger Überblick über sämtliche mit der betriebswirtschaftlichen Entscheidungstheorie in Verbindung stehender Ideen und Ansätze, die von der Arbeit von Cyert/March profitiert haben, würde sowohl den Rahmen dieses Lehrbuches sprengen als auch nicht seiner primären Aufgabe entsprechen. Somit wird im Folgenden ein kurzer – und mitnichten vollständiger – Einblick in die im hier betrachteten Kontext wesentlichsten Forschungsgebiete gegeben. Eine ausführlichere Betrachtung und Würdigung kann beispielsweise bei Argote/Greve (2007) gefunden werden.

Die nach wie vor am direktesten mit den Konzepten von Cyert/March verbundenen Forschungsgebiete sind vor allem die Evolutionsökonomik sowie die Lerntheorie der Organisation. Die Evolutionsökonomik befasst sich primär mit der Frage, welche Position Wissen und die Koordination desselben in der Entwicklung der Wirtschaft einnimmt. Ihr zentraler Erkenntnisgegenstand ist somit das Wachstum und die Koordination ökonomisch relevanten Wissens sowie die Untersuchung von Entwicklungsprozessen in Organisationen bzw. Unternehmen. Eine genaue Abgrenzung dieses Forschungsgebietes ist aktuell nicht endgültig möglich, das Gebiet ist noch sehr inhomogen und seine fachlichen Grenzen sind – wie bei neuen Forschungszweigen üblich – noch nicht endgültig definiert. Selbst die Stellung der Evolutionsökonomik innerhalb der Wirtschaftswissenschaften ist nicht abschließend geklärt. Während einige Forscher sie als eine gleichberechtigte Teildisziplin innerhalb des Gesamtkomplexes wirtschaftswissenschaftlicher Theorien begreifen, argumentieren andere, dass die Idee der Evolutionsökonomik die theoretischen Grundlagen der Wirtschaftswissenschaft reformiert. Kerngedanke der Evolutionsökonomik ist im Grunde die Idee, das zentrale wirtschaftliche Problem weniger in der Knappheit als vielmehr in der Unwissenheit bzw. im Fehlen von Information zu sehen. „Wirtschaften" wird in dieser Sichtweise primär als die Erzeugung bzw. Koordination von Wissen verstanden, das Kriterium der Effizienz bzw. das Wirtschaftsgeschehen als Koordinationsmechanismus der einzelnen Optimierungskalküle der Akteure tritt somit in den Hintergrund. Vielmehr werden

Unternehmen als an Verhaltensroutinen gebundene Akteure betrachtet, deren Strategien sich weniger durch Optimierung als vielmehr durch (Informations-) Suche schrittweise an die Gegebenheiten anpassen. Ein bedeutender Zweig der Evolutionsökonomik befasst sich beispielsweise mit der Pfadabhängigkeit von Verhaltensroutinen sowie deren Einfluss auf die Heterogenität der Fähigkeiten bzw. Möglichkeiten innerhalb derselben Population von Organisationen. Auch in der Spieltheorie, speziell im Bereich der Evolutorischen Spiele, finden sich analoge Ansätze wieder, wobei das Augenmerk hier primär auf einzelnen strategischen Interaktionen und weniger auf ganzen Netzen von Akteuren ruht. Eine repräsentative Arbeit aus dem Bereich der Evolutionsökonomik ist – selbstverständlich neben vielen anderen – beispielsweise Dosi et al. (2006). Eine aktuelle Einführung in die Evolutorische Spieltheorie findet sich bei Berninghaus et al. (2010).

Die Lerntheorie der Organisation orientiert sich nach wie vor stark an den von Cyert/March (2001) vorgeschlagenen Konzepten, hat jedoch einige neue Forschungsfragen aufgeworfen sowie generell den Horizont des Forschungsbereiches erweitert. Wie der Name nahe legt, befasst sich die Lerntheorie der Organisation schwerpunktmäßig mit Lernprozessen. Je nach Ausrichtung handelt es sich um Lernprozesse innerhalb von Teilen der Organisation (also in Bezug auf Abteilungen bzw. andere Organisationseinheiten), auf Ebene der gesamten Organisation oder um Lernprozesse zwischen verschiedenen Organisationen. Es existiert eine bemerkenswerte Anzahl von Reviews zum Thema Lerntheorie von Organisationen, repräsentativ seien Argote/Ophir (2002) (intraorganisatorisches Lernen), Schulz (2005) (gesamtorganisatorische Ebene) sowie Ingram (2002) (interorganisatorisches Lernen) erwähnt.

Besonders ins allgemeine Interesse gerückt und vor allem in Bezug auf die Rationalitätsannahmen mit Cyert/March (2001) verbunden ist in der jüngeren Vergangenheit auch die Prospect Theory. Im Jahre 2002 erhielt Daniel Kahneman (neben Vernon L. Smith) den Nobelpreis für Wirtschaftswissenschaften „for having integrated insights from psychological research into economic science, especially concerning human judgment and decision-making under uncertainty" und damit für die Entwicklung der Prospect Theory. Sie übt Kritik an der Erwartungsnutzentheorie zur Untersuchung von Entscheidungen unter Risiko und integriert psychologische Erkenntnisse in Bezug auf das Verhalten bzw. die Nutzeneinschätzung der Entscheidungsträger in den Entscheidungsprozess. Im Gegensatz zur Erwartungsnutzentheorie, in welcher die Vermögensendwerte als Entscheidungsgrundlage dienen, beziehen sich die Nutzeneinschätzungen der Prospect Theory auf Zuwächse bzw. Abnahmen, während die Wahrscheinlichkeiten derselben durch „Gewichte" ersetzt werden. Dieser Zugang ist der Erwartungsnutzentheorie unter anderem insofern überlegen, als dass die Entscheidungen auf Basis des Erwartungsnutzens zu diversen Ergebnissen kommen können, die mit den Grundannahmen der Nutzentheorie eigentlich nicht vereinbar sind – ein Problem, das in der Prospect Theory nicht auftritt. Als Einführung in die Prospect Theory sei dem interessierten Leser vor allem das ursprüngliche Paper von Kahneman/Tversky (1979) ans Herz gelegt.

1.3 Die Entscheidungstheorie als Grundlage der Betriebswirtschaftslehre

In den vorangegangenen Abschnitten wurden einige wesentliche Charakteristika der präskriptiven und der deskriptiven Entscheidungstheorie grob skizziert. Es stellt sich nun die Frage nach der betriebswirtschaftlichen Relevanz dieser beiden Richtungen der Entscheidungsforschung: Geht es um ein „Entweder-oder" oder um ein „Sowohl-als-auch" von präskriptiver und deskriptiver Entscheidungstheorie? Eine Antwort auf diese Frage lässt sich nur aus dem Wissenschaftsziel der Betriebswirtschaftslehre, so wie sie sich heute darstellt, ableiten. Nach heute übereinstimmender Auffassung ist die Betriebswirtschaftslehre eine angewandte Wissenschaft. Ihre Aufgabe besteht darin, die in betriebswirtschaftlichen Organisationen tätigen Menschen bei ihren Entscheidungen sowie den Gesetzgeber bei der Konzipierung unternehmensrelevanter Normen beratend zu unterstützen. Dabei gehört es nicht zu ihrer Aufgabe, im Sinne einer bekennend-normativen Wissenschaft neben der Ableitung zielentsprechender Handlungsprogramme auch Empfehlungen über zu verfolgende Ziele zu geben. Als angewandte Entscheidungslehre ist die Betriebswirtschaftslehre von heute vielmehr eine praktisch-normative Wissenschaft, die Aussagen darüber abzuleiten hat, wie das Entscheidungsverhalten der Menschen in der Betriebswirtschaft sein soll, wenn diese bestimmte Ziele bestmöglich erreichen wollen.

Das endgültige Ziel der Betriebswirtschaftslehre besteht mithin in der Entwicklung normativer Entscheidungsmodelle, die die Ableitung rationaler Problemlösungen für praktische Entscheidungssituationen ermöglichen. Dieser Gestaltungsaufgabe freilich ist eine Erklärungsaufgabe vorgelagert, denn ohne deskriptive Entscheidungsmodelle fehlt es an den für praktisch-normative Entscheidungsmodelle notwendigen erfahrungswissenschaftlichen Aussagen über verfolgte Ziele, mögliche Handlungsprogramme sowie die Konsequenzen der alternativen Aktionsprogramme. Die deskriptive Entscheidungstheorie schafft somit erst die Grundlagen, auf denen eine Lösung des Entscheidungsproblems basieren muss. Weder im alltäglichen noch im wissenschaftlichen oder praktischen Umfeld kann eine Entscheidung als adäquat erscheinen, die ohne Kenntnis der eigentlichen Handlungsziele oder ohne Beachtung möglicher Entscheidungskonsequenzen getroffen wurde. Obgleich der präskriptiven Entscheidungstheorie also in der Praxis eher geringe Beachtung zukommt, ist sie doch von essenzieller Bedeutung. Natürlich ist es jedoch im betriebswirtschaftlichen Kontext nicht zielführend, sich lediglich auf die Untersuchung der Rahmenbedingungen einer Entscheidung zu beschränken. In einer angewandten Wissenschaft ist die Beschreibung des tatsächlichen Ablaufs von Entscheidungsprozessen von zentraler Bedeutung. So ist es in nahezu jeder Entscheidungssituation von Interesse, wie ein – bzw. eine Gruppe von – Entscheidungsträger(n) zu Ihrer Entscheidung gelangt und welche Faktoren die getroffene Entscheidung auf welche Weise beeinflussen. Damit wird deutlich, dass die betriebswirtschaftliche Entscheidungslehre auf einer Synthese von präskriptiver und deskriptiver Entscheidungsforschung beruhen muss. Die präskriptive

Entscheidungstheorie liefert notwendige Grundlagen zur entscheidungslogischen Fundierung betrieblicher Entscheidungsprozesse, die deskriptive Entscheidungstheorie liefert Grundlagen für die Fundierung notwendiger Analysen und Prognosen. In diesen beiden Bereichen des Entscheidungssystems, nämlich in der Entscheidungslogik und dem Informationssystem (siehe Abbildung 1.1) liegen die Beratungsaufgaben der praktisch-normativen Betriebswirtschaftslehre. Man kann deshalb sagen, dass die Entscheidungstheorie erst durch die Synthese von präskriptiver und deskriptiver Entscheidungsforschung zu ihrer operationellen Fragestellung durchdringt: Wie ist in einer konkreten Situation vorzugehen, so dass ein größtmöglicher Zielerfüllungsgrad verwirklicht wird?

2. Das Grundmodell der betriebswirtschaftlichen Entscheidungslehre

2.1 Modellbegriff

Bevor die Basiselemente des Grundmodells der betriebswirtschaftlichen Entscheidungslehre näher beschrieben werden, erscheint es zweckmäßig, zumindest in kurzer Form Klarheit über den Begriff des Modells zu gewinnen, so wie er in der Betriebswirtschaftslehre benutzt wird. Dies liegt auch insofern nahe, als sich der Begriff „Modell" sowohl in der Wissenschaft als auch in der Praxis großer Beliebtheit erfreut, über den Begriffsinhalt häufig aber nur unklare Vorstellungen bestehen.

Trotz verbaler Unterschiede weisen die meisten Definitionen des Modellbegriffs im betriebswirtschaftlichen Schrifttum[1] zwei gemeinsame Merkmale auf: Einerseits besteht Einigkeit darüber, dass Modelle **vereinfachende** Abbilder realer Tatbestände sind, wobei sich die Abbildung auf die Elemente und deren Eigenschaften sowie die zwischen den Elementen und deren Eigenschaften bestehenden Relationen des Realsystems bezieht. Andererseits wird im Allgemeinen an den Modellbegriff bzw. an die Qualifikation als wissenschaftlich brauchbares Modell die Forderung gestellt, dass trotz aller Vereinfachungen **Strukturgleichheit** bzw. **-ähnlichkeit** zwischen Realsystem und Modell vorliegt. Die Forderung nach Vereinfachung der Abbildung leuchtet unmittelbar ein: Das relevante Realsystem (z. B. die Unternehmung oder ein Unternehmungsteilbereich) ist in der Regel derart komplex, dass erst eine Auswahl der in Bezug auf die gegebene Problemstellung wichtigsten Elemente und Relationen eine gedankliche Durchdringung des Realproblems ermöglicht. Ebenfalls einleuchtend ist die Forderung nach Strukturgleichheit bzw. -ähnlichkeit, da ansonsten die Möglichkeit des Rückschlusses von der Modellanalyse auf die Wirklichkeit entfiele. Die Forderungen nach Vereinfachung und nach Strukturgleichheit bzw. -ähnlichkeit sind somit wesentliche Charakteristika des Modellbegriffs. Sie lassen sich wie folgt präzisieren.

Vereinfachung der Abbildung heißt, dass die Elemente des Gegenstandsbereichs im Modell mehreindeutig abgebildet werden. Nur die unter der jeweiligen Fragestellung relevanten Elemente des Realsystems werden im Modell explizit erfasst. Zum Beispiel kommt es in Produktionsplanungsmodellen vielfach nur auf die Deckungsbeiträge der Produkte und nicht auf andere Charakteristika wie Verpackung, Farbe usw. an. Die Aufgliederung des Realsystems in Elemente und Eigenschaften, die explizit im Modell erfasst werden sollen, und in solche, die nicht explizit in das Modell eingehen sollen, lässt sich als Gliederung des Realsystems in Äquivalenzklassen und Abbildung dieser Klassen durch Elemente in einem Modell interpretieren, wobei jeder Äquivalenzklasse

[1] Vgl. z. B. Dinkelbach (1973); Schirmeister (1981); Diederich (1992).

von Objekten des Realsystems genau ein Element des Modells entspricht. Die Äquivalenzklassen des Realsystems entstehen, indem nicht explizit zu berücksichtigende Elemente und Eigenschaften des Systems als äquivalent zu explizit zu berücksichtigenden Elementen des Systems betrachtet werden. Das Modell gibt die Realität insofern vereinfacht wieder, als jedes Element des Modells eine Klasse von unter der jeweiligen Fragestellung als äquivalent betrachteten Elementen und Eigenschaften des Gegenstandsbereiches repräsentiert.

Die Forderung nach Strukturgleichheit bzw. -ähnlichkeit wird durch eine eineindeutige Abbildung der Systemrelationen im Modell erfüllt. Um damit Aussagen über den abgebildeten Gegenstandsbereich zu erzielen, müssen neben den Elementen und Eigenschaften des Realsystems die zwischen diesen Elementen und Eigenschaften bestehenden Relationen im Modell erfasst werden.

Dabei kann es nur um die Beziehungen zwischen den Elementen verschiedener Äquivalenzklassen gehen, weil sich die Abbildung äquivalenter Elemente im Modell erübrigt. Da das Modell Rückschlüsse auf die Wirklichkeit zulassen soll, müssen die Relationen zwischen klassenverschiedenen Elementen im Modell eineindeutig abgebildet werden, das heißt, jeder Relation zwischen Elementen des Modells entspricht genau eine Relation zwischen nicht-äquivalenten Elementen des Realsystems.

Nach den vorstehenden Ausführungen lässt sich ein Modell definieren als eine Abbildung der Realität, wobei die Elemente mehreindeutig und die Relationen eineindeutig abgebildet sind. Da die Auswahl der im Modell explizit zu erfassenden Elemente der Wirklichkeit von der jeweiligen Zwecksetzung der Modellanalyse bestimmt wird, lässt sich auch kurz definieren: Ein **Modell** ist eine zweckorientierte relationseineindeutige Abbildung der Realität.

Diese Definition des Modellbegriffs macht deutlich, dass der gelegentlich erhobenen Forderung nach Isomorphie zwischen Modell und Realität – von der Problematik der Verwendung des Isomorphiebegriffs bei der Abbildung nichtnummerischer Systeme ganz abgesehen – nicht zugestimmt werden kann. Isomorphie würde neben der relationseineindeutigen Abbildung auch die eineindeutige Abbildung der Elemente und deren Eigenschaften voraussetzen; der Zweck der Modellbildung, die komplexen Zusammenhänge auf ein vereinfachtes Gebilde zu reduzieren, würde verfehlt. Berechtigung erhält die Forderung nach Isomorphie freilich dann, wenn man die Modellbildung nicht auf die Wirklichkeit selbst, sondern auf ein empirisches System bezieht, das bereits ein verbal oder symbolisch erfasster und aufbereiteter Ausschnitt der Wirklichkeit ist, also selbst ein vereinfachtes Abbild der Realität darstellt. Unter diesen Umständen kann man ein Modell als „isomorphe Abbildung eines als empirisches System vorliegenden Ausschnittes der Wirklichkeit" definieren.

Modelle können unterschiedlichsten Zwecken dienen. Entsprechend den wichtigsten Zwecken kann zwischen Beschreibungsmodellen, Erklärungsmodellen (beziehungsweise Prognosemodellen) sowie Entscheidungsmodellen unterschieden werden. Endzweck der praktisch-normativen Betriebswirtschaftslehre ist die Formulierung von Entscheidungsmodellen; Beschreibungsmodelle und Erklärungsmodelle sind Voraussetzung für die praktische Anwendung von Entscheidungsmodellen. Beschreibungsmodelle liefern protokollarische Informationen über die Ausgangsituation und dienen der rechnerischen Erfassung bestimmter Ergebnisse zur Beschreibung von Zielen und Handlungsmöglichkeiten. Ein Beispiel ist die systematische Kostenerfassung und -auswertung im betrieblichen Rechnungswesen. Erklärungs- bzw. Prognosemodelle ermöglichen Zweck-Mittel-Analysen sowie Prognosen über die Konsequenzen geplanter Handlungsmaßnahmen. Ein Beispiel ist etwa die Kostenplanung in Abhängigkeit bestimmter Bezugsgrößen auf der Basis eines kostentheoretischen Modells. Mithilfe des Entscheidungsmodells werden schließlich die für die Realisierung bestimmter Ziele durchzuführenden Aktionen festgelegt. In ein Entscheidungsmodell gehen somit zwei Kategorien von Daten ein, die im ersten Kapitel unter den Begriffen faktische und wertende Entscheidungsprämissen zusamengefasst wurden: einerseits Daten über die relevante Umgebung des Entscheidungsträgers, über sein Entscheidungfeld, andererseits Daten über die vom Entscheidungsträger verfolgten Ziele.

2.2 Das Entscheidungsfeld

Mit Entscheidungsfeld bezeichnet man die Menge und Art der Personen und Sachen, die durch Aktionen des Entscheidungsträgers direkt oder indirekt beeinflusst werden können. Weiterhin dem Entscheidungsfeld zuzurechnen sind die Zustände (des Umfeldes[2]), die die Ergebnisse der Aktionen beeinflussen, selbst aber von den Aktionen des Entscheidungsträgers unabhängig sind. Ein Entscheidungsfeld ist also durch drei Bestandteile gekennzeichnet: den Aktionenraum A, den Zustandsraum Z und die Ergebnisfunktion g, die für jede Aktion a aus A und jeden Zustand z aus Z die Konsequenzen $g(a, z)$ angibt, die mit dem Zusammentreffen der Aktion a und dem Zustand z verknüpft sind. Diese drei Daten A, Z, g werden im Folgenden ausführlich erläutert.

2.2.1 Der Aktionenraum

Dem Entscheidungsträger stehen in einem bestimmten Zeitpunkt bestimmte **Aktionen** (Handlungsweisen, Alternativen, Strategien) a_i mit $i = 1, \ldots, m$ offen.[3]

Die Menge

$$A = \{a_1, a_2, \ldots, a_m\}$$

[2] Die in der Entscheidungstheorie tradierte Bezeichnung „Umweltzustand" wird im Folgenden vermieden, da die Begriffe Umwelt bzw. Umweltzustand zunehmend mit ökologischen Problemen assoziiert werden.

[3] In praktischen Anwendungen kommt es nicht selten vor, dass der Entscheidungsträger ein Kontinuum von Aktionen zur Verfügung hat; etwa dann, wenn er den Wert eines kontinuierlich variierenden Parameters festsetzen kann. Da es uns nur auf das Prinzipielle ankommt, können wir uns vorerst auf endlich viele Aktionen beschränken.

der zur Debatte stehenden Aktionen heißt Aktionenraum (Aktionsraum, Aktionsfeld, Alternativenmenge, Entscheidungsraum, beeinflussbarer Teil des Entscheidungsfeldes).

Für die Lösung eines Entscheidungsproblems ist es prinzipiell unerheblich, ob es sich bei den verschiedenen betrachteten Aktionen um Einzelmaßnahmen oder jeweils um ganze Bündel von Maßnahmen handelt. Eine zielentsprechende Lösung des Entscheidungsproblems setzt allerdings voraus, dass die Aktionsmöglichkeiten nach dem Prinzip der **vollkommenen Alternativenstellung** formuliert worden sind. Dieses Prinzip beinhaltet zwei Forderungen; es verlangt, das Entscheidungsproblem so zu stellen, dass der Entscheidende

a) gezwungen ist, eine der betrachteten Alternativen zu ergreifen,

b) gleichzeitig aber nur eine einzige der Alternativen realisieren kann.

Die unter a) gestellte Forderung besagt, dass das Entscheidungsmodell den gesamten Möglichkeitenraum des Entscheidungsträgers, so wie er sich auf Grund der gegebenen Informationen darstellt, voll ausschöpfen muss. Unterlassungsalternativen gehören also ebenfalls in die Liste der zu betrachtenden Aktionen. Stehen Möglichkeiten zur Gewinnung zusätzlicher Informationen über das Entscheidungsfeld zur Verfügung, so sollte das Ausmaß der (im Allgemeinen mit Kosten verbundenen) Informationsgewinnung selbst das Ergebnis zielorientierter Entscheidungen sein. Wie in Kapitel 6 näher erläutert wird, beschreibt man die Gewinnung und Verarbeitung von Informationen durch **Strategien** (= flexible Pläne[4]). Diese lassen sich formal wiederum als Aktionen eines erweiterten Entscheidungsfeldes auffassen.

Die unter b) aufgestellte Forderung verlangt, dass jede Aktion alle anderen ausschließt (Exklusionsprinzip). Die prinzipielle Bedeutung dieser Forderung ist besonders einsichtig bei Betrachtung des Extremfalles, dass keine der Alternativen eine andere ausschließt. In diesem Falle wären alle sich bietenden Möglichkeiten gleichzeitig realisierbar, ein Entscheidungsproblem läge überhaupt nicht vor. Ein Beispiel mag der Verdeutlichung des Exklusionsprinzips dienen: Ein Entscheidungsträger habe ein Guthaben auf seinem Sparkonto in Höhe von 10 000 Euro. Die Bank offeriert ihm drei Anlagemöglichkeiten:

1. Erwerb einer Beteiligung am Unternehmen A,
   Beteiligungsbetrag 10 000 Euro,
2. Erwerb einer Beteiligung am Unternehmen B,
   Beteiligungsbetrag 5 000 Euro,
3. Erwerb einer Beteiligung am Unternehmen C,
   Beteiligungsbetrag 3 000 Euro.

[4] Wegen einer Operationalisierung des Flexibilitätsbegriffs aus betriebswirtschaftlicher Sicht sei beispielsweise auf Schneeweiß/Kühn (1990) verwiesen.

Das Prinzip vollkommener Alternativenstellung führt zu folgenden fünf Aktionen:[5]

a_1:	Sparkonto	10 000 Euro,			
a_2:	Beteiligung A	10 000 Euro,			
a_3:	Beteiligung B	5 000 Euro	und	Sparkonto	5 000 Euro,
a_4:	Beteiligung C	3 000 Euro	und	Sparkonto	7 000 Euro,
a_5:	Beteiligung B	5 000 Euro	und		
	Beteiligung C	3 000 Euro	und	Sparkonto	2 000 Euro.

Bei der Definition des Aktionenraums wurde von einer endlichen Menge von Alternativen ausgegangen. Wie bereits erwähnt, entspricht diese Annahme nicht immer den Verhältnissen der Praxis. Zur Illustration des Falls einer unendlichen Alternativenmenge diene folgendes Beispiel: Eine Betriebsabteilung verfüge über drei Arten von Produktionsfaktoren (z. B. Arbeitskräfte, Rohstoffe und Maschinen), die je Planungsperiode nur mit einer bestimmten Kapazität zur Verfügung stehen. Mittels dieser Produktionsfaktoren können in einem verbundenen Produktionsprozess drei verschiedene (beliebig teilbare) Produkte hergestellt werden. Produktionskoeffizienten und Kapazitätsdaten ergeben sich aus folgender Übersicht:

		Produkte 1	2	3	*Kapazität*
Produktions-faktoren	1	2	1	$\frac{1}{2}$	2 000
	2	4	1	2	3 200
	3	1	4	1	8 000

Welche Aktionen bieten sich der Betriebsabteilung zur Planung der mengenmäßigen Zusammensetzung des Produktionsprogramms, wenn von den Möglichkeiten einer Kapazitätserweiterung oder des Zukaufs von Erzeugnissen abgesehen wird? Bezeichnen wir die zu produzierenden Mengen der Produkte mit x_1, x_2, x_3, so stellen alle im Rahmen der Kapazität der Produktionsfaktoren möglichen Mengenkombinationen (x_1, x_2, x_3) zulässige Alternativen (alternative Produktionsprogramme) dar.

Es gibt also unendlich viele Aktionen; der Aktionenraum wird durch folgendes Ungleichungssystem beschrieben:

$$\begin{aligned} 2x_1 + 1x_2 + \tfrac{1}{2}x_3 &\leqq 2\,000\,, \\ 4x_1 + 1x_2 + 2x_3 &\leqq 3\,200\,, \\ 1x_1 + 4x_2 + 1x_3 &\leqq 8\,000\,, \\ x_1, x_2, x_3 &\geqq 0\,. \end{aligned}$$

Wenngleich der Fall unendlich vieler Alternativen gegenüber dem Fall einer endlichen Alternativenmenge größere rechentechnische Schwierigkeiten mit

[5] Wenn je Unternehmung mehr als einer der oben genannten Beteiligungsbeträge investiert werden kann, gibt es drei zusätzliche Alternativen.

sich bringt und deshalb den Einsatz komplizierterer mathematischer Verfahren erfordert, unterscheiden sich beide Fälle dennoch nicht prinzipiell voneinander.

2.2.2 Der Zustandsraum und das Informationssystem

Im Allgemeinen kann der Entscheidungsträger den Aktionen nicht unmittelbar Ergebnisse zurechnen, sondern er benötigt zunächst Informationen über sein Umfeld, das heißt über diejenigen Faktoren, die das Ergebnis der Aktionen beeinflussen, ohne selbst von den Handlungen des Entscheidungsträgers abhängig zu sein. Eine denkbare Konstellation der in einer bestimmten Situation relevanten Faktoren heißt **Zustand** (der Welt, des Umfeldes, der Natur, der Realität); jeder Zustand repräsentiert also eine Wertkombination aller relevanten Umfelddaten, wie z. B. der Produktionsstruktur, der Marktstruktur, der konjunkturellen Entwicklung, der Steuergesetzgebung, möglicher Konkurrenzreaktionen usw. Die Menge

$$Z = \{z_1, z_2, \ldots, z_n\}$$

aller relevanten Umfeldzustände z_j mit $j = 1, \ldots, n$ wird **Zustandsraum** genannt.[6]

Welche Zustände als relevante Daten in einem Entscheidungsmodell zu erfassen sind, hängt von der jeweiligen Entscheidungssituation ab. Einige Beispiele mögen dies verdeutlichen: Für die Entscheidung über Annahme oder Ablehnung einer eingetroffenen Warensendung stellt der Anteil der defekten Stücke den relevanten Umfeldaspekt dar. Ähnlich kann in der typischen Entscheidungssituation des Wirtschaftsprüfers, der über Erteilung eines uneingeschränkten oder eines eingeschränkten Bestätigungsvermerks oder über Verweigerung des Bestätigungsvermerks zu entscheiden hat, zumindest für einzelne Teilprüfungen der Anteil der inkorrekten Buchungen das relevante Umfeld verkörpern. Für eine zu beschließende werbe- und preispolitische Maßnahme zum Zwecke der Gewinnverbesserung hingegen mögen das Marktaufnahmevolumen, die Werbewirksamkeit, die Preisreagibilität der Nachfrage sowie die Struktur der Produktionskostenfunktion die relevanten Umfelddaten sein.

Welche Wertkombinationen der relevanten Umfelddaten als Zustände der Welt im Modell zu erfassen sind, ist ebenfalls situationsabhängig. Im Beispiel der Warensendung mag es genügen, zu wissen, ob der Anteil der defekten Stücke 5 % übersteigt oder nicht. Der Zustandsraum enthält dann nur zwei relevante Zustände z_1 (der Anteil der defekten Stücke übersteigt 5 %) und z_2 (der Anteil der defekten Stücke übersteigt nicht 5 %). Ähnliche Überlegungen gelten für das Wirtschaftsprüferbeispiel. Im Fall der Werbe- und Preisentscheidung hingegen gibt es so viele Zustände der Welt, wie die Parameter der Nachfra-

---

[6] Mit derselben Begründung wie beim Aktionsraum A können wir uns vorerst auf einen endlichen Zustandsraum Z beschränken.

gefunktion und der Produktionskostenfunktion sinnvollerweise Werte annehmen können, also unter Umständen unendlich viele. Die relevanten Zustände der Welt können – wie im Warensendungs- und im Wirtschaftsprüferbeispiel – bereits durch die Vergangenheit oder die Gegenwart, oder – wie im Preis-Werbe-Beispiel und wohl in den meisten praktischen betrieblichen Entscheidungssituationen – erst durch die Zukunft bedingt sein. Je nach Kenntnisstand bezüglich des wahren Umfeldzustandes unterscheidet man drei charakteristische Fälle:

- Ist lediglich bekannt (oder wird als Hypothese unterstellt), dass irgendeiner der Zustände aus Z eintreten wird, so spricht man von einer **Ungewissheitssituation**.
- Sind (subjektive oder objektive) Wahrscheinlichkeiten für das Eintreten der verschiedenen Zustände bekannt, so liegt eine **Risikosituation** vor.
- Den Extremfall, dass der wahre Umfeldzustand bekannt ist, bezeichnet man als **Sicherheitssituation**.

Auf die praktische Bedeutung dieser Fälle sowie verschiedener Mischformen wird in den Abschnitten 3.1 (Sicherheitssituationen), 4.1 (Risikosituationen), 5.1 (Ungewissheitssituationen) und in Kapitel 6 (Mischformen) ausführlich eingegangen.

Nicht selten besteht die Möglichkeit, den Kenntnisstand bezüglich des wahren Umfeldzustandes durch die Einschaltung eines Informationssystems zu verbessern. Ein **Informationssystem** ist charakterisiert durch eine Menge Y potenzieller Nachrichten $y_1, y_2, \dots, y_k$ über die möglichen Zustände z aus Z sowie durch eine Struktur. Jede **Nachricht** y_ℓ mit $\ell = 1, \dots, k$ entspricht einer Konstellation gegenwärtig beobachtbarer Indikatoren; die **Struktur** des Informationssystems wird durch die bedingten Wahrscheinlichkeiten $p_{j\ell}$ dafür beschrieben, dass die Nachricht y_ℓ empfangen wird, wenn der Zustand z_j vorliegt (oder eintreten wird):

$$p_{j\ell} = P(y_\ell \mid z_j) \, .$$

Zweckmäßigerweise definiert man die Nachrichten so, dass sie sich gegenseitig ausschließen und sich genau eine Nachricht realisieren muss; dann gilt die Normierung

$$\sum_{\ell=1}^{k} p_{j\ell} = 1 \quad (j = 1, \dots, n) \, ,$$

die wir im Folgenden voraussetzen wollen. In allgemeiner Form[7] lässt sich ein Informationssystem durch das in Abbildung 2.1 dargestellte Schema veranschaulichen.

---

[7] Diese Form ist für die Zwecke der folgenden Erläuterung allgemein genug. Der allgemeinste Fall läge aber erst dann vor, wenn Y eine beliebige (anstatt einer endlichen) Menge wäre. Bei kontinuierlichem Y treten an die Stelle der $p_{j\ell}$ natürlich die Funktionswerte der entsprechenden Wahrscheinlichkeitsdichte.

Wir wollen einige Sonderfälle von Informationssystemen diskutieren, die in der Realität miteinander vermischt auftreten:

		Nachrichten				
		y_1	$\cdots$	y_ℓ	$\cdots$	y_k
Zustände	z_1	p_{11}	$\cdots$	$p_{1\ell}$	$\cdots$	p_{1k}
	$\vdots$	$\vdots$	$\ddots$	$\vdots$	$\ddots$	$\vdots$
	z_j	p_{j1}	$\cdots$	$p_{j\ell}$	$\cdots$	p_{jk}
	$\vdots$	$\vdots$	$\ddots$	$\vdots$	$\ddots$	$\vdots$
	z_n	p_{n1}	$\cdots$	$p_{n\ell}$	$\cdots$	p_{nk}

Abb. 2.1: Informationssystem

a) Ein **vollkommenes Informationssystem** liegt vor, wenn jeder Nachricht mit der Wahrscheinlichkeit 1 genau ein Zustand zugeordnet ist. Aus einer empfangenen Nachricht kann also mit Sicherheit auf den wahren Zustand der Welt geschlossen werden, das heißt, es liegt **vollkommene Information** vor. Es ist nach eventueller Zusammenfassung[8] von Nachrichten dann $k = n$, bei geeigneter Umnummerierung der Nachrichten (oder der Zustände) entspricht die Informationsstrukturmatrix $(p_{j\ell})$, wie in Abbildung 2.2 veranschaulicht, der Einheitsmatrix. Vollkommene Information ist also dadurch gekennzeichnet, dass es ebenso viele Nachrichten wie Zustände gibt und dass die bedingten Wahrscheinlichkeiten, die den Zusammenhang zwischen Nachrichten und Zuständen herstellen, alle entweder den Wert 0 oder den Wert 1 besitzen. **Unvollkommene Informationssysteme** liegen dementsprechend vor, wenn mindestens eine dieser Bedingungen verletzt ist.

		Nachrichten				
		y_1	y_2	y_3	$\cdots$	y_n
Zustände	z_1	1	0	0	$\cdots$	0
	z_2	0	1	0	$\cdots$	0
	$\vdots$	$\vdots$		$\ddots$		$\vdots$
	z_n	0	0	0	$\cdots$	1

Abb. 2.2: Vollkommenes Informationssystem

[8] So müssen bei der Informationsstruktur

	y_1	y_2	y_3
z_1	$\frac{1}{2}$	$\frac{1}{2}$	0
z_2	0	0	1

die Nachrichten y_1 und y_2 zusammengefasst werden.

b) Es existieren zwar ausschließlich bedingte Wahrscheinlichkeiten von 0 oder 1, es gibt aber weniger Nachrichten als Zustände, so dass der einzelnen Nachricht, wie in Abbildung 2.3 dargestellt, mehr als ein Zustand entspricht. Die durch das Informationssystem ermöglichte Partition des Zustandsraumes entspricht nicht den gestellten Anforderungen, sondern sie ist zu grob. Die verfügbaren Informationen sind dementsprechend zu unbestimmt, unpräzise bzw. unexakt. Wird z. B. die Nachricht y_1 empfangen, so weiß der Entscheidungsträger zwar mit Sicherheit, dass ein Zustand aus der Menge $\{z_1, z_2, \ldots, z_r\}$ eintreten wird. Mit welchem dieser Zustände zu rechnen ist, bleibt jedoch offen, und es liegt auch keine Information darüber vor, ob mit dem Eintreffen eines Zustandes eher zu rechnen ist als mit dem Eintreffen der anderen. Mit anderen Worten: Das Informationssystem grenzt zwar Teilmengen denkbarer Zustände ab, liefert aber keine Aussagen darüber, mit welcher Wahrscheinlichkeit mit dem Eintreffen der einzelnen Zustände aus der abgegrenzten Menge von Zuständen gerechnet werden muss.

		Nachrichten				
		y_1	y_2	y_3	$\cdots$	y_k
Zustände	z_1	1	0	0	$\cdots$	0
	$\vdots$	$\vdots$	$\vdots$	$\vdots$	$\ddots$	$\vdots$
	z_r	1	0	0	$\cdots$	0
	z_{r+1}	0	1	0	$\cdots$	0
	$\vdots$	$\vdots$	$\vdots$	$\vdots$	$\ddots$	$\vdots$
	z_s	0	1	0	$\cdots$	0
	$\vdots$	$\vdots$		$\vdots$		
	z_n	0	0	0	$\cdots$	1

Abb. 2.3: Unvollkommenes Informationssystem, bei dem nur bedingte Wahrscheinlichkeiten von 0 und 1 auftreten

		Nachrichten			
		y_1	y_2	y_3	y_4
Zustände	z_1	0,6	0,1	0,2	0,1
	z_2	0,1	0,7	0,1	0,1
	z_3	0,1	0,2	0,5	0,2
	z_4	0,0	0,0	0,2	0,8

Abb. 2.4: Unvollkommenes Informationssystem trotz $k = n$

c) Schließlich liegt ein unvollkommenes Informationssystem vor, wenn von 0 und 1 abweichende bedingte Wahrscheinlichkeiten vorkommen. Zur Veranschaulichung ist in Abbildung 2.4 eine solche Situation (bei der sogar $n = k$ gilt) beispielhaft angegeben. In diesem Fall kann ebenfalls aus einer empfangenen Nachricht nicht mit Sicherheit auf den vorliegenden Umfeldzustand geschlossen werden. Den Informationen fehlt es an Sicherheit bzw. Treffgenauigkeit, da jedem Zustand unterschiedliche Indikatorenkonstellationen entsprechen können.

Der Einsatz eines vollkommenen Informationssystems führt in jedem Fall auf eine Sicherheitssituation. Dagegen führt der Einsatz eines unvollkommenen Informationssystems

- ausgehend von einer Risikosituation wieder zu einer Risikosituation (deren Zustandsverteilung sich mithilfe des bayesschen Theorems berechnen lässt,[9]
- ausgehend von einer Ungewissheitssituation wieder zu einer Ungewissheitssituation.

Dies mag die Vermutung aufkommen lassen, ein unvollkommenes Informationssystem sei wertlos. Dass dem im Allgemeinen nicht so ist, wird in den Abschnitten 6.2 und 6.3 näher begründet.

2.2.3 Handlungskonsequenzen und Ergebnisfunktion

Die mit einer Aktion a und einem Zustand z verknüpften Handlungskonsequenzen (Aktionsresultate, Ergebnisse oder in spieltheoretischer Terminologie: Auszahlungen) können vom Entscheidungsträger auf Grund der Kenntnis bestehender natur-, sozialwissenschaftlicher oder sonstiger Gesetzmäßigkeiten bestimmt werden. Wir wollen die Zuordnung, die für jede Kombination (a, z) die jeweiligen Handlungskonsequenzen x angibt, als **Ergebnisfunktion** g bezeichnen:

$$(a, z) \xrightarrow{\quad g \quad} x = g(a, z) \; .$$

Diese Zuordnung ist – da bisher nichts über die Struktur der zu registrierenden Konsequenzen gesagt wurde – noch außerordentlich allgemein. Die Konsequenzen lassen sich bezüglich verschiedener Gesichtspunkte (z. B. im Hinblick auf unterschiedliche Ziele, Zeitpunkte usw.) klassifizieren. Weiterhin lassen sich (wie bezüglich des wahren Zustandes) auch bezüglich der tatsächlich[10] eintretenden Konsequenzen einer Aktion a bei gegebenem z die drei Informationsstände der Sicherheit, des Risikos und der Ungewissheit unterscheiden. Beschäftigen wir uns zunächst mit der letzteren Unterscheidung:

a) Sicherheit bezüglich der tatsächlich eintretenden Konsequenzen besteht dann, wenn die tatsächlich eintretenden Konsequenzen durch die Kombination (a, z) jeweils deterministisch festgelegt sind. Kennt eine Unterneh-

---

[9] Geht man beispielsweise im Fall der Abbildung 2.4 von der Gleichverteilung $\left(\frac{1}{4}, \frac{1}{4}, \frac{1}{4}, \frac{1}{4}\right)$ über $Z = \{z_1, z_2, z_3, z_4\}$ aus und erhält man die Nachricht y_1, so ergibt sich die „verbesserte" Zustandsverteilung $\left(\frac{6}{8}, \frac{1}{8}, \frac{1}{8}, 0\right)$.

[10] Die einer Aktion a bei gegebenem Zustand z zugeordneten Konsequenzen $g(a, z)$ können beispielsweise eine Zufallsvariable darstellen; in diesem Fall liegt bezüglich der tatsächlich eintretenden Konsequenzen eine Risikosituation vor, so dass hierbei zwischen den Konsequenzen $g(a, z)$ und den tatsächlich eintretenden Konsequenzen (nämlich den Realisationen dieser Zufallsvariablen) begrifflich unterschieden werden muss.

mung beispielsweise ihre Produktionsfunktion, so kennt sie auch den Output (= Konsequenzen $g(a, z)$), der in einer bestimmten Situation (= Zustand z) durch einen bestimmten Input (= Aktion a) determiniert ist. Bezeichnen wir die (a_i, z_j) zugeordneten Konsequenzen $g(a_i, z_j)$ mit

$$x_{ij} = g(a_i, z_j) ,$$

so lässt sich g in Form einer **Ergebnismatrix** (vgl. Abbildung 2.5) darstellen. Die zugeordneten Konsequenzen x_{ij} stimmen (falls die Aktion a_i wirklich ergriffen wird und der Zustand z_j vorliegt) mit den tatsächlich eintretenden Konsequenzen überein.

		Zustände			
		z_1	z_2	$\cdots$	z_n
Aktionen	a_1	x_{11}	x_{12}	$\cdots$	x_{1n}
	a_2	x_{21}	x_{22}	$\cdots$	x_{2n}
	$\vdots$	$\vdots$	$\vdots$	$\ddots$	$\vdots$
	a_m	x_{m1}	x_{m2}	$\cdots$	x_{mn}

Abb. 2.5: Ergebnismatrix

b) Risiko bezüglich der tatsächlich eintretenden Konsequenzen besteht dann, wenn die tatsächlich eintretenden Konsequenzen durch die Kombination (a, z) jeweils nur stochastisch festgelegt sind. So bestehen beispielsweise selbst bei bekannter Marktform und bei bekanntem Konjunkturverlauf zwischen einer preispolitischen Maßnahme und ihren Gewinnauswirkungen bestenfalls stochastische Zusammenhänge. Die Zufallsvariable $g(a, z)$ stellt die zugeordneten Konsequenzen dar. Welches die tatsächlich eintretenden Konsequenzen sind, zeigt sich erst später, erst dann nämlich, wenn die Realisation dieser Zufallsvariablen bekannt ist.

c) Ungewissheit bezüglich der tatsächlich eintretenden Konsequenzen besteht schließlich dann, wenn die tatsächlich eintretenden Konsequenzen durch die Kombination (a, z) weder deterministisch noch stochastisch festgelegt, sondern selbst noch ungewiss sind. $g(a, z)$ legt also nur eine Menge von potenziell möglichen Konsequenzen fest, ohne dass Wahrscheinlichkeiten dafür bekannt sind, welche dieser potenziell möglichen Konsequenzen tatsächlich eintritt.

Die unter b) und c) aufgeführten Fälle kann man im Allgemeinen durch geeignete Umdefinition des Zustandsraumes Z vermeiden; jedoch ist dies mit einer für praktische Zwecke unangenehmen Aufblähung des Zustandsraumes verbunden. Ein Beispiel mag der Veranschaulichung dienen: Die Aktion a bedeute den Erwerb eines gebrauchten Schwertransporters durch den Entscheidungsträger, eine Bauunternehmung. Achtet man zunächst nur auf den für die Rentabilität des Kauf wichtigsten Faktor, etwa die zukünftigen Auftragseingänge, so kommt man zu einem relativ überschaubaren Zustandsraum Z. Vereinfachend könnte man $Z = \{z_1, z_2, z_3\}$ festlegen, wobei z_1 bedeutet, dass innerhalb des Planungshorizontes Aufträge im Wert unter 200 000 Euro eingehen, bei z_2 Aufträge im Wert von 200 000 Euro bis unter 400 000 Euro, bei z_3 Aufträge im Wert von 400 000 Euro und mehr. Die beim Ergreifen der Aktion a und beim Vorliegen des Zustandes z_j tatsächlich eintretenden Konsequenzen sind aus verschiedenen Gründen zufallsabhängig oder ungewiss; so ist der Auftragsbestand durch z_j nicht genau fixiert, sondern noch innerhalb der angegebenen Grenzen variabel, und auch die Reparaturkosten sind noch zufallsabhängig. Wollte man die tatsächlich eintretenden Konsequenzen deterministisch durch a und z bestimmt haben, so müsste man alle theoretisch denkbaren Aufträge berücksichtigen sowie alle technischen Zustände des Schwertransporters, die auf Grund der augenblicklichen Information denkbar sind usw. Dies hätte einen außerordentlich umfangreichen Zustandsraum zur Folge. Man sieht, dass die ursprünglich bezüglich der tatsächlich eintretenden Konsequenzen vorhandene Unsicherheit in eine erhöhte Unsicherheit bezüglich des wahren Umfeldzustandes verlagert wird.

Die verschiedenen Informationsstände, welche bei betriebswirtschaftlichen Entscheidungsproblemen kombiniert auftreten können, zeigt Abbildung 2.6. Aus der Abbildung ist ersichtlich, dass der geringere Informationsstand „durchschlägt". Ist beispielsweise der wahre Umfeldzustand z bekannt und sind die bei gegebener Kombination (a, z) tatsächlich eintretenden Konsequenzen ungewiss, so sind die auf Grund der Aktion a tatsächlich eintretenden Konsequenzen ebenfalls ungewiss. Entsprechend liefert die Kombination einer Risikosituation (bezüglich des Zustandes) mit einer Risikosituation (bezüglich der tatsächlich eintretenden Konsequenzen) wieder eine Risikosituation.

Da für die Bewertung der Aktionen letzlich nur deren Konsequenzen und der Gewissheitsgrad bzw. Ungewissheitsgrad der Realisation dieser Konsequenzen von Bedeutung sind, ist es für die Lösung von Entscheidungsproblemen prinzipiell unerheblich, ob z. B. eine Wahrscheinlichkeitsverteilung von Konsequenzen allein aus der Wahrscheinlichkeitsverteilung der Zustände abzuleiten ist oder ob sie zusätzlich darauf zurückzuführen ist, dass die mit jeder Kombination von Aktion und Zustand verknüpften Konsequenzen selbst noch einer Wahrscheinlichkeitsverteilung unterliegen.

Informationsstand bezüglich		*Konsequenzen*		
		Sicherheit	*Risiko*	*Ungewissheit*
Zustände	*Sicherheit*	*Sicherheit*	*Risiko*	*Ungewissheit*
	Risiko	*Risiko*	*Risiko*	*Ungewissheit*
	Ungewissheit	*Ungewissheit*	*Ungewissheit*	*Ungewissheit*

Abb. 2.6: Kombinationen von Informationsständen

Wie man aus Abbildung 2.6 ablesen kann, ist die grundsätzliche Dreiteilung in Sicherheits-, Risiko- und Ungewissheitssituation auch dann schon gegeben, wenn sichere Informationen bezüglich der tatsächlich eintretenden Konsequenzen vorausgesetzt wird. Ohne Beschränkung der Allgemeinheit werden wir zur Vereinfachung der Darstellung im Folgenden deshalb voraussetzen, dass die tatsächlich eintretenden Konsequenzen durch (a, z) jeweils deterministisch bestimmt sind. Wir befinden uns dann in der Spalte „Sicherheit" von Abbildung 2.6 und können also von der Ergebnismatrix (x_{ij}) der Abbildung 2.5 ausgehen.

Bisher wurden die Konsequenzen x_{ij} ausschließlich im Hinblick auf den bezüglich Z vorhandenen Informationsstand des Entscheidungsträgers erörtert. Damit transparenter wird, was sich alles hinter dem kurzen Symbol x_{ij} verbergen kann, wollen wir die Ergebnismatrix nun noch bezüglich zweier Aspekte (Ziele und Zeitpunkte) disaggregieren.

Beginnen wir mit den Zielen. Wird nur ein Ziel verfolgt, z. B. Umsatzsteigerung, so ist x_{ij} (nach geeigneter Quantifizierung) als reelle Zahl darstellbar. Die Annahme einer einzigen Zielsetzung, die auch den meisten Entscheidungsmodellen der traditionellen betriebswirtschaftlichen Theorie zu Grunde liegt, wird in vielen Fällen den Gegebenheiten der Wirklichkeit nicht gerecht. Vielfach ergeben sich neben den finanziellen auch personelle, organisatorische, psychologische, rechtliche usw. Konsequenzen, deren Gewicht die Bewertungsrangfolge der Aktionen maßgebend beeinflussen kann. Damit die Aktionen allein anhand ihrer Ergebnisse x_{ij} beurteilt werden können, müssen in x_{ij} alle diese zielrelevanten Handlungskonsequenzen erfasst werden. Werden r Ziele $k_1, k_2, \ldots, k_r$ verfolgt, so ist x_{ij} deshalb zweckmäßigerweise als r-Tupel reeller Zahlen zu charakterisieren:

$$x_{ij} = (x_{ij}^1, \ldots, x_{ij}^r) ,$$

wobei der Messwert x_{ij}^p $(p = 1, 2, \ldots, r)$ den Realisationsgrad in Bezug auf das Ziel k_p bei Durchführung der Aktion a_i und Vorliegen des Zustands z_j angibt.

Ist die Forderung nach vollständiger Erfassung aller zielrelevanten Handlungskonsequenzen erfüllt, so sind die Aktionen selbst wertfrei. Sie werden ausschließlich durch die ihnen zugeordneten Ergebnisse repräsentiert. Ein Beispiel mag zur Veranschaulichung dienen: Strebt ein Entscheidungsträger ausschließlich Gewinn an, so sind die ihm verfügbaren Aktionen allein durch die Ergebnisart Gewinn zu charakterisieren. In diesem Falle muss es dem Entscheidungsträger prinzipiell gleichgültig sein, ob er den Gewinn aus der Produktion von Konsumgütern oder aus der Produktion von Rüstungsgütern erzielt. Präferiert er hingegen bei gleichen Gewinnaussichten oder sogar trotz geringerer Gewinnaussichten die Konsumgüterproduktion, so zeigt dies nur, dass die Forderung nach vollständiger Erfassung aller zielrelevanten Handlungsfolgen verletzt ist. Neben der Gewinnmessung wäre in diesem Falle ein Maß für die Erfassung der mit den Aktionen verbundenen moralischen Skrupel erforderlich.

Schließlich kann bei der Ergebnismessung dem in der bisherigen Erörterung vernachlässigten Zeitaspekt Rechnung getragen werden. Dies führt zu einer Differenzierung der x_{ij} bzw. x_{ij}^p nach den erwarteten Zeitpunkten bzw. Zeitintervallen t_h mit $h = 1, \ldots, q$ der Ergebnisrealisation, so dass jedem relevanten Zeitpunkt bzw. Zeitintervall t_h eine Ergebnismaßgröße x_{ij}^{hp} entspricht.

Die Zweckmäßigkeit einer solchen zeitlichen Differenzierung ergibt sich aus der jedem aus eigener Erfahrung bekannten Tatsache, dass der Zeitpunkt der Ergebnisverfügbarkeit eine wesentliche Determinante für die Bewertung von Aktionen darstellt.

Zusammenfassend lässt sich die Beschreibung von Handlungskonsequenzen als eine Ergebnismessung kennzeichnen, die auf die Erfassung der unterschiedlichen Merkmalsausprägung bezüglich Ergebnishöhe, Ergebnisart sowie Zeitpunkt der Ergebnisrealisation gerichtet ist. In der Information über den wahren Zustand drückt sich der Sicherheits- bzw. Unsicherheitsgrad der einer Aktion zugeordneten Konsequenz aus. Die Darstellung einer diese Ergebnismerkmale umfassenden Ergebnismatrix gibt Abbildung 2.7. Im Folgenden wird die Ergebnismatrix nur insoweit disaggregiert, als es für die jeweilige Problemstellung erforderlich ist.

Eintrittswahrscheinlichkeiten (falls gegeben)				p_1			$\cdots$			p_n		
Zustände				z_1			$\cdots$			z_n		
Ziele		k_1	$\cdots$	k_p	$\cdots$	k_r	$\cdots$	k_1	$\cdots$	k_p	$\cdots$	k_r
Aktionen	*Zeit* t_1	x_{11}^{11}	$\cdots$	x_{11}^{1p}	$\cdots$	x_{11}^{1r}	$\cdots$	x_{1n}^{11}	$\cdots$	x_{1n}^{1p}	$\cdots$	x_{1n}^{1r}
	$\vdots$	$\vdots$	$\ddots$	$\vdots$	$\ddots$	$\vdots$	$\cdots$	$\vdots$	$\ddots$	$\vdots$	$\ddots$	$\vdots$
a_1	t_h	x_{11}^{h1}	$\cdots$	x_{11}^{hp}	$\cdots$	x_{11}^{hr}	$\cdots$	x_{1n}^{h1}	$\cdots$	x_{1n}^{hp}	$\cdots$	x_{1n}^{hr}
	$\vdots$	$\vdots$	$\ddots$	$\vdots$	$\ddots$	$\vdots$	$\cdots$	$\vdots$	$\ddots$	$\vdots$	$\ddots$	$\vdots$
	t_q	x_{11}^{q1}	$\cdots$	x_{11}^{qp}	$\cdots$	x_{11}^{qr}	$\cdots$	x_{1n}^{q1}	$\cdots$	x_{1n}^{qp}	$\cdots$	x_{1n}^{qr}
$\vdots$	$\vdots$	$\vdots$	$\vdots$	$\vdots$	$\vdots$	$\vdots$	$\ddots$	$\vdots$	$\vdots$	$\vdots$	$\vdots$	$\vdots$
	t_1	x_{m1}^{11}	$\cdots$	x_{m1}^{1p}	$\cdots$	x_{m1}^{1r}	$\cdots$	x_{mn}^{11}	$\cdots$	x_{mn}^{1p}	$\cdots$	x_{mn}^{1r}
	$\vdots$	$\vdots$	$\ddots$	$\vdots$	$\ddots$	$\vdots$	$\cdots$	$\vdots$	$\ddots$	$\vdots$	$\ddots$	$\vdots$
a_m	t_h	x_{m1}^{h1}	$\cdots$	x_{m1}^{hp}	$\cdots$	x_{m1}^{hr}	$\cdots$	x_{mn}^{h1}	$\cdots$	x_{mn}^{hp}	$\cdots$	x_{mn}^{hr}
	$\vdots$	$\vdots$	$\ddots$	$\vdots$	$\ddots$	$\vdots$	$\cdots$	$\vdots$	$\ddots$	$\vdots$	$\ddots$	$\vdots$
	t_q	x_{m1}^{q1}	$\cdots$	x_{m1}^{qp}	$\cdots$	x_{m1}^{qr}	$\cdots$	x_{mn}^{q1}	$\cdots$	x_{mn}^{qp}	$\cdots$	x_{mn}^{qr}

Abb. 2.7: Disaggregierte Ergebnismatrix

2.3 Das Zielsystem

Die Diskussion über Probleme des unternehmerischen Zielsystems nimmt in der entscheidungsorientierten Betriebswirtschaftslehre großen Raum ein. Wir können im Rahmen dieses Lehrbuchs nur die für die Formulierung und Lösung von Entscheidungsmodellen wichtigsten Aspekte erörtern. Zunächst werden die notwendigen Bestandteile des Zielsystems als Grundlage für die Ergebnis-

und Aktionenbewertung dargestellt. Im Anschluss werden einige Anforderungen formuliert, denen die Ziele als Grundlage für die Lösung betrieblicher Entscheidungsprobleme genügen müssen. Die messtheoretischen Eigenschaften zielorientierter Ergebnisbewertungen werden in Abschnitt 2.4 behandelt.

2.3.1 Bestandteile des Zielsystems

In Anlehnung an Heinen (1976) lassen sich Ziele als **generelle Imperative** auffassen. „Darunter werden hier solche Imperative verstanden, die nicht unmittelbar in eine Handlung übertragen werden können. Dies gilt z. B. für den Imperativ ‚Erstrebe Gewinn!'. Generellen Imperativen stehen singuläre gegenüber. Ein **singulärer Imperativ** schreibt eine ganz bestimmte Handlung vor; er kann also unmittelbar in eine Aktivität übersetzt werden." Aus dem generellen Imperativ „Erstrebe Gewinn!" kann z. B. der singuläre Imperativ „Erhöhe das Werbebudget um 5 %!" folgen. Generelle Imperative sind Voraussetzung, singuläre Imperative Ergebnisse von Entscheidungen. Durch Anwendung genereller Imperative auf die Ergebnismatrix, das heißt, durch eine den Regeln der Entscheidungslogik folgende Verknüpfung von Zielinformationen und Informationen über das Entscheidungsfeld, ergibt sich durch eine Bewertung der Aktionen eine optimale Aktion a^* und damit der singuläre Imperativ: „Führe a^* durch!"

Die Herstellung einer Rangordnung unter den verfügbaren Aktionen stellt bestimmte Anforderungen an den Inhalt des Zielsystems. Der Entscheidungsträger muss einerseits eine präzise Vorstellung darüber besitzen, welche Handlungskonsequenzen für ihn überhaupt von Bedeutung sind; andererseits muss er Präferenzrelationen bezüglich unterschiedlicher Ergebnismerkmale haben. Ergebnisdefinitionen (Zielgrößen) und Präferenzrelationen sind notwendige Bestandteile jedes operablen Zielsystems.

Die **Zielgrößen** geben an, welche Handlungskonsequenzen der Aktionenbewertung zu Grunde gelegt werden sollen und dementsprechend bei der Beschreibung der Handlungsalternativen als x_{ij} zu erfassen sind. Handlungskonsequenzen, denen keine im Zielsystem verankerte Zielgröße entspricht, sind für die Bewertung irrelevant und werden zweckmäßigerweise nicht erfasst. In der betrieblichen Praxis findet sich häufig eine Vielzahl gleichzeitig erstrebter Zielgrößen. Wegen der Vielfalt möglicher Zielgrößen hat sich in der Betriebswirtschaftslehre die Unterteilung in finanzielle Zielgrößen (z. B. Gewinn, Entnahmen, Kosten, Vermögen) und nicht-finanzielle Zielgrößen (z. B. Marktanteil, Betriebsklima, Prestige, Ökologie) durchgesetzt.

Die **Präferenzrelation** bringt die Intensität des Strebens nach den mit der Ergebnisdefinition festgelegten Zielgrößen zum Ausdruck. Ihre Notwendigkeit begründet sich daraus, dass nur in sehr seltenen Ausnahmefällen durch alleinige Festlegung der Zielgrößen die Auswahl der besten Aktion möglich ist, z. B. dann, wenn nur eine Zielgröße erstrebt wird und nur eine der verfügbaren Aktionen zur Realisation des zielrelevanten Ergebnisses führt. In praktischen Fällen hingegen werden stets mehrere Handlungsalternativen in unterschiedlichem Ausmaß zu zielrelevanten Ergebnissen führen. In diesem Falle benötigt der Entscheidungsträger bereits eine Präferenzrelation bezüglich des unterschiedlichen Ausmaßes der Ergebnisrealisationen. In den meisten praktischen Fällen kommt hinzu, dass der Entscheidungsträger gleichzeitig mehrere Zielgrößen anstrebt, dass die Ergebnisse zu unterschiedlichen Zeitpunkten anfallen und dass keine vollkommenen Informationen über die zu erwartenden Ergebnisse vorliegen. Damit wird deutlich, dass im Zielsystem außer den Zielgrößen grundsätzlich Präferenzrelationen bezüglich der Ausprägungen aller genannten Ergebnismerkmale, also eine Höhen-, Arten-, Zeit- sowie Risiko- und Unsicherheitspräferenzrelation verankert sein müssen.

Notwendig ist stets eine **Höhenpräferenzrelation**, die eine Vorschrift über das erstrebte Ausmaß der Zielgröße festlegt. Beispiele sind die Maximierungsregel (jedes höhere Ergebnis ist jedem niedrigeren vorzuziehen), die Minimierungsregel (jedes niedrigere Ergebnis ist jedem höheren vorzuziehen) und die anspruchsniveaubezogene Ergebnisbewertung (Ergebnisse ab einer bestimmten Ergebnishöhe gelten als zufrieden stellend, darunterliegende Ergebnisse als nicht zufrieden stellend. Eine inhaltlich weitergehende Quantifizierung leistet die Höhenpräferenzfunktion (vgl. Abschnitt 2.4).

Eine **Artenpräferenzrelation** wird erforderlich, wenn der Entscheidungsträger gleichzeitig mehrere Zielgrößen anstrebt und diese Zielgrößen zumindest teilweise konfliktär sind (vgl. Abschnitt 3.3). Eine häufig anzutreffende Form der Artenpräferenzrelation stellt die Zielgewichtung dar, bei der eine Zielgröße als Standardmaß des Nutzens gewählt wird und alle übrigen Zielgrößen über eine Nutzenschätzung in Einheiten dieses Standardmaßes umgerechnet werden. Auf die Möglichkeiten der Formulierung von Höhen- und Artenpräferenzen wird in Kapitel 3 näher eingegangen.

Die **Zeitpräferenz** fixiert eine Vorschrift über die Vorziehenswürdigkeit von Aktionen mit Ergebnissen verschiedener Zeitdimension. Sie wird immer dann erforderlich, wenn die Ergebnisse der verfügbaren Handlungsalternativen nicht alle zu demselben Zeitpunkt anfallen. Eine in Entscheidungsmodellen häufig verwendete, wenngleich nicht allgemein gültige Form der Zeitpräferenz besteht in der Diskontierung der Ergebnisse der verschiedenen Aktionen auf einen gemeinsamen Bezugszeitpunkt; sie beruht auf der Höherschätzung gegenwärtiger positiver Ergebnisse gegenüber künftigen. Das Problem der Formulierung von Zeitpräferenzen wird ausführlich in der Literatur zur Investitionstheorie diskutiert. Es wird deshalb in diesem Buch nicht weiter verfolgt. Wegen einer neueren axiomatischen Analyse sei auf Dyckhoff (1988) und Eisenführ et al. (2016) verwiesen.

Die Festlegung einer **Risiko- bzw. Unsicherheitspräferenzrelation** wird immer dann notwendig, wenn keine vollkommene Information über die tatsächlichen Konsequenzen der Aktionen vorliegt, wenn also jede Aktion durch eine Menge potenziell möglicher Konsequenzen gekennzeichnet ist. Die Aufstellung solcher Risiko- bzw. Unsicherheitspräferenzfunktionen gilt als ein Kernproblem der Entscheidungstheorie. Hierauf wird in Kapitel 4 und in Kapitel 5 ausführlich eingegangen.

Zusammenfassend ist ein **Zielsystem** charakterisiert durch die Menge der verfolgten Zielgrößen sowie die Präferenzrelationen des Entscheidungsträgers bezüglich der Merkmalsausprägungen der Aktionsresultate.

Die vorstehenden Ausführungen zeigen, dass die Bewertung von Aktionen je nach Zahl der unterscheidbaren Ergebnismerkmale mehrfache, hintereinandergeschaltete Nutzenbewertungen der Ergebnisse erforderlich macht. Inwieweit allerdings in Bezug auf jede der beschriebenen Präferenzrelationen eine gesonderte Nutzenbewertung erforderlich ist, oder ob jeweils mehrere Präferenzrelationen zu einer einheitlichen Nutzenfunktion zusammengefasst werden können, ist eine in der Entscheidungstheorie umstrittene Frage. So beruht z. B. die Risikotheorie von Krelle (1968) auf einer getrennten Anwendung einer Höhenpräferenzfunktion und einer Risikopräferenzfunktion. Nach dem in Kapitel 4 ausführlich erörterten Bernoulli-Prinzip hingegen werden Höhen- und Risikopräferenzen in einer einheitlichen Nutzenfunktion erfasst.

Die Trennung zwischen Zielgrößen einerseits und Präferenzrelationen bezüglich der Merkmalsausprägungen der Zielgrößen andererseits findet sich in der einen oder anderen Form auch in der einschlägigen betriebswirtschaftlichen Literatur. Sie hat ihre Entsprechung – um einige Beispiele herauszugreifen – in den anzutreffenden Unterscheidungen zwischen Zielstrom einerseits und Präferenzvorstellungen bezüglich Breite, zeitlicher Struktur und Sicherheitsgrad des Zielstromes andererseits, zwischen Entscheidungszielen und Entscheidungs- oder Ergiebigkeitskriterien, zwischen Zielgröße und Zielvorschrift sowie zwischen Zielkriterien und Präferenzstruktur.

In einem etwas anderen Sinne unterscheidet Heinen (1976) zwischen Zielen und Entscheidungsregeln. Die Unternehmungsziele selbst sind nach dieser Konzeption durch die drei Dimensionen Inhalt, angestrebtes Ausmaß und zeitlicher Bezug der Ziele gekennzeichnet. Die so charakterisierten Ziele erweisen sich als Wertprämissen für die Ableitung eindeutiger Entscheidungen als unzureichend, wenn gleichzeitig mehrere konfliktäre Ziele erstrebt werden oder unvollkommene Informationen über den Grad der Zielerreichnung vorliegen. Um auch angesichts konfliktärer Ziele sowie unvollkommener Informationen zu eindeutigen Entscheidungen zu gelangen, müssen die Ziele in diesen Fällen um Entscheidungsregeln ergänzt werden. Tatsächlich handelt es sich bei diesen Entscheidungsregeln – ähnlich wie bei den in der Zieldefinition selbst verankerten Präferenzen bezüglich Ausmaß und zeitlichem Bezug der Zielrealisation – um nichts Anderes als generelle Imperative über die Vorziehenswürdigkeit bestimmter Merkmalsausprägungen der Ergebnisse. Damit wird deutlich, dass diese Entscheidungsregeln als Bestandteil des Zielsystems selbst zu betrachten sind und dass sie – ihrem Wesensgehalt entsprechend – zusammen mit den Präferenzvorstellungen bezüglich Ausmaß und zeitlichem Bezug der Ziele Ausdruck der Intensität des Strebens nach den in der Ergebnisdefinition festgelegten Zielgrößen sind.

2.3.2 Anforderungen an das Zielsystem

In der Literatur über unternehmerische Ziele sind eine Reihe von Anforderungen erarbeitet worden, denen das Zielsystem als Grundlage für die Lösung betrieblicher Entscheidungsprobleme genügen muss.[11] Aus der Vielfalt der aufgestellten Postulate wollen wir hier nur drei für die betriebswirtschaftliche Entscheidungslehre besonders wichtig erscheinende Forderungen erörtern:

a) **Das Zielsystem muss vollständig sein.** Die Forderung nach Vollständigkeit des Zielsystems bezieht sich sowohl auf die in der Ergebnisdefinition festgelegten Zielinhalte als auch auf die Präferenzrelationen bezüglich der Ergebnismerkmale. Die Notwendigkeit einer vollständigen Erfassung der Zielgrößen wurde bereits in Abschnitt 2.2 aufgezeigt. Nur im Fall expliziter Erfassung aller verfolgten Zielgrößen ist es möglich, die Handlungsalternativen durch alle wertrelevanten Aspekte zu beschreiben und so die Voraussetzung für eine Bewertung der Aktionen anhand der erwarteten Aktionsresultate zu schaffen. Vollständigkeit der Präferenzrelationen besagt, dass der Entscheidungsträger bezüglich aller Ergebnismerkmale Präferenzrelationen besitzt, so dass die Herstellung einer eindeutigen Wertrangfolge unter den Aktionen erreicht werden kann.[12] Bei Verletzung dieser Forderung fehlt es an den erforderlichen Voraussetzungen zur Lösung konfliktärer Entscheidungssituationen, eine rationale Entscheidung ist nicht möglich.

b) **Die Ziele müssen operational sein.** Gemäß dieser nach den bisherigen Ausführungen selbstverständlichen Forderung müssen die Ziele so präzise formuliert sein, dass überprüft werden kann, bis zu welchem Grade sie erreicht werden. Beispielsweise ist die Zielformulierung „Erstrebe maximalen Gewinn!" unoperational. Abgesehen von der mangelnden Angabe einer Zeitpräferenz und einer Risiko- bzw. Unsicherheitspräferenz fehlt es an einer präzisen inhaltlichen Festlegung darüber, was unter Gewinn zu verstehen ist, etwa buchhalterischer Gewinn, kalkulatorischer Gewinn, Entnahme (bei vorgegebener Vermögenswerterhaltung) oder Vermögensänderung (bei vorgegebenem Entnahmeniveau).

   Für die Forderung nach Operationalität der Ziele lassen sich mehrere Begründungen anführen: Die Notwendigkeit operationaler Zielformulierungen ergibt sich zunächst aus dem Bestreben nach rationaler Entscheidungsfindung. Die Bestimmung der zieloptimalen Aktion setzt eine prospektive Messung des Zielrealisationsgrades der verfügbaren Aktionen voraus. Das Vorhandensein operationaler Ziele ist somit eine notwendige Voraussetzung für rationale Entscheidungen. Die Richtigkeit dieser Forderung wird nicht durch die Beobachtungen widerlegt, dass Ziele in der betrieblichen Praxis vor allem bei innovativen Entscheidungen oft erst nach Abschluss

---

11 Vgl. z.B. Schneeweiß (1991, 1992).

12 Die formalen Anforderungen an Präferenzrelationen werden in Abschnitt 2.4 behandelt.

des Entscheidungsprozesses präzisiert werden und so hauptsächlich der nachträglichen Rationalisierung und Begründung der gefällten Entscheidung dienen. Die erwähnte Beobachtung lässt vielmehr vermuten, dass sich die Forderung nach operationaler Zielformulierung noch nicht im erforderlichen Maße in der Praxis durchgesetzt hat bzw. dass ihre Realisierung vor allem bei tief greifenden unternehmenspolitischen Entscheidungen außerordentlich schwierig ist, weil die Bereitschaft der Organisationsteilnehmer zur Einigung auf präzise Ziele im Allgemeinen gering ist, wenn die zu treffenden unternehmenspolitischen Entscheidungen bedeutsamen Einfluss auf die Machtverteilung im Unternehmen haben.

Eine weitere Begründung für die Forderung nach Operationalität der Ziele ergibt sich aus der Notwendigkeit, die betrieblichen Entscheidungsprozesse arbeitsteilig zu vollziehen. Die Delegation von Entscheidungsbefugnissen auf organisatorisch nachgeordnete Entscheidungsträger erfordert, um unerwünschte Zielverschiebungen zu vermeiden, die Vorgabe operationaler Zielkriterien.

Schließlich sind operationale Ziele eine notwendige Voraussetzung für die ziel- und problemorientierte Ausrichtung des Informationssystems. Mangelnde Präzision der Zielvorstellungen führt zu der bekannten Produktion von Zahlenfriedhöfen, weil es an den notwendigen Selektionskriterien für die Steuerung der Informationsgewinnungs- und -verarbeitungsprozesse fehlt. Präzise Zielvorstellungen ermöglichen es, das Informationssystem auf die Beschreibung und Prognose entscheidungs- und zielrelevanter Sachverhalte auszurichten.

c) **Die Ziele müssen koordinationsgerecht sein**. Diese Forderung leitet sich aus der praktisch stets gegebenen Notwendigkeit her, das betriebliche Entscheidungsfeld in sachlich und zeitlich begrenzte Teilentscheidungskomplexe zu zerlegen, die isoliert voneinander – meist durch unterschiedliche Instanzen – gelöst werden. Die Zerlegung des betrieblichen Entscheidungsprozesses in Teilentscheidungen bewirkt, dass die zwischen den einzelnen Teilentscheidungen bestehenden sachlichen und zeitlichen Interdependenzen zerschnitten werden. Damit dennoch die Summe der isoliert getroffenen Teilentscheidungen eine für das Gesamtsystem zufrieden stellende Lösung ergibt, müssen die bestehenden sachlichen und zeitlichen Interdependenzen zwischen den Teilentscheidungen, deren Abstimmung sich bei simultaner Festlegung aller Teilentscheidungen automatisch ergibt, in den für die einzelnen Teilentscheidungen maßgebenden Zielgrößen soweit wie möglich erfasst werden. Die Zielfunktion eines – auf einen sachlich und zeitlich begrenzten Ausschnitt des betrieblichen Entscheidungsfeldes bezogenen – Entscheidungsmodells muss dann ausdrücken, welchen Beitrag der erfasste Teilbereich zur Zielrealisation in Bezug auf das gesamte betriebliche Entscheidungsfeld leistet. Auf diese Weise wird trotz dezentralen Aufbaus des betrieblichen Entscheidungsprozesses eine Koordination der Einzelentscheidungen herbeigeführt. Zum Beispiel ist die Verwendung von Opportunitätskosten zur Messung der Zielrealisation von Produktionsentscheidungen, die Erfassung von Fehlmengenkosten in der Zielfunktion für Beschaffungsentscheidungen sowie die Nutzung von Kalkulationszinsfüßen für die Bewertung von Investitionsalternativen eine Folge der Forderung nach koordinationsgerechter Zielformulierung im Falle partiell zu lösender Entscheidungsprobleme.

2.4 Messtheoretische Aspekte und Rationalitätspostulate

2.4.1 Bewertung der Aktionen und der Ergebnisse

Formal lässt sich die Verknüpfung von Ziel- und Feldinformationen zum Zweck der Aktionenbewertung als eine Abbildung

$$\Phi : A \to \mathbb{R}$$

kennzeichnen, mittels derer jeder Aktion $a \in A$ eine reelle Zahl $\Phi(a) \in \mathbb{R}$ derart zugeordnet wird, dass die natürliche Anordnung der den Aktionen zugeordneten Zahlen der (durch den Entscheidungsträger eingeschätzten) Wertrangfolge der Aktionen entspricht. In der Regel repräsentieren dabei größere Zahlen bessere Bewertungen. Dann muss für je zwei Aktionen $a_i, a_k \in A$ gelten:

$$\begin{aligned} a_k \succcurlyeq a_i &\iff \Phi(a_k) \geqq \Phi(a_i) \\ a_k \succ a_i &\iff \Phi(a_k) > \Phi(a_i) \\ a_k \sim a_i &\iff \Phi(a_k) = \Phi(a_i) \,. \end{aligned}$$

Dabei bedeuten die drei Symbole $\succcurlyeq, \succ, \sim$ die Präferenz,[13] die strikte Präferenz und die Indifferenz zwischen je zwei Aktionen. Die Bewertungsfunktion (= Präferenzfunktional) Φ repräsentiert also die Präferenzrelation $\succcurlyeq$, die der Entscheidungsträger bezüglich der Aktionen besitzt (oder besitzen sollte).

Ist die Bewertungsfunktion Φ gegeben und sind die Zahlen $\Phi(a)$ bekannt, so ist die Entscheidungssituation bis auf die Durchführung einer Maximierung bzw. Minimierung (die bei kontinuierlichem A eventuell mühsam sein können) formal bereits gelöst: Jede Aktion a^* aus A, die

$$\Phi(a^*) = \max_{a \in A} \Phi(a) \quad \text{bzw.} \quad \Phi(a^*) = \min_{a \in A} \Phi(a)$$

erfüllt, ist optimal und kann vom Entscheidungsträger ergriffen werden. Sofern nicht ausdrücklich anders vermerkt, wird Φ im Folgenden stets maximiert.

In der betrieblichen Praxis stellt sich – da Φ nicht automatisch gegeben ist – die Lösung einer Entscheidungssituation weitaus problematischer dar, es sei denn, die Entscheidungssituation ist so extrem einfach, dass dem Entscheidungsträger eine direkte Bewertung der Aktionen möglich ist. Für diesen letzteren Fall ist die Entscheidungstheorie überflüssig. Im allgemeinen Fall sind, wie etwa Abbildung 2.7 veranschaulicht, die mit einer Aktion a verknüpften Konsequenzen aber derart komplex, dass ihre simultane Berücksichtigung den Ent-

13 $a_k \succcurlyeq a_i$ besagt, dass der Entscheidungsträger die Aktion a_k mindestens so hoch einschätzt wie die Aktion a_i.

scheidungsträger überfordern würde. Hier soll und kann die Entscheidungstheorie dem Entscheidungsträger eine Hilfestellung geben, indem sie ihm eine oder mehrere Bewertungsfunktionen Φ anbietet, die bezüglich ihrer Eigenschaften gründlich analysiert und auf einfache, für den Entscheidungsträger überschaubare[14] Rationalitätspostulate zurückgeführt sind.

Die Bewertungsfunktion Φ muss auf einer Bewertung der den Aktionen zugeordneten Ergebnisse beruhen. Die (für den Entscheidungsträger zu komplizierte) unmittelbare Bewertung der Aktionen wird somit auf die (für den Entscheidungsträger einfachere) Bewertung der Ergebnisse zurückgeführt: Sind die Ergebnisse nur bezüglich (der Aktion und) des Zustandes zu unterscheiden, so sind an Stelle der Aktionen $a \in A$ lediglich die Ergebnisse x_{ij} zu bewerten. Die Bewertung der einzelnen Elemente x_{ij} der Ergebnismatrix (x_{ij}) ist offensichtlich einfacher und elementarer als die unmittelbare Bewertung der Aktionen, denn jede Aktion entspricht einer ganzen Zeile der Ergebnismatrix; so entspricht die Bewertung von a_i der Bewertung des n-Tupels

$$(x_{i1}, x_{i2}, \ldots, x_{in}) .$$

Noch offensichtlicher wird die Bewertungsvereinfachung, wenn die Ergebnisse außerdem bezüglich verschiedener Zeitpunkte t_h und verschiedener Ziele k_p zu unterscheiden sind und an Stelle der Aktionen lediglich die einzelnen x_{ij}^{hp} zu bewerten sind.

2.4.2 Nutzenmessung

Wir lassen nun der Einfachheit halber die Indizes bei den Ergebnissen weg und kennzeichnen die (im Zielsystem verankerte) Präferenzrelation zwischen den Ergebnissen $x, y, v, \ldots$ ebenfalls durch das Symbol $\succcurlyeq$. Es ist für den Aufbau einer Bewertungsfunktion Φ zweckmäßig, auch diese Präferenzrelation $\succcurlyeq$ durch eine nummerische Funktion u zu repräsentieren:

$$x \xrightarrow{\;u\;} u(x) \in \mathbb{R} .$$

Im Gegensatz zur Bewertungsfunktion Φ, die meist als Entscheidungsregel[15] oder auch als Präferenzfunktional bezeichnet wird, bezeichnet man die Bewertungsfunktion u üblicherweise als **Nutzenfunktion**. Für u muss also gelten:

$$\begin{aligned} x \succcurlyeq y &\iff u(x) \geqq u(y) \\ x \succ y &\iff u(x) > u(y) \\ x \sim y &\iff u(x) = u(y) . \end{aligned}$$

Nicht jede beliebige Präferenzrelation $\succcurlyeq$ kann allerdings durch eine nummerische Bewertungsfunktion u repräsentiert werden. Um zu einer nummerischen

---

[14] Es wäre nichts gewonnen, wenn die Beurteilung der angebotenen Funktionen Φ ebenso schwierig wäre wie das Ausgangsproblem, nämlich die Beurteilung der einzelnen Aktionen $a \in A$.

[15] Häufig wird als Entscheidungsregel auch die Bewertungsfunktion zusammen mit dem Imperativ „Wähle eine bezüglich Φ optimale Aktion a^* aus!" verstanden.

Bewertung zu gelangen, muss die Präferenzrelation $\succsim$ notwendigerweise vollständig und transitiv sein. Dabei bedeutet die **Vollständigkeit** von $\succsim$, dass je zwei Ergebnisse x, y bezüglich $\succsim$ miteinander verglichen werden können; für je zwei Ergebnisse x, y muss entweder $x \succsim y$ oder $y \succsim x$ (oder beides gleichzeitig, das heißt $x \sim y$) gelten. Die **Transitivität** von $\succsim$ bedeutet, dass für je drei Ergebnisse x, y, v gilt:

$$x \succsim y \text{ und } y \succsim v \Rightarrow x \succsim v\,.$$

Die Vollständigkeit verlangt also, dass der Entscheidungsträger in der Lage ist, Indifferenz oder Präferenz zwischen je zwei zu vergleichenden Ergebnissen festzustellen; er muss sich also über seine Ziele und Zielpräferenzen im Klaren sein. Die Transitivität wird häufig als logische Grundforderung gesehen. Verletzungen der Transitivität kommen dennoch gelegentlich in der Realität vor; vor allem deshalb, weil Ergebnisunterschiede oft erst jenseits bestimmter Fühlbarkeitsschwellen empfunden werden.[16] Diese Beobachtung spricht indessen nicht gegen die Vernünftigkeit der Transitivität als normativem Postulat rationalen Verhaltens.

Diese beiden notwendigen Voraussetzungen garantieren allerdings noch nicht, dass die Präferenzrelation $\succsim$ durch eine nummerische Funktion u repräsentiert werden kann; wie Debreu (1954) gezeigt hat, sind diese beiden Voraussetzungen aber fast[17] hinreichend. Wir wollen deshalb künftig die Existenz einer Nutzenfunktion u voraussetzen.

Wird die Präferenzrelation $\succsim$ durch die Funktion u repräsentiert, so wird die gleiche Präferenzrelation beispielsweise auch wiedergegeben durch die Funktionen $u' = 3u$, $u'' = u^5$, allgemein durch jede Funktion $\bar{u}$, die durch eine (streng) monoton wachsende Transformation aus u hervorgeht. Dies liegt daran, dass die Zuordnung

$$x \to u(x)$$

nur die eine Bedingung erfüllen muss, dass eine höhere Präferenz einer höheren Zahl entsprechen soll. Man bezeichnet eine Nutzenfunktion, an die nur diese Forderung gestellt wird und die infolgedessen nur bis auf (streng) monoton wachsende Transformationen festgelegt ist, als eine **ordinale Nutzenfunktion**. Bei einer ordinalen Nutzenfunktion u gibt der Größenvergleich zweier Nutzenwerte also nur an, **ob** ein Ergebnis gegenüber einem anderen präferiert wird, nicht jedoch, **in welchem Maße** dies der Fall ist. Eine ordinale Nutzenmessung ist z. B. dann ausreichend (vgl. Abschnitt 3.2), wenn nur Entscheidungen bei Sicherheit und einer Zielsetzung sowie einem einheitlichen Ergebniszeitpunkt behandelt werden. Für viele Entscheidungssituationen, die Gegenstand der folgenden Kapitel sind, ist es erforderlich, dass die verschiedenen Konsequenzen $x, y, \ldots$ gegeneinander abgewogen werden können, so etwa, wenn bei einer bestimmten Aktion eine gewisse Umsatzsteigerung gegenüber einer gewissen Gewinnschmälerung bewertet werden muss, oder wenn die mit einer

---

16 Vgl. z. B. Krelle (1961, S. 112); Schneeweiß (1967, S. 35).

17 Vgl. z. B. Henn/Opitz (1970, S. 37).

Aktion verknüpften Konsequenzen zufallsabhängig sind und das „Risiko kalkuliert" werden muss. Hierbei reicht eine ordinale Nutzenmessung nicht aus.

Ist der Entscheidungsträger zusätzlich in der Lage, eine vollständige und transitive Rangfolge für den Nutzenzuwachs, der durch Übergänge $[x \to y]$ zwischen je zwei Ergebnissen x und y induziert wird, aufzustellen, so lässt sich eine Nutzenfunktion u mit folgender Eigenschaft finden:[18] Der Übergang von x nach y wird gegenüber dem Übergang von $\bar{x}$ nach $\bar{y}$ genau dann präferiert, das heißt

$$[x \to y] \succ [\bar{x} \to \bar{y}]$$

(bzw. als gleichwertig empfunden), wenn

$$u(y) - u(x) > (\text{bzw.} =)\ u(\bar{y}) - u(\bar{x})$$

gilt. Eine derartige Funktion u wird als **kardinale Nutzenfunktion** oder **Höhenpräferenzfunktion** bezeichnet. Andere Bezeichnungen sind **kardinal messende Nutzenfunktion** (Dyckhoff, 1993) oder **messbare Wertfunktion** (Eisenführ et al., 2016). Eine kardinale Nutzenfunktion ist bis auf wachsende affin-**lineare** Transformationen[19] eindeutig bestimmt. Ist andererseits eine Nutzen- oder Bewertungsfunktion bis auf wachsende lineare Transformationen eindeutig bestimmt, so wird sie häufig bereits auf Grund dieses Umstandes als kardinal bezeichnet (wie die Bernoulli-Nutzenfunktion in Kapitel 4). Dyckhoff (1993) kritisiert diese notationelle Nachlässigkeit und macht sie für zahlreiche Missverständnisse verantwortlich. Wenn man im entscheidungstheoretischen Kontext auf den Begriff „kardinal" stößt, sollte man sich deshalb stets fragen, ob damit lediglich die Invarianz gegenüber wachsenden linearen Transformationen oder obige weitergehende Forderung bezüglich des Übergangs zwischen Konsequenzen (oder sonstigen Vergleichsobjekten) gemeint ist.

2.4.3 Entscheidungsmatrix, Nutzenmatrix, Schadensmatrix, Opportunitätskostenmatrix

Durch die (ordinale oder kardinale) Nutzenfunktion u wird dem Ergebnis x_{ij} der Nutzenwert

$$u_{ij} = u(x_{ij})$$

zugeordnet; es ist also

$$u_{ij} > u_{kj}$$

genau dann, wenn x_{ij} gegenüber x_{kj} präferiert wird, und es ist

$$u_{ij} = u_{kj}$$

---

18 Vgl. z. B. Schneeweiß (1963); Krelle (1968) sowie insbesondere Wilhelm (1986); Kürsten (1992a); Dyckhoff (1993).

19 Eine Abbildung f heißt linear, falls für alle x aus der Urbildmenge $f(x) = \alpha x$ mit $\alpha \in \mathbb{R} \setminus \{0\}$ gilt, und affin, falls $f(x) = \alpha x + \beta$ mit $\alpha, \beta \in \mathbb{R}$, $\alpha \neq 0$ gilt. Auf diese Unterscheidung werden wir im Folgenden jedoch verzichten und Transformationen des Typs $f(x) = \alpha x + \beta$ als „linear" bezeichnen.

genau dann, wenn der Entscheidungsträger zwischen x_{ij} und x_{kj} indifferent ist. Die Matrix

$$U = \begin{pmatrix} u_{11} & \cdots & u_{1n} \\ \vdots & \ddots & \vdots \\ u_{m1} & \cdots & u_{mn} \end{pmatrix}$$

heißt **Nutzenmatrix** oder **Entscheidungsmatrix**. Entsprechend zu Abbildung 2.7 kann die Entscheidungsmatrix auch noch weiter disaggregiert werden. Bei der speziellen Nutzenfunktion $u(x) = x$ stimmt die Entscheidungsmatrix mit der Ergebnismatrix überein.

Die Aktion a_i entspricht der i-ten Zeile der Entscheidungsmatrix. Die Bewertungsfunktion Φ aggregiert die der Aktion a_i entsprechenden Nutzenwerte[20]

$$(u_{i1}, u_{i2}, \ldots, u_{in})$$

zur Beurteilungsgröße $\Phi(a_i)$. Es ist eine selbstverständliche Forderung an Φ, dass die Willkür in der Festlegung der nummerischen Werte u_{ij} keinen Einfluss auf die optimale Entscheidung haben sollte. Das heißt, die Entscheidungsregel Φ sollte so konzipiert sein, dass die Rangfolge der Zahlen $\Phi(a_1), \Phi(a_2), \ldots$ gegenüber den zulässigen (wachsenden oder wachsenden linearen) Transformationen der Nutzenwerte invariant ist. In den Kapiteln 4 und 5 wird hierauf bei der Diskussion spezieller Entscheidungsregeln Φ noch mehrfach hingewiesen.

Es hat sich in einigen Teilbereichen der Entscheidungstheorie (z. B. in der statistischen Entscheidungstheorie, vgl. Abschnitt 6.3) eingebürgert, die Ergebnisse anstatt mit der Nutzenfunktion u mit einer **Schadensfunktion** (oder Verlustfunktion) s zu bewerten. Durch die Schadensfunktion s wird jedem Ergebnis x_{ij} eine Zahl

$$s_{ij} = s(x_{ij})$$

zugeordnet; es ist demnach

$$s_{ij} > s_{kj}$$

genau dann, wenn x_{kj} gegenüber x_{ij} präferiert wird, und es ist

$$s_{ij} = s_{kj}$$

genau dann, wenn zwischen x_{ij} und x_{kj} Indifferenz herrscht. Die Matrix

$$S = \begin{pmatrix} s_{11} & \cdots & s_{1n} \\ \vdots & \ddots & \vdots \\ s_{m1} & \cdots & s_{mn} \end{pmatrix}$$

heißt **Schadensmatrix**.

---

[20] Bei Regret-Kriterien (vgl. Abschnitt 5.3) sind sogar die außerhalb der i-ten Zeile notierten Nutzenwerte von Belang.

Liegt einem Entscheidungsproblem eine kardinale Nutzenmessung zu Grunde, so ist es häufig zweckmäßig, folgendermaßen zu einer speziellen Schadensmatrix, nämlich zur **Opportunitätskostenmatrix** überzugehen:

$$s_{ij} = \max_k u_{kj} - u_{ij} .$$

So entspricht beispielsweise der Nutzenmatrix

$$U = \begin{pmatrix} 8 & 2 & 3 & 5 \\ 5 & 7 & 3 & 10 \end{pmatrix}$$

die Opportunitätskostenmatrix

$$S = \begin{pmatrix} 0 & 5 & 0 & 5 \\ 3 & 0 & 0 & 0 \end{pmatrix} .$$

In jeder Spalte der Opportunitätskostenmatrix muss notwendigerweise mindestens eine Null vorkommen. Die Elemente der Opportunitätskostenmatrix werden als Opportunitätskosten, Opportunitätsverluste, Nutzenentgang, Ungewissheitskosten, Fehlentscheidungskosten und dergleichen bezeichnet. Es handelt sich um **relative, bedingte** Verluste infolge einer Fehlentscheidung. Von **relativen** Verlusten muss gesprochen werden, weil es sich hier nicht um realisierte Verluste etwa im Sinne der betriebswirtschaftlichen Bilanzlehre, sondern um entgangene Nutzeneinheiten handelt, die auf eine nachträglich gesehen nicht optimale Entscheidung zurückzuführen sind. Es handelt sich um **bedingte** Verluste, weil die entgangenen Nutzenwerte jeweils unter der Bedingung eines bestimmten Zustandes ermittelt werden.

2.4.4 Dominanzprinzip

Die Spalten der Entscheidungsmatrix U entsprechen bisher den relevanten Zuständen. Formal dieselbe Entscheidungsmatrix erhält man, wenn man (die Aktionen beibehält, jedoch) an Stelle der relevanten Zustände alternativ

- verschiedene Ziele,
- verschiedene Zeitpunkte oder Zeitintervalle,
- verschiedene Entscheidungsträger

setzt. Die Spalten einer Entscheidungsmatrix können demnach unterschiedlich interpretiert werden. Allgemein definiert man für eine gegebene Entscheidungsmatrix U, dass eine Aktion a_i die Aktion a_q **dominiert**, wenn a_i bezüglich keines Kriteriums (das heißt bezüglich keiner Spalte) schlechter und bezüglich mindestens eines Kriteriums besser als a_q ist. Aktionen, die von keiner anderen Aktion dominiert werden, heißen **undominiert**. Für „undominiert" existiert je nach Interpretation der Spalten eine Reihe von Synonyma. So heißen undominierte Aktionen auch

- **effizient** (oder vektoroptimal oder funktional-effizient), wenn die Spalten verschiedenen Zielen entsprechen,
- **zeitlich effizient**, wenn die Spalten verschiedenen Zeiten entsprechen,

- **paretooptimal**, wenn die Spalten verschiedenen Entscheidungsträgern entsprechen,
- **zulässig** (häufig jedoch auch **effizient**), wenn die Spalten verschiedenen Zuständen entsprechen.

Mithilfe des Begriffs der undominierten Aktion lässt sich neben den bereits erwähnten Rationalitätspostulaten (Transitivität und Vollständigkeit der Präferenzordnung) ein weiteres Rationalitätspostulat, nämlich das **Dominanzprinzip**, kurz und bündig formulieren. Es besagt: „Setze ausschließlich undominierte Aktionen ein!“ Offensichtlich handelt es sich hierbei um ein sehr plausibles Rationalitätspostulat.

2.5 Klassifikation von Entscheidungsmodellen

Entscheidungsmodelle lassen sich nach den unterschiedlichsten Gesichtspunkten klassifizieren. Eine (nicht erschöpfende) Liste von Klassifikationsgesichtspunkten ist nachstehend aufgeführt. Auf die Behandlung weiterer Gesichtspunkte musste im Rahmen dieser Einführung verzichtet werden. So blieb beispielsweise die Unterscheidung in „harte“ und „weiche“ Modelle unberücksichtigt. Bei weichen Modellen versucht man der Tatsache Rechnung zu tragen, dass Modelldaten wie etwa die Aktionenmenge A häufig keine scharf abgegrenzten Mengen darstellen. Unterliegen z. B. die Marketing- oder Investitionsentscheidungen einer Budgetrestriktion von 100 000 Euro, so sind Aktionen, die ein Budget von 100 001 Euro beanspruchen, vom praktischen Standpunkt aus wohl nicht völlig auszuschließen; sie sind sicherlich mit geringerem Recht auszuschließen als Aktionen, die ein Budget von 200 000 Euro verschlingen. Solche Situationen können durch Zuhilfenahme **unscharfer Mengen** (fuzzy sets) modelliert werden. Eine unscharfe Menge ist durch eine Zugehörigkeitsfunktion definiert, die im Beispiel der Aktionenmenge besagt, dass bestimmte Aktionen auf jeden Fall zu berücksichtigen sind (Wert der Zugehörigkeitsfunktion = 1), gewisse Aktionen möglicherweise (Zugehörigkeitsfunktion zwischen 0 und 1) und gewisse Aktionen sicher auszuschließen sind (Zugehörigkeitsfunktion = 0). In diesem Sinne behandeln wir hier ausschließlich scharfe Mengen bzw. harte Modelle. Wegen detaillierter Ausführungen über die 1965 von Zadeh eingeführten unscharfen Mengen sei auf die Lehrbücher von Rommelfanger (1994) und Rommelfanger/Eickemeier (2002) verwiesen sowie auf die seit 1978 erscheinende Zeitschrift „Fuzzy Sets and Systems“. Für eine begriffliche Abgrenzung der in der Entscheidungstheorie und in diesem Buch primär untersuchten Entscheidungssituation genügt eine Klassifikation nach den im Folgenden aufgeführten Aspekten. Das angegebene Kapitel behandelt jeweils schwerpunktmäßig den betreffenden Gesichtspunkt:

a) Bezüglich der Anzahl der Zielsetzungen lässt sich eine grobe Einteilung in Modelle mit einer Zielsetzung und in Modelle mit mehreren Zielsetzungen vornehmen (Kapitel 3).

b) Bezüglich des Informationsstandes des Entscheidungsträgers über den wahren Umfeldzustand lassen sich Sicherheitssituationen (Kapitel 3), Risikosituationen (Kapitel 4), Ungewissheitssituationen (Kapitel 5) sowie verschiedene Mischformen (Kapitel 6) unterscheiden. Im Fall von Sicherheitssituationen wird auch von deterministischen Entscheidungsmodellen, bei Risikosituationen wird auch von stochastischen Entscheidungsmodellen gesprochen.

c) Bezüglich des nicht beeinflussbaren Teils des Entscheidungsfeldes lassen sich Entscheidungssituationen mit dem fiktiven Gegenspieler „Umfeld" von solchen Entscheidungssituationen unterscheiden, bei denen der Entscheidungsträger mit einem oder mehreren rational handelnden Gegenspielern konfrontiert ist (Kapitel 7).

d) Bezüglich des Entscheidungsträgers lassen sich Entscheidungssituationen, bei denen der Entscheidungsträger ein Individuum ist, von Entscheidungssituationen unterscheiden, bei denen der Entscheidungsträger ein Gremium ist. Sind die Präferenzen nicht einheitlich, so liegt ein Entscheidungsproblem mit mehreren Zielsetzungen vor. Für das Entscheidungsgremium stellt sich die Frage, wie es sich auf eine gemeinsame Aktion einigen soll (Kapitel 8).

e) Bezüglich der zeitlichen Interdependenz der zu treffenden Entscheidungen lässt sich eine Unterscheidung in statische und in dynamische Modelle vornehmen (Kapitel 9).

An Stelle von statischen bzw. dynamischen Entscheidungsmodellen wird häufig auch von einstufigen bzw. mehrstufigen Entscheidungsmodellen gesprochen. Statische Entscheidungsmodelle betreffen Entscheidungen, die unabhängig von später zu treffenden Folgeentscheidungen getroffen werden. Eine solche Entscheidung verliert ihren statischen Charakter nicht dadurch, dass die Ergebnisse der verschiedenen Aktionen nicht jeweils zu einem bestimmten, sondern zu mehreren hintereinander liegenden Zeitpunkten anfallen. Dynamische Entscheidungsmodelle betreffen Entscheidungen (Entscheidungssequenzen, Entscheidungsprozesse), die in Interdependenz stehen und hintereinander zu treffen sind. Ein Beispiel mag zur Veranschaulichung der Interdependenz dienen:

Ein Unternehmen möchte ein neues Produkt auf den Markt bringen. Die künftige Absatzentwicklung dieses neuen Produktes ist ungewiss. Man rechnet damit, dass das Produkt eine voraussichtliche Lebensdauer auf dem Markt von rund zehn Jahren hat. Es ist zu entscheiden, ob für die Herstellung des Produktes eine große oder eine kleine Fabrik gebaut werden soll. Möglicherweise wird die Nachfrage während der ersten zwei Jahre groß sein, sie kann jedoch zurückgehen, wenn einige anfängliche Käufer mit dem Produkt nicht mehr zufrieden sind. Entscheidet man sich jetzt für eine große Fabrik, so muss später entschieden werden, ob und wie im Falle des Umsatzrückgangs Kapazitäten abgebaut werden sollen oder nicht. Ein hoher Umsatz zu Beginn kann jedoch ein Hinweis darauf sein, dass sich das Produkt für längere Zeit gut in den Markt einführen wird. Entscheidet man sich jetzt für eine kleinere Fabrik, so stellt sich in diesem Falle später die Frage, ob und in welchem Umfange diese Fabrik auszubauen ist.

Berücksichtigt man z. B. primär nur die drei Gesichtspunkte a), b) und e), so ergibt sich eine Klassifikation, die durch den Baum der Abbildung 2.8 veranschaulicht wird.

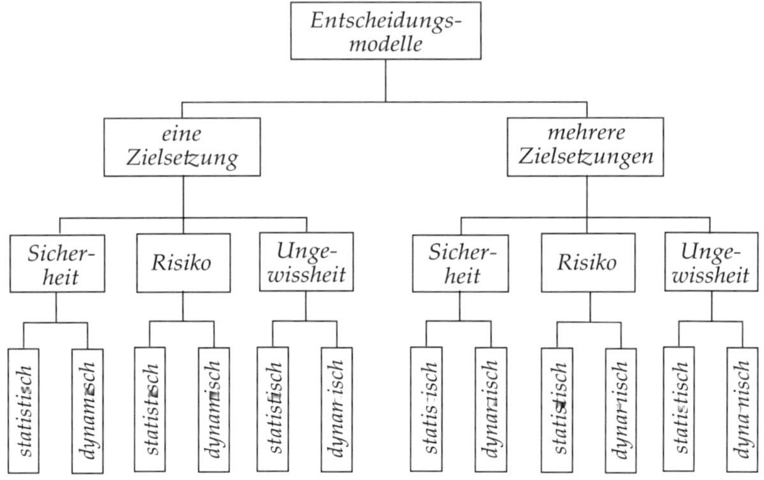

Abb. 2.8: Klassifikation von Entscheidungsmodellen nach drei Kriterien

3. Entscheidungen bei Sicherheit

3.1 Sicherheitssituationen

Wie in Abschnitt 2.2 ausgeführt, ist eine Sicherheitssituation dadurch charakterisiert, dass für jede Aktion der Realisationsgrad aller verfolgten Zielgrößen eindeutig feststeht. Der Fall vollkommener Informationen bezüglich der zielrelevanten Ergebnisse dürfte in der Wirklichkeit nur selten anzutreffen sein. Dennoch kommt der Sicherheitssituation für die Formulierung von Entscheidungsmodellen in der Praxis eine relativ große Bedeutung zu. Die Ursache hierfür dürfte die in der Praxis oft gegebene Notwendigkeit zu stark vereinfachter Modellbildung sein. Speziell die vielfältigen in der Praxis eingesetzten kostenrechnerischen Entscheidungsmodelle sowie die zur Vorbereitung von Fusionen sowie Unternehmenskäufen und -verkäufen angewendeten Gesamtbewertungsmodelle beruhen zumeist auf der Annahme sicherer bzw. quasi-sicherer Zukunftserwartungen. Deneben existieren aber auch Ansätze zur expliziten Erfassung unvollkommener Informationsstrukturen in den kostenrechnerischen Entscheidungsmodellen[1] und in den Modellen zur Bewertung ganzer Unternehmen.[2]

Entscheidungsmodelle unter Sicherheit stellen in den meisten Fällen drastisch vereinfachte Abbilder der Wirklichkeit dar. In einem deterministischen Entscheidungsmodell gilt die Annahme, dass nur mit einem Zustand der Welt zu rechnen ist und dass diesem Zustand je Zielart eindeutig ein Ergebniswert zugeordnet werden kann. Diese Annahme hat ihre Ursache im Allgemeinen in einer starken Vereinfachung der entscheidungsvorbereitenden Informationsaktivitäten: Bereits im Stadium der Informationsgewinnung werden die unsicheren Erwartungen durch Vornahme von Risikoab- bzw. -zuschlägen auf einwertige, quasi-sichere Erwartungen reduziert. Weiterhin besteht die Möglichkeit, das Modell jeweils unter einer anderen Hypothese über die Umfeldentwicklung, z. B. nacheinander unter optimistischen oder pessimistischen Zukunftserwartungen, durchzurechnen. Jeder dieser Modellansätze entspricht dann für sich gesehen der Struktur eines deterministischen Entscheidungsmodells.

Entscheidungstheoretisch sind diese Vereinfachungen unbefriedigend; nur wenn die ungewissen Erwartungen explizit im Modell erfasst werden, ist es dem Entscheidungsträger möglich, die mit den einzelnen Aktionen verbundenen Risiken und Chancen zu analysieren und so zu einer der tatsächlichen Situation und seiner Risikoneigung angemessenen Entscheidung zu gelangen.

---

1 Vgl. z. B. Coenenberg (1967, 1969).

2 Vgl. z. B. Coenenberg (1970, 1971); Laux (1971); Kromschröder (1979); Bamberg et al. (2004); Kruschwitz/Löffler (2006); Ballwieser/Hachmeister (2016).

Nicht in allen Fällen werden sich indessen in der Praxis Vereinfachungen bei der informatorischen Fundierung von Entscheidungen vermeiden lassen. Das Modell mag dann zu ungünstigeren Lösungen führen als bei expliziter Berücksichtigung aller Informationen über die zukünftige Entwicklung. Ein Modell ist aber auch bereits dann von Nutzen, wenn sein Einsatz zu besseren Lösungen führt, als sie ohne eine Modellanalyse erarbeitet werden könnten.

Für die Lösung deterministischer Entscheidungsmodelle ist es formal irrelevant, ob tatsächlich vollkommene Informationen vorliegen oder ob die Annahme einer Sicherheitssituation lediglich Folge eines vereinfachten Informationsprozesses ist. Das entscheidungstheoretische Problem für die Lösung von Entscheidungsmodellen unter Sicherheit besteht in der Formulierung von Präferenzrelationen bezüglich des Ausmaßes der erstrebten Zielgröße und – soweit gleichzeitig mehrere Zielgrößen verfolgt werden – bezüglich der verschiedenen Zielgrößen selbst. Zur Diskussion dieser beiden Problemstellungen unterscheiden wir im Folgenden zwischen Entscheidungen bei einer Zielsetzung und Entscheidungen bei mehreren Zielsetzungen. Fragen der nummerischen Lösbarkeit von Entscheidungsmodellen unter Sicherheit, für die vor allem die Verfahren der mathematischen Programmierung von Bedeutung sind, bleiben bis auf die Aufgaben in Abschnitt 3.6 außer Betracht.

3.2 Entscheidungen bei einer Zielsetzung

Mit der Reduktion des Entscheidungsmodells auf nur eine Zielgröße wird eine weitere Vereinfachung der Modellbildung in Kauf genommen: Obwohl den betrieblichen Entscheidungen in der Wirklichkeit meist mehrfache Zielsetzungen zu Grunde liegen, wird aus der Menge der zielrelevanten Ergebnisse jeweils nur eine Ergebnisart explizit im Modell erfasst. So beruhen die meisten praktisch verwendeten Entscheidungsmodelle entweder auf der Zielsetzung der Gewinnmaximierung oder der Kostenminimierung.

Hinsichtlich der praktischen Bedeutung von Entscheidungsmodellen mit einer Zielsetzung gelten die in Abschnitt 3.1 gemachten Ausführungen über die Annahme vollkommener Informationen entsprechend. Entscheidungsmodelle mit einer Zielsetzung widersprechen zwar in den meisten Fällen der Forderung nach Vollständigkeit der Zielformulierung, nach der alle vom Entscheidungsträger verfolgten Zielgrößen explizit im Modell zu erfassen sind (vgl. Abschnitt 2.3). Soweit der praktische Einsatz der sich dann ergebenden komplexeren Modelle auf der Basis multipler Zielsetzungen nur unter großen Reibungsverlusten oder überhaupt nicht möglich erscheint, ist es jedoch immer noch besser, mit vereinfachten Modellen zu rechnen, als auf eine modellanalytische Fundierung der Entscheidungen ganz zu verzichten. Unter diesem Gesichtspunkt kommt den Gewinnmaximierungs- und Kostenminimierungsmodellen – trotz der berechtigten Kritik an der einseitigen Ausrichtung auf nur eine Zielgröße – eine wesentliche Bedeutung zu. Zudem spielen finanzielle Maßgrößen wie Gewinn, Vermögen, Entnahmen oder Kosten in den meisten Unternehmen eine maßgebende Rolle, so dass Entscheidungsmodelle, die zu finanziell optimalen Handlungsvorschlägen führen, auch dann von Wert sind, wenn im Hinblick auf andere, nicht finanzielle Zielgrößen anders entschieden wird. Ein solches Modell gibt dann Rechenschaft darüber, mit welchen finanziellen Einbußen die Verfolgung der im Modell nicht erfassten Zielsetzungen erkauft wird.

Die Bewertung von Aktionen unter der Annahme vollkommener Informationen über das Entscheidungsfeld setzt bei nur einer Zielgröße lediglich die Kenntnis der Präferenzvorstellungen des Entscheidungsträgers bezüglich der Ergebnishöhe voraus. Ohne Beschränkung der Allgemeinheit wollen wir für die folgenden Ausführungen davon ausgehen, dass die Ergebnisse als reelle Zahlen vorliegen. Präferenzvorstellungen bezüglich der anderen Ergebnismerkmale werden definitionsgemäß nicht benötigt.

Auf Grund dieser stark vereinfachten Problemstruktur wurden Entscheidungen bei Sicherheit und einer Zielgröße im Rahmen der Entscheidungstheorie so lange nicht als eigenständiges Problem behandelt, wie man ausschließlich von der Annahme unbegrenzter Zielsetzung in Gestalt der Ergebnismaximierung bzw. Ergebnisminimierung ausging. Erst seitdem der Extremierungsannahme die Annahme einer begrenzten, anspruchsniveaubezogenen Zielformulierung zur Seite gestellt wurde, ist die Frage nach dem angestrebten Zielausmaß zu einem Diskussionspunkt im Rahmen der betriebswirtschaftlichen Entscheidungstheorie geworden.

Bei Vorliegen einer unbegrenzten Zielsetzung ist die Bestimmung der optimalen Aktion aus der Menge der möglichen Aktionen unproblematisch. Da jede Handlungsalternative eindeutig durch ein Ergebnis x charakterisiert ist, werden die Aktionen entsprechend der Höhe der Ergebnisse in eine aufsteigende oder absteigende Rangfolge gebracht. Diejenige Aktion ist optimal, die in der Bewertungsrangfolge den höchsten Platz einnimmt.

Bei begrenzter Zielsetzung, die sich im Streben nach einem zufrieden stellenden Anspruchsniveau äußert, liegt eine relativ grobe ordinale Nutzenmessung vor, die zu einer Zerlegung aller denkbaren Ergebnisse in zwei Klassen führt: In die Klasse der befriedigenden und in die Klasse der unbefriedigenden Ergebnisse. Die Ergebnisse innerhalb jeder Klasse werden als gleichwertig betrachtet. Sind c und d Zahlen mit $d > c$ und bezeichnet x^* das Anspruchsniveau, so lässt sich die der anspruchsniveaubezogenen Zielvorstellung entsprechende Nutzenfunktion wie folgt darstellen:

$$u(x) = \begin{cases} c, & \text{für } \; x < x^* \\ d, & \text{für } \; x \geqq x^* \,. \end{cases}$$

Die Verwendung einer anspruchsniveaubezogenen Nutzenfunktion führt genau dann zu einer eindeutigen Lösung des Entscheidungsproblems, wenn nur eine der verfügbaren Aktionen dem Kriterium des Anspruchsniveaus entspricht. Ist diese Voraussetzung nicht erfüllt, dann gibt es entweder keine oder keine eindeutige Lösung des Entscheidungsproblems. Beide Szenarien sollen – exemplarisch für das Maximierungsproblem – getrennt betrachtet werden:

a) Keine der verfügbaren Aktionen genügt dem vom Entscheidungsträger vorgegebenen Anspruchsniveau; es liegen also ausschließlich nicht befriedigende Alternativen vor. In diesem Falle existiert zunächst keine Lösung des Entscheidungsproblems, da die anspruchsniveaubezogene Nutzenfunktion keine Differenzierung der realisierbaren Ergebnisse nach ihrer Wünschbarkeit erlaubt. Soll das Entscheidungsproblem dennoch gelöst werden, dann bietet sich als Ausweg an, das Anspruchsniveau schrittweise soweit zu reduzieren, bis eine der zunächst als unbefriedigend gekennzeichneten Alternativen vom Entscheidungsträger akzeptiert wird. Eine solche Anspruchsniveaureduktion bedeutet, dass die zu realisierende Aktion aus der Menge der unbefriedigenden Aktionen entsprechend einer Extremalzielvorstellung zu wählen ist. Die zunächst als unbefriedigend klassifizierten Aktionen dürfen dann aber nicht mehr als gleichwertig betrachtet werden, sondern müssen entsprechend der Höhe ihrer Ergebnisse in eine Rangordnung gebracht werden. Die Nutzenfunktion nimmt dann folgende Gestalt an:

$$u(x) = \begin{cases} h(x), & \text{für } x < x^* \\ d, & \text{für } x \geqq x^* , \end{cases}$$

wobei h eine monoton steigende Funktion mit $d = h(x^*)$ ist und x^* das ursprüngliche Anspruchsniveau bezeichnet.

b) Sind mehrere zufrieden stellende Alternativen bekannt, dann führt die anspruchsbezogene Ergebnisbewertung nicht zu einer eindeutigen Lösung des Entscheidungsproblems. Denn alle Aktionen, die dem gesetzten Anspruchsniveau genügen, werden als gleichwertig erachtet. Eine eindeutige Lösung lässt sich in der Regel herbeiführen, indem das Anspruchsniveau so weit erhöht wird, bis nur noch eine zufrieden stellende Handlungsalternative übrig bleibt. Eine solche Anhebung des Anspruchsniveaus bedeutet, dass die zufrieden stellenden Alternativen entsprechend der Ergebnishöhe in eine Rangordnung gebracht werden. Die Nutzenfunktion nimmt dann folgende Gestalt an:

$$u(x) = \begin{cases} c, & \text{für } x < x^* \\ h(x), & \text{für } x \geqq x^* , \end{cases}$$

wobei h eine monoton steigende Funktion mit $d = h(x^*)$ ist und x^* wiederum das ursprüngliche Anspruchsniveau bezeichnet.

Fasst man die in a) und b) angestellten Überlegungen zusammen, so ergibt sich für den Gesamtbereich der Ergebnisse eine der Extremalzielsetzung entsprechende Nutzenfunktion $u(x) = h(x)$. Mit anderen Worten: Existenz und Eindeutigkeit der Lösung des gestellten Entscheidungsproblems sind in der Regel nur gewährleistet, falls sofortige Änderungen des Anspruchsniveaus vorgenommen werden können, wenn also praktisch die anspruchsniveaubezogene Zielsetzung durch eine Extremwertforderung ersetzt bzw. ergänzt wird. Bei gegebenen Informationen über das Entscheidungsfeld führt somit nur eine Extremalzielvorstellung zu einer sinnvollen Entscheidungsregel. Die Orientierung an einem Anspruchsniveau erscheint dagegen unplausibel: Bei einem ausschließlich gewinnorientierten Ziel erscheint es beispielsweise kaum vorstellbar, dass ein Entscheidungsträger aus mehreren zufrieden stellenden Aktionen nicht die gewinngünstigste wählt.

Dem steht die Erkenntnis der deskriptiven Entscheidungsforschung (vgl. Abschnitt 1.2) nicht entgegen, dass anspruchsniveaubezogenen Zielsetzungen dann eine große praktische Bedeutung zukommt, wenn es nicht um die Lösung eines Entscheidungsproblems bei bekannten Handlungsmöglichkeiten, sondern um die Bewältigung des Suchprozesses selbst geht. Angemessenheitsvorstellungen dienen hier als Stoppregeln zur Vereinfachung des Informationsgewinnungsprozesses: Die Suche nach Handlungsalternativen endet mit dem Auffinden einer zufrieden stellenden Aktion.

3.3 Entscheidungen bei mehreren Zielsetzungen

3.3.1 Praktische Bedeutung

Entscheidungsmodelle mit mehreren Zielsetzungen (Vektoroptimierungsmodelle, multikriterielle Entscheidungsmodelle) beschreiben die Realität im Allgemeinen besser als die allein an der Zielsetzung der Gewinnmaximierung oder der Kostenminimierung orientierten Entscheidungsmodelle. Dementsprechend befassen sich viele Beiträge zur Entscheidungslehre mit der Typisierung und Erfassung multipler Zielsetzungen im allgemeinen Entscheidungsmodell.[3]

Darüber hinaus finden sich zahlreiche Versuche, für die Optimierung konkreter betrieblicher Entscheidungsprobleme Modelle mit mehreren Zielsetzungen zu formulieren. So sind z. B. von Hax (1993) Modelle der Investitionsplanung erörtert worden, in denen an Stelle der früher vorwiegend üblichen Kapitalwertmaximierung die konkurrierenden Zielsetzungen der Endwertmaximierung sowie der Entnahmemaximierung berücksichtigt werden. Auch den Planungsmodellen zur Produktionsprozessstrukturierung liegen normalerweise unterschiedliche Zielsetzungen wie Minimierung der Gesamtlagerzeiten, Minimierung der Gesamtvorbereitungszeiten, Minimierung der Terminüberschreitungen, Minimierung der Durchlaufzeiten oder Minimierung der Wartezeiten zu Grunde. Die gleichzeitige Berücksichtigung von Umsatz- und Gewinnzielen findet sich in etlichen preispolitischen Modellen. Wegen unterschiedlicher Zielsetzungen im Rahmen der Finanzierungstheorie sei insbesondere auf Loistl (1994), Spremann (2007) sowie Franke/Hax (2009) verwiesen. Schließlich begründen die ökologischen Probleme auch auf betriebswirtschaftlicher Ebene ein ganzes Bündel wichtiger Ziele wie etwa Luftreinhaltung, Wasserreinhaltung, Lärmschutz, Entsorgung oder Wiederverwertbarkeit von Verpackung und Endprodukt.[4]

---

[3] Vgl. z. B. Fandel (1972, 1979b); Mag (1976); Hauschildt (1977); Isermann (1979); Weber (1983, 1985); Fandel/Gal (1997); Keeney/Raiffa (1999); Nitzsch (2014).

[4] Vgl. z. B. Haasis (1994); Richter (1996).

Große Bedeutung kommt dem Problem mehrfacher Zielsetzungen in der betrieblichen Praxis für die Beurteilung und Auswahl komplexer Projekte zu, die sich wegen ihrer Komplexität nicht durch ein einziges Zielkriterium wie Gewinn oder Kosten, sondern nur durch eine Vielzahl unterschiedlichster Kriterien in ihrer ökonomischen Bedeutung voll erfassen lassen. Charakteristisch für solche Projektbewertungen ist, dass neben wenigen quantitativen Zielkriterien wie Kosten, Kapitalbindung und Ähnlichem im Allgemeinen eine Vielzahl qualitativer Kriterien zu berücksichtigen ist. Zur Behandlung dieser semiquantitativen Problemstellungen eignen sich so genannte Rangfolge-Modelle (Scoring-Modelle). Wichtige Anwendungsbereiche für Rangfolge-Modelle sind insbesondere die Standortplanung und die Beurteilung von Forschungs- und Entwicklungsprojekten.

3.3.2 Präferenzunabhängigkeit

Wie in Abschnitt 3.2 gezeigt wurde, kann bei einfacher Zielsetzung die optimale Aktion unmittelbar aus den Nutzenwerten der Ergebnisse bestimmt werden. Bei mehreren Zielsetzungen genügt die Bewertung der einzelnen Ergebnisse hingegen nicht. Es ist sogar fraglich, ob von einer „Bewertung einzelner Ergebnisse" gesprochen werden kann. Ist beispielsweise die Präferenz zwischen Ergebnissen bezüglich des ersten Ziels davon abhängig, welches die Ergebnisse bezüglich der restlichen Ziele sind, so wäre es in der Tat ein sinnloses Unterfangen, eine (nur auf den Ergebnissen bezüglich Ziel 1 definierte) partielle Nutzenfunktion aufstellen zu wollen. Zur Illustration werde ein leicht einprägsames und deshalb häufig zitiertes Beispiel aus dem kulinarischen Bereich verwendet: Bei der Entscheidung über ein Abendessen seien die beiden Zielsetzungen „Getränk" und „Hauptgang" relevant, wobei als jeweilige Ergebnismengen lediglich {Rotwein, Weißwein} sowie {Fisch, Steak} betrachtet werden. Da mehrheitlich die Meinung vertreten wird, dass Weißwein besser zu Fisch und Rotwein besser zu Steak passe, können folgende Präferenzaussagen erwartet werden:

$$\begin{aligned}(\text{Rotwein, Steak}) &\succ (\text{Weißwein, Steak})\,,\\ (\text{Rotwein, Fisch}) &\prec (\text{Weißwein, Fisch})\,.\end{aligned}$$

Man sieht an diesem Paar von Präferenzaussagen, dass der Vergleich der Ergebnisse bezüglich Ziel 1 kontextabhängig ist. Das (beim Vergleich konstant gehaltene) Ergebnis bezüglich Ziel 2 ist nämlich von entscheidender Bedeutung; eine isolierte Bewertung der Ergebnisse „Rotwein" bzw. „Weißwein" ist nicht möglich.

Ist – im Gegensatz zu diesem Beispiel – die Präferenz zwischen den Ergebnissen bezüglich Ziel 1 unabhängig von dem (beim Vergleich natürlich wieder konstant gehaltenen) Ergebnis bezüglich Ziel 2, so heißt Ziel 1 **präferenzunabhängig** von Ziel 2. Dann gilt für Ergebnisvektoren (= Zeilen der Ergebnismatrix, wobei wir uns den Zeilenindex sparen) definitionsgemäß:

$$(x_1, \tilde{x}_2) \succcurlyeq (x_1', \tilde{x}_2) \Rightarrow (x_1, x_2) \succcurlyeq (x_1', x_2) \quad \text{für beliebiges } x_2\,.$$

Gilt zusätzlich für Ziel 2 die analoge Aussage, so heißen die beiden Ziele **gegenseitig präferenzunabhängig**.

Bei der Berücksichtigung von mehr als zwei Zielen gibt es folgende Verschärfung der Präferenzunabhängigkeit: Ist bei beliebiger Auswahl von Zielen die Präferenz zwischen je zwei Ergebnisvektoren, bei denen bezüglich der restlichen Ziele jeweils derselbe Satz von Ergebnissen eingesetzt wird (ceteribus-paribus-Klausel bezüglich der restlichen Ziele), von der gesetzten ceteribus-paribus-Klausel unabhängig, so heißt das Zielsystem **stark präferenzunabhängig**. Oft wird auch der Zusatz „stark" weggelassen oder die Bezeichnung **nutzenunabhängig** verwendet. Nur wenn diese starke Präferenzunabhängigkeit gegeben ist (und zusätzlich die nummerische Repräsentation der partiellen Präferenzordnungen), ergibt es einen Sinn, von der „Bewertung einzelner Ergebnisse" und von partiellen Nutzenfunktionen bezüglich einzelner Ziele zu reden.

Genau genommen muss noch unterschieden werden, ob eine konstatierte Präferenzabhängigkeit (oder eine geforderte Präferenzunabhängigkeit) nur für den speziell vorliegenden Aktionenraum gilt oder auch für einen größeren Bereich theoretisch möglicher Ergebnisvektoren. So verschwindet in obigem Beispiel die Präferenzabhängigkeit, wenn man die Teilentscheidungen über den Wein und den Hauptgang abgestimmt trifft und damit den Aktionenraum auf die beiden Entscheidungen „Weißwein und Fisch" und „Rotwein und Steak" beschränkt.

Einerseits liegt die starke Präferenzunabhängigkeit zahlreichen multikriteriellen Ansätzen implizit oder explizit zu Grunde; andererseits erscheint die Forderung nach starker Präferenzunabhängigkeit zunächst relativ wirklichkeitsfremd. Dass diese Prämisse so häufig aufgestellt wird, ist nicht nur durch verfahrenstechnische Zwänge bedingt, sondern hat unter anderem folgende Gründe:

a) Möglicherweise kann durch Zusammenfassung präferenzabhängiger Zielgrößen zu einer übergeordneten Zielgröße die Präferenzunabhängigkeit der verbleibenden Zielgrößen erreicht werden.

b) Wie bereits erwähnt, kann die Präferenzunabhängigkeit vielfach durch sinnvolle Einengungen des Aktionenraumes gewährleistet werden. So dürfte es häufiger der Fall sein, dass die Nutzenschätzungen der einzelnen Ergebnisse unterhalb bestimmter Mindestwerte oder oberhalb bestimmter Höchstwerte der Ergebnisse voneinander abhängig sind, innerhalb dieser Anspruchsniveaugrenzen hingegen voneinander unabhängig sind. Durch explizite Berücksichtigung dieser mindestens geforderten bzw. maximal hingenommenen Ergebnisse wird der Raum zulässiger Aktionen von vornherein auf den Bereich nutzenunabhängiger Ergebnisse begrenzt. Bei betriebswirtschaftlichen Entscheidungen beispielsweise dürfte den nichtfinanziellen Handlungskonsequenzen vielfach eine selbstständige Nutzenschätzung in Bezug auf den Gesamtnutzen der Aktionen nur dann zugemessen werden können, wenn die Erfüllung eines gewissen Mindestanspruches hinsichtlich der finanziellen Aktionsresultate gewährleistet ist. In betriebswirtschaftlichen Entscheidungsmodellen schlagen sich diese Mindestansprüche als Nebenbedingungen z. B. eines Mindestgewinns, eines Mindestumsatzes, einer maximalen Kapitalbindung oder eines maximalen Kostenbudgets nieder.

Für die in Abschnitt 3.4 diskutierten speziellen Entscheidungsregeln muss vorausgesetzt werden, dass die Nutzenbewertungen der einzelnen Ergebnisse in Gestalt einer $(m \times r)$-Entscheidungsmatrix $U = (u_{ip})$ vorliegen, wobei m die Anzahl der Aktionen und r die Anzahl der Ziele beschreibt. Damit werden implizit natürlich die starke Präferenzunabhängigkeit sowie die nummerische Repräsentierbarkeit der partiellen Präferenzordnungen durch eine (partielle) Nutzenfunktion gefordert. Für die nachfolgende Definition des Effizienzbegriffes wäre allerdings eine leichte Abschwächung dieser Prämissen (vgl. French, 1986, S. 141) bereits ausreichend. Wie ausgeführt, besteht das Problem der Entscheidungen mit mehreren Zielsetzungen darin, unter Zugrundelegung der Präferenzvorstellungen des Entscheidungsträgers bezüglich der Bedeutung der verfolgten Ziele aus dem Einzelnutzen der Ergebnisse den Gesamtnutzen jeder Aktion abzuleiten. In praktischen Entscheidungsmodellen mit mehreren Zielsetzungen knüpft die Bestimmung des Gesamtnutzens der Aktionen häufig dann nicht an den Nutzenschätzungen der einzelnen Ergebnisse, sondern an den Ergebnissen selbst an, wenn ausschließlich kardinale Ergebnismessungen wie Gewinn, Kosten, Umsatz durchgeführt werden. Diese Vorgehensweise beruht auf der – meist impliziten – Prämisse, dass für jede Ergebnisart die Ergebnisrealisationen zugleich die Nutzenschätzungen des Entscheidungsträgers wiedergeben, also die Präferenzvorstellungen des Entscheidungsträgers bezüglich unterschiedlicher Ergebnishöhen durch die Nutzenfunktion $u(x) = x$ ausgedrückt werden kann.

3.3.3 Zielanalyse

Entscheidungen bei mehreren Zielsetzungen werfen gegenüber dem Fall lediglich einer Zielsetzung dann keine spezifischen Probleme auf, wenn eine Aktion in Bezug auf alle Zielgrößen den jeweils höchsten Ergebnisnutzen besitzt; diese Aktion heißt **gleichmäßig beste** oder **dominante** Aktion. Da alle verfolgten Zielgrößen gleichzeitig optimiert werden können, ergibt sich die Lösung unmittelbar aus der Nutzenbewertung der Ergebnisse. Eine Präferenzvorschrift bezüglich der Dringlichkeit der erstrebten Zielsetzungen wird erst dann erforderlich, wenn die Zielvorstellungen zumindest teilweise miteinander in Konflikt stehen, das heißt wenn unterschiedliche Handlungsalternativen im Hinblick auf jeweils unterschiedliche Zielvorstellungen optimal sind. Die Beziehungen zwischen den angestrebten Zielen sind somit eine wesentliche Determinante für die Lösung von Entscheidungen bei mehreren Zielsetzungen.

Im Rahmen einer Zielanalyse muss streng genommen danach unterschieden werden, ob lediglich die Relationen zwischen den Zielgrößen (Ergebnissen) oder ob die Beziehungen zwischen den Zielvorstellungen einschließlich der Präferenzvorstellungen des Entscheidungsträgers bezüglich des erstrebten

Ausmaßes der Zielgrößen untersucht werden. Zum Beispiel stehen die Zielgrößen Umsatz und Kosten in den meisten Fällen in einer gleich gerichteten Beziehung: Zunehmender Umsatz wird im Allgemeinen auch mit zunehmenden Kosten verbunden sein. Dagegen sind die Zielvorstellungen Umsatzmaximierung und Kostenminimierung gegenläufig: Die Verwirklichung der einen Zielsetzung geht zu Lasten der anderen und umgekehrt, wenn die Präferenzvorstellungen bezüglich des Zielausmaßes für eines der Ziele oder für beide Ziele als Anspruchsniveau formuliert sind. Damit wird deutlich, dass eine aussagefähige Zielanalyse die Präferenzvorstellungen des Entscheidungsträgers bezüglich des erstrebten Zielausmaßes einschließen muss. Bei den folgenden Erörterungen wird von Extremierungsvorschriften (Maximierungs- bzw. Minimierungsvorschriften) ausgegangen.

Im Rahmen der betriebswirtschaftlichen Entscheidungslehre wird zwischen indifferenten, komplementären und konkurrierenden Zielen unterschieden. Im Gegensatz zur Präferenzunabhängigkeit, bei der es um die separate Vergleichsmöglichkeit einzelner Ergebnisse geht, wird bei dieser Kategorisierung primär auf die Realisierbarkeit von Ergebnissen sowie die Richtung einer etwaigen Beeinträchtigung von Zielen durch andere Ziele abgehoben. Zwei Ziele sind zueinander **indifferent** oder neutral, wenn die Realisierung eines Ziels ohne jeden Einfluss auf den Realisierungsgrad des anderen Ziels ist. **Komplementarität** oder Harmonie zwischen zwei Zielen liegt dann vor, wenn durch die Erfüllung des einen Ziels auch der Realisationsgrad des anderen Ziels gesteigert wird. Von **konkurrierenden**, konfliktären, antinomischen oder alternativen Zielen wird gesprochen, wenn die Erfüllung eines Ziels den Realisationsgrad des anderen Ziels beeinträchtigt. Neutralität, Komplementarität und Konkurrenz müssen selbstverständlich nicht den gesamten Wertebereich der zu analysierenden Zielgrößen umfassen, vielmehr ist ohne Weiteres denkbar, dass sich zwei Ziele in bestimmten Ergebnisbereichen neutral, in anderen Ergebnisbereichen komplementär und in wieder anderen Ergebnisbereichen konkurrierend zueinander verhalten. Man spricht in diesem Fall von partieller Neutralität, Komplementarität bzw. Konkurrenz.

Indifferente Zielbeziehungen sind für die Lösung von Entscheidungsproblemen bei mehrfacher Zielsetzung definitionsgemäß unproblematisch. Bei Zielkomplementarität sind zwei Fälle zu unterscheiden: Der Fall symmetrischer Komplementarität und der Fall asymmetrischer Komplementarität. **Symmetrische** Komplementarität zwischen zwei Zielen liegt vor, wenn die Abhängigkeit zwischen dem Realisierungsgrad beider Ziele wechselseitig besteht. Existiert diese wechselseitige Komplementarität über dem gesamten Ergebnisbereich, so genügt es, nur eines der Ziele der Entscheidung zu Grunde zu legen. Im Extremfall zweier ausschließlich wechselseitig komplementärer Ziele ergibt sich so eine Reduktion auf ein Entscheidungsproblem mit einfacher Zielsetzung. Als Beispiel zweier wechselseitig komplementärer Ziele seien die Gewinnmaximierung und die Maximierung der Eigenkapitalrentabilität bei konstantem Eigenkapital genannt. Eine **asymmetrische** Komplementarität zwischen zwei Zielen ist gegeben, wenn ein erhöhter Realisierungsgrad des einen Ziels zwar zur Förderung des anderen Ziels führt, die vermehrte Realisation des anderen Ziels aber nicht notwendig zu einer Förderung des einen Ziels beiträgt. Asymmetrisch komplementäre Ziele stehen in einer Zweck-Mittel-Beziehung: Eine verbesserte Realisierung eines Unterziels führt zwar stets zur Förderung des Oberziels, es gilt aber nicht notwendig die umgekehrte Relation. Zur Veranschaulichung ist in Abbildung 3.1 die Return-on-Investment-Zielsetzung als eine Folge von Zweck-Mittel-Relationen dargestellt. Eine Beschleunigung des Kapitalumschlags fördert stets die Kapitalrendite, eine verbesserte Kapitalrentabilität ist hingegen nicht notwendig mit einem beschleunigten Kapitalumschlag verbunden. Asymmetrisch komplementäre Zielbeziehungen geben die Möglichkeit, die Entscheidungen allein an den jeweiligen Unterzielen auszurichten. Eine solche „Suboptimierung" hat den Vorteil vergrößerter Zieloperationalität, denn die Operationalität der Ziele wächst im Allgemeinen mit abnehmender Ranghöhe der Ziele innerhalb der Ziele innerhalb der Zweck-Mittel-Hierarchie.

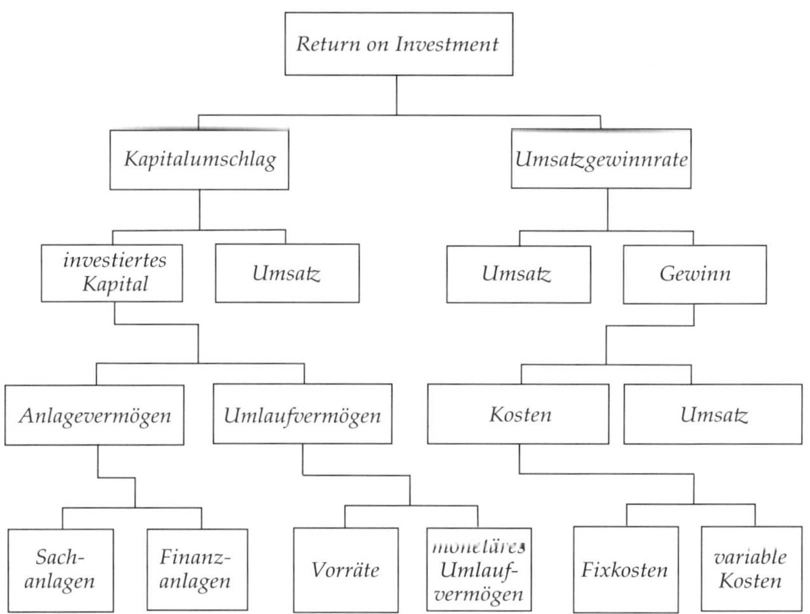

Abb. 3.1: Rentabilitätsziel als Zweck-Mittel-Schema

3.3.4 Effiziente Aktionen

Für viele praktische Entscheidungssituationen bei mehrfachen Zielsetzungen ist charakteristisch, dass wenigstens einige der verfolgten Zielsetzungen zumindest partiell miteinander in Konflikt stehen. In diesen Fällen erfordert die Entscheidungsfindung zwei Schritte.

Im ersten Schritt geht es gemäß dem Dominanzprinzip darum, alle ineffizienten Handlungsalternativen zu eliminieren. Eine **ineffiziente** (das heißt nicht undominierte) Aktion ist dadurch charakterisiert, dass sie gegenüber wenigstens einer anderen Handlungsalternative bezüglich aller Zielsetzungen ein nicht günstigeres und bezüglich wenigstens einer Zielsetzung sogar ein ungünstigeres Ergebnis erbringt. Durch Aussonderung der ineffizienten Aktionen wird der zulässige Lösungsraum auf die Menge der effizienten Aktionen beschränkt. Für je zwei effiziente Aktionen existiert mindestens ein Paar von konfliktären Zielen; die Entscheidungsfindung erfordert eine Wahl zwischen Mehrerfüllung einiger Zielgrößen und geringerer Erfüllung anderer Zielgrößen.

Die Abgrenzung der effizienten, das heißt konkurrierenden Aktionen erfolgt also nach folgender Vorschrift:[5] Gegeben seien die r Zielsetzungen k_p ($p = 1, \ldots, r$) und der Aktionenraum A. Eine Aktion $a_i \in A$ heißt genau dann **effizient** bezüglich der Aktionenmenge A und bezüglich der Zielsetzungen $k_1, \ldots, k_r$, wenn es keine Aktion $a_q \in A$ gibt mit den Eigenschaften

$$u_{qp} \geqq u_{ip} \quad (p = 1, 2, \ldots, r)$$

und

$$u_{qp} > u_{ip} \quad (\text{für mindestens ein } p).$$

Zur Veranschaulichung mag folgendes Beispiel dienen:

	k_1	k_2	k_3	k_4
a_1	0	2	7	2
a_2	4	4*	8	6*
a_3	4	2	14	3
a_4	14*	1	15	4
a_5	10	2	20*	3

Die mit einem Stern markierten Nutzenwerte der Entscheidungsmatrix sind die jeweiligen maximalen individuellen Zielbeiträge. Sie verdeutlichen, dass in diesem Beispiel partiell konkurrierende Zielbeziehungen vorliegen. Bei ausschließlicher Betrachtung der Zielsetzung k_1 erscheint Aktion a_4 als optimal. Die Zielsetzungen k_2 und k_4 führen zur Handlungsalternative a_2. Bei ausschließlicher Betrachtung der Zielsetzung k_3 schließlich müsste die Entscheidung für Aktion a_5 fallen. Die Aktionen a_1 und a_3 sind ineffizient, sie scheiden für eine Lösung des Entscheidungsproblems aus:

$$\begin{array}{lll} a_1 \text{ ist ineffizient, da} & u_{1p} < u_{2p} & (p = 1, 2, 3, 4) \\ a_3 \text{ ist ineffizient, da} & u_{3p} < u_{5p} & (p = 1, 3) \quad \text{und} \\ & u_{3p} = u_{5p} & (p = 2, 4)\,. \end{array}$$

Im zweiten Schritt geht es um die Frage, welche der effizienten, in Bezug auf die verfolgten Zielsetzungen konkurrierenden, Aktionen zu wählen ist. Die Beantwortung dieser Frage erfordert eine Verknüpfungsregel, mit deren Hilfe die einzelnen Nutzenwerte der Ergebnisse zum jeweiligen Gesamtnutzenwert der

[5] Man beachte, dass die Definition der Effizienz lediglich ordinale (partielle) Nutzenfunktionen voraussetzt.

Aktionen zusammengefasst werden.[6] Dieses Amalgamationsproblem ist eng mit dem in Kapitel 8 untersuchten Problem der Aufstellung einer Sozialwahlfunktion für die Entscheidungsfindung in Entscheidungsgremien verknüpft. Die r Ziele entsprechen dabei den r Mitgliedern des Entscheidungsgremiums. Das Problem der Einigung der einzelnen Mitglieder des Gremiums auf eine gemeinsame Aktion ist nach der Aufstellung einer Sozialwahlfunktion gelöst, mittels derer die individuellen Nutzenvorstellungen zu einer kollektiven Rangordnung zusammengefasst werden. Wegen dieser Problemanalogie lassen sich für die Lösung von Entscheidungsproblemen bei mehreren Zielsetzungen prinzipiell die im Rahmen der Theorie kollektiver Entscheidungen untersuchten Sozialwahlfunktionen anwenden. Wie in Kapitel 8 noch deutlicher ausgeführt wird, stößt die Konstruktion befriedigender Sozialwahlfunktionen jedoch auf große Schwierigkeiten. Deshalb wollen wir auf diese Analogie nicht weiter zurückgreifen, sondern im Folgenden nur einige für Entscheidungsmodelle bei mehreren Zielsetzungen besonders wichtig erscheinende Verknüpfungsregeln darstellen.[7]

3.4 Spezielle Entscheidungsregeln für multikriterielle Entscheidungsprobleme

Eine in Entscheidungsmodellen häufig angewendete Möglichkeit zur Lösung von Zielkonflikten ist die **Zielgewichtung**. Die individuellen Zielgewichtungsfaktoren sind Maßstabsfaktoren, die das Verhältnis der Nutzenwerte der einzelnen Ergebnisse zum Gesamtnutzenwert der Aktionen fixieren. Die Relationen der Zielgewichtungsfaktoren, die als konstante Äquivalenzziffern (konstante Zielgewichte) oder als Äquivalenzfunktionen (variable Zielgewichte) ausgedrückt werden können, geben die Grenzrate der Substitution der betrachteten Zielsetzungen an. Die Zielgewichtung setzt somit eine gegenseitige Substituierbarkeit der Zielgrößen und dementsprechend eine kardinale Nutzenmessung voraus. Der Entscheidungsträger muss Austauschregeln zwischen den verschiedenen Zielkriterien spezifizieren, also für je zwei Ziele angeben, wie viel Mehrerfüllung des einen Ziels aus seiner Sicht notwendig ist, um eine bestimmte Mindererfüllung des anderen Ziels auszugleichen. Mittels solcher Substitutionsregeln werden die mehrfachen Zielsetzungen in eine übergeordnete, substitutionale Nutzenfunktion überführt. Es wird realistisch sein anzunehmen, dass solche Austauschregeln immer nur in gewissen Grenzen angegeben werden können, wobei die Grenzen durch Nebenbedingungen gegeben sind, die an bestimmte Zielkriterien aus wirtschaftlichen Gründen zu stellen sind (z. B. Mindestgewinn).

Formal besteht die Zielgewichtung in der Multiplikation der Nutzenwerte u_{ip} mit nichtnegativen Gewichten g_p ($p = 1, 2, \ldots, r$) und Addition der so gewich-

[6] Eine Reihe von Verknüpfungsregeln liefert automatisch eine effiziente Aktion; eine vorherige Aussonderung der ineffizienten Aktionen ist in diesen Fällen unnötig.

[7] Vgl. zum Folgenden vor allem Dinkelbach (1982); Dinkelbach/Kleine (1996).

teten Nutzenwerte der Ergebnisse. Damit wird die Aktion a_i durch

$$\Phi(a_i) = \sum_{p=1}^{r} g_p u_{ip}$$

bewertet. Die Aktion mit dem höchsten Gesamtnutzenwert $\Phi(a)$ ist dann optimal. Zweckmäßigerweise werden die Gewichtungsfaktoren so normiert, dass ihre Summe 1 ergibt. Für unser nummerisches Beispiel sei angenommen, dass der Entscheidungsträger eine Dringlichkeitsordnung bezüglich der verfolgten Ziele im Verhältnis $k_1 : k_2 : k_3 : k_4 = 4 : 3 : 2 : 1$ besitzt. Unter dieser Voraussetzung erweist sich, wie folgende Tabelle zeigt, Aktion a_4 als optimal:

	$\Phi(a_i) = \sum_{p=1}^{r} g_p u_{ip}$
a_1	2,2
a_2	5,0
a_3	5,3
a_4	9,3*
a_5	8,9

Einen Spezialfall der Zielgewichtung stellt die **Zielunterdrückung** dar. Bei diesem Verfahren wird das vom Entscheidungsträger am wichtigsten erachtete Ziel zum alleinigen Bewertungsmaßstab erhoben, es erhält den Gewichtungsfaktor 1; alle anderen Zielsetzungen bleiben für die Entscheidungsfindung außer Betracht, ihnen werden Gewichtungsfaktoren von 0 zugeordnet. Eine solche Verhaltensweise erscheint – von den früher erwähnten Aspekten der Modellvereinfachung abgesehen (vgl. Abschnitt 3.2) – dann plausibel, wenn die an ein bestimmtes, für das Überleben der Unternehmung wichtiges Ziel gestellten Mindestanforderungen nicht erfüllt sind. So überwiegt nach verlustreichen Geschäftsjahren das Gewinnziel regelmäßig alle anderen Zielsetzungen.

Führt die Nutzenbewertung auf der Basis allein des wichtigsten Ziels nicht zu einer eindeutigen Entscheidung, weil das Optimum in Bezug auf dieses Ziel durch mehr als eine Aktion erreicht wird, dann liegt es nahe, zusätzlich das nächstwichtigste Zielkriterium für die Aktionenbewertung heranzuziehen usw. Eine solche Verfahrensweise führt zur Ordnung der Alternativen nach der Rangfolge der verschiedenen Zielkriterien entsprechend einer alphabetischen Anordnung von Worten in einem Lexikon; sie wird deshalb auch als **lexikografische Ordnung** oder lexikografische Gesamtnutzenmessung bezeichnet. Zunächst dient allein das wichtigste Ziel für die Ordnung der Alternativen. Erst wenn mindestens zwei Alternativen bezüglich dieser Zielart den gleichen Erfüllungsgrad aufweisen, wird das zweitwichtigste Ziel zur Auswahl herangezogen. Stimmen zwei oder mehr Aktionen auch bezüglich dieses zweiten Kriteriums überein, wird die Erfüllung des dritten Ziels zum Ordnungsmerkmal erhoben usw.

Im Gegensatz zur Zielgewichtung beruht die lexikografische Nutzenmessung nicht auf der Annahme der Substituierbarkeit der verschiedenen Zielgrößen. Sie setzt lediglich eine ordinale Präferenzordnung bezüglich der verfolgten

Zielkriterien voraus. Dies ist einerseits unter dem Gesichtspunkt der praktischen Anwendung zweifellos ein wichtiger Vorteil der lexikografischen Nutzenmessung gegenüber der Zielgewichtung. Andererseits führt die mangelnde Erfassung von Nutzenunterschieden zwischen den Zielkriterien dazu, dass eine Aktion a_1 einer Aktion a_2 auch schon dann vorgezogen wird, wenn a_1 gegenüber a_2 in Bezug auf das wichtigste Ziel nur geringfügig überlegen, in Bezug auf alle anderen Zielsetzungen hingegen erheblich unterlegen ist. Eine lexikografische Nutzenmessung dürfte deshalb hauptsächlich für den Fall plausibel erscheinen, dass in Bezug auf den Realisationsgrad des jeweils wichtigeren Ziels strenge Mindestanforderungen bestehen.

Wenn wir in unserem Beispiel als Präferenzordnung bezüglich der verschiedenen Zielsetzungen $k_1 \succ k_2 \succ k_3 \succ k_4$ annehmen, so ergibt sich folgende Rangfolge der Alternativen:

$$a_4 \succ a_5 \succ a_2 \succ a_3 \succ a_1 .$$

Körth (1969) hat zur Lösung von linearen Programmierungsmodellen zur optimalen Produktionsplanung bei mehrfachen Zielsetzungen in Anlehnung an das spieltheoretische Maximin-Kriterium (vgl. Abschnitt 5.3) eine Entscheidungsregel Φ eingeführt, nach der die Minimierung der maximalen relativen Abweichung vom optimalen Zielerreichungsgrad oder – was dasselbe besagt – die **Maximierung des minimalen Zielerreichungsgrades** erstrebt wird. Diese Entscheidungsregel beruht auf der Voraussetzung einer kardinalen (genauer: verhältnisskalierten) Nutzenmessung. In der zweiten Version (Maximierung des minimalen Zielerreichungsgrades) wird der Erreichungsgrad eines Ziels k_p durch den Quotienten aus tatsächlichem Nutzenwert u_{ip} und erreichbarem optimalen Nutzenwert $\max_h u_{hp}$ gemessen. Diejenige Aktion ist optimal, die in Bezug auf den ungünstigsten Zielerreichungsgrad unter allen Aktionen ein Maximum aufweist. Formal lautet die Vorschrift, wenn m Aktionen unter r verschiedenen Zielsetzungen zu bewerten sind: Gesucht ist die Aktion $a_i \in A$ mit der Eigenschaft

$$u_{ip} \geqq w \cdot \max_h u_{hp} ,$$

wobei

$$w = \max_q \min_p \left(\frac{u_{qp}}{\max_h u_{hp}} \right) ;$$

die formelmäßige Darstellung der Entscheidungsregel bzw. der Körth-Regel lautet damit:

$$\Phi(a_i) = \min_p \left(\frac{u_{ip}}{\max_h u_{hp}} \right) .$$

Zur Anwendung dieser Präferenzvorschrift auf unser Beispiel müssen zunächst die Nutzenwerte der Entscheidungsmatrix durch die erwähnten Zielerreichungsquotienten ersetzt werden. Das Maximum der Zeilenminima gibt dann die Lösung des Entscheidungsproblems an:

	k_1	k_2	k_3	k_4	*Zeilenminimum*
a_1	0	$\frac{1}{2}$	$\frac{7}{20}$	$\frac{1}{3}$	0
a_2	$\frac{2}{7}$	1	$\frac{2}{5}$	1	$\frac{2}{7}$
a_3	$\frac{2}{7}$	$\frac{1}{2}$	$\frac{7}{10}$	$\frac{1}{2}$	$\frac{2}{7}$
a_4	1	$\frac{1}{4}$	$\frac{3}{4}$	$\frac{2}{3}$	$\frac{1}{4}$
a_5	$\frac{5}{7}$	$\frac{1}{2}$	1	$\frac{1}{2}$	$\frac{1}{2}^*$

Im Beispiel ergibt sich für w ein Wert von $\frac{1}{2}$. Aktion a_5 ist also die optimale Handlungsalternative. Das heißt, eine Entscheidung für a_5 gewährleistet in Bezug auf alle verfolgten Zielsetzungen wenigstens einen Realisationsgrad von 50 %, und es gibt keine Handlungsalternative, die einen höheren Prozentsatz minimaler Zielrealisation zulässt. Wie erwähnt, entspricht die Maximierung des minimalen Realisationsgrades formal dem Maximin-Kriterium. Dementsprechend muss ersteres Kriterium prinzipiell ähnlichen Einwendungen unterliegen, wie sie gegen das Maximin-Kriterium vorgebracht werden können (vgl. Abschnitt 5.3). Zweifel an der Plausibilität des Kriteriums scheinen vor allem in den Situationen gerechtfertigt, in denen die nach dem Kriterium als optimal ausgezeichnete Aktion gegenüber den anderen Aktionen in Bezug auf das ungünstigste Ergebnis nur unerheblich besser, in Bezug auf die anderen Ergebnisarten dagegen erheblich schlechter abschneidet.

Beispielsweise müsste in der folgenden Entscheidungssituation

	k_1	k_2	k_3	k_4	$\cdots$	k_r
a_1	1	1 000	1 000	1 000	$\cdots$	1 000
a_2	1 001	1	1	1	$\cdots$	1

gemäß der Entscheidungsregel von Körth Aktion a_2 gewählt werden, eine sicherlich nicht sehr plausible Verhaltensweise.

Abschließend soll auf eine Entscheidungsregel zur Lösung von Zielkonflikten eingegangen werden, die den Modellen des Goal-Programming zu Grunde liegt.[8] Dieser Lösungsansatz geht nicht wie die bisher dargestellten Verfahrensregeln von Extremierungszielen, sondern vielmehr von der Voraussetzung aus, dass dem Entscheidungsträger bestimmte nummerische Zielvorgaben (Punktziele, Budgets) vorgegeben sind. Diese Annahme stimmt in weiten Bereichen mit der betrieblichen Praxis überein, da sich aus Motivations- und Koordinationsgründen oft die Notwendigkeit ergibt, im Rahmen von Planungs- und Kontrollrechnungen beispielsweise Ausbringungsmengen, Faktorverzehr, Beschäftigungsgrad, Kosten und Ähnliches als Planzahlen vorzugeben. Im Idealfall sind diese Planvorgaben so aufeinander abgestimmt und koordiniert, dass

[8] Vgl. Charnes/Cooper (1962, S. 215–223); Ijiri (1965, S. 34–50).

sie alle gleichzeitig realisierbar sind. In manchen Fällen ist dies praktisch aber nicht erreichbar, so dass sich positive und negative Abweichungen von den Planvorgaben ergeben. Der **Goal-Programming**-Ansatz unterstellt nun, dass der Entscheidungsträger diejenige Lösung anstrebt, die den Zielvorgaben „insgesamt am nächsten kommt". Dies kann auf verschiedene Weise präzisiert werden. Nach dem Standardansatz des Goal-Programming gilt diejenige Aktion als optimal, bei der die Summe der absoluten Abweichungen (Überschreitungen und Unterschreitungen) von den Zielvorgaben minimal ist. Bezeichnen wir die Vorgabe für das Ziel k_p mit $\hat{u}_p$, so entspricht diesem Standardansatz die (hier zu minimierende) Entscheidungsregel bzw. Bewertungsfunktion

$$\Phi(a_i) = \sum_{p=1}^{r} |u_{ip} - \hat{u}_p| \,.$$

Zur besseren Veranschaulichung dieses Kriteriums der Minimierung der Summe der absoluten Abweichungen von den Zielvorgaben soll unser Beispiel unter zwei verschiedenen Voraussetzungen über die Höhe der Zielvorgaben gelöst werden. Die Nutzenwerte der ursprünglichen Entscheidungsmatrix werden durch die absoluten Abweichungen von den Zielvorgaben ersetzt. Das Minimum der Zeilensummen gibt die optimale Aktion an.

Fall 1: $\hat{u}_1 = 6$, $\hat{u}_2 = 5$, $\hat{u}_3 = 14$, $\hat{u}_4 = 8$.

	k_1	k_2	k_3	k_4	*Zeilensumme*
a_1	6	3	7	6	22
a_2	2	1	6	2	11
a_3	2	3	0	5	10*
a_4	8	4	1	4	17
a_5	4	3	6	5	18

Fall 2: $\hat{u}_p = \max_h u_{hp}$; also $\hat{u}_1 = 14$, $\hat{u}_2 = 4$, $\hat{u}_3 = 20$, $\hat{u}_4 = 6$.

	k_1	k_2	k_3	k_4	*Zeilensumme*
a_1	14	2	13	4	33
a_2	10	0	12	0	22
a_3	10	2	6	3	21
a_4	0	3	5	2	10
a_5	4	2	0	3	9*

In Fall 1 ergibt sich a_3 als die optimale Alternative, obwohl es sich bei a_3 um eine ineffiziente Aktion handelt.[9] Daran zeigt sich deutlich die Problematik dieser Entscheidungsregel in der hier dargestellten Grundform, deren Ergebnis stark beeinflusst wird durch das jeweilige Niveau der vorgegebenen Zielwerte. Sie

---

[9] Ist der vorgegebene Zielpunkt $(\hat{u}_1, \ldots, \hat{u}_r)$ in jeder Komponente mindestens so groß wie der jeweilige maximale Zielbeitrag $\max_h u_{hp}$, so ist die Lösung allerdings stets eine effiziente Aktion.

kann nur Gültigkeit besitzen, wenn der Entscheidungsträger die verschiedenen Abweichungen tatsächlich – unabhängig vom jeweils betrachteten Ziel und unabhängig davon, ob es sich um Zielüberschreitungen oder Zielunterschreitungen handelt – als gleich gravierend erachtet. Diese Einschränkung lässt sich allerdings leicht dadurch ausräumen, dass das Kriterium kombiniert mit einer Zielgewichtung angewendet wird, indem den verschiedenen Abweichungen je nach ihrer Richtung und je nach Dringlichkeit der betreffenden Zielgröße ein spezifischer Gewichtungsfaktor zugemessen wird (Ijiri, 1965, S. 45–50).

In Fall 2 wird angenommen, dass die Planziele den maximalen individuellen Werten der Zielkriterien entsprechen. Nunmehr ist die Aktion a_5 optimal, sie ist zugleich auch effizient. Zum selben Ergebnis würde eine Zielgewichtung führen, bei der die Ziele jeweils mit gleichen Gewichtungsfaktoren bewertet würden. Diese Übereinstimmung ist keineswegs zufällig, denn immer, wenn bei der Minimierung der Summe der absoluten Abweichungen die Zielvorgaben mindestens gleich den individuell optimalen Zielwerten gesetzt werden, ist diese Entscheidungsregel lediglich ein Spezialfall der Zielgewichtung (nämlich eine Zielgewichtung mit gleich großen Gewichtungsfaktoren).

3.5 Sonstige Lösungsmöglichkeiten für multikriterielle Probleme

Bei gegebener Entscheidungsregel und Verfügbarkeit aller zu ihrer Implementierung erforderlichen Informationen ist die Auswahl einer optimalen Aktion lediglich ein technisches Problem, das bei kontinuierlichem Aktionenraum oder „großem diskreten" Aktionenraum allerdings sehr aufwändig sein kann und EDV-Unterstützung erfordert. Prinzipielle Probleme treten dann auf, wenn

- Informationen über die Präferenzen des Entscheidungsträgers fehlen oder vorhandene Informationen widersprüchlich sind,
- keine Entscheidungsregel vorgegeben ist, sondern eine geeignete Entscheidungsregel (aus dem Katalog der in Abschnitt 3.4 exemplarisch besprochenen sowie der Vielzahl anderer denkbarer Regeln) auszuwählen ist; dieses Auswahlproblem stellt ein so genanntes Metaentscheidungsproblem dar.

Mit beiden Problemen hat sich die entscheidungstheoretische Literatur beschäftigt. Zur Lösung des Metaentscheidungsproblems gibt es zwar keine Patentrezepte, jedoch einige axiomatisch begründete Fingerzeige. So beinhalten einige Theoreme (vgl. z. B. Keeney/Raiffa, 1999; French, 1986) die Aussage, dass genau dann, wenn die starke Präferenzunabhängigkeit sowie gewisse Zusatzprämissen gelten, eine **additive Entscheidungsregel** vorliegen muss, das heißt Φ die Form

$$\Phi(a) = \sum_{p=1}^{r} u_p(x_p)$$

besitzen muss, wobei $(x_1, \ldots, x_r)$ den zur Aktion a gehörenden Ergebnisvektor darstellt und die univariaten Bewertungsfunktionen $u_1, \ldots, u_r$ die partiellen Nutzenfunktionen bezüglich der Einzelziele darstellen. Unter noch einschneidenderen Forderungen (z. B. konstante Austauschraten zwischen jedem Paar von Zielen) lässt sich sogar die **lineare Entscheidungsregel**

$$\Phi(a) = \sum_{p=1}^{r} g_p x_p \, ,$$

die uns als Zielgewichtung aus Abschnitt 3.4 vertraut ist, axiomatisch begründen. Wenn diese lineare Form ausgewählt wird, so lassen sich die Gewichte g_p leicht bestimmen, sobald der Entscheidungsträger Fragen des folgenden Typs zu beantworten gewillt ist: Um wie viel muss das Ergebnis bezüglich Ziel 1 erhöht werden, um eine bestimmte Reduktion des Ergebnisses bezüglich Ziel 2 zu kompensieren?

Bezeichnen wir nämlich die Reduktion des Ergebnisses bezüglich Ziel 2 mit Δ und die kompensierende Erhöhung des Ergebnisses bezüglich Ziel 1 mit $\alpha \cdot \Delta$, so ergibt sich aus der Indifferenz

$$(x_1, x_2, x_3, \ldots, x_r) \sim (x_1 + \alpha \cdot \Delta, x_2 - \Delta, x_3, \ldots, x_r)$$

unter Verwendung der linearen Entscheidungsregel die Gleichung

$$\sum_{p=1}^{r} g_p x_p = \sum_{p=1}^{r} g_p x_p + \Delta(\alpha \cdot g_1 - g_2) \, ,$$

woraus sich die Austauschrate

$$\alpha = \frac{g_2}{g_1}$$

zwischen Ziel 1 und Ziel 2 ergibt. Aus den Austauschraten sind demnach die Gewichte (bis auf einen irrelevanten Proportionalitätsfaktor) eindeutig bestimmbar. Lässt sich eine derartige Befragung auch noch mit Variation der Ergebnisniveaus x_p durchführen, so kann man darüber hinaus auch testen, ob die Entscheidungsregel richtig ausgewählt wurde. Ist beispielsweise obige Austauschrate α von Δ oder von der Größe x_1 oder x_2 abhängig, so kann die lineare Form, das heißt eine konstante Zielgewichtung, nicht verwendet werden. Ist α sogar vom Niveau der Ergebnisse $x_3, \ldots, x_r$ abhängig, so darf nicht einmal die allgemeine additive Entscheidungsregel verwendet werden.

Aus theoretischer Sicht handelt es sich bei der additiven Form zwar nur um eine spezielle Familie multikriterieller Entscheidungsregeln. Die praktischen Ausgestaltungsmöglichkeiten sind jedoch so vielfältig, dass man es de facto mit einer Fülle von einzelnen Entscheidungsregeln zu tun hat. Dabei werden die partiellen Nutzenfunktionen u_p oft in einen Gewichtungsfaktor g_p und eine normierte partielle Nutzenfunktion $\tilde{u}_p$ zerlegt, so dass man zur Form

$$\Phi(a) = \sum_{p=1}^{r} g_p \tilde{u}_p(x_p)$$

gelangt, deren Anwendung meist als **Nutzwertanalyse** bezeichnet wird. Ausgestaltungsdetails betreffen den Katalog der zu erfassenden Ziele, eine eventuelle Zerlegung der Ziele in Subziele, die Messmethoden für die Ergebnisse, die Wahl der Normierung von $\tilde{u}_p$ usw.[10]

Auch für den eingangs angesprochenen Fall, dass Informationen über die Präferenzen des Entscheidungsträgers fehlen oder widersprüchlich sind, bietet die einschlägige Literatur Lösungsvorschläge an. Fehlende Informationen können im Prinzip durch Befragungen des Entscheidungsträgers beschafft werden. Dabei tritt jedoch – falls eine Befragung überhaupt möglich ist – ein Dilemma auf: Legt man sich vorab auf eine handliche Entscheidungsregel (etwa die additive Entscheidungsregel) fest, um den Befragungsaufwand in vertretbaren Grenzen zu halten, so ist die Gefahr einer Fehlspezifizierung relativ groß. Lässt man die Entscheidungsregel Φ zur Vermeidung von Spezifikationsfehlern jedoch noch ganz allgemein, so ist es selbst unter Laborbedingungen fast hoffnungslos, Φ komplett zu ermitteln.

Was unter „widersprüchlichen Präferenzen" des Entscheidungsträgers zu verstehen ist, bedarf noch gewisser Erläuterungen. Wir wollen zunächst wieder an das Beispiel der (in dem Ergebnisvektor) linearen Entscheidungsregel anknüpfen. Wir hatten festgestellt, dass die Austauschrate zwischen Ziel 1 und Ziel 2

$$\alpha = \alpha_{12} = \frac{g_2}{g_1}$$

beträgt. Ganz analog erweist sich

$$\alpha_{23} = \frac{g_3}{g_2}$$

als Austauschrate zwischen Ziel 2 und Ziel 3. Bildet man das Produkt dieser Austauschraten, so ergibt sich die Austauschrate zwischen Ziel 1 und Ziel 3:

$$\alpha_{12} \cdot \alpha_{23} = \frac{g_2}{g_1} \cdot \frac{g_3}{g_2} = \frac{g_3}{g_1} = \alpha_{13} \, .$$

Diese rechnerische Gleichheit braucht beim Einsetzen der (in drei Befragungen separat ermittelten) empirischen Werte $\hat{\alpha}_{12}$, $\hat{\alpha}_{23}$, $\hat{\alpha}_{13}$ natürlich nicht zwangsläufig zu gelten. Ist die Gleichheit verletzt, so kann man im Wesentlichen zwei Schlüsse ziehen. Zum einen könnte man folgern, dass die lineare Entscheidungsregel inadäquat ist; dieser Schluss wurde oben (bei einem etwas anders gelagerten Widerspruch) gezogen. Zum anderen könnte man aber auch argumentieren, dass die lineare Entscheidungsregel dennoch brauchbar ist – etwa im Sinne einer besten Approximation oder einer zumindest für praktische Zwecke brauchbaren Approximation –, und dass die Widersprüche durch die beschränkte Informationsverarbeitungskapazität oder durch die anderweitig eingeschränkte Rationalität des Entscheidungsträgers bedingt sind. Wenn man diesen zweiten Schluss zieht, so muss man versuchen, die Inkonsistenzen rechnerisch zu eliminieren, wofür regressionsanalytische oder verwandte

---

[10] Eine bebilderte Broschüre über die Nutzwertanalyse in der Straßenplanung (mit den drei Zielen Umwelt, Raumordnung, Verkehr sowie zahlreichen Subzielen und Messvorschriften für die Ergebnisse) wird beispielsweise vom Hessischen Landesamt für Straßenbau, Wiesbaden, an Interessenten verschickt. Einschlägige Monografien sind Zangemeister (1976) und Lillich (1992).

Techniken infrage kommen. Ein bekanntes multikriterielles Verfahren, bei dem empirisch festgestellte Inkonsistenzen rechnerisch eliminiert werden, wird im Folgenden kurz skizziert.

3.5.1 Saatys Methode (Analytic Hierarchy Process)

Wie erwähnt, handelt es sich um einen Ansatz, der inkonsistente empirische Vergleichsurteile als Ausgangspunkt nimmt. Der Entscheidungsträger muss bei der Anwendung dieser Methode pro Ziel eine ganze Matrix von Paarvergleichsurteilen zwischen den Ergebnissen aufstellen (z. B. das Matrixelement $(1,2)$ gleich 5 setzen, wenn das erste Ergebnis wesentlich bedeutender oder besser als das zweite Ergebnis ist; entsprechend muss dann das Matrixelement $(2,1)$ gleich dem Reziproken, also $\frac{1}{5}$, gesetzt werden). Die Vorschrift, das gespiegelte Matrixelement durch den reziproken Wert zu ersetzen, vermeidet zwar einige denkbare Inkonsistenzen. Die $r+1$ empirisch ermittelten Matrizen (r für den Vergleich der Ergebnisse pro Ziel, eine für den entsprechenden Vergleich der Ziele untereinander) enthalten in der Regel jedoch noch relativ viele andere Inkonsistenzen. Saaty „bügelt" diese Inkonsistenzen soweit wie möglich aus, indem er pro Ziel eine normierte Skala konstruiert, bei der die Inkonsistenzen (in einem bei ihm präzisierten Sinne) minimiert werden; dies definiert für ihn die normierten partiellen Nutzenfunktionen $\tilde{u}_p$. Dieselbe Prozedur (die technisch auf die Ermittlung des Eigenvektors zum größten Eigenwert der Paarvergleich-Matrix führt) wird schließlich auch benutzt, um die Zielgewichte g_p zu konstruieren. Mit diesen Konstrukten wird dann eine gewöhnliche Nutzwertanalyse durchgeführt. Für detailliertere Ausführungen sei auf die Literatur verwiesen, etwa auf Schneeweiß (1991, 1992). In Saatys Monografie (1980) ist die Methode naturgemäß sehr optimistisch und auch mittels vieler Beispiele dargestellt. Wegen einer kritischen Darstellung sei auf French (1986) verwiesen, der einige Schwachpunkte diskutiert und auf erforderliche Prämissen hinweist, die in Saatys Darstellung wenig transparent gemacht werden.

3.5.2 Interaktive Methoden

Ist die Vorab-Spezifikation einer Entscheidungsregel entweder zu schwierig oder mit zuviel Willkür behaftet, so bietet es sich an, auf eine solche Vorab-Spezifikation zu verzichten. Die so genannten interaktiven Verfahren knüpfen an diesem Punkt an und generieren schrittweise Aktionen $a^{(1)}, a^{(2)}, \ldots$, wobei $a^{(i+1)}$ vom Entscheidungsträger als Verbesserung gegenüber der Aktion $a^{(i)}$ empfunden wird. Bei jedem Schritt wird der Entscheidungsträger in gewisser Weise einbezogen. Er muss beispielsweise lokale Aussagen über Austauschraten machen oder (mit der bisher errechneten Aktion $a^{(i)}$ bereits realisierbare) Anspruchsniveaus geeignet anheben usw. Schließlich muss sich der Entscheidungsträger auch darüber äußern, wann die schrittweise Prozedur abgebrochen werden soll. Die Verfahren unterscheiden sich in der Ausgestaltung der Einzelschritte und sind meist nach ihren Schöpfern benannt, z. B. Geoffrion-

Verfahren, Zionts-Wallenius-Verfahren, Fandel-Verfahren; eine Ausnahme von dieser Nomenklatur stellt das STEM-Verfahren (= Step Method) dar. Typisch ist für alle diese Methoden, dass der Aktionenraum entweder ein Kontinuum oder eine „sehr große diskrete" Menge ist, so dass die Analyse eine Computerunterstützung erforderlich macht und auch die Suche nach effizienten Aktionen nichttrivial ist. Die Verfahren sind in der Regel so geartet, dass alle schrittweise vorgeschlagenen Aktionen effizient sind. Wegen der vielfältigen technischen Ausgestaltungen der interaktiven Verfahren muss auf die Literatur verwiesen werden, beispielsweise auf Isermann (1979); Winkels (1980); Dinkelbach (1982); Habenicht (1984). Ferner sei auf die Proceedings-Bände der seit 1975 stattfindenden internationalen Konferenzen über „Multiple Criteria Decision Making" verwiesen, vgl. etwa Fandel/Gal (1997).

3.5.3 Prävalenzrelationen; Electre

Seit Ende der 1960er Jahre wurde in Frankreich – insbesondere von Roy – eine Gegenposition zu denjenigen multikriteriellen Ansätzen aufgebaut, die die Begründung und Anwendung einer Entscheidungsregel Φ zum Ziel haben. Das wesentliche Kennzeichen dieser Gegenposition besteht darin, Unvergleichbarkeiten zwischen bestimmten Aktionen nicht nur a priori zu konzedieren, sondern auch noch als Resultat der Entscheidungsanalyse zu akzeptieren. Die aus dieser Schule entstandenen Verfahren sind unter der Bezeichnung Electre (I, II, III usw.) bekannt geworden und in erster Linie in den Ländern des französischen Sprachraums verbreitet. Wir wollen uns hier auf eine kurze Skizzierung der erforderlichen Inputdaten und die typische Form des Resultats einer Electre-Prozedur beschränken. Wegen Details muss ebenfalls wieder auf die Literatur, z. B. Roy (1980) sowie Crama/Hansen (1983), verwiesen werden.

Wie bei jedem multikriteriellen Entscheidungsproblem müssen zuerst der Entscheidungsraum und der Katalog der relevanten Ziele fixiert werden. Anschließend muss der Entscheidungsträger folgende Präferenzdaten liefern:

- Für jede Aktion und jedes Ziel eine Bewertung, wie gut die Aktion in Bezug auf das jeweilige Ziel ist. Die entstehende Nutzenmatrix wird üblicherweise als Matrix der Score-Werte bezeichnet. (Damit man diese sinnvollerweise aufstellen kann, ist die Prämisse der Nutzenunabhängigkeit erforderlich.)
- Für jedes Ziel ein Gewicht, das die „Bedeutung" der jeweiligen Zielsetzung widerspiegelt.
- Für jedes Ziel eine Indifferenzschwelle (oder allgemeiner: eine Indifferenzschwellenfunktion), aus der ersehen werden kann, welche Scores noch als gleichwertig gelten können.
- Für jedes Ziel eine Präferenzschwelle (oder eine Präferenzschwellenfunktion), die abklärt, wann ein Score-Wert „strikt besser" als ein anderer ist.
- Für jedes Ziel eine Vetoschwelle (oder Vetoschwellenfunktion), die abklärt, wann ein Score-Wert „erheblich besser" als ein anderer ist.

Auf Grund dieser Präferenzdaten (und einiger hier nicht dargestellter Verfahrensschritte) wird eine graduelle Prävalenzrelation berechnet. Gemäß dieser Relation wird jedem Paar a_i, a_j von Aktionen eine Zahl $p(a_i, a_j) \in [0; 1]$ zugeordnet mit der Bedeutung: $p(a_i, a_j)$ ist der „Glaubwürdigkeitsgrad für die Hypothese, dass bezüglich der Präferenzen des Entscheidungsträgers die Aktion a_i mindestens so gut wie die Aktion a_j ist." Das heißt, je größer $p(a_i, a_j)$ ist, desto verlässlicher ist die Aussage, dass a_i mindestens so gut wie a_j ist. Die Prävalenzwerte kann man in einer Prävalenzmatrix sammeln, womit ein wesentlicher Teil der Electre-Prozedur beendet ist. Beispielhaft sei die in Roy (1980) errechnete Prävalenzmatrix für einen neunelementigen Aktionenraum wiedergegeben:

$$\begin{pmatrix}
1 & 0{,}6 & 0{,}8 & 0{,}8 & 1 & 1 & 0{,}5 & 1 & 0{,}8 \\
0{,}22 & 1 & 0{,}22 & 0{,}8 & 0{,}8 & 0 & 0{,}9 & 1 & 1 \\
0 & 0 & 1 & 1 & 0 & 0{,}8 & 0 & 0{,}8 & 1 \\
0 & 0 & 0 & 1 & 0 & 0 & 0 & 0 & 0 \\
0 & 0 & 0 & 0{,}8 & 1 & 0 & 0 & 0 & 0 \\
0{,}9 & 0{,}5 & 0{,}8 & 0{,}8 & 0{,}9 & 1 & 0{,}23 & 1 & 0{,}8 \\
0{,}22 & 1 & 0{,}22 & 0{,}8 & 0{,}9 & 0 & 1 & 1 & 1 \\
0{,}12 & 0{,}5 & 0{,}06 & 0{,}6 & 0{,}7 & 0 & 0{,}23 & 1 & 0{,}8 \\
0 & 0 & 0{,}22 & 0{,}8 & 0 & 0 & 0 & 0{,}8 & 1
\end{pmatrix}$$

Der Leser möge selbst urteilen, ob es zweckmäßig ist, wenn eine Stabsabteilung diese Matrix ohne weitere Kommentierung oder Auswertung der Geschäftsführung präsentiert. Üblicherweise schließen sich deshalb auch weitere Auswertungsschritte an. So kann mithilfe einer vom Entscheidungsträger vorgegebenen (oder am „grünen Tisch" ausgedachten) Prävalenzschwelle λ obige Matrix in eine binäre Matrix überführt werden, indem jedes Matrixelement $\geqq \lambda$ in eine 1 und jedes kleinere in eine 0 umgeschrieben wird. Diese binäre Matrix kann durch einen Grafen veranschaulicht werden, dessen Knoten die Aktionen sind und dessen Pfeile den akzeptablen Prävalenzgraden (das heißt den 1-Elementen der Matrix) entsprechen.

Auch die geistige Verarbeitung des Grafen dürfte so manchen Entscheidungsträger überfordern. Deshalb schließen sich – je nach Electre-Version – weitere Verarbeitungsschritte an. Beispielsweise können auf Grund der Binärmatrix Äquivalenzklassen von Aktionen definiert und in unserem 9-Aktionen-Fall ein Resultat des folgenden Typs deduziert werden: Klassen gleichwertiger Aktionen sind $\{a_1, a_3, a_6\}$, $\{a_2, a_7\}$, $\{a_4\}$, $\{a_5\}$, $\{a_8, a_9\}$; ferner ist keine Aktion der ersten Klasse mit einer Aktion der zweiten Klasse vergleichbar (so sind z. B. a_1 und a_2 unvergleichbar); jede Aktion aus den beiden ersten Klassen ist besser als jede Aktion aus den restlichen drei Klassen.

3.6 Aufgaben

Die nachfolgenden fünf Aufgaben dienen der Einübung der in Kapitel 3 behandelten Konzepte. Lösungen zu diesen Aufgaben findet der interessierte Leser im Anhang ab Seite 257. Weitere Übungsaufgaben, darunter 21 zu Entscheidungen bei Sicherheit, inklusive ausführlicher Lösungen, können beispielsweise Bamberg et al. (2012) entnommen werden.

Aufgabe 3.1

Eine monopolistische Unternehmung bietet ein Produkt auf dem Markt an, wobei folgende Nachfragefunktion gilt:

$$x = 40 - p\,.$$

Dabei ist x die zum Preis p absetzbare Menge. Die Kostenfunktion lautet:

$$K = 100 + 10x\,.$$

Da das Produkt neu auf dem Markt ist, verfolgt die Unternehmung neben dem Ziel der Gewinnmaximierung auch das Ziel der Umsatzmaximierung. Dabei gilt, dass das Gewinnziel zum Umsatzziel im Verhältnis 4 : 1 bewertet wird.

Welcher Angebotspreis ist optimal?

Aufgabe 3.2

Eine Unternehmung fertigt zwei Produkte I und II zu x Mengeneinheiten bzw. zu y Mengeneinheiten. Produkt I erzielt einen Deckungsbeitrag von 5 Euro je Einheit, Produkt II einen Deckungsbeitrag von 10 Euro je Einheit. Maximal absetzbar sind in der betrachteten Periode 100 Einheiten von I und 80 Einheiten von II. Für beide Produkte werden Vorprodukte 1 und 2 benötigt, die in der Unternehmung selbst hergestellt werden und in beschränktem Maß zur Verfügung stehen. Vom Vorprodukt 1 (2) können höchstens 740 (980) Einheiten gefertigt werden. Produkt I benötigt für eine Einheit 5 (9) Einheiten des Vorproduktes 1 (2), Produkt II benötigt von beiden Vorprodukten je 8 Einheiten.

Da die Unternehmung langfristig die besseren Gewinnchancen beim Produkt I sieht, verfolgt sie neben dem Ziel der Deckungsbeitragmaximierung das Ziel, einen möglichst großen Marktanteil des Produktes I zu erzielen. Dabei schätzt sie einen Deckungsbeitrag von 4 Euro ebenso hoch wie den Absatz einer Einheit des Produktes I.

Wie lautet der optimale Produktionsplan?

✎ Aufgabe 3.3

Eine Unternehmung stellt zwei Produkte I und II her: x Einheiten von Produkt I und y Einheiten von Produkt II. Beide Produkte werden auf einer Maschine gefertigt, die im Monat 200 Stunden zur Verfügung steht, wovon 40 Stunden für Wartung und Ähnlichem benötigt werden. Die Fertigungszeit für eine Einheit von Produkt I beträgt 1 Stunde, die für Produkt II beträgt 3 Stunden. Insgesamt fallen an variablen Kosten je Stück 4 Euro für Produkt I und 44 Euro für Produkt II an. Als Absatzpreis haben sich 11 Euro für I und 49 Euro für II ergeben. Beide Produkte unterliegen Absatzbeschränkungen: 100 Einheiten von Produkt I und 40 Einheiten von Produkt II sind pro Monat maximal absetzbar.

Neben dem Ziel der Deckungsbeitragmaximierung verfolgt die Unternehmung das Ziel der Umsatzmaximierung. Da beide Ziele unvereinbar sind, beschließt die Unternehmung, die Aktion zu verwirklichen, bei der die relative maximale Abweichung von beiden Optima minimal wird.

Wie lautet der optimale Produktionsplan?

✎ Aufgabe 3.4

Eine Unternehmung fertigt auf einer Anlage zwei Produkte, die beide ein in der Unternehmung selbst hergestelltes Vorprodukt benötigen.

	Produkt I	Produkt II
gefertigte Menge	x	y
Fertigungszeit/Einheit	1 Stunde	2 Stunden
Materialbedarf/Einheit	3 Einheiten	1 Einheit

Als Restriktion ergibt sich vom Absatzmarkt her, dass von beiden Produkten zusammen nicht mehr als 100 Einheiten pro Monat abgesetzt werden können. Es darf nicht auf Lager produziert werden. Bei der Festsetzung des optimalen Produktionsprogramms sind für die Unternehmung folgende Ziele wichtig:

1. Die Kapazität der Anlage soll möglichst mit 160 Stunden pro Monat ausgelastet werden.
2. Vom Vorprodukt sollen je Monat 240 Einheiten verbraucht werden.

Wie lautet der optimale Produktionsplan,

a) wenn Abweichungen von den Zielvorgaben als gleichwertig erachtet werden?

b) wenn Abweichungen von der ersten Zielvorgabe mit dem dreifachen Gewicht entsprechender Abweichungen von der zweiten Zielvorgabe bewertet werden (da eventuell ungenutzte Materialien anderweitig verarbeitet werden können)?

Aufgabe 3.5

Eine Unternehmung fertigt zwei Produkte I und II zu x bzw. y Mengeneinheiten, für die das optimale Produktionsprogramm bestimmt werden soll. Dabei geht die Unternehmung nach folgenden Kriterien vor:

a) Der Gesamtoutput soll möglichst groß sein.

b) Die Summe aller Stillstandszeiten soll möglichst klein sein.

Beide Produkte werden in beliebiger Reihenfolge auf zwei Anlagen 1 und 2 gefertigt, für die folgende Beanspruchungskoeffizienten gelten:

	Produkt I	Produkt II	max. Kapazität
Anlage 1	2	5	240
Anlage 2	1	4	180

Ferner benötigen beide Produkte die Materialien 1 und 2, welche nur in beschränkter Menge zur Verfügung stehen:

	Produkt I	Produkt II	max. verfügbare Menge
Material 1	2	1	140
Material 2	2	3	180

Da nicht beide Ziele gleichzeitig erfüllt werden können, bewertet die Unternehmung das Ziel Outputmaximierung höher als das Ziel Stillstandszeitenminimierung und zwar im Verhältnis 6 : 4. Genauer: Die Unternehmung schätzt eine Abweichung um 6 Einheiten vom Optimalwert bei Ziel Stillstandszeitenminimierung gleich einer Abweichung um 4 Einheiten vom Optimalwert bei Ziel Outputmaximierung ein.

Wie lautet der optimale Produktionsplan? Um welche Beträge weichen die Zielwerte des optimalen Plans von den individuell optimalen Zielwerten ab?

4. Entscheidungen bei Risiko

4.1 Risikosituationen

Wie bereits im 2. Kapitel mehrfach erwähnt, ist eine **Risikosituation** dadurch charakterisiert, dass dem Entscheidungsträger (subjektive oder objektive) Wahrscheinlichkeiten für das Eintreten der möglichen Zustände bekannt sind. Objektive Anhaltspunkte zur Bestimmung dieser Wahrscheinlichkeiten liegen z. B. in folgenden Entscheidungssituationen vor:

- Teilnahme an einem Glücksspiel, an einer staatlichen Lotterie usw.; die Wahrscheinlichkeiten können auf Grund kombinatorischer Überlegungen exakt berechnet werden.
- Abschluss eines Versicherungsvertrages; die Wahrscheinlichkeiten für die verschiedenen Schadensfälle können auf Grund des umfangreichen versicherungsstatistischen Datenmaterials relativ gut geschätzt werden.
- Kauf eines Neu- oder Gebrauchtwagens; auf Grund von längerfristigen Kfz-Statistiken lassen sich die Wahrscheinlichkeitsverteilungen für die Lebensdauer und für die jährlichen Reparaturkosten schätzen. Analoge Situationen treten natürlich auch bei anderen Investitionen auf.
- Dispositionen bezüglich der Lagerhaltung; die Wahrscheinlichkeitsverteilungen für die pro Periode nachgefragte Menge der verschiedenen Güter können aus Zeitreihen früherer Perioden geschätzt werden.

Diese Liste ließe sich beliebig verlängern.

Selbstverständlich gibt es auch Risikosituationen ohne objektive Anhaltspunkte zur Bestimmung der Wahrscheinlichkeiten für das Eintreten der verschiedenen Umfeldzustände. Ist es etwa für eine Exportplanung relevant, ob innerhalb des Planungshorizontes Wechselkursänderungen oder Importzolländerungen vorgenommen werden, so dürften die empirischen Unterlagen oder die sonstigen Informationen zu einer fundierten Schätzung der entsprechenden Wahrscheinlichkeiten kaum ausreichen. Manche halten es sogar für problematisch, in diesem Zusammenhang den Begriff „Wahrscheinlichkeit" überhaupt zu verwenden, da kein beliebig wiederholbarer Vorgang zu Grunde liegt. Deshalb werden die nummerischen Werte, mit denen der Entscheidungsträger seine Einschätzung der Möglichkeit des Eintretens der verschiedenen Zustände charakterisiert, oft auch als „Glaubwürdigkeitsgrad", „subjektiver Überzeugungsgrad", „subjektive Wahrscheinlichkeit", „Grad der Gewissheit" usw. bezeichnet.

Wir wollen eine derartige Unterscheidung hier nicht vornehmen, sondern stets von „Wahrscheinlichkeiten" reden, gleichgültig ob es sich dabei um objektiv gegebene Wahrscheinlichkeiten oder um subjektive Überzeugungsgrade handelt.[1] Denn auch subjektive Überzeugungsgrade, die beispielsweise dazu dienen, die (durch den augenblicklichen Informationsstand bedingte) Unkenntnis des Entscheidungsträgers bezüglich des wahren Zustandes widerzuspiegeln, werden die Entscheidungen in der Regel ebenso wie objektive Wahrscheinlichkeiten beeinflussen. Ein kleines Beispiel möge dies verdeutlichen. Als Entscheidungsträger stellen wir uns einen Roulettespieler vor, der sich für einen bestimmten Einsatz, das heißt für eine bestimmte Summe und eine bestimmte Aufteilung der Summe auf Zahlen, auf einfache Chancen usw. entschieden hat. Üblicherweise wird das Rouletterad erst nach dem Einsatz in Bewegung gesetzt. Wir können uns aber auch vorstellen, dass das Rouletterad bereits vor dem Einsatz gut verdeckt in Bewegung gesetzt wurde und das Ergebnis zwar festliegt, aber noch unbekannt ist. Werden diese beiden Möglichkeiten die Einsatzentscheidung unterschiedlich beeinflussen? Vermutlich nicht, denn ebenso wie bei der ersten Möglichkeit die objektive Wahrscheinlichkeit von $p = \frac{1}{37}$ für jede der 37 Zahlen zu Grunde liegt, wird bei der zweiten Möglichkeit die subjektive Wahrscheinlichkeit von $p = \frac{1}{37}$ für jede der 37 Zahlen zu Grunde gelegt (obwohl bei der zweiten Möglichkeit vom objektiven Standpunkt aus die Wahrscheinlichkeit für jede einzelne Zahl entweder 0 oder 1 beträgt).

Entsprechend spielt es beim Beispiel der Exportplanung keine Rolle, ob eine Importzolländerung noch völlig von der Zukunft abhängt oder bereits in den Köpfen entscheidender Politiker festgelegt, aber unserem Entscheidungsträger auf Grund seines Informationsstandes noch unbekannt ist.[2]

Aus der Einbeziehung subjektiver Wahrscheinlichkeiten wurde gelegentlich der Schluss gezogen, dass in der betrieblichen Praxis nur Entscheidungssituationen unter Risiko vorkommen; die betriebswirtschaftliche Entscheidungslehre sei deshalb ausschließlich als Theorie der Entscheidungen unter Risiko zu konzipieren: Der Fall vollkommener Information scheide schon wegen der Zukunftsbezogenheit betrieblicher Entscheidungen aus. Ungewissheit im engeren Sinne sei auch höchst selten, da stets irgendwelche Informationen vorliegen.

Dieser Schlussfolgerung kann nicht uneingeschränkt zugestimmt werden: Erstens ist es denkbar, dass auch das Vorliegen von Informationen zu einer Ungewissheitssituation führt; beispielsweise dann, wenn die Information zwar besagt, dass einer der Zustände z_1, z_2 oder z_3 vorliegen muss und alle anderen

---

[1] Nach der Untergliederung von Knight (1921), auf die in der Entscheidungstheorie oft zurückgegriffen wurde, umfasst die Risikosituation ausschließlich den Fall, dass objektive Wahrscheinlichkeiten über die Zustände vorliegen. Einmalige, nicht wiederholbare Entscheidungssituationen, bei denen allenfalls subjektive Glaubwürdigkeitsgrade angegeben werden können, gehören nach der Untergliederung von Knight zur Ungewissheitssituation. Dieser Zuordnung wird hier – wie in den meisten neueren Beiträgen zur Entscheidungstheorie – nicht gefolgt, sondern es wird allein danach unterschieden, ob (subjektive oder objektive) Wahrscheinlichkeiten bekannt sind (Risikosituation) oder nicht (Ungewissheitssituation im engeren Sinne).

[2] Natürlich ist es in diesem Falle nahe liegend, dass der Entscheidungsträger seinen Informationszustand durch geeignete Informationsbeschaffung zu verbessern sucht; derartige Probleme sollen aber erst im 6. Kapitel behandelt werden, während in diesem Kapitel nur die eigentliche Risikosituation untersucht werden soll.

Zustände ausgeschlossen sind, aber nicht erkennen lässt, welcher dieser Zustände z_1, z_2 oder z_3 eher zu erwarten ist. Auch wenn dem Entscheidungsträger beispielsweise zusätzliche Informationen darüber zur Verfügung stehen, dass z_3 mit der Wahrscheinlichkeit 0,4 eintritt und auf die beiden restlichen Zustände eine Wahrscheinlichkeit von 0,6 entfällt, ändert sich – wie in Abschnitt 6.1 näher ausgeführt wird – noch nichts an der Tatsache, dass eine Ungewissheitssituation vorliegt.

Zweitens ist auch bei zukunftsbezogenen Entscheidungen der Fall vollkommener Information denkbar, beispielsweise dann, wenn ein Unternehmer etwa durch langfristige Lieferverträge sein relevantes Umfeld soweit stabilisiert hat, dass ihm alle bezüglich der relevanten Zustände (Absatzmenge, Absatzpreis usw.) wesentlichen Informationen vorliegen.

Wenngleich zu Recht die Ansicht vertreten wird, dass die Risikosituation die weitaus größte praktische Relevanz besitzt, so ist es doch – wie ausgeführt – notwendig, in der Entscheidungstheorie die drei charakteristischen Informationsstände (Sicherheit, Risiko, Ungewissheit) zu unterscheiden und getrennt zu behandeln.

4.2 Die Wahrscheinlichkeitsverteilung der Umfeldzustände

Die Bedeutung, die der Risikosituation von Seiten der Entscheidungstheorie zugemessen wird, provoziert die Frage nach der praktischen Ermittelbarkeit der Wahrscheinlichkeiten für das Eintreten der Zustände. Stehen – wie in den Beispielen von Abschnitt 4.1 – in ausreichendem Umfang empirische Daten zur Verfügung, so ist die Ermittlung relativ unproblematisch: Auf das Datenmaterial werden geeignete statistische Schätzverfahren angewandt, die geschätzten Wahrscheinlichkeiten werden dann der weiteren Analyse zu Grunde gelegt.

Problematischer ist natürlich die Ermittlung von Wahrscheinlichkeiten, die vorwiegend subjektiver Natur sind. Von Seiten der Praxis ist oft eingewendet worden, im Falle tief greifender, neuartiger Entscheidungen sei die Wirklichkeit zu komplex, um subjektive Wahrscheinlichkeitsverteilungen über die Umfeldentwicklung angeben zu können. In praktischen Entscheidungssituationen komme deshalb lediglich die „vorsichtige" Schätzung eines „wahrscheinlichen" Wertes für jeden relevanten Umfeldparameter in Betracht. Dem ist zunächst entgegen zu halten, dass eine solche Reduktion eines höchst unsicheren Umfeldes auf „einwertige Erwartungen" der tatsächlichen Situation nicht gerecht werden kann. Es werden die angesichts der Unsicherheit der Zukunftsentwicklung notwendigen Informationen über den Grad der Ungewissheit unterdrückt; die mit der Entscheidung verbundenen Risiken werden nicht explizit sichtbar gemacht. Hinzu kommt, dass die relevanten Zustände (z. B. Nachfrageniveau nach einem neu zu entwickelnden Produkt) im Allgemeinen von einer Vielzahl im Einzelnen zu schätzender Faktoren (z. B. Marktvolumen, Preisreagibilität, Werbewirksamkeit, Produktpolitik der Konkurrenten, Konjunkturentwicklung usw.) abhängt. Wird für jeden dieser Faktoren auf Grund

„vorsichtiger" Schätzungen ein Wert ermittelt, so mag jeder dieser Werte für sich gesehen zwar mit einem hohen Sicherheitsgrad zu erwarten sein, dennoch kann die Zuverlässigkeit der aus diesen Einzelfaktoren gewonnenen Schätzung des Nachfrageniveaus äußerst gering sein. Bei nur fünf unabhängigen Einzelfaktoren beispielsweise, deren vorsichtig geschätzter Wert jeweils z. B. eine Eintrittswahrscheinlichkeit von 0,8 hat, besteht für das gleichzeitige Eintreten dieser Schätzwerte und somit für die aus diesen Werten abgeleitete Schätzung des Nachfrageniveaus lediglich eine Wahrscheinlichkeit von $0{,}8^5$, also von weniger als 33 %. Diese Unzuverlässigkeit der Prognose bei Verwendung konventioneller, „vorsichtiger" Schätzverfahren ist dem Praktiker zudem im Allgemeinen nicht bewusst. Die Notwendigkeit zur Fundierung betrieblicher Entscheidungen durch die explizite Angabe subjektiver Wahrscheinlichkeiten der relevanten Umfeldparameter dürfte damit zur Genüge verdeutlicht sein. Die verbreitete Anwendung von Risikoanalysen vor allem im Rahmen der betrieblichen Investitionsplanung[3] steht als Indiz dafür, dass sich diese Erkenntnisse in der Unternehmenspraxis mehr und mehr durchsetzen.

Die in Risikoanalysen (meist per Simulation) ermittelten Verteilungsfunktionen schneiden sich im Allgemeinen, so dass die zugehörigen Alternativen nicht direkt vergleichbar sind. Erst durch eine weitergehende entscheidungstheoretische Verarbeitung der Verteilungsfunktionen (mittels der in diesem Kapitel diskutierten Methoden) wird aus der partiellen Ordnung eine vollständige Ordnung.

Für die Ermittlung von subjektiven Wahrscheinlichkeitsverteilungen bieten sich unter anderem zwei grundsätzliche Ausgangspunkte (Cole, 1970):

a) Einmal wird sich in vielen praktischen Fällen die Annahme als praktikabel erweisen, dass sich die Verteilung eines relevanten Einflussfaktors mittels einer Standardverteilung hinreichend genau beschreiben lässt. So wird z. B. im Rahmen von PERT-Netzplänen[4] die Dauer der Teilvorgänge als betaverteilt und die Projektdauer als normalverteilt angenommen. Der Vorteil der Verwendung von Standardverteilungen liegt darin, dass nur wenige Schätzwerte erforderlich sind, um die gesamte Verteilung aufzubauen. An die Informationsgewinnung werden bei diesem Verfahren kaum höhere Anforderungen gestellt als bei konventioneller Vorgehensweise. Kann z. B. von einer Normalverteilung ausgegangen werden, so genügen zu ihrer Fixierung zwei Angaben, beispielsweise die Angabe eines „heißen Tipps" (der als erwarteter Wert, Modalwert oder Median – welche bei einer Normalverteilung identisch sind – aufgefasst werden kann) sowie des Drei-Sigma-Bereichs, das heißt desjenigen Intervalls mit dem „heißen Tipp" als Intervallmitte, in dem sich der tatsächliche Wert höchstwahrscheinlich realisieren wird.[5]

---

[3] Vgl. z. B. Altrogge (1996); Kruschwitz/Lorenz (2019) bzw. im Zusammenhang mit strategischen Entscheidungen Neubürger (1980).

[4] Vgl. z. B. Neumann/Morlock (2002).

[5] Ein ganz ähnliches Verfahren zur Schätzung einer Normalverteilung wird von Schlaifer (1961, S. 300–302) angegeben.

b) Lässt sich die Verwendung einer Standardverteilung nicht hinreichend rechtfertigen, so kann beispielsweise mittels systematischer Expertenbefragungen eine punktweise bzw. intervallweise Schätzung der unbekannten Wahrscheinlichkeitsverteilung versucht werden. Solche Befragungen führen im Allgemeinen zunächst zur ordinalen Einstufung in der Glaubwürdigkeit der verschiedenen für möglich gehaltenen Zustände. Diese qualitativen Urteile müssen sodann in Glaubwürdigkeitszahlen ausgedrückt werden, die der Axiomatik der Wahrscheinlichkeitsrechnung entsprechen. Eine wesentliche Hilfestellung können hierbei in Tabellenform erfasste standardisierte Zuordnungen zwischen bestimmten qualitativen Urteilen und Wahrscheinlichkeitszahlen bzw. Wahrscheinlichkeitsintervallen geben, wie sie z. B. von Krelle (1961, S. 611) beschrieben wurden und wie sie zum Teil Eingang in die Praxis gefunden haben.

Ein zusätzliches Problem ergibt sich infolge der Notwendigkeit, die geschätzten Wahrscheinlichkeitsverteilungen der einzelnen Bestimmungsfaktoren der relevanten Umfeldentwicklung zu einer Gesamtverteilung zusammenzufassen, ohne dass die in Form der einzelnen Verteilungen vorliegenden Informationen unterdrückt werden. Analytische Lösungsverfahren sind hier sowohl aus theoretischen als auch praktischen Erwägungen nur in Sonderfällen anwendbar. Zur Lösung dieses Problems eignet sich insbesondere die Monte-Carlo-Simulation. Bei diesem Verfahren wird die gesuchte Gesamtverteilung unter Zuhilfenahme künstlicher Stichproben gewonnen, die mithilfe von Zufallszahlen aus den Einzelverteilungen konstruiert werden.[6]

Die in diesem Kapitel behandelten Methoden setzen keineswegs voraus, dass ein Aktions-Zustandsmodell (wie in Abschnitt 2.2) mit einer einheitlichen Zustandsverteilung vorliegt. Wesentlich ist lediglich, dass jeder Aktion eine Wahrscheinlichkeitsverteilung für die Ergebnisse zugeordnet ist. Dies kann (wie in Aufgabe 2 des Abschnitts 4.12) auch dadurch zu Stande kommen, dass jede Aktion eine eigene Zustandsverteilung induziert; zu verschiedenen Aktionen können sogar unterschiedliche Zustandsräume gehören.

4.3 Das Bernoulli-Prinzip

Nun wollen wir uns eine Risikosituation anschauen, für die der Übersichtlichkeit halber nur zwei Zustände z_1 und z_2 zu berücksichtigen sind. Zur vorläufigen Vermeidung von Bewertungsproblemen wollen wir die mit den Aktionen verknüpften Konsequenzen in diesem und den nächsten Abschnitten als monetäre Größen annehmen; dabei bedeute ein positiver Wert eine Zahlung an den Entscheidungsträger und ein negativer Wert eine Zahlung, die der Entscheidungsträger zu leisten hat. Die nummerischen Werte der Wahrscheinlich-

6 Vgl. z. B. Mertens (1982); Domschke et al. (2015).

keiten p_1 bzw. p_2 für das Eintreten von z_1 bzw. z_2 sowie die nummerischen Werte der Ergebnisse seien durch folgendes Tableau gegeben:

Wahrscheinlichkeiten		p_1 0,5	p_2 0,5
Zustände		z_1	z_2
Aktionen	a_1	100	−100
	a_2	−100	100
	a_3	100	100
	a_4	200	200
	a_5	100	300
	a_6	0	500

Wie sollten diese sechs Aktionen beurteilt werden, das heißt, welche Rangfolge soll aufgestellt werden? Oder etwas weniger normativ gefragt: Wie werden mögliche Entscheidungsträger diese Aktionen beurteilen?

Die Aktionen a_1 und a_2 dürften als gleichwertig angesehen werden, denn mit jeder der beiden Aktionen ist dieselbe Wahrscheinlichkeitsverteilung verbunden. Sofern der Entscheidungsträger zwischen a_1 und a_2 nicht indifferent ist, spricht dies dafür, dass der Entscheidungsträger unbewusst andere nummerische Werte als die angegebenen für möglich hält oder noch andere Faktoren in Betracht zieht, das heißt dass das Problem noch nicht hinreichend präzisiert wurde. Die Indifferenz zwischen a_1 und a_2 wird in der üblichen Symbolik durch

$$a_1 \sim a_2$$

ausgedrückt. Unproblematisch ist wohl auch, dass a_4 besser als a_3 sowie dass a_3 besser als a_2 und a_1 einzustufen ist:

$$a_1 \sim a_2 \prec a_3 \prec a_4 .$$

Ferner dürften a_5 besser als a_1, a_2 und a_3, sowie a_6 günstiger als a_1 und a_2 einzustufen sein. Problematisch ist noch die weitere Einordnung von a_6 sowie der Vergleich von a_4 mit a_5.

Bei einer Umfrage, die im Rahmen der Veranstaltung „Betriebswirtschaftliche Entscheidungstheorie" unter den Augsburger Wirtschaftsstudenten vorgenommen wurde, entschieden sich spontan 40 % für $a_4 \prec a_5$, weitere 40 % für $a_5 \prec a_4$ und 20 % für $a_5 \sim a_4$. Niemand hielt die beiden Aktionen für unvergleichbar. Offensichtlich überwog bei den ersten 40 % eine gewisse Risikosympathie, bei weiteren 40 % eine gewisse Risikoaversion und bei den restlichen 20 % keine der beiden Eigenschaften. Damit soll nicht gesagt werden, dass die hier gefundene Proportion 40 : 40 : 20 allgemeineren Geltungsbereich beanspruchen könnte; Befragungen anderer Wirtschaftsstudenten oder anderer Gruppen können ein völlig anderes Ergebnis liefern.

Das Beispiel zeigt jedoch Folgendes:

a) Allein aus der Kenntnis der monetären Ergebnisse und der zugehörigen Wahrscheinlichkeiten kann man das Verhalten eines Entscheidungsträgers im Allgemeinen noch nicht prognostizieren. Oder anders ausgedrückt: Verschiedene Entscheidungsträger beurteilen risikobehaftete Aktionen im Allgemeinen auch verschieden. Somit muss eine adäquate Theorie auf weitere Daten zurückgreifen, die für den Entscheidungsträger typisch sind.

b) Der Vergleich einiger Aktionen ist problematisch, das heißt er hängt wesentlich vom Entscheidungsträger selbst ab; dagegen scheint der Vergleich anderer Aktionen unproblematisch und durch die gegebenen Daten (Wahrscheinlichkeiten und Ergebnisse) bereits unumstößlich festgelegt zu sein. Dennoch steckt auch in diesem letzteren Fall eine Problematik, die besonders bei der praktischen Anwendung der Risikotheorie zu Kontroversen führen kann. So hatten wir bisher unterstellt, dass es aus rationalen Gründen selbstverständlich ist, dass z. B. die Aktion a_6 der Aktion a_1 vorgezogen wird, denn a_6 ist mit einer Fifty-fifty-Chance auf 0 bzw. 500 Euro, a_1 dagegen mit einer Fifty-fifty-Chance auf 100 bzw. -100 Euro verknüpft. Dies schließt nicht aus, dass sich die Aktion a_1 ex post, das heißt nach Eintreten des Zustandes, als günstiger herausstellen kann; tritt nämlich z_1 ein, so bringt a_1 ein Ergebnis von 100 Euro, a_6 hingegen nichts. Provozierend bemerkt zu diesem Sachverhalt Borch (1969, S. 34), dass sich die Unternehmensleitung mit einer rationalen Analyse des Entscheidungsproblems oft nicht zufrieden geben will, vor allen Dingen dann nicht, wenn sie einen hochbezahlten Unternehmensberater engagiert hat. Vielmehr will die Unternehmensleitung die Risikosituation auf eine Gewissheitssituation reduziert haben, das heißt, sie will wissen, welcher Zustand eintreten wird. Dieser Wunsch ist zwar nachvollziehbar, aber ex ante nicht erfüllbar.

Als weiteres Beispiel betrachten wir folgende Entscheidungssituation: Soll ein neu erstelltes Bürohochhaus im Wert von 20 Mio. Euro feuerversichert werden oder nicht? Die relevanten Zustände seien z_1 und z_2 mit der folgenden Bedeutung:

$z_1 =$ Brand mit Totalschaden in Höhe von 20 Mio. Euro,

$z_2 =$ kein Brand (jeweils in der betrachteten Zeitperiode, für die die Prämie zu entrichten ist).

Die zur Debatte stehenden Aktionen seien a_1 und a_2 mit folgender Bedeutung:

$a_1 =$ Abschluss des Versicherungsvertrags, der einen Schaden in Höhe von 20 Mio. Euro absichert,

$a_2 =$ kein Abschluss des Versicherungsvertrages.

Gegenüber der Realität wurden hier natürlich einige Simplifizierungen vorgenommen; so sind etwa ein Brand mit einem Sachschaden von 10 Mio. Euro sowie Versicherungsverträge, die eine maximale Zahlung von nur 15 Mio. Euro vorsehen, möglich. Das heißt, in der Praxis wird sowohl der Zustandsraum Z umfangreicher als $\{z_1, z_2\}$ als auch der Aktionenraum A umfangreicher als $\{a_1, a_2\}$ sein. Diese Simplifizierungen brauchen uns nicht weiter zu stören, da es hier nur auf das Prinzipielle ankommt.

Die Entscheidungssituation wird definitionsgemäß erst durch die Angabe von Wahrscheinlichkeiten p_1 bzw. p_2 für das Eintreten der Zustände z_1 bzw. z_2 zu einer Risikosituation. Wir wollen annehmen, dass $p_1 = 10^{-4}$ und p_2 infolgedessen $1 - 10^{-4}$ beträgt. Damit ist die Risikosituation durch folgende Daten charakterisiert:

	10^{-4} z_1	$1 - 10^{-4}$ z_2
a_1	$-PR$	$-PR$
a_2	-20 Mio.	0

Ein Vergleich der beiden Aktionen a_1 und a_2 hängt von dem nummerischen Wert der Prämie PR ab. Deshalb wollen wir die Risikosituation erst aus der Sicht der Versicherungsgesellschaft betrachten. Die Versicherungsgesellschaft hat Tausende von Verträgen abgeschlossen und kann auf das Gesetz der großen Zahlen bauen. Für sie wird deshalb der Erwartungswert der Zahlungen an den Versicherungsnehmer, also

$$20\,000\,000 \cdot 10^{-4} + 0 \cdot (1 - 10^{-4}) = 2\,000$$

eine untere Grenze für die Prämie darstellen. Bedingt durch die Verwaltungskosten und durch den Gewinn, der von der Nachfrage und der Wettbewerbssituation der Versicherungsbranche abhängt (auch eventuell bedingt durch die Unsicherheit bei der Schätzung von p_1, die wir hier allerdings nicht in Betracht ziehen wollen), wird die Prämie höher als 2 000 Euro angesetzt werden. Unterstellen wir 2 500 Euro, so erhalten wir aus Sicht des potenziellen Versicherungsnehmers folgende Ergebnismatrix:

	10^{-4} z_1	$1 - 10^{-4}$ z_2
a_1	$-2\,500$	$-2\,500$
a_2	$-20\,000\,000$	0

Damit hat sich die Risikosituation für den Entscheidungsträger, das heißt für den potenziellen Versicherungsnehmer, zu der Frage konkretisiert: Ist es besser, mit Sicherheit 2 500 Euro zu zahlen oder 20 Mio. Euro mit einer Wahrscheinlichkeit von 10^{-4} bzw. nichts mit einer Wahrscheinlichkeit von $1 - 10^{-4}$ zu zahlen?

Orientiert sich auch der Entscheidungsträger am Erwartungswert, so wird er sich nicht versichern, das heißt die Aktion a_2 vorziehen, denn a_2 führt zu dem höheren Erwartungswert. Da es erfahrungsgemäß Personen gibt, die sich für 2 500 Euro gern versichern, Personen, die sich für 2 500 Euro gerade noch versichern und Personen, die sich für 2 500 Euro auf keinen Fall versichern, kann der Erwartungswert der mit den Aktionen verknüpften monetären Ergebnisse keine generell verwendbare Beurteilungsgröße darstellen. Dieser empirische Befund ergibt sich bei allen Risikosituationen. So führt beim staatlichen Zahlenlotto die Teilnahme zu einem kleineren Erwartungswert als die Nichtteilnahme; Woche für Woche gibt es sowohl Millionen Personen, die sich für die Teilnahme entscheiden, als auch Millionen Personen, die sich gegen die Teilnahme entscheiden. So gibt es Unternehmer, die sich für eine riskante Investition entscheiden, während andere Unternehmer in der gleichen Situation lieber „auf Nummer sicher" gehen.

Daniel Bernoulli (1738) zog auf Grund seiner Beobachtungen beim St. Petersburger Spiel[7] bereits vor über 250 Jahren das Fazit, dass der Ergebnis-Erwartungswert selbst bei einem Glücksspiel durch eine andere Beurteilungsgröße ersetzt werden müsse, wenn man das empirisch beobachtete Spielverhalten erklären wolle. Bernoulli schlug vor, neben den Wahrscheinlichkeiten und den Ergebnissen noch ein weiteres Charakteristikum einzuführen, nämlich die subjektive Nutzenbewertung der möglichen Ergebnisse durch den Entscheidungsträger. Nicht die Ergebnisse selbst sollen mit den Wahrscheinlichkeiten gewichtet werden, sondern erst die Zahlen, die sich durch Einsetzen der Ergebnisse in die nummerische Bewertungsfunktion ergeben. Hierdurch erhält man einen Nutzenerwartungswert, der nach Bernoulli eine geeignete Beurteilungsgröße für den Vergleich von Aktionen darstellt. Bernoullis Lösungsvorschlag, heute als „Bernoulli-Prinzip" bezeichnet, wurde im Wesentlichen erst von John von Neumann und Oskar Morgenstern (1944) energisch aufgegriffen, axiomatisch begründet und in die heutige Form gebracht.

Das **Bernoulli-Prinzip** lautet: Für den Entscheidungsträger existiert eine (auf der Menge aller Ergebnisse definierte und bis auf eine wachsende lineare Transformation eindeutige) Nutzenfunktion u mit der Eigenschaft, dass die verschiedenen Aktionen auf Grund des zugehörigen Nutzenerwartungswertes beurteilt werden.

Das heißt: Bezeichne X_a das mit der Aktion a und entsprechend X_b das mit der Aktion b verknüpfte zufallsabhängige Ergebnis (beides sind Zufallsvariablen) und bezeichne weiterhin E den Erwartungswert, so besagt das Bernoulli-Prinzip:[8]

$$a \succcurlyeq b \iff \mathrm{E}u(X_a) \geqq \mathrm{E}u(X_b)$$

Die in Abschnitt 2.4 eingeführte Bewertungsfunktion Φ kann gemäß dem Bernoulli-Prinzip also folgendermaßen gewählt werden:[9]

$$\Phi(a) = \mathrm{E}u(X_a)\,.$$

---

7 Eine Münze wird solange geworfen, bis zum ersten Mal „Zahl" erscheint. Ist dies beim n-ten Wurf der Fall, so erhält der Spieler von der Bank einen Gewinn von 2^n Euro ausgezahlt. Welchen Einsatz ist die Teilnahme an einer Partie dieses Spiels wert? Da der Gewinnerwartungswert

$$2 \cdot \tfrac{1}{2} + 4 \cdot \tfrac{1}{4} + \cdots = \infty$$

ist, müsste – bei alleiniger Orientierung am Erwartungswert – jeder noch so hohe Einsatz gerechtfertigt sein. Tatsächlich lassen sich aber nur wenige Personen finden, die einen Einsatz von mehr als 10 Euro riskieren würden.

8 Der hier und im Folgenden benutzte Erwartungswert $\mathrm{E}u(X)$ berechnet sich wie üblich bei diskret verteiltem X als

$$\sum_i u(x_i)p_i \quad \text{mit} \quad p_i = P(X = x_i)$$

sowie bei kontinuierlich verteiltem X als

$$\int_{-\infty}^{\infty} u(x)\,f(x)\,\mathrm{d}x \quad \text{mit der Wahrscheinlichkeitsdichte} \quad f(x)\,.$$

9 Vgl. auch nachfolgende Bemerkung g).

Da der weiteren Diskussion des Bernoulli-Prinzips das ganze restliche Kapitel gewidmet ist, beschränken wir uns hier auf einige ergänzende Bemerkungen:

a) Die für das Bernoulli-Prinzip charakteristische Nutzenfunktion u wird auch als Utility-Funktion, als Bernoulli-Nutzen, als Bernoulli-Funktion, als Risiko-Nutzen, als Von-Neumann-Morgenstern-Nutzen oder Risikopräferenzfunktion bezeichnet. In der englischsprachigen Literatur hat sich für das Bernoulli-Prinzip der Terminus „expected utility hypothesis" eingebürgert.

b) Bei Kenntnis der für einen Entscheidungsträger relevanten Nutzenfunktion u ist die Anwendung des Bernoulli-Prinzips höchst einfach. Für jede Aktion a berechnet man als Beurteilungsgröße den Nutzenerwartungswert $\mathrm{E}u(X_a)$; da dieser jeweils eine reelle Zahl ist und reelle Zahlen in natürlicher Weise miteinander verglichen werden können, werden auch alle Aktionen miteinander vergleichbar und die optimale Aktion (falls sie existiert) bestimmbar. So sind bei dem Versicherungsbeispiel die beiden Zahlen

$$\mathrm{E}u(X_{a_1}) = u(-2\,500)\cdot 10^{-4} + u(-2\,500)(1-10^{-4}) = u(-2\,500) \quad \text{und}$$
$$\mathrm{E}u(X_{a_2}) = u(-20\,000\,000)\cdot 10^{-4} + u(0)(1-10^{-4})$$

miteinander zu vergleichen.

c) Das Bernoulli-Prinzip ist nicht auf Risikosituationen mit monetären Konsequenzen beschränkt. Die Handlungskonsequenzen können im Prinzip von beliebiger Natur sein, also beispielsweise auch einen Prestigeverlust, eine Verbesserung des Betriebsklimas und Ähnliches beinhalten. So können Lagerhaltungsentscheidungen – falls die Nachfrage unterschätzt wurde – die Konsequenz haben, dass zu einem entgangenen Gewinn noch Prestigeverluste hinzukommen. So sind bei der Entscheidung über den Start eines Charterflugzeugs im Nebel unter anderem folgende Konsequenzen möglich: Prestigegewinn (gelungener Start ohne Verzögerung), Prestigeverlust (Startverzögerung), Verlust an Menschenleben, Material und Prestige (misslungener Start). Dennoch wollen wir u durchwegs als eine auf der reellen Achse definierte Funktion auffassen.

d) Die zu einem Entscheidungsträger gehörende Funktion u ist in dem Sinne eine kardinale Nutzenfunktion, dass u bis auf eine wachsende lineare Transformation eindeutig bestimmt ist. Das heißt, legt u gemäß dem Bernoulli-Prinzip die Präferenzordnung der zur Debatte stehenden Aktionen fest, so leistet dies auch eine Nutzenfunktion $\bar{u}$, die durch folgende Transformation aus u hervorgeht:

$$\bar{u} = \alpha u + \beta \quad \text{mit} \quad \alpha > 0 \quad \text{und} \quad \beta \text{ beliebig.}$$

Denn durch Einsetzen dieser Beziehung erkennt man wegen

$$\mathrm{E}\bar{u}(X) = \alpha \mathrm{E}u(X) + \beta\,,$$

dass

$$\mathrm{E}\bar{u}(X_a) \gtreqless \mathrm{E}\bar{u}(X_b)$$

genau dann gilt, wenn

$$\mathrm{E}u(X_a) \gtreqless \mathrm{E}u(X_b)$$

ist. Diese Kardinalität der Nutzenfunktion bedeutet nicht, dass u kardinal messend auf dem Bereich der sicheren Ergebnisse x sein muss. Ferner bedeutet sie nicht, dass jedem Ergebnis x ein nummerisch eindeutig festgelegter Nutzenwert $u(x)$ zugeordnet ist (denn die Nutzeneinheit ist noch beliebig wählbar); sie bedeutet auch nicht, dass für je zwei Ergebnisse x und y das Nutzenverhältnis nummerisch exakt festliegen müsse (denn der Nutzennullpunkt ist noch beliebig wählbar). Lediglich das Verhältnis von Nutzendifferenzen liegt nummerisch eindeutig fest. Die Nutzenfunktion liegt erst dann nummerisch eindeutig fest, wenn für zwei (nicht gleichwertige) Konsequenzen x und y die Nutzenwerte willkürlich fixiert werden. Bei monetären Konsequenzen bietet sich die Normierung

$$u(0) = 0 \quad \text{und} \quad u(1) = 1$$

an.

e) Für Risikosituationen benötigen wir keine andere Nutzenfunktion als den Bernoulli-Nutzen. Für andere Zwecke (vgl. Abschnitt 2.4) mag es möglich oder erforderlich sein, eine kardinal messende Nutzenfunktion zur Bewertung von Handlungskonsequenzen einzuführen, die ohne Bezugnahme auf Risikosituationen definiert wird. Wenn bei Vorliegen einer derartigen Höhenpräferenzfunktion h zusätzlich Risikosituationen auftauchen, so gibt es die beiden Möglichkeiten:

α) Den Konsequenzen $x, y, v, \ldots$ wird wie bisher ein Bernoulli-Nutzen $u(x)$, $u(y)$, $u(v)$, ... zugeordnet und h dabei nicht beachtet.

β) Die Nutzenbewertungen $h(x)$, $h(y)$, ... werden als neue Konsequenzen aufgefasst und hierauf eine Bernoulli-Funktion φ definiert.

Krelle (1968) wählt, wie schon in Abschnitt 2.3 angedeutet, die zweite Möglichkeit und bezeichnet φ als Risikopräferenzfunktion, denn φ ist allein durch das Risikoverhalten bestimmt und bei diesem Ansatz von der Nutzenbewertung getrennt, die der Entscheidungsträger bezüglich sicher eingetretener Konsequenzen besitzt. Krelle bemerkt hierzu (1968, S. 147): „Bei Entscheidungen in Risikosituationen spielt nicht nur der Nutzen beim Eintritt gewisser nicht mit Sicherheit vorhersehbarer Ereignisse eine Rolle, sondern das Verhalten zum Risiko selbst. Zwei Personen, die in ihren Nutzeneinschätzungen bezüglich hypothetischer Ereignisse (wenn sie einmal eingetreten sind) völlig übereinstimmen, können sich doch in Bezug auf ihre Risikowilligkeit völlig unterscheiden: der eine spekuliert auf das Eintreten eines glücklichen, wenn auch wenig wahrscheinlichen Ereignisses, der andere sieht nur auf die ebenso möglichen katastrophalen Fehlschläge."

f) Ist ein Entscheidungsträger zwischen einem sicheren Ergebnis s und einem zufallsabhängigen Ergebnis X indifferent, so bezeichnet man s als das (bzw. ein) **Sicherheitsäquivalent** von X. Ist ein Entscheidungsträger beispielsweise in dem Eingangsbeispiel von Abschnitt 4.3 zwischen den beiden Aktionen a_4 und a_5 indifferent, so ist $s = 200$ das Sicherheitsäquivalent der Zufallsvariablen X mit

$$P(X = 100) = P(X = 300) = 0{,}5\,.$$

Für eine stetige und streng monoton wachsende Bernoulli-Funktion u ergibt sich das Sicherheitsäquivalent von X wegen der Indifferenz $s \sim X$ und der daraus folgenden Gleichung

$$u(s) \cdot 1 = \mathrm{E}u(X)$$

in der expliziten Form

$$s = s(X) = u^{-1}[\mathrm{E}u(X)] \, .$$

g) Durch das Präferenzfunktional Φ werden die Aktionen (und damit auch die zugehörigen Zufallsvariablen $X, Y, \ldots$) in eine Rangfolge gebracht, das heißt ordinal geordnet. Dieselbe Rangfolge ergibt sich bei Verwendung eines Präferenzfunktionals $\hat{\Phi}$, das aus dem Nutzenerwartungswert mittels einer streng monoton wachsenden Transformation f hervorgeht:

$$\Phi(a) = \mathrm{E}u(X_a) \quad \text{und} \quad \hat{\Phi}(a) = f[\Phi(a)] \quad \text{sind gleichwertig.}$$

Dyckhoff (1993) und Kruse (1997) untersuchen diejenigen Transformationen f, die $\hat{\Phi}$ zu einem kardinal messenden Präferenzfunktional machen. Sie zeigen, dass die Transformation $f = \varphi^{-1}$ diesen Zweck erfüllt, wobei φ die oben diskutierte Krellesche (reine) Risikopräferenzfunktion bezeichnet. Das so gewonnene „erweiterte Bernoulli-Präferenzfunktional"

$$\hat{\Phi}(a) = \varphi^{-1}[\mathrm{E}u(X_a)]$$

kann umgeformt werden zu

$$\hat{\Phi}(a) = h(u^{-1}[\mathrm{E}u(X_a)]) \quad \text{bzw.} \quad \hat{\Phi}(a) = h[s(X_a)] \, ,$$

wobei $s(X_a)$ das uns bereits bekannte Sicherheitsäquivalent und h die für die Zerlegung $u(x) = \varphi[h(x)]$ benutzte Höhenpräferenzfunktion ist. Wir werden im Folgenden allerdings keinen Gebrauch von $\hat{\Phi}$ machen.

h) Will man das Bernoulli-Prinzip konkret anwenden, sei es in der Praxis, sei es bei forschungsorientierten Problemstellungen, so stellt sich stets die Frage, wie die Ergebnisse x der Aktionen definiert werden sollen. So könnte man bei Anlageentscheidungen beispielsweise Gewinne oder Renditen oder Endvermögenspositionen, jeweils vor oder nach Steuern, als Ergebnisse auffassen. Es gibt gute Gründe dafür, Endvermögenspositionen zu verwenden. Ein Beispiel möge dies verdeutlichen. Besitzt ein Investor als Anfangsvermögen ausschließlich ein Aktien-Portfolio, dessen Performance dem DAX (der als Performance-Index konstruiert ist) entspricht, so ist der Verkauf eines DAX-Futures ganz anders zu beurteilen als in den Fällen, in denen entweder kein Anfangsvermögen vorhanden ist oder zwar ein Anfangsvermögen entsprechender Höhe, jedoch von gänzlich anderer Struktur. Besitzt der Anleger (und hält er auch weiterhin) ein „DAX-Portfolio" und verkauft er beispielsweise einen DAX-Future mit einer Laufzeit von sechs Monaten, so ist die Endvermögensposition nach sechs Monaten festgelegt: Die Kurse sind gewissermaßen „eingefroren"; was er an dem Future verliert, gewinnt er an dem Portfolio und umgekehrt. Es besteht demnach keinerlei Risiko. Berücksichtigt man dagegen nur die aus dem Future-Engagement resultierenden Zahlungen als relevante Ergebnisse, so wird ein erhebliches Risiko vorgetäuscht; dasselbe gilt, wenn man nur die aus dem DAX-Portfolio resultierenden Ergebnisse betrachtet. Andererseits bringt die Verwendung von Endvermögenspositionen den Nachteil mit sich, dass Unternehmensberater, Anlageberater und andere externe Berater ihren Mandanten „in die Tasche" schauen müssten, was in vielen Fällen auf eine geringe Akzeptanz stoßen könnte.

4.4 Empirische Ermittlung des Bernoulli-Nutzens

Die Nutzenfunktion u eines Entscheidungsträgers, der sich in Risikosituationen (bewusst oder unbewusst) gemäß dem Bernoulli-Prinzip verhält, lässt sich nach einer auf Ramsey (1931) zurückgehenden Idee empirisch folgendermaßen ermitteln:

a) Dem Entscheidungsträger werden hypothetische Entscheidungssituationen vorgelegt. Dabei genügt es, sich auf Entscheidungssituationen von relativ einfacher Struktur zu beschränken, nämlich auf solche, bei denen nur zwei Aktionen a_1 und a_2 zur Debatte stehen, wobei a_1 mit Sicherheit die Konsequenz x zur Folge hat und a_2 mit den Wahrscheinlichkeiten p bzw. $1 - p$ die Konsequenzen y bzw. v zur Folge hat, vgl. die Baumdarstellung in Abbildung 4.1.

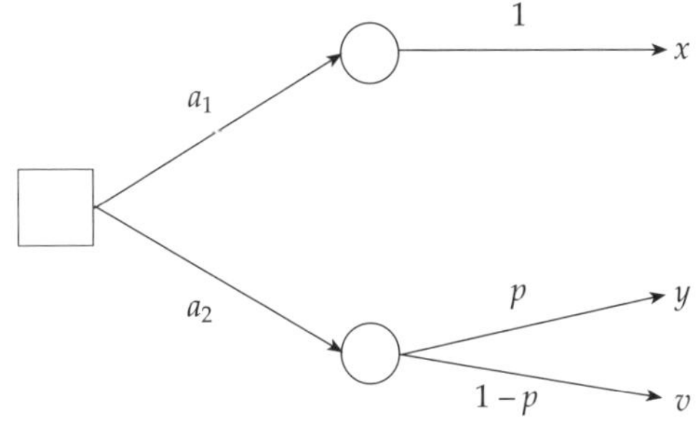

Abb. 4.1: Empirische Ermittlung des Bernoulli-Nutzens

b) Die Wahrscheinlichkeit p wird solange variiert, bis der Entscheidungsträger zwischen a_1 und a_2 indifferent wird.

c) Aus dem registrierten Verhalten des Entscheidungsträgers wird u berechnet.

Die Punkte b) und c) bedürfen noch einer näheren Erläuterung. Die beiden Konsequenzen y und v seien fest vorgegeben und dem Entscheidungsträger nicht gleichwertig. Ohne Einschränkung der Allgemeinheit kann deshalb

$$y \prec v$$

angenommen werden. Handelt es sich um monetäre Ergebnisse, so bedeutet dies natürlich $y < v$. Bezüglich der Konsequenz x ist dann sinnvollerweise nur der Fall

$$y \prec x \prec v$$

zu betrachten. Durch geeignete Verfügung über die Symbole x, y, v ist dieser Fall stets erreichbar. Sobald p den Wert 0 hat, hat a_2 mit Sicherheit die attraktive Konsequenz v zur Folge, so dass a_2 gegenüber a_1 vorgezogen wird; ist p dagegen gleich 1, so wird a_1 vorgezogen. Es kann deshalb erwartet werden (vgl. auch Abschnitt 4.7), dass der Entscheidungsträger bei einer geeignet vorgegebenen Wahrscheinlichkeit p, die es empirisch auszuloten gilt, zwischen a_1 und a_2 indifferent wird; x ist dann das Sicherheitsäquivalent der mit a_2 verknüpften Zufallsvariablen. Für diesen Wert p müssen nach dem Bernoulli-Prinzip die beiden Nutzenerwartungswerte, also einerseits $u(x) \cdot 1$ und andererseits $u(y) \cdot p + u(v) \cdot (1 - p)$ übereinstimmen. Die Gleichung

$$u(x) = u(y) \cdot p + u(v) \cdot (1 - p)$$

gestattet eine nummerische Bestimmung von $u(x)$, wenn eine geeignete Normierung der Nutzenfunktion verwendet wird. Setzt man nämlich für die beiden Konsequenzen y und v die Nutzenwerte durch

$$u(y) = 0 \quad \text{und} \quad u(v) = 1$$

fest, so ergibt sich

$$u(x) = 1 - p\,.$$

Variiert man nun noch x und bezeichnet man die Wahrscheinlichkeit, die a_1 und a_2 gleichwertig macht, mit $p(x)$, so ist mit

$$u(x) = 1 - p(x)$$

der Verlauf der Nutzenfunktion u für alle Konsequenzen x ermittelt, die obigem Fall genügen.

Eine Reihe von Arbeiten[10] berichten über experimentelle Nutzenmessungen, die nach dieser oder modifizierten Methoden durchgeführt wurden bzw. über Erkenntnisse, die auf Grund empirischer Daten hinsichtlich des approximativen Verlaufs von Nutzenfunktionen gewonnen wurden. Empirisch orientierte Arbeiten, die sich kritisch über die Tragfähigkeit des Bernoulli-Prinzips zur Erklärung des Verhaltens in Risikosituationen äußern, stammen insbesondere z. B. von Allais (1953) und Kahneman/Tversky (1979).

---

[10] Vgl. z. B. Friedman/Savage (1948); Grayson (1960); Kahneman/Tversky (1979); Schauenberg (1990).

4.5 Diskussion einiger Nutzenfunktionen

Wir setzen voraus, dass die Handlungskonsequenzen x monetäre Ergebnisse sind und die Nutzenfunktion u durch $u(0) = 0$ und $u(1) = 1$ normiert ist. In einem (x, u)-Koordinatensystem verläuft die Nutzenfunktion also durch die Punkte $(0, 0)$ und $(1, 1)$. Sie ist sicherlich monoton steigend, da überflüssige Geldbeträge ohne Mühe weggeworfen werden könnten. Die weiteren Eigenschaften hängen vom speziellen Entscheidungsträger ab. Wir wollen folgende vier charakteristische Fälle betrachten:

a) u ist linear

b) u ist konvex

c) u ist konkav

d) u ist aus konvexen und konkaven Stücken zusammengesetzt.

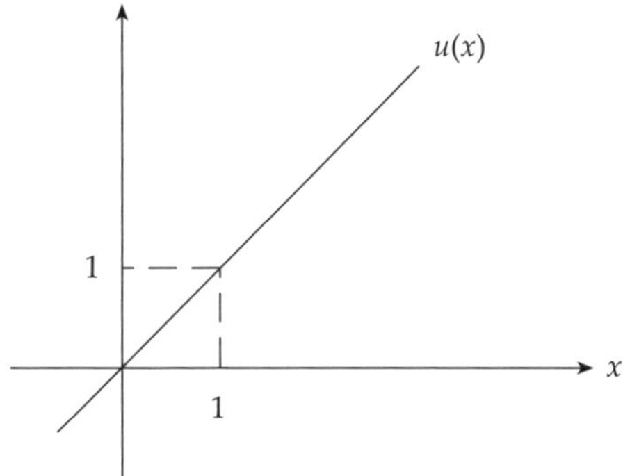

Abb. 4.2: Lineare Nutzenfunktion

Zu a): Wegen der Normierung ist $u(x) = x$. Ein Entscheidungsträger mit dieser Nutzenfunktion beurteilt seine Aktionen allein auf Grund des Erwartungswertes der Ergebnisse, denn dieser Erwartungswert stimmt mit dem Nutzenerwartungswert überein. Eine Aktion, die mit den Wahrscheinlichkeiten p_i die Ergebnisse x_i zur Folge hat, ist demnach einer Aktion gleichwertig, die

$$\sum_{i=1}^{n} x_i p_i$$

als sicheres Ergebnis zur Folge hat; der Ergebniserwartungswert stimmt mit dem Sicherheitsäquivalent überein. So ist z. B. eine Fifty-fifty-Chance auf 0 bzw. 500 Euro dem sicheren Ergebnis von 250 Euro gleichwertig und dem sicheren Ergebnis von 200 Euro vorzuziehen. Demnach wäre im Eingangsbeispiel von Abschnitt 4.3 die Aktion a_6 der Aktion a_4 vorzuziehen. Ein Entscheidungsträger mit einer linearen Nutzenfunktion wird Versicherungsabschlüssen gegenüber indifferent sein, wenn die Prämie mit dem Schadenserwartungswert übereinstimmt; ist die Prämie niedriger (bzw. höher) als der Schadenserwartungswert, so wird er gern (bzw. bestimmt nicht) abschließen. Der Entscheidungsträger orientiert sich nur am Erwartungswert der Ergebnisse und nimmt bei seiner Entscheidung keine Notiz davon, wie sehr die möglichen Ergebnisse um diesen Erwartungswert streuen. Ein Verhalten, das einer linearen Nutzenfunktion entspricht, wird üblicherweise durch das Schlagwort **Risikoneutralität** charakterisiert. Einen Entscheidungsträger, dessen Sicherheitsäquivalent mit dem Erwartungswert übereinstimmt, bezeichnet man dementsprechend als **risikoneutral**.

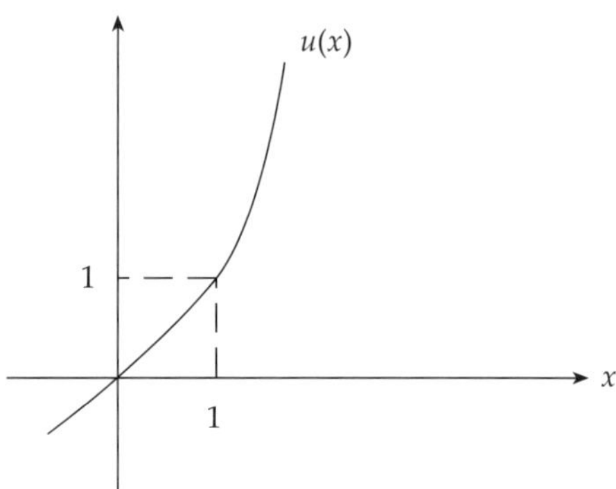

Abb. 4.3: Konvexe Nutzenfunktion

Zu b): Der typische Verlauf einer konvexen Nutzenfunktion ist in Abbildung 4.3 skizziert. Wie verhält sich ein Entscheidungsträger mit einer derartigen Nutzenfunktion? Zur Beantwortung dieser Frage wollen wir wie oben überlegen, wie ein zufallsabhängiges Ergebnis X gegenüber einem sicheren Ergebnis in Höhe des entsprechenden Erwartungswertes $\mathrm{E}(X)$ beurteilt wird. Der Nutzenerwartungswert der Zufallsvariablen X ist

$$\sum_{i=1}^{n} u(x_i)p_i$$

während der Nutzenerwartungswert des sicheren Ergebnisses $\mathrm{E}(X) = \sum_{i=1}^{n} x_i p_i$

$$u\left(\sum_{i=1}^{n} x_i p_i\right)$$

beträgt. Da für konvexes u die jensensche Ungleichung[11] besagt, dass

$$u\left(\sum_{i=1}^{n} x_i p_i\right) \leqq \sum_{i=1}^{n} u(x_i)p_i$$

gilt,[12] ist die Zufallsvariable X dem sicheren Ergebnis in Höhe des Erwartungswertes $\mathrm{E}(X)$ vorzuziehen. Ein sicheres Ergebnis muss, damit es X gleichwertig wird, größer als $\mathrm{E}(X)$ sein; das heißt, das Sicherheitsäquivalent von X ist

[11] Vgl. z. B. Bamberg et al. (2017, S. 113).

[12] Das Gleichheitszeichen kann dabei nur dann gelten, wenn u lineare Stücke enthält oder ein $p_i = 1$ ist.

größer als der Erwartungswert $\mathrm{E}(X)$. Dies ist auch anschaulich klar, da durch u große Ergebnisse besonders hoch bewertet werden. Glücksspieler haben eine konvexe Nutzenfunktion. Versicherungsabschlüsse würden dann keinesfalls getätigt, wenn die Prämie über dem Schadenserwartungswert liegt. Ein derartiges Verhalten ist durch **Risikosympathie** gekennzeichnet. Man bezeichnet einen Entscheidungsträger dementsprechend als **risikofreudig**, wenn das Sicherheitsäquivalent größer als der Erwartungswert ist. Risikofreude beobachtet man z. B. bei Prämiensparern, denen die Chance auf eine Prämie auch dann noch sympathischer als die Zahlung des festen Zinses ist, wenn der Prämienerwartungswert unter dem Zins liegt. Weiterhin beobachtet man Risikosympathie bei riskanten Vorstößen in neue Marktlücken, bei gewissen Spekulationen an der Börse, beim Entschluss von Angestellten, lieber auf Provisionsbasis zu arbeiten oder sich selbstständig zu machen usw.

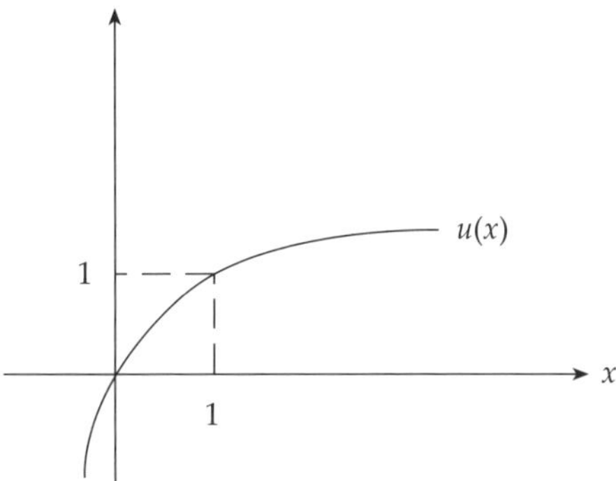

Abb. 4.4: Konkave Nutzenfunktion

Zu c): Der typische Verlauf einer konkaven Nutzenfunktion ist in Abbildung 4.4 skizziert. Da große Verluste überproportional, große Gewinne dagegen unterproportional hoch bewertet werden, kann der Entscheidungsträger z. B. auch dann an Versicherungsabschlüssen interessiert sein, wenn die Prämie höher als der Schadenserwartungswert ist. Die Überlegungen von b) gelten genau mit den umgekehrten Ungleichheitszeichen. Das Sicherheitsäquivalent eines zufallsabhängigen Ergebnisses X ist kleiner als der Erwartungswert $\mathrm{E}(X)$. Das Verhalten ist durch **Risikoaversion** gekennzeichnet. Man bezeichnet einen Entscheidungsträger dementsprechend als **risikoscheu**, wenn das Sicherheitsäquivalent **kleiner** als der Erwartungswert ist. Risikoaversion beobachtet man unter anderem bei konservativer Anlage- oder Investitionspolitik, bei Abschlüssen am Waren- oder Devisenterminmarkt, bei Absatzsicherung (Abonnentenwerbung und Ähnlichem), Arbeitsplatzsicherung (Bewerbung um Übernahme in das Beamtenverhältnis) usw.

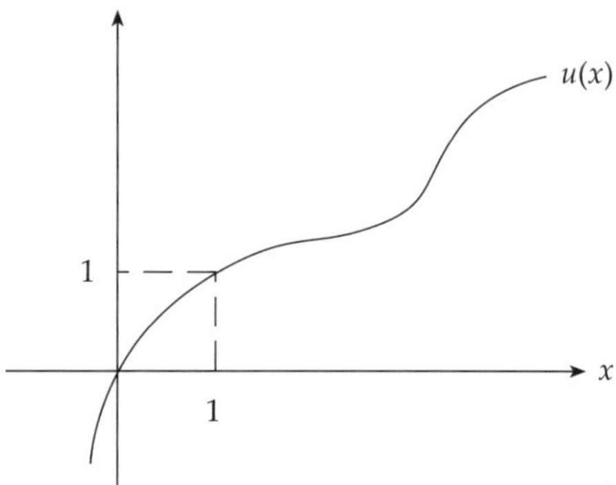

Abb. 4.5: Nutzenfunktion vom Friedman-Savage-Typ

Zu d): Da viele Entscheidungsträger gleichzeitig ein Glücksspieler-Verhalten und ein Versicherungsnehmerverhalten zeigen, das heißt in gewissen Situationen risikofreudig und in anderen Situationen risikoscheu sind, scheint vielfach eine Nutzenfunktion adäquat zu sein, die sowohl konkave Stücke (für negative Ergebnisse, das heißt Verluste) als auch konvexe Stücke enthält. Da weiterhin eine Nutzenfunktion zur Vermeidung von Paradoxien nach Menger (1934) beschränkt sein sollte, liegt eine Nutzenfunktion nahe, die von Friedman/Savage (1948) vorgeschlagen und empirisch getestet wurde (vgl. Abbildung 4.5). Der (für negative x) stark abfallende konkave Ast der Nutzenfunktion erklärt die Abschlüsse von Versicherungsverträgen, der (in positiver x-Richtung) daran anschließende konvexe Teil die Teilnahme an Lotterien und ähnlichen Glücksspielen; das Abflachen im Bereich großer x-Werte erklärt beispielsweise, warum eine Lotterie (etwa gegenüber den üblichen staatlichen Lotterien) nicht durch die Einführung eines riesigen, aber entsprechend unwahrscheinlichen Gewinns beliebig attraktiv gemacht werden kann.

4.6 Risikoprämien und Arrow-Pratt-Maß für die Risikoaversion

Nach gängiger Meinung ist die Mehrzahl der wirtschaftlich relevanten Entscheidungsträger eher risikoavers als risikofreudig. Modelle der Portfolio-Selektion und der Kapitalmarkttheorie[13] setzen beispielsweise generell einen risikoaversen Entscheidungsträger voraus. Bei Risikoaversion ist – wie im vorangehenden Abschnitt begründet wurde – das Sicherheitsäquivalent kleiner als der Erwartungswert. Der vom Erwartungswert vorzunehmende Abschlag, der gerade die Indifferenz herbeiführt, wird als **Risikoprämie** π bezeichnet. Sie ist demnach durch

$$X \sim \mathrm{E}(X) - \pi$$

[13] Vgl. z. B. Markowitz (1959); Sharpe (1970); Rudolph (1979); Göppl (1980); Wilhelm (1983); Loistl (1994); Spremann (2007); Franke/Hax (2009); Steiner et al. (2012); Albrecht/Maurer (2016); Perridon et al. (2017).

definiert und steht mit dem Sicherheitsäquivalent s offensichtlich in der Beziehung:

$$\pi = \mathrm{E}(X) - s\,.$$

Gelegentlich wird das Anfangsvermögen mit berücksichtigt. Dann sind sowohl s als auch π Funktionen des Anfangsvermögens v des Entscheidungsträgers und der Zufallszahlung X. Will man dies zum Ausdruck bringen, so muss man die Risikoprämie mit $\pi(v, X)$ symbolisieren und durch die Bedingung definieren:

$$v + X \sim \mathrm{E}(v + X) - \pi(v, X)\,.$$

Bislang sind wir nur in der Lage, risikoaverse, risikoneutrale und risikofreudige Entscheidungsträger zu unterscheiden. Diese Kategorisierung ist für viele Zwecke zu grob. Deshalb entwickelten Arrow und Pratt aus dem Bernoulli-Nutzen $u(x)$ folgende Maßzahl

$$r(x) = -\frac{u''(x)}{u'(x)}\,,$$

die sie **lokale** (absolute) **Risikoaversion** an der Stelle $x \in \mathbb{R}$ nannten.[14] Wie Pratt (1964) darlegt, eignen sich weder die erste Ableitung $u'(x)$ noch die zweite Ableitung $u''(x)$ separat, und auch nicht die Krümmung der Kurve $u(x)$ als Risikoaversionsmaße. So werden bei der Bernoulli-Nutzenfunktion

$$u(x) = 1 - e^{-\alpha x} \quad (\text{mit } \alpha > 0)$$

der Anstieg und die Krümmung mit wachsendem x zunehmend kleiner, das Risikoverhalten bleibt aber gleich. Insbesondere ist die Risikoprämie für eine gegebene Zufallszahlung X stets konstant, das heißt unabhängig vom Anfangsvermögen v, wie man folgendermaßen direkt verifiziert: Aus

$$v + X \sim \mathrm{E}(v + X) - \pi(v, X)$$

folgt nach dem Bernoulli-Prinzip

$$\mathrm{E}[u(v + X)] = u[\mathrm{E}(v + X) - \pi(v, X)]\,.$$

Für unser spezielles $u(x)$ ergibt sich demnach

$$\mathrm{E}[1 - e^{-\alpha(v+X)}] = 1 - e^{-\alpha[\mathrm{E}(v+X) - \pi(v,X)]}\,,$$

das heißt

$$\pi(v, X) = \frac{\ln[\mathrm{E}(e^{-\alpha X})] + \alpha \mathrm{E}(X)}{\alpha}\,.$$

Das Arrow-Pratt-Maß spiegelt diese „konstante Risikoeinstellung“ adäquat wider: Es ist nämlich selbst konstant und mit α identisch:

$$r(x) = -\frac{-\alpha^2 e^{-\alpha x}}{\alpha e^{-\alpha x}} = \alpha\,.$$

[14] Dabei ist natürlich die zweimalige Differenzierbarkeit von u vorausgesetzt. Für die Interpretation als Risikoaversionsmaß muss ferner vorausgesetzt werden, dass Normalverhalten vorliegt, das heißt dass $u(x)$ streng monoton wachsend ist ($u'(x) > 0$). Wegen einer ausführlichen Diskussion von $r(x)$ sei auf Pratt (1964) oder Arrow (1971, S. 90–120) verwiesen.

Dass sich $r(x)$ als Risikoaversionsmaß eignet, zeigt weiterhin das von Pratt (1964) bewiesene Resultat:

Satz 4.1: *Sind $r_i(x)$ und $\pi_i(v, X)$ die Risikoaversion und die Risikoprämie des Entscheidungsträgers i ($i = 1, 2$), so gilt $r_1(x) \geqq r_2(x)$ für alle $x \in \mathbb{R}$ genau dann, wenn $\pi_1(v, X) \geqq \pi_2(v, X)$ für alle $v \in \mathbb{R}$ und jede beliebige Zufallszahlung X gilt.*

Mit anderen Worten: Der im Sinne des Arrow-Pratt-Maßes $r(x)$ risikoaversere Entscheidungsträger verlangt eine höhere Risikoprämie und ist bereit, für eine Versicherung die jeweils höhere Versicherungsprämie zu zahlen.[15]

Formal sind die Risikoprämien π und die Risikoaversion $r(x)$ auch für einen risikofreudigen Entscheidungsträger definiert; sie werden dann allerdings negativ. Damit erhalten wir folgende Tabelle:

Verlauf des Bernoulli-Nutzens	Relation zwischen E(X) und s	Einstellung zum Risiko	Risiko-prämie	Arrow-Pratt-Maß
linear	$s = \mathrm{E}(X)$	risikoneutral	$\pi = 0$	$r(x) = 0$
streng konkav	$s < \mathrm{E}(X)$	risikoavers	$\pi > 0$	$r(x) > 0$
streng konvex	$s > \mathrm{E}(X)$	risikofreudig	$\pi < 0$	$r(x) < 0$

Zwei Klassen von Bernoulli-Funktionen lassen sich analytisch besonders gut behandeln und führen bei entscheidungstheoretischen Fragestellungen oft zu leicht berechenbaren expliziten Lösungen:

a) Die CARA (= constant absolute risk aversion)-Klasse besitzt, wie der Name besagt, jeweils ein konstantes Arrow-Pratt-Maß. Sie wurde bereits oben betrachtet. Beziehen wir den Grenzfall verschwindender Risikoaversion mit ein (und klammern wir die selten verwendeten risikofreudigen Varianten aus), so ist die CARA-Klasse durch

$$u(x) = \begin{cases} -e^{-\alpha x}, & \text{für } \alpha > 0 \\ x, & \text{für } \alpha = 0 \end{cases}$$

definiert.

CARA-Nutzenfunktionen (und nur diese) haben den Vorteil, dass das (additive) Anfangsvermögen v beim Vergleich verschiedener Endvermögen $v + X$, $v + Y$ etc. irrelevant ist. Das heißt, man kann sich auf den Vergleich der Zuwächse X, Y etc. beschränken, was eine externe Beratung wesentlich vereinfacht.

b) Die CRRA (= constant relative risk aversion)-Klasse ist durch die Bedingung charakterisiert, dass die absolute Risikoaversion hyperbolisch gemäß $\frac{\alpha}{x}$ abnimmt. Dabei sind nur positive Argumente x zugelassen; dies schränkt die Anwendbarkeit kaum ein, da x meist die Bedeutung von Endvermögens-

[15] Die maximal akzeptable Versicherungsprämie beträgt $\pi(v, X) - \mathrm{E}(X)$.

positionen hat. Sieht man wieder von risikofreudigen Varianten ab, so ist α nichtnegativ. Die CRRA-Klasse ist dann durch

$$u(x) = \begin{cases} \dfrac{x^{1-\alpha}}{1-\alpha}, & \text{für} \quad \alpha \neq 1 \\ \ln x, & \text{für} \quad \alpha = 1 \end{cases}$$

definiert. Da man $x \cdot r(x)$ als **relative** (oder proportionale) **Risikoaversion** bezeichnet, bedeutet der Parameter α für die CRRA-Klasse die konstante relative Risikoaversion. CRRA-Nutzenfunktionen (und nur diese) haben den Vorteil, dass beim Vergleich von Endvermögen $v \cdot X, v \cdot Y$ etc., die sich multiplikativ aus einem Anfangsvermögen v und der Bruttorendite X, Y etc. ergeben, das Anfangsvermögen v irrelevant ist. Das heißt, man kann sich auf den Vergleich der Bruttorenditen X, Y etc. beschränken, was Investitions- und sonstige Anlageentscheidungen beträchtlich vereinfachen kann.

Infolgedessen befassen sich auch zahlreiche Arbeiten mit Portfolio-Problemen, bei denen das Endvermögen per CRRA-Nutzenfunktion bewertet wird. Exemplarisch sei auf Bamberg et al. (2006) sowie die dort zitierte Literatur verwiesen.

Lässt man für die absolute Risikoaversion $r(x)$ einen etwas allgemeineren Verlauf als bei a) und b) zu, nämlich

$$r(x) = \frac{1}{\beta + \gamma \cdot x},$$

so wird hierdurch die zweiparametrige HARA (= hyperbolic absolute risk aversion)-Klasse definiert. Für den Sonderfall $\gamma = 0$ erhält man die CARA-Klasse und für den Sonderfall $\beta = 0$ die CRRA-Klasse. Da der Kehrwert von $r(x)$ oft als **Risikotoleranz** bezeichnet wird, kann die HARA-Klasse auch durch eine linear verlaufende Risikotoleranz charakterisiert werden. Sind sowohl β als auch γ von null verschieden, so ist der oben hervorgehobene Vorteil der Irrelevanz des Anfangsvermögens allerdings nicht mehr gegeben.

4.7 Begründung des Bernoulli-Prinzips

Fasst man das Bernoulli-Prinzip deskriptiv, das heißt als eine Hypothese über das tatsächliche Verhalten von Entscheidungsträgern in Risikosituationen auf, so kann man unter einer Begründung eigentlich nur eine empirische Bestätigung dieser Hypothese verstehen. Diese Hypothese beinhaltet eine All-Aussage: Jeder Entscheidungsträger besitzt eine Nutzenfunktion u, so dass er in **allen** Risikosituationen seine Aktionen anhand des zugehörigen Nutzenerwartungswertes beurteilt. Deshalb ist eine empirische Bestätigung im Sinne einer Verifikation (wie bei jeder All-Aussage) bekanntlich unmöglich. Vermutlich wird man bei hinreichend umfangreichen Untersuchungen eher zu einer Falsifikation gelangen. Eine Theorie, die so perfekt ist, dass sie das tatsächliche Verhalten in Risikosituationen mit Sicherheit zu prognostizieren gestattet, wäre zwar ideal, scheint aber nicht zu existieren. Für die Anwendungen ist jedoch bereits eine Theorie wertvoll, die das tatsächliche Verhalten „relativ häufig" richtig prognostiziert. Eine empirische Überprüfung der Frage, ob das Bernoulli-Prinzip wertvoll ist, bedingt zunächst (analog zur Ökonometrie) eine geeignete Stochastifizierung der Theorie, etwa dergestalt, dass die Präferenz zwischen Aktionen nur mit gewissen Wahrscheinlichkeiten aus dem Größenvergleich der Nutzenerwartungswerte zu folgen braucht;[16] sie bedingt weiterhin eine Präzisierung von „relativ häufig" und läuft auf einen statistischen Hypothesentest hinaus.

Wir wollen diesen Gedanken hier nicht weiter vertiefen, sondern uns dem normativen Aspekt des Bernoulli-Prinzips zuwenden. Die Devise „Entscheide in Risikosituationen rational!" ist zwar schnell ausgegeben, aber nur schwer zu fassen; allgemein anwendbar wird sie erst nach einer Präzisierung. Dagegen ist die Devise „Entscheide in Risikosituationen gemäß dem Bernoulli-Prinzip!" sehr präzise; sie mag allerdings auf den ersten Blick etwas willkürlich erscheinen. Um besser beurteilen zu können, ob diese zweite Devise tatsächlich so willkürlich ist, wie sie vielleicht erscheinen mag, wurden verschiedene Systeme einfacherer Forderungen aufgestellt, die besser beurteilt und leichter als rational akzeptiert werden können und die das Bernoulli-Prinzip zur Folge haben. Ein solches System von Rationalitätspostulaten oder „Nutzenaxiomen" wurde nach Vorarbeiten von Ramsey (1931) und de Finetti (1934) erstmals von v. Neumann/Morgenstern (1944) angegeben (die Beweise wurden in der zweiten Auflage 1947 nachgeliefert). Weitere Axiomensysteme stammen unter anderem von Marschak (1950); Friedman/Savage (1952); Samuelson (1952); Herstein/Milnor (1953); Luce/Raiffa (1957); Markowitz (1959); Fishburn (1964, 1967); Savage (1972). Alle Axiomensysteme sind relativ ähnlich. Eine vergleichende Untersuchung wurde von Schneeweiß (1963) durchgeführt. Die hier gewählte Darstellung lehnt sich an Schneeweiß (1967) an.

Wie stets in diesem Kapitel wollen wir der Einfachheit halber voraussetzen, dass die Handlungskonsequenzen $x, y, v, \ldots$ monetäre Größen sind. Wir hatten in einer Risikosituation jeder Aktion a ihre zugehörige Zufallsvariable X zugeordnet:

$$\text{Aktion } a \rightarrow \text{Zufallsvariable } X\,.$$

Eine Entscheidung zwischen Aktionen entspricht somit einer Entscheidung zwischen den zugeordneten Zufallsvariablen. Es wird gemäß der Forderung nach vollständiger Zielformulierung (vgl. Abschnitt 2.3) unterstellt, dass X die für die Beurteilung von a relevante Information enthält.[17] Zwei Aktionen a_1 und a_2 sind also insbesondere äquivalent, wenn ihnen dieselbe Zufallsvariable zugeordnet ist; sollte diese Grundvoraussetzung nicht erfüllt sein, so müsste einer weiteren Analyse des Entscheidungsproblems zuerst die Ermittlung der weiteren relevanten Faktoren vorangestellt werden.

[16] Vgl. hierzu etwa Dolbear (1963).

[17] Diese Prämisse wird gelegentlich als Reduktionsaxiom gesondert hervorgehoben.

Infolge der Identifizierung der Aktion a durch das zugehörige X entspricht einer Präferenzrelation (bzw. einem Präferenzfunktional) auf der Menge der Aktionen eine Präferenzrelation (bzw. ein Präferenzfunktional) auf der Menge der zugeordneten Zufallsvariablen, wobei wir jeweils dasselbe Symbol $\succcurlyeq$ (bzw. Φ) verwenden. Unser Ziel besteht nun darin, bei gegebenen Präferenzen zwischen den Zufallsvariablen (bzw. den Aktionen) das **Präferenzfunktional** Φ, das heißt für jedes X eine geeignete Beurteilungsgröße in Form einer reellen Zahl $\Phi(X)$ zu finden, so dass diese Präferenzen durch die natürliche Anordnung der Φ-Werte wiedergegeben werden:

$$X_1 \succcurlyeq X_2 \iff \Phi(X_1) \geqq \Phi(X_2)\,;$$

insbesondere wollen wir erreichen, dass eine (bis auf positiv lineare Transformationen eindeutige) Funktion u existiert, so dass $\Phi(X)$ mit dem Erwartungswert von $u(X)$ übereinstimmt oder eine streng monoton wachsende Funktion von $\mathrm{E}u(X)$ ist. Denn gerade Letzteres ist die Aussage des Bernoulli-Prinzips.

Dieses Ziel ist natürlich nicht ohne besondere Voraussetzungen an die Präferenzrelation $\succcurlyeq$ zu erreichen. Deshalb stellen wir nun die folgenden drei Forderungen, aus denen (zumindest für endlich diskrete Wahrscheinlichkeitsverteilungen[18]) das Bernoulli-Prinzip gefolgert werden kann:

1) Es gelte das **ordinale Prinzip**: Die Präferenzrelation $\succcurlyeq$ ist transitiv und vollständig, das heißt:
   a) Für je drei Zufallsvariablen X, Y, V gilt:
   $$X \succcurlyeq Y \quad \text{und} \quad Y \succcurlyeq V \Rightarrow X \succcurlyeq V\,.$$
   b) Für je zwei Zufallsvariablen X und Y gilt:
   $$X \succcurlyeq Y \quad \text{oder} \quad Y \succcurlyeq X\,.$$
   Je zwei Zufallsvariablen sollen also vergleichbar sein.[19]

Bezeichnen wir die dichotome Zufallsvariable, die mit der Wahrscheinlichkeit p den Wert y und mit der Gegenwahrscheinlichkeit $1 - p$ den Wert v annimmt, mit ypv, so lautet die nächste Forderung:

2) Es gelte das **Stetigkeitsaxiom**: Stehen die drei Ergebnisse x, y und v in der Beziehung
   $$y \prec x \prec v\,,$$
   so existiert ein $p \in (0;1)$, so dass das feste Ergebnis x der Zweipunktverteilung ypv gleichwertig wird:
   $$x \sim ypv\,.$$

---

[18] Für den allgemeinsten Fall wären noch einige technische Zusatzvoraussetzungen vonnöten; vgl. z. B. Rauhut et al. (1979, S. 52–54).

[19] Eine Relation, für die das ordinale Prinzip gilt, wird oft als vollständige Präordnung, als schwache einfache Ordnung oder als Quasiordnung bezeichnet.

Entsprechend zu ypv bezeichne nun YpV eine Zufallsvariable, die mit der Wahrscheinlichkeit p mit dem (selbst zufallsabhängigen) Ergebnis Y und mit der Gegenwahrscheinlichkeit $1 - p$ mit dem (zufallsabhängigen) Ergebnis V übereinstimmt. Damit lautet die letzte Forderung:

3) Es gilt das **Substitutionsaxiom**: Ist V eine beliebige Zufallsvariable und p eine beliebige Wahrscheinlichkeit zwischen 0 und 1, so ist

$$X \succsim Y$$

genau dann, wenn

$$XpV \succsim YpV\,.$$

Einige erläuternde Bemerkungen zu diesen drei Forderungen erscheinen angebracht:

Zu 1): Das ordinale Prinzip muss offenbar notwendigerweise gefordert werden, wenn eine reelle Beurteilungsgröße $\Phi(X)$ gefunden werden soll; die Plausibilität dieser Forderung wurde bereits in Abschnitt 2.4 erörtert.

Zu 2): Das Stetigkeitsaxiom verlangt, dass der Entscheidungsträger zwischen dem sicheren Ergebnis x und einer geeigneten Lotterie, die nur y und v als mögliche Ergebnisse hat, indifferent ist. Dies ist plausibel, denn wegen

$$y \prec x \prec v$$

ist die Lotterie dann dem sicheren Ergebnis x vorzuziehen, wenn die Wahrscheinlichkeit für v groß gemacht wird; entsprechend ist das sichere Ergebnis x der Lotterie vorzuziehen, wenn die Wahrscheinlichkeit für v klein (und damit die für y groß) gemacht wird. Deshalb kann man von der Existenz einer Wahrscheinlichkeit $p \in (0; 1)$ ausgehen, für die Indifferenz eintritt. Das Stetigkeitsaxiom dürfte in der Realität meist erfüllt sein; dennoch sind auch hier extreme Situationen konstruierbar (Marschak, 1950), für die es verletzt sein kann. Das Stetigkeitsaxiom ist die Grundlage für die in Abschnitt 4.4 besprochene empirische Ermittlung des Bernoulli-Nutzens.

Auch das Stetigkeitsaxiom ist eine notwendige Voraussetzung für das Bernoulli-Prinzip, denn bei Gültigkeit des Bernoulli-Prinzips folgt aus der Indifferenz von x und ypv die Gleichung

$$u(x) = pu(y) + (1 - p)u(v)\,.$$

Hieraus ist aber die Existenz von $p \in (0; 1)$ direkt zu ersehen. Auflösen nach p ergibt nämlich

$$p = \frac{u(v) - u(x)}{u(v) - u(y)}\,,$$

also wegen

$$u(y) < u(x) < u(v)$$

eine Zahl zwischen 0 und 1.

Zu 3): Auch das oft als Unabhängigkeitsaxiom bezeichnete Substitutionsaxiom ist offenbar eine notwendige Bedingung für das Bernoulli-Prinzip, denn die Äquivalenz

$$X \succcurlyeq Y \iff XpV \succcurlyeq YpV$$

besagt für die Nutzenerwartungswerte:

$$\begin{gathered} \mathrm{E}u(X) \geqq \mathrm{E}u(Y) \iff \\ p\mathrm{E}u(X) + (1-p)\mathrm{E}u(V) \geqq p\mathrm{E}u(Y) + (1-p)\mathrm{E}u(V)\,, \end{gathered}$$

was wegen der vorausgesetzten Positivität von p richtig ist.

Die Bezeichnung „Substitutionsaxiom" rührt daher, dass man bei seiner Gültigkeit von einer zusammengesetzten Zufallsvariablen YpV zu einer gleichwertigen (bzw. präferierten) Zufallsvariablen XpV dadurch gelangt, dass man Y durch das gleichwertige (bzw. präferierte) X substituiert. Dieses Axiom ist einleuchtend, wenn man sich die Bedeutung von XpV bzw. YpV vor Augen hält. Die sich bei XpV schließlich ergebende Realisation kann man sich folgendermaßen entstanden denken: Zunächst wird in einer ersten Stufe mittels eines Zufallsmechanismus entweder X oder V ausgewählt; wird X ausgewählt (was mit der Wahrscheinlichkeit p passiert), so ergibt die Realisation von X das endgültige Ergebnis, wird V ausgewählt, so ergibt die Realisation von V das endgültige Ergebnis. Deshalb sollte man erwarten, dass sich bei einem Vergleich von XpV mit YpV dieselbe Präferenz wie beim Vergleich von X mit Y zeigt. Dennoch wurde das Substitutionsaxiom, das im von-neumann-morgensternschen Axiomensystem noch nicht in dieser Form enthalten, sondern durch andere Axiome ersetzt war, besonders heftig diskutiert und kritisiert.

4.8 Klassische Entscheidungsprinzipien

Da Ökonomen schon immer, also auch vor der Publikation des Bernoulli-Prinzips, mit Risikosituationen konfrontiert wurden, haben sich in der Wirtschaftspraxis teils aus intuitiven, teils aus traditionellen Gründen, eine Reihe von anderen Vorgehensweisen zur Lösung des Risikoproblems eingebürgert. So wird eine Aktion a bzw. deren Zufallsvariable X vielfach nur nach dem Erwartungswert $\mathrm{E}(X)$ beurteilt, also das Präferenzfunktional

$$\Phi(X) = \mathrm{E}(X)$$

benutzt. Da der Erwartungswert einer Zufallsvariablen üblicherweise mit μ abgekürzt wird,

$$\mathrm{E}(X) = \mu\,,$$

bezeichnet man dieses Beurteilungskriterium als **μ-Prinzip**, als μ-Kriterium oder als μ-Regel; es werden auch die Bezeichnungen **Bayes-Regel**[20] oder Bayes-Kriterium verwandt. Bei der Diskussion in Abschnitt 4.5 wurde bereits deutlich gemacht, dass das μ-Kriterium nur im Falle der Risikoneutralität angemessen ist.

Eine weitere Vorgehensweise der Wirtschaftspraxis besteht darin, der Zufallsstreuung dadurch Rechnung zu tragen, dass neben dem Erwartungswert μ noch die Standardabweichung σ der Zufallsvariablen X berücksichtigt wird. Vielfach geschieht die Berücksichtigung der Standardabweichung intuitiv, indem ein gefühlsmäßig „ermittelter" Sicherheitsabschlag an μ vorgenommen wird und der so reduzierte Erwartungswert als Beurteilungsgröße dient. Berücksichtigt man σ explizit, so gelangt man zu einem Präferenzfunktional der Form[21]

$$\Phi(X) = \Phi(\mu, \sigma)\,.$$

Eine derartig konzipierte Beurteilung wird als **(μ, σ)-Prinzip** bezeichnet.

Durch Festlegung der Funktion Φ gelangt man zu verschiedenen (μ, σ)-Regeln.[22] Während es also nur ein (μ, σ)-Prinzip gibt, existiert eine Vielfalt von (μ, σ)-Regeln. (μ, σ)-Regeln können durch eine Schar von Indifferenzkurven in einer (μ, σ)-Ebene veranschaulicht werden; dabei ist eine Indifferenzkurve die Verbindung aller (μ, σ)-Punkte, die bezüglich des gegebenen Kriteriums als gleichwertig gelten. Der Pfeil gibt jeweils die Richtung aufsteigender Präferenz an. Die in Abbildung 4.6 dargestellte (μ, σ)-Regel ist durch Risikoaversion gekennzeichnet, denn eine Zufallsvariable X wird bei festem μ umso geringer geschätzt, je größer σ ist; so wird z. B. X mit $\mu = 2$ und $\sigma = 2$ geringer als die Einpunkt-Zufallsvariable $X = 2$ (die ebenfalls $\mu = 2$, aber $\sigma = 0$ hat) geschätzt. Analog ist die in Abbildung 4.8 veranschaulichte (μ, σ)-Regel durch Risikosympathie gekennzeichnet, denn X wird bei festem μ umso höher geschätzt,

---

[20] Die Bayes-Regel ist nach Thomas Bayes (1702–1761) benannt. Eine Bemerkung zur terminologischen Abgrenzung der drei Begriffe Bayes-Regel, μ-Prinzip und Bernoulli-Prinzip:

- Die Bezeichnung Bayes-Regel wird in erster Linie dann benutzt, wenn die Orientierung am Erwartungswert, also die Gewichtung mit den entsprechenden Wahrscheinlichkeiten, betont werden soll (gleichgültig ob die Ergebnisse selbst oder die Nutzenwerte gewichtet werden).
- Die Bezeichnung μ-Prinzip wird in erster Linie dann benutzt, wenn, wie hier in Abschnitt 4.8, der Unterschied zu Entscheidungsprinzipien, die andere Verteilungsparameter als den Erwartungswert μ berücksichtigen, hervorgehoben werden soll.
- Die Bezeichnung Bernoulli-Prinzip wird dann verwandt, wenn die Existenzaussage über den Bernoulli-Nutzen betont werden soll.

Kann also vorausgesetzt werden, dass Risikoneutralität vorliegt oder dass die Ergebnisse bereits in (Bernoulli-)Nutzeneinheiten gemessen sind, so braucht zwischen den drei Begriffen nicht unterschieden zu werden.

[21] Der Einfachheit halber wird rechts und links dasselbe Symbol Φ benutzt, obwohl es sich um verschiedene Definitionsbereiche handelt.

[22] Vielfach – so auch in diesem Buch – wird die terminologische Unterscheidung zwischen „Regel" und „Prinzip" jedoch nicht strikt eingehalten.

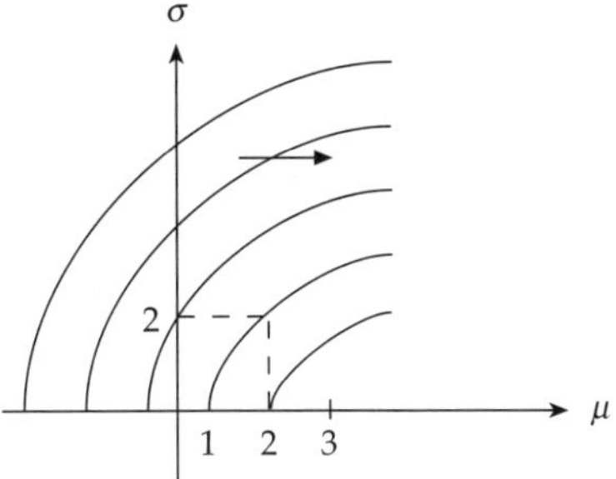

Abb. 4.6: (μ,σ)-Regel mit Risikoaversion

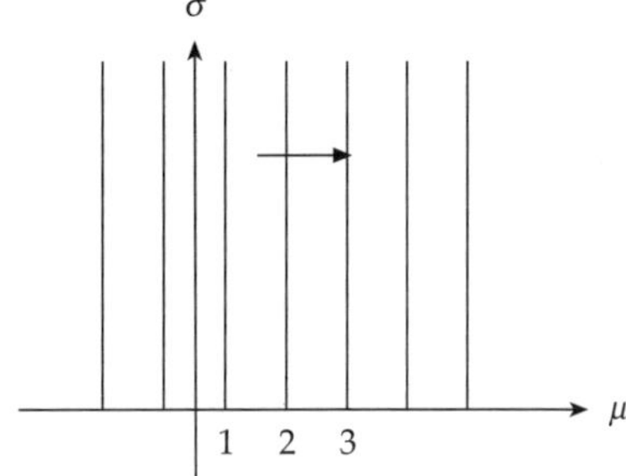

Abb. 4.7: (μ,σ)-Regel mit Risikoneutralität

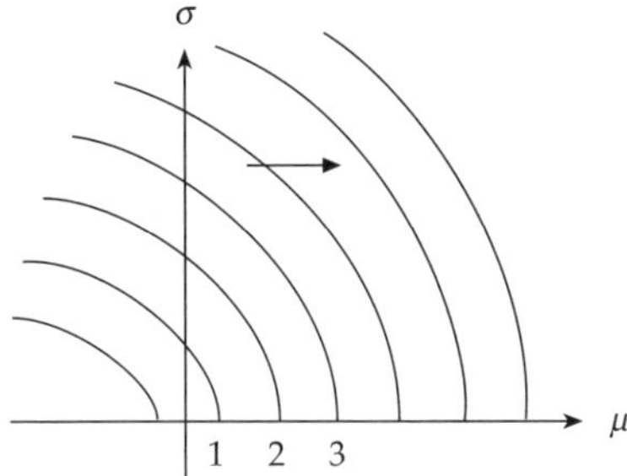

Abb. 4.8: (μ,σ)-Regel mit Risikosympathie

je größer σ ist. Die (μ, σ)-Regel in Abbildung 4.7 stimmt mit der μ-Regel überein, denn bei der Beurteilung von X wird nur μ, nicht aber σ berücksichtigt.

(μ, σ)-Regeln mit Risikoaversion leisten gute Dienste bei der Analyse des Verhaltens von Versicherungsnehmern und Investoren; (μ, σ)-Regeln mit Risikosympathie leisten dagegen gute Dienste bei der Analyse von Glücksspielern und anderen Spekulanten. Da viele Entscheidungsträger gleichzeitig risikofreudig und risikoscheu sind, kann keine der in den Abbildungen 4.6, 4.7 und 4.8 skizzierten (μ, σ)-Regeln für sie völlig (das heißt bei der Beurteilung jeder Zufallsvariablen X) gültig sein. Dies zeigt, dass die Indifferenzkurvenschar von realistischen (μ, σ)-Regeln offensichtlich komplizierter verlaufen muss. Da es sehr viele denkbare (μ, σ)-Regeln gibt, besteht die Chance, dass für jeden Entscheidungsträger eine Regel gefunden werden kann, die sein Risikoverhalten gut beschreibt bzw. erklärt. Dennoch haftet dem (μ, σ)-Prinzip wegen der alleinigen Berücksichtigung der beiden ersten Momente μ und σ eine gewisse Starrheit an. Betrachten wir beispielsweise die folgenden Zufallsvariablen X und Y:

$$P(X = -1) = \frac{1\,000\,000}{1\,000\,001}, \quad P(X = 1\,000\,000) = \frac{1}{1\,000\,001},$$

$$P(Y = -1\,000) = \frac{1}{2}, \quad P(Y = +1\,000) = \frac{1}{2}.$$

Beide Zufallsvariablen besitzen denselben Erwartungswert $\mu = 0$ und dieselbe Standardabweichung $\sigma = 1\,000$. Viele Entscheidungsträger werden X bevorzugen, denn X entspricht einer Glücksspielsituation, bei der (zwar mit kleiner Wahrscheinlichkeit) ein enormer Betrag von 1 000 000 Euro gewonnen werden kann; der mögliche (sogar fast sichere) Verlust beträgt nur 1 Euro, ist also praktisch unbedeutend. Demgegenüber ist der Gewinn bei Y weniger attraktiv und der Verlust von 1 000 Euro relativ wahrscheinlich. Das Risikoverhalten eines Entscheidungsträgers kann aber nur dann durch irgendeine (μ, σ)-Regel beschrieben werden, wenn er zwischen X und Y indifferent ist.

Neben dem Erwartungswert μ und der Standardabweichung σ können weitere Verteilungsparameter zur Beurteilung von X herangezogen werden, etwa die Verlustwahrscheinlichkeit λ (= Wahrscheinlichkeit, dass ein negatives Ergebnis auftritt) oder die Wahrscheinlichkeit, dass ein ruinöser Verlust eintritt. Damit können nun das λ-Prinzip, das (μ, λ)-Prinzip, das (σ, λ)-Prinzip sowie das (μ, σ, λ)-Prinzip aufgestellt werden. Die Vielzahl der in der Literatur vorgeschlagenen und untersuchten Prinzipien soll hier nicht in extenso aufgelistet werden; der interessierte Leser findet eine Übersicht und Kritik bei Schneeweiß (1967, S. 48–61 und 95–113). Das gemeinsame Merkmal der als klassisch bezeichneten Entscheidungsprinzipien besteht darin, dass der Wert $\Phi(X)$ des Präferenzfunktionals Φ nicht von der gesamten Wahrscheinlichkeitsverteilung von X, sondern nur von einigen Verteilungsparametern $\alpha_1, \ldots, \alpha_m$ abhängt. Bei Berücksichtigung der Verteilungsparameter $\alpha_1, \ldots, \alpha_m$ erhält man das $(\alpha_1, \ldots, \alpha_m)$-Prinzip; das (μ, σ)-Prinzip ist also speziell durch $m = 2$, $\alpha_1 = \mu$ und $\alpha_2 = \sigma$ definiert.

Damit drängt sich die Frage auf: Lassen sich die klassischen Entscheidungsprinzipien mit dem Bernoulli-Prinzip stets, nie, oder nur unter bestimmten Voraussetzungen in Einklang bringen? Eine teilweise Antwort gibt der folgende Satz (ein Beweis ist z. B. bei Schneeweiß, 1967, S. 90, zu finden):

Satz 4.2: *Sind die Verteilungsparameter $\alpha_1, \alpha_2, \ldots, \alpha_m$ mit Hilfe geeignet gewählter Funktionen $h_1, h_2, \ldots, h_m$ als Erwartungswerte*

$$\alpha_i = \mathrm{E}h_i(X), \quad i = 1, \ldots, m$$

darstellbar, so ist das $(\alpha_1, \alpha_2, \ldots, \alpha_m)$-Prinzip genau dann mit dem Bernoulli-Prinzip verträglich, das heißt

$$\Phi(\alpha_1, \alpha_2, \ldots, \alpha_m) = \mathrm{E}u(X)$$

für alle Zufallsvariablen X mit existierendem $\mathrm{E}u(X)$, wenn die Nutzenfunktion u und das Präferenzfunktional Φ die spezielle Struktur

$$u(x) = b_0 + \sum_{i=1}^{m} b_i h_i(x) \quad \text{und} \quad \Phi(\alpha_1, \alpha_2, \ldots, \alpha_m) = b_0 + \sum_{i=1}^{m} b_i \alpha_i$$

besitzen; $b_0, b_1, \ldots, b_m$ sind dabei beliebige Konstanten.

Man sieht, dass das gleichzeitige Bestehen des $(\alpha_1, \alpha_2, \ldots, \alpha_m)$-Prinzips und des Bernoulli-Prinzips Φ und u sehr eng koppelt und nur die angegebene lineare Struktur für Φ und u zulässt. Die Voraussetzung, dass a_i sich mittels h_i in der Form

$$a_i = \mathrm{E}h_i(X)$$

darstellen lässt, ist nicht besonders restriktiv, denn viele gängige Parameter lassen sich in dieser Weise darstellen, so z. B.

- der Erwartungswert μ durch $h(x) = x$,
- das zweite Moment um null $q^2 = \mathrm{E}(X^2)$ durch $h(x) = x^2$ (und damit die Standardabweichung σ indirekt als $\sqrt{q^2 - \mu^2}$),
- die Verlustwahrscheinlichkeit λ durch

$$h(x) = \begin{cases} 1, & \text{falls } x < 0 \\ 0, & \text{falls } x \geqq 0 \,, \end{cases}$$

- der Erwartungswert des Verlustes durch

$$h(x) = \begin{cases} -x, & \text{falls } x < 0 \\ 0, & \text{falls } x \geqq 0 \,. \end{cases}$$

Damit ist Satz 4.2 auf Entscheidungsprinzipien anwendbar, die auf diesen Parametern basieren. Er hat für das (μ, λ)-Prinzip folgende Konsequenz: Richtet sich die Beurteilung einer Zufallsvariablen X nur nach dem Erwartungswert μ und der Verlustwahrscheinlichkeit λ, so fordert die Gültigkeit des Bernoulli-Prinzips, dass u und Φ folgendermaßen beschaffen sind:[23]

$$\Phi(\mu, \lambda) = b_1\mu + b_2\lambda \,,$$
$$u(x) = \begin{cases} b_1x + b_2, & \text{falls } x < 0 \\ b_1x, & \text{falls } x \geqq 0 \,. \end{cases}$$

Analog bedingt Satz 4.2 für das (μ, σ)-Prinzip wegen $q^2 = \mu^2 + \sigma^2$ folgende Struktur:

$$\Phi(\mu, \sigma) = b_1\mu + b_2(\mu^2 + \sigma^2) \,,$$
$$u(x) = b_1x + b_2x^2 \,.$$

Die Nutzenfunktion ist also quadratisch, die Indifferenzkurvenschar besteht aus Parabeln in der (μ, σ^2)-Ebene bzw. aus Kreisbögen in der (μ, σ)-Ebene.

In einer Reihe von Arbeiten[24] wurden klassische Entscheidungsprinzipien mit Parametern $\alpha_1, \alpha_2, \ldots$ untersucht, die nicht von dem im Satz 4.2 geforderten Typ sind, z. B. Median, Modalwert, Perzentile. Aus den Untersuchungen ergab sich, dass das gleichzeitige Bestehen eines solchen Entscheidungsprinzips und des Bernoulli-Prinzips sowohl die Konstanz der Nutzenfunktion u als auch die Konstanz des Präferenzfunktionals Φ zur Folge haben muss; das heißt, der Entscheidungsträger müsste in diesem Falle zwischen allen Zufallsvariablen

---

[23] Die im Satz vorkommende Konstante b_0 wurde weggelassen, da es nur auf die Struktur von u und Φ ankommt; u kann ja durch eine positiv lineare Transformation und Φ sogar durch eine beliebige monoton wachsende Transformation abgeändert werden, ohne dass sich die zugehörige Präferenzrelation dadurch ändern würde.

[24] Vgl. z. B. Massé (1953); Markowitz (1959); Schneeweiß (1967).

indifferent sein. Damit steht man bei der Verwendung klassischer Entscheidungsprinzipien vor den drei Alternativen:

a) Man beschränkt sich auf die simplen und – wie eben erwähnt – möglicherweise unvernünftigen Präferenzfunktionale, die das Entscheidungsprinzip mit dem Bernoulli-Prinzip in Einklang bringen.

b) Man benutzt beliebige Präferenzfunktionale und nimmt infolgedessen eine Verletzung der Rationalitätspostulate von Abschnitt 4.7 in Kauf.

c) Man schränkt die Klasse der möglichen Wahrscheinlichkeitsverteilungen drastisch ein.

Der Punkt c) wurde bisher noch nicht angesprochen. Bisher hatten wir die möglichen Wahrscheinlichkeitsverteilungen nicht eingeschränkt, sondern angenommen, dass die Entscheidungsprinzipien auf beliebig verteilte Zufallsvariablen X (sofern natürlich die Parameter $\alpha_1, \alpha_2, \ldots$ existieren) angewandt werden. Hierauf beruhten die Beweise für die zitierten Ergebnisse. Ist der Entscheidungsträger aus irgendwelchen Gründen sicher, dass er sich z. B. nur zwischen (approximativ) normalverteilten Zufallsvariablen zu entscheiden hat, so kann eine (μ, σ)-Regel bei diesem eingeschränkten Definitionsbereich auch dann rational, das heißt mit dem Bernoulli-Prinzip im Einklang sein, wenn sie es im Allgemeinen (das heißt bei Zulassung aller Wahrscheinlichkeitsverteilungen) noch nicht ist. Erfolgt beispielsweise eine Einschränkung auf normalverteilte Ergebnisse, so ist die im allgemeinen Fall noch nicht rationale (μ, σ)-Regel

$$\Phi(\mu, \sigma) = \mu - \frac{\alpha}{2} \cdot \sigma^2$$

mit dem Bernoulli-Prinzip verträglich. Sie ergibt sich nämlich als Sicherheitsäquivalent bezüglich der in Abschnitt 4.6 betrachteten CARA-Klasse von exponentiellen Bernoulli-Nutzenfunktionen und bleibt auch für die Grenzfälle der Risikoneutralität ($\alpha = 0$) und deterministischer Ergebnisse ($\sigma = 0$) gültig. Wegen ihrer leichten Interpretierbarkeit (Erwartungswert abzüglich einer plausiblen Risikoprämie) und analytischen Handhabbarkeit wird dieses Präferenzfunktional im betriebswirtschaftlichen Schrifttum häufig benutzt. Infolgedessen wird auch häufig auf die zu ihrer Legitimation erforderliche Kombination von exponentieller Risikonutzenfunktion und normalverteiltem Ergebnis zurückgegriffen. Derartige Ansätze bezeichnet man als **LEN-Modelle**, wobei **N** für Normalverteilung, **E** für exponentielle Risikonutzenfunktion und schließlich **L** für Linearität steht. Letzteres erklärt sich daraus, dass eine normalverteilte Zufallsvariable nur bei einer linearen Transformation wieder zu einer normalverteilten Zufallvariablen wird. Ist beispielsweise der Gewinn G einer Unternehmung oder eines Geschäftsbereichs normalverteilt, ist ferner eine gewinnabhängige Entlohnung Y der Form

$$Y = \text{Fixum} + \text{Anteil} \cdot G$$

vereinbart, so ist auch Y wieder normalverteilt. Nichtlinear strukturierte Koppelungen mit dem Gewinn hätten keine normalverteilte Entlohnung zur Folge. Im LEN-Modell kann Y mittels obigem Präferenzfunktional bewertet und z. B. mit einem alternativ erzielbaren Fixgehalt verglichen werden.

4.9 Welche Präferenzen berücksichtigt das Bernoulli-Prinzip?

Seit der von Leber (1975) und Jacob/Leber (1976a,b) vorgetragenen Kritik am Bernoulli-Prinzip ist die Diskussion um Bedeutung und Aussagegehalt dieses Prinzips in der deutschsprachigen betriebswirtschaftlichen Literatur nicht mehr abgerissen. Als Forum diente vornehmlich die Zeitschrift für Betriebswirtschaft. Die erste Diskussionsrunde[25] fand ihren Niederschlag in den Jahrgängen 1975 bis 1978 der Zeitschrift für Betriebswirtschaft. Ab 1982 hat in derselben Zeitschrift sowie in der Zeitschrift für betriebswirtschaftliche Forschung eine zweite Diskussionsrunde[26] stattgefunden, die sich an der in der Monografie von Hieronimus (1979) formulierten Kritik entzündet hatte. Anfang 1993 kamen die Herausgeber der Zeitschrift für Betriebswirtschaft, insbesondere auf Grund der klärenden Artikel von Kürsten zu dem Fazit, dass die Positionen und Gegenpositionen hinreichend erörtert worden seien und beschlossen, keine weiteren Beiträge zu dieser Problematik mehr anzunehmen. Die Diskussion war damit allerdings noch nicht beendet, sondern nur auf die Zeitschrift für betriebswirtschaftliche Forschung und andere Zeitschriften verlagert, beispielsweise auf die Betriebswirtschaftliche Forschung und Praxis und das Operations Research Spectrum. Bislang sind die Beiträge Dyckhoff (1993); Schildbach (1996, 1999); Kruse (1997); Bitz (1998, 1999) erschienen.

Der engagiert geführte Meinungsstreit betraf die als Überschrift gewählte Kernfrage: „Welche Präferenzen berücksichtigt das Bernoulli-Prinzip?" Hier stehen sich (abgesehen von geringfügigen Nuancen) die beiden Auffassungen gegenüber:

Auffassung 1: Die Bernoulli-Nutzenfunktion $u(x)$ spiegelt lediglich eine reine Höhenpräferenz wider und ist mit der Höhenpräferenzfunktion $h(x)$ identisch. Wegen dieser Übereinstimmung kann das Bernoulli-Prinzip keinerlei vom Erwartungswert-Prinzip abweichende Präferenzen in Bezug auf eine subjektive Risikoeinstellung beinhalten.

Auffassung 2: Die Zerlegung der Bernoulli-Nutzenfunktion $u(x)$ in eine Höhenpräferenz und eine Risikopräferenz ist weder erforderlich noch zweckmäßig. Vielmehr wird der gemeinsame Effekt durch $u(x)$ in operabler Weise erfasst und ist zur Charakterisierung der Risikoeinstellung völlig ausreichend.

Dem Leser der vorangegangenen Abschnitte wird nicht entgangen sein, dass in diesem Buch die Auffassung 2 vertreten wird. Auffassung 1 wird im Wesentlichen durch die suggestive Wirkung zweier unstrittiger Fakten motiviert, nämlich:

---

[25] Leber (1975); Coenenberg/Kleine-Doepke (1975); Jacob/Leber (1976a,b, 1978), Krelle (1976, 1978a,b); Bitz/Rogusch (1976); Wilhelm (1977); Jacob (1978).

[26] Albrecht (1982, 1983, 1984); Schildbach/Ewert (1983, 1984a,b); Vetschera (1984); Bitz (1984); Wilhelm (1985, 1986); Schildbach (1989, 1992); Schott (1990, 1993); Kürsten (1992a,b).

- Sowohl die Höhenpräferenzfunktion h als auch die Bernoulli-Funktion u sind kardinal in dem Sinne, dass sie jeweils bis auf wachsende lineare Transformationen eindeutig bestimmt sind.
- Für eine Einpunkt-Verteilung, das heißt eine Zufallsvariable X, die mit Sicherheit das Ergebnis x zur Folge hat, reduziert sich der Nutzenerwartungswert $\mathrm{E}u(X)$ auf $u(x)$.

Wäre der Nutzenerwartungswert $\mathrm{E}u(X)$ kardinal messend (das heißt eine Höhenpräferenzfunktion auf dem Bereich der risikobehafteten und risikolosen Aktionen bzw. den zugeordneten Zufallsvariablen X), so wäre $u(x)$ natürlich auch kardinal messend auf der Teilmenge der risikolosen Aktionen bzw. sicheren Ergebnisse x. Selbstverständlich müsste dann $u(x)$ mit der Höhenpräferenzfunktion $h(x)$ (bis auf wachsende lineare Transformationen) übereinstimmen. Auffassung 1 wäre damit bestätigt. Der „Haken" an dieser Bestätigung ist allerdings, dass der Nutzenerwartungswert auf Grund seiner axiomatischen Begründung nur ordinal messend ist. Genau so wurde die Aussage des Bernoulli-Prinzips auch in diesem Kapitel definiert. Für die meisten betriebswirtschaftlichen Anwendungen reicht die Ordinalität aus. Denn man kann damit für jede vorgegebene Menge von Aktionen diese prinzipiell in einer „Hitparade" anordnen und die optimale Aktion daraus bestimmen. Wenn der Nutzenerwartungswert nur ordinal messend ist, kann $u(x)$ auf dem Teilbereich der sicheren Ergebnisse ebenfalls nur ordinal messend sein. Der scheinbare Widerspruch zur Kardinalität von u entsteht durch die (bereits im Abschnitt 2.4 angesprochene) saloppe Verwendung des Adjektivs „kardinal". Kürsten (1992a) spricht deshalb von der „anderen Kardinalität" der Risikonutzenfunktion, womit die Eindeutigkeit bis auf wachsende lineare Transformationen gemeint ist.

Greifen wir zur Ergänzung nochmals auf die bereits in Abschnitt 4.3 erwähnte krellesche Zerlegung der Risikonutzenfunktion $u(x)$ in

$$u(x) = \varphi[h(x)] ,$$

das heißt in die Hintereinanderschaltung einer reinen Höhenpräferenzfunktion h und einer reinen Risikopräferenzfunktion φ zurück. Diese Zerlegung ist zwar nach Auffassung 2 weder erforderlich noch empirisch praktikabel; dies schließt jedoch nicht aus, dass sie an dieser Stelle für die gedankliche Klarstellung nützlich sein kann. Bitz (1984) schlägt vor, das jeweilige Symbol u bzw. φ mit zu vermerken, wenn sich der bei der Argumentation benutzte Begriff der Risikoeinstellung auf den Verlauf der Funktion u bzw. φ bezieht. Die im Kapitel 4 (und in späteren Kapiteln) angesprochenen Risikoeinstellungen wären demnach als risikoavers^u, risikoneutral^u und risikofreudig^u zu bezeichnen und begrifflich von risikoavers$^\varphi$, risikoneutral$^\varphi$ und risikofreudig$^\varphi$ zu unterscheiden. Auch Dyer/Sarin (1982) sowie Wilhelm (1986) verwenden obige Zerlegung zur Klärung der Zusammenhänge. An Stelle der Kennzeichnung durch φ benutzen sie den Zusatz „relativ", so dass beispielsweise „risikoneutral$^\varphi$" identisch mit „relativ risikoneutral" ist.

Abschnitt 2.4 enthält die Definition einer Höhenpräferenzfunktion in relativ knapper Form. Eine wesentlich stringentere Fundierung der Höhenpräferenzfunktion h wird von Wilhelm (1986) geliefert. Er zeigt auch auf, dass φ in aller Regel eine nichtlineare Funktion ist. Das heißt, $u(x)$ und $h(x)$ sind in aller Regel verschiedene Funktionen (die auch nicht durch eine wachsende lineare Transformation auseinander hervorgehen können). Wilhelm charakterisiert ferner mittels einer speziellen Verträglichkeitsbedingung den Sonderfall, in dem die Bernoulli-Nutzenfunktion u mit der Höhenpräferenzfunktion h identisch ist. Diese Verträglichkeitsbedingung (wegen einer exakten Formulierung sei auf Wilhelms Beitrag verwiesen) impliziert insbesondere Folgendes: Liegt x, gemessen am Höhenpräferenzzuwachs, genau in der Mitte zwischen y und v, so wird x als gleichwertig mit der Fifty-fifty-Lotterie zwischen y und v empfunden. In dem Sonderfall, dass diese Verträglichkeitsbedingung erfüllt ist, liefert der Nutzenerwartungswert eine kardinale Messung, das heißt, er ist eine Höhenpräferenzfunktion auf dem Bereich der Zufallsvariablen. Das Erfülltsein der Verträglichkeitsbedingung bei einem realen Entscheidungsträger ist a priori allerdings sehr unwahrscheinlich, da die Bedingung verschiedene Begriffswelten (Nutzenzuwachs von einem sicheren Ergebnis zu einem anderen versus Nutzen von Lotterien) perfekt aneinanderkoppelt. Die Auffassung 1 wird von ihren Verfechtern jedoch so interpretiert, dass sie generell gilt und nicht nur unter einer selten erfüllten Bedingung. Insofern ist auch das von Wilhelm aufgezeigte „Schlupfloch“ keine Stütze für die Auffassung 1, sondern im Gegenteil ein weiteres Argument gegen sie.

Fasst man die Diskussion um das Bernoulli-Prinzip jedoch als Exegese der Bernoulli-Arbeit von 1738 auf, so muss man den Verfechtern von Auffassung 1 Recht geben. Aus der Lektüre (etwa der deutschen Übersetzung von L. und P. Kruschwitz, 1996) geht hervor, dass Bernoulli $u(x)$ in der Tat als Höhenpräferenzfunktion behandelt. Er verwendete allerdings nur Vermögenspositionen x als Argument und hielt im Wesentlichen nur eine Funktion $u(x)$ für legitim, nämlich

$$u(x) = b \cdot \ln\left(\frac{x}{v_0}\right),$$

wobei b eine beliebige positive Konstante darstellt und v_0 das (vor der fraglichen Entscheidung vorhandene) Anfangsvermögen bedeutet. Die Normierung $u(v_0) = 0$ ist dabei nicht essenziell; jedoch muss v_0 stets positiv sein, was laut Bernoulli nach geeigneter Berücksichtigung des Humankapitals auch für verschuldete Personen gegeben ist.

Dieser Rahmen war für Bernoulli ausreichend, um die für die damalige Zeit revolutionäre Abkehr vom reinen Ergebniserwartungswert zu begründen. Bernoulli konnte Sicherheitsäquivalente, Einsätze etc. besser erklären und zudem verdeutlichen, dass arme und reiche Personen dieselbe Lotterie ganz unterschiedlich bewerten müssen.

Mittlerweile hat sich die Entscheidungstheorie allerdings sehr weit vom ursprünglichen Bernoulli-Ansatz entfernt. Für die Funktion $u(x)$ wird weder eine Funktionenklasse noch gar ein exakter Verlauf vorgegeben. Als Argument x werden nicht nur Vermögenspositionen, sondern auch Größen wie etwa Gewinn, Entlohnung, Rendite etc. bis hin zu nichtmonetären Ergebnissen zugelassen. Die Risikonutzenfunktion $u(x)$ wird mittels der im Abschnitt 4.7

erörterten axiomatischen Fundierung eingeführt. Auch Bernoulli benutzt eine gewisse Axiomatik, um die von ihm favorisierte Logarithmus-Funktion zu legitimieren. Er nimmt nämlich an, dass der Nutzenzuwachs proportional zum (infinitesimalen) Vermögenszuwachs ist und umgekehrt proportional zum bereits vorhandenen Vermögen. Bernoullis „Nutzenaxiome" unterscheiden sich von den heutigen Nutzenaxiomen fundamental. Insbesondere kommen Wahrscheinlichkeiten (die für das Stetigkeitsaxiom und Substitutionsaxiom wesentlich sind) in Bernoullis „Nutzenaxiomen" nicht vor.

Damit können wird das Fazit ziehen:

- Geht es um die Auslegung der Bernoulli-Arbeit von 1738, so ist der Auffassung 1 zuzustimmen.
- Argumentiert man auf Basis der 1944 von J. von Neumann und O. Morgenstern axiomatisch begründeten Erwartungsnutzentheorie, so ist die Auffassung 1 nicht haltbar und die Auffassung 2 zutreffend.

4.10 Stochastische Dominanz

Bislang wurde die Entscheidung eines bestimmten Entscheidungsträgers betrachtet. Falls dessen Risikonutzenfunktion ermittelt ist, können alle zur Debattte stehenden Aktionen ohne Probleme verglichen werden (wenn man von technischen Schwierigkeiten bei der Berechnung von Nutzenerwartungswerten absieht). Sobald aber Aussagen über die Wirkung von Entlohnungsschemata, von Steuertarifänderungen, von Regulierungs- und Deregulierungsmaßnahmen etc. gewonnen werden sollen, muss eine Gruppe von Entscheidungsträgern bzw. ein repräsentativer Entscheidungsträger betrachtet werden. Dann ist es problematisch, eine einzige wohldefinierte Risikonutzenfunktion zu unterstellen. Robustere Aussagen werden nur dann erzielt, wenn ein bestimmter Effekt für alle Risikonutzenfunktionen einer bestimmten Klasse, beispielsweise die in Abschnitt 4.6 definierte CARA- oder CRRA-Klasse, deduziert werden kann. Neben diesen einparametrischen Klassen werden häufig auch die beiden (umfangreicheren und nichtparametrischen) Klassen zu Grunde gelegt:

U_1 = Klasse aller streng monoton wachsenden Risikonutzenfunktionen u.
U_2 = Klasse aller Risikonutzenfunktionen $u \in U_1$, die streng konkav sind.

Jedes u aus U_1 drückt lediglich Normalverhalten aus (je mehr, desto besser). Die Klasse U_2 ist diejenige Teilklasse von U_1, die darüber hinaus Risikoaversion repräsentiert.

Sind Paare X_1, X_2 von Zufallsvariablen zu vergleichen, so ist der Fall denkbar, dass alle Entscheidungsträger mit einer Risikonutzenfunktion u aus U_1 zu demselben Urteil kommen, beispielsweise zu

$$X_1 \succ X_2 ,$$

was ja gleichbedeutend mit

$$\mathrm{E}u(X_1) > \mathrm{E}u(X_2) \quad \text{für alle} \quad u \in U_1$$

ist. Man spricht dann von **stochastischer Dominanz ersten Grades**, das heißt X_1 dominiert X_2 stochastisch vom Grade 1. Auf Grund der englischsprachigen Bezeichnung „first degree stochastic dominance" hat sich hierfür die Symbolik

$$X_1 \succ_{FSD} X_2$$

eingebürgert. Ganz analog wird die **stochastische Dominanz zweiten Grades** (second degree stochastic dominance) definiert: Trifft für alle Entscheidungsträger mit einer Risikonutzenfunktion u aus U_2 das Präferenzurteil $X_1 \succ X_2$ zu, so liegt stochastische Dominanz zweiten Grades vor, wofür die Symbolik

$$X_1 \succ_{SSD} X_2$$

gebräuchlich ist. Seit den 1960er Jahren wurden Kriterien[27] entwickelt, aus denen man ersehen kann, ob eine FSD- oder SSD-Relation besteht. Die wichtigsten Erkenntnisse fasst folgender Satz zusammen:

Satz 4.3: *Sind F_1 bzw. F_2 die Verteilungsfunktionen der Zufallsvariablen X_1 bzw. X_2, so liegt stochastische Dominanz ersten Grades von X_1 über X_2, das heißt*

$$X_1 \succ_{FSD} X_2 \,,$$

genau dann vor, wenn

$$F_1(x) \leqq F_2(x) \quad \text{für alle} \quad x \in \mathbb{R}\,,$$

wobei $F_1(x) < F_2(x)$ für mindestens ein x gilt. Stochastische Dominanz zweiten Grades, das heißt

$$X_1 \succ_{SSD} X_2 \,,$$

liegt genau dann vor, wenn

$$\int_{-\infty}^{x} F_1(y)\,\mathrm{d}y \leqq \int_{-\infty}^{x} F_2(y)\,\mathrm{d}y \quad \text{für alle} \quad x \in \mathbb{R}\,,$$

wobei wiederum die strikte Ungleichung für mindestens ein x gilt.

Das Kriterium für FSD ist plausibel und leicht zu interpretieren. Abbildung 4.9 illustriert die Situation. Das exemplarisch herausgegriffene Ergebnis $\hat{x}$ wird bei einer Entscheidung für X_1 mit einer geringeren Wahrscheinlichkeit unterschritten (und einer entsprechend größeren Wahrscheinlichkeit überschritten) als bei einer Entscheidung für X_2. Aus dem Satz folgt natürlich auch, dass zwischen X_1 und X_2 keine FSD-Dominanz vorliegt, wenn sich die zugehörigen Verteilungsfunktionen schneiden; die beiden Alternativen X_1 und X_2 sind dann bezüglich FSD unvergleichbar. Damit ist geklärt, dass FSD nur eine partielle Ordnung erzeugt. Dasselbe gilt auch für die SSD-Relation.

[27] Es sei beispielsweise auf die Monografie Mosler (1982), den Übersichtsaufsatz Levy (1992) sowie die dort zitierte Literatur verwiesen.

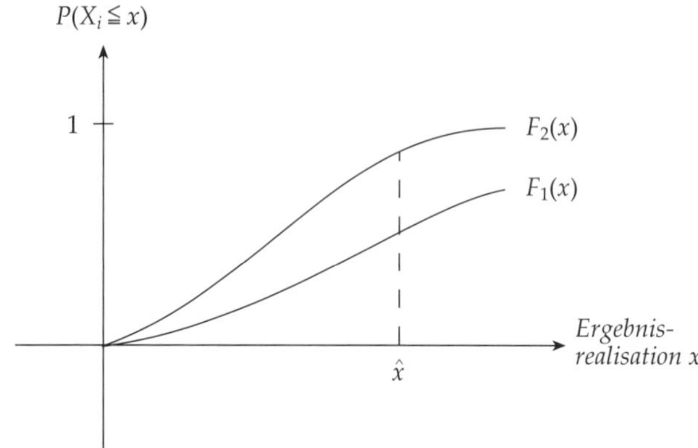

Abb. 4.9: Die Verteilungsfunktion F_1 verläuft unterhalb von F_2.
Es liegt stochastische Dominanz ersten Grades von X_1 über X_2 vor.

Die nachfolgenden Bemerkungen und Beispiele sollen den Begriff „stochastische Dominanz“ etwas vertrauter machen.

a) Da U_1 eine Obermenge von U_2 ist, folgt unmittelbar:

$$\text{Liegt} \quad X_1 \succ_{FSD} X_2 \quad \text{vor, so auch} \quad X_1 \succ_{SSD} X_2 \,.$$

b) Falls X_1 und X_2 bezüglich FSD unvergleichbar sind, ist durchaus

$$X_1 \succ_{SSD} X_2 \quad \text{oder} \quad X_2 \succ_{SSD} X_1$$

möglich. Wenn wir auf die eingangs des Abschnitts 4.3 betrachteten Aktionen $a_1, \ldots, a_6$ zurückgreifen und die zugehörigen (degenerierten bzw. dichotomen) Zufallsvariablen mit $X_1, \ldots, X_6$ bezeichnen, so sind beispielsweise X_4 und X_5 bezüglich FSD unvergleichbar. Denn $F_4(x)$ ist für Werte $x < 200$ kleiner als $F_5(x)$ und für $x > 200$ größer als $F_5(x)$. Mithilfe des Satzes 4.3 (oder einem in der erwähnten Literatur beschriebenen Schnittkriterium) kann man bestätigen, dass X_4 und X_5 bezüglich SSD vergleichbar sind und

$$X_4 \succ_{SSD} X_5$$

gilt. Die in Abschnitt 4.3 als unstrittig deklarierten Paarvergleiche beruhen jeweils auf einer FSD-Beziehung, wohingegen die problematischen Paarvergleiche jeweils mit FSD-Unvergleichbarkeiten korrespondieren.

c) In Prinzipal-Agent-Ansätzen (vgl. Abschnitt 6.6) wird oft angenommen, dass der Output des Agenten die Summe aus seinem (als reelle Zahl erfassten) Arbeitseinsatz (Effort) a und einer stochastischen Überlagerung X ist:

$$X_a = a + X \,,$$

wobei die (für alle a gleiche) Zufallsvariable X Glück, Pech oder sonstige exogenen Effekte erfassen soll. Seien a ein bestimmter Arbeitseinsatz und b

ein höherer Arbeitseinsatz. Wir versuchen, die zugehörigen Outputs X_a und X_b im FSD-Sinne zu vergleichen. Offensichtlich gilt

$$P(X_a \leqq x) = P(a + X \leqq x) = P(X \leqq x - a) = F(x - a) \,,$$

wobei F die Verteilungsfunktion der Störvariablen X ist. Da analog auch

$$P(X_b \leqq x) = F(x - b) \quad (\leqq F(x - a))$$

gilt, verläuft die Verteilungsfunktion von X_b stets unterhalb derjenigen von X_a. Setzen wir der Einfachheit halber F als streng monoton voraus, so besitzt X_b sogar eine überall strikt kleinere Verteilungsfunktion. Damit ist geklärt, dass ein höherer Effort einen (im Sinne von FSD) stochastisch dominanten Output erzeugt.

d) Die für eine gegebene Alternativenmenge bezüglich FSD (bzw. SSD) undominierten Aktionen heißen FSD-effizient (bzw. SSD-effizient). Ist eine Aktion SSD-effizient, so ist sie auch FSD-effizient. Wegen einer Anwendung dieser Begriffe auf die Renditen der 30 DAX-Aktien sei auf Steiner et al. (1996) verwiesen.

e) Gelegentlich kommen Risikonutzenfunktionen zum Einsatz, deren Verlauf zumindest abschnittsweise geradlinig ist. Damit fällt man aus dem Bereich der in U_1 bzw. U_2 aufgenommenen Risikonutzenfunktionen heraus. Es gilt allerdings ein leicht modifizierter Satz, bei dem in der Definition von U_1 und U_2 das Wörtchen „streng" jeweils gestrichen ist und der Zusatz „strikte Ungleichung für mindestens ein x" ebenfalls gestrichen werden kann. Genauer erhält man bezüglich FSD (ganz analog für SSD) Folgendes: Definiert man

$$X_1 \succcurlyeq_{FSD} X_2$$

(in Worten „X_1 ist bezüglich der stochastischen Dominanz ersten Grades mindestens so gut wie X_2") durch die Gültigkeit von

$$\mathrm{E}u(X_1) \geqq \mathrm{E}u(X_2) \quad \text{für alle monoton wachsenden } u,$$

so lautet das entsprechende notwendige und hinreichende Kriterium: Es ist

$$X_1 \succcurlyeq_{FSD} X_2$$

genau dann, wenn

$$F_1(x) \leqq F_2(x) \quad \text{für alle} \quad x \in \mathbb{R}$$

gilt.

4.11 Kritische Zusammenfassung

Das in Abschnitt 4.3 eingeführte Bernoulli-Prinzip besagt, dass die in Risikosituationen zur Debatte stehenden Aktionen nach ihrem Nutzenerwartungswert beurteilt werden bzw. beurteilt werden sollen. Im konkreten Fall lässt sich diese Beurteilung natürlich nur dann durchführen, wenn die Nutzenfunktion bekannt ist. Deshalb wurde in Abschnitt 4.4 geschildert, wie man den Bernoulli-Nutzen eines Entscheidungsträgers mittels hypothetischer Risikosituationen messen kann. Für praktische Zwecke dürfte es zu aufwändig sein, allen möglichen Handlungskonsequenzen x gemäß diesem Messverfahren die Nutzenbewertung $u(x)$ zuzuordnen; man muss sich auf die Messung einiger Werte beschränken und daraus durch Inter- und Extrapolationen eine Approximation des Bernoulli-Nutzens gewinnen. Anhand einiger typischer Nutzenfunktionen wurde in Abschnitt 4.5 erläutert, wie die auf dem Bernoulli-Prinzip beruhende Theorie die Risikosympathie, die Risikoaversion sowie das gleichzeitige Vorhandensein von Risikosympathie und Risikoaversion zu erklären gestattet. Der normative Aspekt des Bernoulli-Prinzips wurde in Abschitt 4.7 betont. Sobald die Aktionen (in irgendeiner Weise) widerspruchsfrei geordnet sind (das heißt, das ordinale Prinzip gilt) und zwei relativ einleuchtende Rationalitätspostulate, nämlich das Stetigkeitsaxiom und das Substitutionsaxiom, zusätzlich akzeptiert werden, kann auf Grund mathematischer Überlegungen die Gültigkeit des Bernoulli-Prinzips (für endlich diskrete Wahrscheinlichkeitsverteilungen) gefolgert werden.

Mittlerweile existieren natürlich auch Axiomensysteme für allgemeinere Wahrscheinlichkeitsverteilungen. Deren Formulierung bedingt allerdings einen hohen technischen Aufwand. Dieser macht den normativen Gehalt gleichzeitig intransparenter. Deshalb wurde in Abschnitt 4.7 auf die Darstellung solcher Systeme verzichtet. Das dort gewählte Axiomensystem schließt nicht aus, dass die Bernoulli-Nutzenfunktion unbeschränkt ist, was bei gewissen (ebenfalls unbeschränkten) Wahrscheinlichkeitsverteilungen die Nichtexistenz des Nutzenerwartungswertes nach sich ziehen kann. Ein einfacher und pragmatischer (und in diesem Buch beschrittener) Weg zur Vermeidung derartiger Probleme ist die fallweise Beschränkung auf geeignete Klassen von Wahrscheinlichkeitsverteilungen oder Risikonutzenfunktionen. Ein alternativer Weg bestünde darin, das Axiomensystem so zu verschärfen, dass die Risikonutzenfunktion zwangsläufig beschränkt ist und alle denkbaren Nutzenerwartungswerte existieren. So führt beispielsweise eine Verschärfung des Stetigkeitsaxioms derart, dass seine Gültigkeit für beliebige Wahrscheinlichkeitsverteilungen (an Stelle der betrachteten Einpunktverteilungen) gefordert wird, zu einer beschränkten Risikonutzenfunktion. Die Zugrundelegung eines derart verschärften Axiomensystems und die damit verbundene Einengung auf beschränkte Risikonutzenfunktionen ist jedoch aus didaktischen Gründen unzweckmäßig, da damit beispielsweise die leicht zu diskutierenden polaren Fälle von (durchwegs linearen, durchwegs konvexen, durchwegs konkaven) Risikonutzenfunktionen ausgeschlossen werden.

Auf Grund seiner theoretischen Fundierung wird das Bernoulli-Prinzip in der Literatur als das rationale Entscheidungsprinzip für Risikosituationen angesehen und insbesondere wegen seiner Flexibilität und seiner im Prinzip universellen Anwendbarkeit (auch auf nichtmonetäre Handlungskonsequenzen) gegenüber den klassischen Entscheidungsprinzipien (vgl. Abschnitt 4.8) bevorzugt. Außerdem entspricht das Bernoulli-Prinzip der intuitiven Vorgehensweise wesentlich besser als die relativ starren klassischen Entscheidungsprinzipien. Denn das, was man üblicherweise unter dem „Kalkulieren eines Risikos" versteht, ist doch nichts Anderes als ein (im Kopfe des Entscheidungsträgers vorgenommenes) Abwägen geeignet bewerteter Handlungskonsequenzen, wobei die Gewichte dieser Wägung mit den Wahrscheinlichkeiten dieser Konsequenzen zusammenhängen; diesem intuitiven Vorgehen ist das Bernoulli-Prinzip nachgebildet.

Dennoch war das Bernoulli-Prinzip seit den Arbeiten von Allais (1953) der Kritik ausgesetzt, mit empirisch beobachteten Verhaltensweisen nicht vereinbar zu sein. Zahlreiche Laborexperimente wurden durchgeführt, um „Paradoxien", das heißt Verstöße gegen die aus dem Bernoulli-Prinzip folgenden Entscheidungen, zu finden. Die Paradoxien stimulierten die Entwicklung einer Fülle von Non-Expected-Utility-Modellen (NEU-Modellen). Diese konnten zwar jeweils ein bestimmtes Paradoxon vermeiden (oder abschwächen), waren aber selbst ebenfalls nicht frei von (anderen) Paradoxien. Seit den 1980er Jahren werden auf den internationalen Tagungen „Foundations und Applications of Utility, Risk, and Decision Theory" (FUR) derartige Non-Expected-Utility-Modelle vorgestellt und diskutiert. Wegen Details, axiomatischen Fundierungen und der Literatur bis 1987 sei auf den Übersichtsartikel Weber/Camerer (1987) verwiesen. Eine kurze Auswertung der Ergebnisbände der 3. bis 6. FUR-Tagung (1988, 1991, 1992, 1994) ist bei Bamberg/Trost (1996) zu finden. Ein weiterer Survey-Artikel ist Kischka/Puppe (1992).

Da sich die Forschung noch zu sehr im Fluss befindet, wäre ein abschließendes Fazit sicher verfrüht. Dennoch kann man zweifellos konstatieren, dass die NEU-Modelle wesentlich komplexer sind als das Bernoulli-Prinzip. Denn es müssen neben der (vom Bernoulli-Prinzip her vertrauten) Transformation der Ergebnisse auch Transformationen der Wahrscheinlichkeiten sowie, je nach Modell, auch Referenzpunkte, Referenzlotterien und ähnliche Bestandteile ermittelt werden. Zudem weisen einige NEU-Modelle Eigenarten auf, die die praktische Anwendbarkeit zusätzlich infrage stellen, etwa die Unverträglichkeit mit der stochastischen Dominanz erster Ordnung (die dominierte Alternative wird präferiert) oder die fehlende Repräsentierbarkeit durch ein explizit formulierbares Präferenzfunktional. Deshalb kann man den Standpunkt vertreten, dass das Bernoulli-Prinzip eine Art „goldene Mitte" zwischen den einfachen und zu starren ad-hoc-Kriterien (wie den klassischen Kriterien) und den komplexen Non-Expected-Utility-Ansätzen darstellt.

4.12 Aufgaben

Die nachfolgenden acht Aufgaben dienen der Einübung der in Kapitel 4 behandelten Konzepte. Lösungen zu diesen Aufgaben findet der interessierte Leser im Anhang ab Seite 260. Weitere Übungsaufgaben, darunter 24 zu Entscheidungen bei Risiko, inklusive ausführlicher Lösungen, können beispielsweise Bamberg et al. (2012) entnommen werden.

✎ **Aufgabe 4.1**

Ein Entscheidungsträger besitzt eine lineare Nutzenfunktion. Bei einem Lotteriespiel kann er 500 Euro mit der Wahrscheinlichkeit p und 100 Euro mit der Wahrscheinlichkeit $1 - p$ gewinnen. Wie groß ist die Wahrscheinlichkeit p, wenn das Sicherheitsäquivalent 400 Euro beträgt?

✎ **Aufgabe 4.2**

Ein risikoneutraler Kostenrechner steht vor der Frage, ob er eine festgestellte Kostenabweichung in Höhe von 5 000 Euro näher analysieren soll oder nicht. Lässt er die Sache auf sich beruhen, dann muss er nach seiner Erfahrung mit einer Wahrscheinlichkeit von 30 % damit rechnen, dass auch in der nächsten Periode (auf die sich die Planung bezieht) diese Mehrkosten wieder anfallen. Wenn er eine Ursachenanalyse, die 750 Euro Kosten verursacht, durchführt, sinkt die Wahrscheinlichkeit des Fortbestehens der Unwirtschaftlichkeit erfahrungsgemäß auf 10 %. Soll die Abweichungsanalyse durchgeführt werden?

✎ **Aufgabe 4.3**

Der Unternehmer I stuft eine Wahrscheinlichkeitsverteilung, die einen Gewinn von 10 000 Euro mit einer Wahrscheinlichkeit von 20 % und einen Gewinn von 1 000 Euro mit einer Wahrscheinlichkeit von 80 % verspricht, gleich ein mit einem sicheren Gewinn von 3 000 Euro. Dem Unternehmer II ist dagegen eine Wahrscheinlichkeitsverteilung, die einen Gewinn von 10 000 Euro mit einer Wahrscheinlichkeit von 70 % und einen Gewinn von 1 000 Euro mit einer Wahrscheinlichkeit von 30 % verspricht, so viel wert wie ein sicherer Gewinn von 7 000 Euro. Sind die beiden Unternehmer I bzw. II risikofreudig, risikoscheu oder risikoneutral?

✎ **Aufgabe 4.4**

Herr Huber hat sich ein Gemälde von Picasso im Wert von 100 000 Euro gekauft. Die Wahrscheinlichkeit, dass das Bild gestohlen oder durch Feuer vernichtet wird, schätzt Herr Huber auf 1 %. Eine Versicherung bietet ihm für eine Prämie von 1 000 Euro Versicherungsschutz an. Herr Huber gilt als risikoscheu. Wird er die Versicherung abschließen?

Aufgabe 4.5

Einem Unternehmer werden zwei Projekte angeboten. Bei dem ersten ist der Gewinn 20 000 Euro oder 40 000 Euro jeweils mit der Wahrscheinlichkeit von 50 %; bei dem zweiten erhält er jeweils mit der Wahrscheinlichkeit von 50 % einen Gewinn von y Euro bzw. 0 Euro. Wie groß muss der Gewinn y des zweiten Projekts sein, damit beide Projekte gleich eingeschätzt werden? Bei der Beantwortung kann davon ausgegangen werden, dass sich der Unternehmer (in dem relevanten Bereich) gemäß der quadratischen Nutzenfunktion

$$u(x) = -\frac{x^2}{100\,000} + 2x$$

verhält.

Aufgabe 4.6

Herr Huber und Herr Meyer bekommen ein Spiel angeboten, das mit 64 % Wahrscheinlichkeit ein Ergebnis von 10 Euro liefert. Im anderen Fall ist das Ergebnis null. Herr Huber handelt (für nichtnegative Ergebnisse x) nach der Nutzenfunktion $u_H(x) = 2x^2 + 5$, Herr Meyer nach $u_M(x) = 4x^2 + 12$. Welches Sicherheitsäquivalent hat das Spiel

a) für Herrn Huber?

b) für Herrn Meyer?

c) Wie erklärt sich das Verhältnis beider Ergebnisse?

Aufgabe 4.7

Ein Unternehmer ist Pessimist. Ein Projekt, bei dem er mit 50 % Wahrscheinlichkeit einen Gewinn von x Euro erwarten kann, mit 50 % Wahrscheinlichkeit dagegen nichts erhält, schätzt er genau so ein, wie ein Projekt, bei dem er $\frac{1}{4}x$ Euro mit Sicherheit bekommt. Dies gilt für jeden beliebigen (positiven) Gewinn x.

Sein Unternehmen verkauft unter anderem ein Waschmittel, das einen sicheren Platz auf dem Markt hat. In dem betrachteten Planungszeitraum könnte man 1 200 000 kg zu 3 Euro je kg absetzen. Die fixen Kosten würden dabei 200 000 Euro betragen, die variablen Kosten würden sich auf 2 Euro je kg belaufen.

In der Forschungsabteilung hat man ein besseres Waschmittel entwickelt, das das alte ersetzen könnte. Marktforschungen haben ergeben, dass mit 25 % Wahrscheinlichkeit damit zu rechnen ist, dass das neue Produkt ein Verkaufsschlager wird. In diesem Fall rechnet die Marketing-Abteilung für den betrachteten Planungszeitraum mit einem Absatz von 1 700 000 kg, im anderen Fall nur mit 200 000 kg. Die fixen Kosten werden bei 250 000 Euro liegen, als Absatzpreis könnte man 3,50 Euro je kg fordern; die variablen Kosten belaufen sich nur auf 1 Euro je kg.

Der Unternehmer steht vor der Frage, ob er weiterhin das alte Produkt verkaufen oder ob er das neue Produkt auf den Markt bringen soll. Wie wird er sich entscheiden?

✎ Aufgabe 4.8

Der Unternehmer Müller legt seinen Entscheidungen eine lineare Nutzenfunktion $u_M(x) = x$ zu Grunde, der Unternehmer Schulze richtet sich nach der Nutzenfunktion

$$u_S(x) = \begin{cases} \dfrac{1}{50\,000}x^2\,, & \text{für} \quad 0 \leqq x \leqq 50\,000 \\ -\dfrac{1}{50\,000}x^2 + 4x - 100\,000\,, & \text{für} \quad 50\,000 < x \leqq 100\,000\,. \end{cases}$$

Beide sollen dieselbe Lage beurteilen. Es soll entschieden werden, welches der beiden Produkte 1 und 2 auf den Markt gebracht werden soll. Produkt 1 bringt in der Planungsperiode mit 30 % Wahrscheinlichkeit einen Gewinn von 50 000 Euro, mit 50 % einen Gewinn von 90 000 Euro und mit 20 % einen Gewinn von 100 000 Euro. Produkt 2 bringt in jedem Fall einen Gewinn von 80 000 Euro.

a) Wie ist der Verlauf beider Nutzenfunktionen und welche Einstellung zum Risiko spiegeln sie wider?

b) Wie entscheiden sich beide Unternehmer?

c) Ändert sich an der Entscheidung etwas, wenn man berücksichtigt, dass beide Produkte zusätzliche fixe Kosten in Höhe von 50 000 Euro verursachen?

d) Warum kommt es zu diesem Ergebnis?

5. Entscheidungen bei Ungewissheit

5.1 Ungewissheitssituationen

Eine **Ungewissheitssituation** ist (vgl. Abschnitt 2.2) dadurch charakterisiert, dass die Wahrscheinlichkeiten für das Eintreten der relevanten Umfeldzustände unbekannt sind. Als Beispiele können bereits die in Abschnitt 4.1 aufgeführten Entscheidungssituationen dienen, wenn man sie jeweils durch die Forderung abändert, dass die Wahrscheinlichkeiten unbekannt oder unkalkulierbar sind. Dabei muss natürlich die Glücksspielsituation ausgenommen werden, da dort die Wahrscheinlichkeiten bekannt sind; die Versicherungssituation müsste sich beispielsweise auf einen neu entwickelten Großraum-Jet beziehen, über dessen Schadenshäufigkeit noch keinerlei Erfahrungswerte vorliegen usw. In Situationen wie der letztgenannten lässt sich der Informationsstand des Entscheidungsträgers schwerlich verbessern. In den meisten anderen Entscheidungssituationen fällt eine Verbesserung des Informationsstandes wesentlich leichter, so dass in der Praxis von dieser Möglichkeit intensiv Gebrauch gemacht wird; doch auch hierbei sind im Allgemeinen Ungewissheitssituationen unvermeidbar. Ein Beispiel möge dies erläutern.

Auf Grund von Erfolgen der Konkurrenz beabsichtigt eine Unternehmung, ihr bisheriges Produktionsprogramm zu modifizieren und zu ergänzen. Verschiedene Alternativpläne – in unserem Sprachgebrauch: verschiedene Aktionen – wurden zu diesem Zweck entwickelt. Unbekannt sind die Marktchancen. Deshalb stellt die Entscheidungssituation bei dem derzeitigen Informationsstand noch eine Ungewissheitssituation dar. Eine Informationsbeschaffung ist nun auf vielfältige Art und Weise möglich. So könnte man sich voll auf die eigene Marketing-Abteilung verlassen oder zusätzlich ein Marktforschungsinstitut beauftragen; im letzteren Fall könnten etwa ein Auftrag über 100 000 Euro (der genaue Resultate erbringt) oder ein Auftrag über 50 000 Euro (der ungenauere Resultate erbringt) zur Debatte stehen usw. Diese Informationsentscheidungen stellen aber Entscheidungen unter Ungewissheit dar, denn die Marktgegebenheiten, über die man sich gerade informieren will, sind im Zeitpunkt der Entscheidung voraussetzungsgemäß noch unbekannt. Ungewissheitssituationen können also auch durch die Einbeziehung von Informationsbeschaffungsmaßnahmen nicht völlig vermieden werden.

Die alltägliche Erfahrung zeigt, dass sich in der Praxis laufend Entscheidungsprobleme unter Ungewissheit stellen und dort auch „gelöst“ werden, das heißt Entscheidungen getroffen werden. Deshalb konnte die Theorie derartige Probleme nicht völlig ausklammern. In den nächsten beiden Abschnitten werden die bekanntesten Lösungsvorschläge, die in der Literatur propagiert wurden, aufgelistet. Dass diese Vorschläge nicht so befriedigend sind, wie es wünschenswert wäre, liegt (wie im Abschnitt 5.4 näher ausgeführt wird) eher in der Natur des behandelten Problems als an der mangelnden Kreativität der Theoretiker.

5.2 Möglichkeiten zur Lösung von Ungewissheitssituationen

Der übersichtlicheren Darstellung wegen betrachten wir nun Ungewissheitssituationen, bei denen nur endlich viele Aktionen und endlich viele relevante Zustände zu berücksichtigen sind. Die Ungewissheitssituation kann dann durch die Entscheidungsmatrix

	z_1	$\cdots$	z_n
a_1	u_{11}	$\cdots$	u_{1n}
$\vdots$	$\vdots$	$\ddots$	$\vdots$
a_m	u_{m1}	$\cdots$	u_{mn}

beschrieben werden. Ganz analog wie bei anderen Entscheidungssituationen stellen sich auch hier die Fragen: Wie können oder sollen die einzelnen Aktionen miteinander verglichen werden? Welche Aktionen konnen als optimal bezeichnet werden?

Eine direkte Vergleichbarkeit der Aktionen ist im Allgemeinen nicht möglich. So ist beispielsweise im Falle der Entscheidungsmatrix

$$\begin{pmatrix} 7 & 3 & 5 \\ 2 & 8 & 9 \\ 4 & 10 & 2 \end{pmatrix}$$

die Aktion a_1 optimal, falls z_1 der wahre Umfeldzustand ist, dagegen ist a_2 (bzw. a_3) optimal, falls z_3 (bzw. z_2) der wahre Umfeldzustand ist. Da wir definitionsgemäß keine Information darüber besitzen, welches der wahre Zustand ist, müssen wir die drei Aktionen a_1, a_2, a_3 zunächst als unvergleichbar ansehen.

Zwei Aktionen a_k und a_i sind nur dann unmittelbar vergleichbar, wenn entweder stets, das heißt für $j = 1, \ldots, n$,

$$u_{kj} \geqq u_{ij}$$

oder

$$u_{kj} \leqq u_{ij}$$

gilt. Im ersteren Fall bezeichnet man die Aktion a_k als **mindestens so gut** wie die Aktion a_i. Die Aktion a_k heißt **besser als** a_i (oder: dominiert a_i), wenn a_k mindestens so gut wie a_i ist und es einen Zustand $z_j \in Z$ gibt, so dass $u_{kj} > u_{ij}$ gilt. Falls stets $u_{kj} > u_{ij}$ gilt, so **dominiert** a_k die Aktion a_i **strikt**. Wie bereits im Abschnitt 2.4 erwähnt, bezeichnet man eine Aktion a_k als **effizient** (gelegentlich auch als zulässig oder undominiert), wenn keine Aktion $a \in A$ besser als a_k ist. Schließlich bezeichnet man eine Aktion a_k als eine **dominante** oder auch

gleichmäßig beste Aktion in A, wenn a_k mindestens so gut wie jede andere Aktion $a \in A$ ist.

Für obige Entscheidungsmatrix sind beispielsweise alle drei Aktionen a_1, a_2, a_3 effizient; eine gleichmäßig beste Aktion existiert nicht. Daran erkennt man, dass der zunächst nahe liegende Vorschlag, eine Präferenzrelation $\succcurlyeq$ zwischen den Aktionen durch die Bedingung

$$a_k \succcurlyeq a_i :\Longleftrightarrow a_k \text{ ist mindestens so gut wie } a_i$$

einzuführen, zu einer (zwar trivialen aber) nicht vollständigen Präferenzrelation führt; diese Präferenzrelation $\succcurlyeq$ wird als „natürliche Halbordnung" der Aktionen bezeichnet. Die Unvergleichbarkeit einiger Aktionen wäre dann für die Praxis wenig gravierend, wenn eine gleichmäßig beste Aktion existieren würde. Denn eine gleichmäßig beste Aktion ist mindestens so gut wie jede andere Aktion und führt unter allen Umständen (das heißt bei jedem $z \in Z$) zur jeweils günstigsten Konsequenz. Eine gleichmäßig beste Aktion könnte deshalb ohne Einschränkung als optimal bezeichnet werden. Die Existenz einer gleichmäßig besten Aktion stellt jedoch einen in der Praxis nur selten auftretenden Glücksfall dar. Deshalb kann man sich nicht auf ein Lösungskonzept beschränken, das nur auf gleichmäßig besten Aktionen basiert; allzu viele Ungewissheitssituationen müssten als unlösbar deklariert werden. Notgedrungen müssen die Ansprüche reduziert werden, die an eine „optimale" Aktion gestellt werden.

Eine Reduktion der Ansprüche besteht beispielsweise darin, lediglich alle ineffizienten Aktionen auszusondern und die Gesamtheit der effizienten Aktionen als die „Lösung" des Ungewissheitsproblems zu betrachten. Hierdurch verzichtet man zwar auf die vollständige Vergleichbarkeit aller Aktionen, erreicht aber eine Zerlegung von A in „vernünftige" (nämlich effiziente) und „unvernünftige" (nämlich ineffiziente) Aktionen. Der Nachteil besteht darin, dass bei vielen Ungewissheitssituationen alle Aktionen effizient sind, so dass der Entscheidungsträger durch diesen Lösungsvorschlag u. U. kein Stück vorankommt, sondern noch vor der ursprünglichen Ungewissheitssituation steht.

Eine andere – uns bereits geläufige – Reduktion der Ansprüche besteht darin, spezielle Entscheidungsregeln einzuführen, die eine vollständige Vergleichbarkeit aller Aktionen erzwingen und die darauf beruhen, den mit einer Aktion a_i verknüpften Nutzenwerten $u_{i1}, \ldots, u_{in}$ eine einzige reelle Zahl $\Phi(a_i)$ als Gütemaß zuzuordnen. Vernünftigerweise wird man (wie im nächsten Abschnitt) nur solche Entscheidungsregeln in Betracht ziehen, die mit der natürlichen Halbordnung verträglich sind; das heißt, ist a_k mindestens so gut wie a_i, so ist auch die a_k zugeordnete Zahl $\Phi(a_k)$ mindestens so günstig wie die a_i zugeordnete Zahl $\Phi(a_i)$.

Sieht man von rechentechnischen Problemen (die bei Fragestellungen der Praxis allerdings erheblich sein können) ab, so bereitet die Ermittlung einer optimalen Aktion nach Fixierung einer Entscheidungsregel keine Schwierigkeiten. Der Vorteil spezieller Entscheidungsregeln besteht also darin, dass das Ungewissheitsproblem formal auf ein Optimierungsproblem unter Sicherheit zurückgeführt wird. Nachteile kann man darin sehen, dass in der Wahl einer Entscheidungsregel eine gewisse Willkür steckt und dass für die meisten der Entscheidungsregeln ein kardinaler Nutzen[1] benötigt wird.

5.3 Spezielle Entscheidungsregeln

Den Erläuterungen liegt die im vorigen Abschnitt eingeführte Nutzenmatrix (u_{ij}) zu Grunde. Die reelle Zahl, die der Aktion a_i bzw. dem n-Tupel $(u_{i1}, u_{i2}, \ldots, u_{in})$ durch die jeweilige Entscheidungsregel als Gütemaß zugeordnet wird, werde mit $\Phi(a_i)$ bezeichnet.

a) Bei der **Maximin-Regel**, die nach A. Wald[2] auch **Wald-Regel** genannt wird, ist

$$\Phi(a_i) = \min_j u_{ij} .$$

Von zwei Aktionen wird diejenige mit dem größeren Φ-Wert präferiert; optimal ist demnach eine Aktion a^* mit

$$\Phi(a^*) = \max_i \min_j u_{ij} .$$

Diese Entscheidungsregel orientiert sich an der ungünstigsten Konsequenz und empfiehlt diejenige Aktion als optimal, bei der die ungünstigste Konsequenz noch am günstigsten ausfällt.

Über die Maximin-Regel wurden bereits viele kritische Bemerkungen formuliert. So schreibt Krelle (1968, S. 185), dass sie „einen geradezu pathologischen Pessimismus voraussetzt“. Als Beispiel wird dort eine Entscheidungssituation betrachtet, die bezüglich einer kardinalen Nutzenfunktion die Entscheidungsmatrix

$$\begin{pmatrix} 0{,}999 & 1\,000 & 1\,000 & \cdots & 1\,000 \\ 1 & 1 & 1 & \cdots & 1 \end{pmatrix}$$

besitzt; a_2 ist nach der Maximin-Regel die optimale Aktion.

Die Maximin-Regel wird primär in der Spieltheorie (vgl. Kapitel 7) und der statistischen Entscheidungstheorie (vgl. Abschnitt 6.3) benutzt, also in Entscheidungssituationen, bei denen das „Umfeld“ ein rational handelnder Gegenspieler ist oder Informationsbeschaffungsmöglichkeiten in Betracht kommen; in derartigen Entscheidungssituationen lässt sich die Maximin-Regel weit gehend rechtfertigen.

Sobald die Handlungskonsequenzen – wie in der statistischen Entscheidungstheorie – an Stelle der Nutzenmatrix durch eine Schadensmatrix oder

---

1 Für die Definitionen von gleichmäßig besten bzw. effizienten Aktionen benötigt man dagegen nur Größenvergleiche, also lediglich eine ordinale Nutzenmessung.

2 Wald (z. B. 1945, 1950) benutzte diese Entscheidungsregel bei seiner Fundierung der statistischen Entscheidungstheorie. Vorher wurde diese Entscheidungsregel von v. Neumann (1928) und v. Neumann/Morgenstern (1944) in ihrer Fundierung der Spieltheorie benutzt.

Verlustmatrix bewertet werden, geht die Maximin-Regel in die **Minimax-Regel** über, denn nun sucht man diejenige Aktion, die das Minimum der Maximalverluste realisiert.

b) Entsprechend ergibt sich bei der Orientierung an der jeweils günstigsten Konsequenz die **Maximax-Regel** mit

$$\Phi(a_i) = \max_j u_{ij} \,,$$

die bei Verwendung einer Schadensmatrix in die Minimin-Regel übergeht. Spricht die Minimax-Regel für einen pathologischen Pessimismus, so entspricht die Maximax-Regel einem unverbesserlichen Optimismus.

c) Einen Kompromiss zwischen der Maximin- und der Maximax-Regel stellt die **Hurwicz-Regel**[3] dar, bei der

$$\Phi(a_i) = \lambda \cdot \max_j u_{ij} + (1 - \lambda) \cdot \min_j u_{ij}$$

gesetzt wird. Dabei ist λ ein vom Entscheidungsträger selbst zu fixierender Parameter zwischen 0 und 1; je größer λ gewählt wird, desto stärker gibt die günstigste Handlungskonsequenz, also $\max_j u_{ij}$, den Ausschlag für die Beurteilung von a_i. Deshalb bezeichnet man λ als Optimismusparameter. Für $\lambda = 1$ geht die Hurwicz-Regel in die Maximax-Regel und für $\lambda = 0$ in die Maximin-Regel über; für jeden Zwischenwert bekommt man eine neue Entscheidungsregel. Der einem Entscheidungsträger angepasste Optimismusparameter lässt sich unter Verwendung der Ungewissheitssituation

	z_1	z_2
a_1	1	0
a_2	x	x

empirisch dadurch ermitteln, dass man x solange variiert, bis der Entscheidungsträger zwischen a_1 und a_2 indifferent wird. Es ist

$$\Phi(a_1) = \lambda \quad \text{und} \quad \Phi(a_2) = x \,,$$

so dass im Falle der Indifferenz wegen $\Phi(a_1) = \Phi(a_2)$ der Optimismusparameter λ mit diesem x-Wert übereinstimmen muss.

Sobald der Optimismusparameter λ echt zwischen 0 und 1 liegt, wägt die Hurwicz-Regel für jede Aktion die günstigste Konsequenz gegenüber der ungünstigsten Konsequenz ab. Wegen dieser Abwägung kommt man mit einer ordinalen Nutzenmessung nicht mehr aus. Denn setzt man etwa $\lambda = \frac{1}{2}$ und geht man von der Nutzenmatrix

$$\begin{pmatrix} 1 & 0 \\ -2 & 2 \end{pmatrix}$$

[3] Nach einer Arbeit von Hurwicz (1951) benannt.

durch eine monoton wachsende Transformation (die bei einer ordinalen Nutzenmessung ja erlaubt ist) zur Nutzenmatrix

$$\begin{pmatrix} 1 & 0 \\ -4 & 10 \end{pmatrix}$$

über, so verändert sich die nach der Hurwicz-Regel optimale Aktion (zuerst ist a_1 optimal, danach aber a_2). Die Verwendung einer Hurwicz-Regel mit $0 < \lambda < 1$ ist demnach erst sinnvoll, wenn ein kardinaler Nutzen vorliegt.

Aber auch wenn ein kardinaler Nutzen vorliegt, lassen sich gegen die Hurwicz-Regel kritische Einwände vorbringen, da sie jeweils nur auf den beiden extremen Konsequenzen basiert. Bei der Ungewissheitssituation

	z_1	z_2	z_3	z_4	z_5	z_6	$\cdots$	z_{1000}
a_1	1	0	0	0	0	0	$\cdots$	0
a_2	0	1	1	1	1	1	$\cdots$	1

sind nach der Hurwicz-Regel (für jedes λ) die beiden Aktionen a_1 und a_2 gleichwertig. Der „gesunde Menschenverstand" scheint dem zu widersprechen. Sicherlich würden Befragungen ergeben, dass die Mehrheit der Entscheidungsträger die Aktion a_2 präferiert. Vermutlich liegt dies daran, dass der „gesunde Menschenverstand" Ungewissheitssituationen dadurch in Risikosituationen umzufunktionieren sucht, dass er jedem Zustand z_i die gleiche Wahrscheinlichkeit zuordnet. Hierauf beruht die nächste Entscheidungsregel.

d) Die **Laplace-Regel**[4] geht davon aus, dass man auf Grund der Unsicherheit von keinem der Umfeldzustände sagen kann, dass er eher als ein anderer eintreten wird und dass man infolgedessen alle Zustände als gleich wahrscheinlich ansehen müsse. Die Laplace-Regel benutzt deshalb die Nutzensumme

$$\Phi(a_i) = \sum_{j=1}^{n} u_{ij}$$

(die bis auf den Faktor $\frac{1}{n}$ mit dem Nutzenerwartungswert übereinstimmt) als Gütemaß. Die Laplace-Regel ist offensichtlich erst dann sinnvoll anwendbar, wenn ein kardinaler Nutzen zu Grunde liegt. Liegt speziell ein Bernoulli-Nutzen zu Grunde, so fallen in dieser künstlich definierten Risikosituation die Laplace-Regel, die Bayes-Regel und das Bernoulli-Prinzip zusammen. Die Laplace-Regel besitzt beispielsweise den Nachteil, dass sich infolge des für jeden Zustand starr festgelegten gleichen Gewichts die Rangfolge der Aktionen durch Hinzufügung einer gleichen Spalte in der Entscheidungsmatrix ändern kann. So ist bezüglich der Entscheidungsmatrix

$$\begin{pmatrix} 3 & 1 \\ -1 & 4 \end{pmatrix}$$

---

[4] Nach P. S. de Laplace (1749–1827) benannt, oft auch als „Prinzip vom unzureichenden Grunde" bezeichnet.

die Aktion a_1 zu präferieren, aber bezüglich der Entscheidungsmatrix

$$\begin{pmatrix} 3 & 1 & 1 \\ -1 & 4 & 4 \end{pmatrix}$$

die Aktion a_2. Da die im Modell zu erfassenden Zustände vom Entscheidungsträger zu erarbeiten sind, können solche Erscheinungen in der Praxis nicht ausgeschlossen werden.

e) Auf völlig anderen Überlegungen beruht die **Savage-Niehans-Regel**[5]. Nach dieser Entscheidungsregel ist zuerst aus der Entscheidungsmatrix (u_{ij}) die Opportunitätskostenmatrix (s_{ij}) gemäß

$$s_{ij} = \max_k u_{kj} - u_{ij}$$

zu bilden; s_{ij} gibt (vgl. Abschnitt 2.4) den Nutzenentgang an, den man dann erleidet, wenn der Zustand z_j eintritt und man an Stelle der optimalen Aktion (optimal in der durch $Z = \{z_j\}$ definierten Sicherheitssituation) die Aktion a_i ergriffen hat. Je größer s_{ij}, desto größer ist infolgedessen das Bedauern (regret). Auf die Opportunitätskostenmatrix wird nun die Minimax-Regel angewandt. Damit gelangt man zu dem etwas kompliziert aussehenden Gütemaß:

$$\Phi(a_i) = \max_j \left(\max_k u_{kj} - u_{ij} \right) .$$

Da man dieses maximale Bedauern möglichst klein zu halten sucht, sind Aktionen mit einem kleineren Φ-Wert gegenüber anderen zu präferieren. Selbstverständlich benötigt man auch für die Savage-Niehans-Regel eine kardinale Nutzenmessung. Ungewissheitssituationen, bei denen diese Entscheidungsregel zu unbefriedigenden Resultaten führt, sind ebenso wie bei den anderen Entscheidungsregeln leicht anzugeben. Gehen wir beispielsweise in der von c) bereits bekannten Ungewissheitssituation

	z_1	z_2	z_3	z_4	z_5	z_6	$\cdots$	z_{1000}
a_1	1	0	0	0	0	0	$\cdots$	0
a_2	0	1	1	1	1	1	$\cdots$	1

zu den Opportunitätskosten s_{ij} über, so bedeutet dies lediglich eine Vertauschung der Nullen und Einsen; mithin sind wegen

$$\Phi(a_1) = 1 = \Phi(a_2)$$

die beiden Aktionen a_1 und a_2 gleichwertig, was schon unter c) hinreichend kritisiert wurde.

f) Die bisher aufgeführten Entscheidungsregeln litten unter dem Nachteil, dass sie sich entweder nur auf speziell ausgewählte Handlungskonsequenzen (die günstigste, ungünstigste usw.) stützen oder dass sie (wie die Laplace-Regel) zwar alle Handlungskonsequenzen berücksichtigen, diese jedoch

[5] Unabhängig voneinander von Savage (1951) und Niehans (1948) vorgeschlagen; oft wird die Entscheidungsregel auch als „Prinzip des kleinsten Bedauerns“ oder auch als „Minimax-Regret-Prinzip“ bezeichnet.

nach einem starren Schema gewichten. Unter diesem Nachteil leiden auch andere, hier nicht aufgeführte, Entscheidungsregeln. So sind z. B. bei Kramer (1967) sieben weitere Entscheidungsregeln aufgeführt. Beliebig viele andere sind denkbar; beispielsweise könnte die günstigste mit der zweitgünstigsten Handlungskonsequenz gewichtet werden, diese beiden mit der ungünstigsten Handlungskonsequenz usw.

Da sich gegen derartige Entscheidungsregeln immer Kritikpunkte finden lassen, hat Krelle (1968, S. 184) ein völlig anderes Konzept vorgeschlagen: Alle mit einer Aktion a_i verknüpften (und kardinal gemessenen) Nutzenwerte $u_{i1}, u_{i2}, \ldots, u_{in}$ sollen mit einer für den Entscheidungsträger typischen **Unsicherheitspräferenzfunktion** ω transformiert und dann addiert werden. Die **Krelle-Regel**, die konsequenterweise eigentlich als **Krelle-Prinzip** bezeichnet werden müsste, benutzt demnach das (vom Entscheidungsträger abhängende) zu maximierende Gütemaß

$$\Phi(a_i) = \sum_{j=1}^{n} \omega(u_{ij}) .$$

Die (nur bis auf positive lineare Transformationen bestimmte) Unsicherheitspräferenzfunktion kann dadurch ermittelt werden, dass der Entscheidungsträger in hypothetische Ungewissheitssituationen gestellt und die nahe liegende Normierung

$$\omega(0) = 0 \quad \text{und} \quad \omega(1) = 1$$

eingeführt wird. Variiert man x solange, bis in der – bereits bei der Hurwicz-Regel verwandten – Ungewissheitssituation

	z_1	z_2
a_1	1	0
a_2	x	x

Indifferenz zwischen a_1 und a_2 eintritt, so ist

$$\omega(1) + \omega(0) = 1 = \omega(x) + \omega(x) ,$$

also $\omega(x) = \frac{1}{2}$; ist dies z. B. für $x = \frac{1}{3}$ der Fall, so sind bereits 3 Punkte $(0, 0)$, $(\frac{1}{3}, \frac{1}{2})$ und $(1, 1)$ bekannt, die auf der Unsicherheitspräferenzkurve liegen. Variiert man nun y solange, bis in der Ungewissheitssituation

	z_1	z_2
a_1	$\frac{1}{3}$	0
a_2	y	y

Indifferenz zwischen a_1 und a_2 auftritt, so ist wegen

$$\omega(\tfrac{1}{3}) + \omega(0) = \tfrac{1}{2} = 2\omega(y)$$

der weitere Punkt $(y, \frac{1}{4})$ ermittelt. Fährt man in nahe liegender Weise fort, so lässt sich die gesamte Unsicherheitspräferenzfunktion ermitteln; man erhält

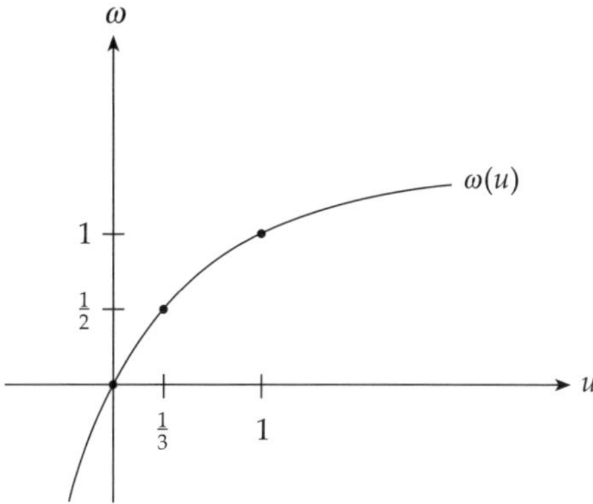

Abb. 5.1: Unsicherheitspräferenzfunktion

eine (monoton wachsende) Kurve von dem in Abbildung 5.1 dargestellten Typus.[6]

Die Analogie dieser Entscheidungsregel mit dem Bernoulli-Prinzip wird dann besonders deutlich, wenn – wie bei Krelle – noch „Pseudowahrscheinlichkeiten" eingeführt werden und Φ als „Erwartungswert" dargestellt wird. Krelle ordnet (wie bei der Laplace-Regel) jedem Zustand die gleiche Wahrscheinlichkeit, also $\frac{1}{n}$ zu. Der damit gebildete Erwartungswert ist bis auf den Faktor $\frac{1}{n}$ mit dem oben definierten Φ identisch. Bei der Entscheidungsmatrix

$$\begin{pmatrix} 5 & 3 & 5 & 3 & 3 & 3 \\ 7 & 1 & 2 & 7 & 7 & 1 \end{pmatrix}$$

wäre der Aktion a_1 der „Erwartungswert"

$$\frac{1}{6} \cdot [4\omega(3) + 2\omega(5)]$$

sowie der Aktion a_2 der „Erwartungswert"

$$\frac{1}{6} \cdot [2\omega(1) + \omega(2) + 3\omega(7)]$$

zuzuordnen.

Die Krelle-Regel scheint aus der Sicht der Theorie die befriedigendste Entscheidungsregel zu sein. Sie gestattet es, jeden Nutzenwert zu berücksichtigen und ihn gemäß dem individuellen Verhalten des Entscheidungsträgers zu transformieren; dadurch wird die Entscheidungsregel außergewöhnlich flexibel. Allerdings bürdet sie dem Entscheidungsträger oder dem sonstigen Anwender eine

[6] Krelle (1968, S. 180–184) fordert durch ein „Informationsaxiom", dass die Scheu vor Ungewissheit größer als die Scheu vor Risiko ist. Hieraus kann er schließen, dass die Kurve der Unsicherheitspräferenzfunktion stärker als die Kurve der Risikopräferenzfunktion gekrümmt sein muss; damit gelingt ihm eine überzeugende Auflösung des so genannten Ellsberg-Paradoxons (Ellsberg, 1961). Dass die Scheu vor Ungewissheit größer als die Scheu vor Risiko ist, wird auch durch eine Reihe von Marktexperimenten belegt (vgl. z. B. Weber, 1989).

doppelte kardinale Messung auf, nämlich die kardinale Messung des Nutzens der Ergebnisse und die kardinale Messung der Unsicherheitspräferenzfunktion.[7]

5.4 Kritische Zusammenfassung

Wie bei anderen modellartigen Darstellungen von Entscheidungssituationen lässt sich auch bei der Ungewissheitssituation einwenden, dass viele Entscheidungssituationen der betrieblichen Praxis nicht von diesem Typus sind, dass die benötigten Daten zu schwierig zu beschaffen sind, dass die Ermittlung des Aktionenraumes A und des Zustandsraumes Z zu aufwändig ist und dass man infolge von Bewertungsproblemen gar nicht bis zur Aufstellung der Nutzenmatrix gelangt, auf die sich die diskutierten Lösungsansätze beziehen.

Sicherlich sind viele Entscheidungssituationen der betrieblichen Praxis nicht von der völligen Ungewissheit geprägt, die in diesem Kapitel unterstellt wurde. Wie in Abschnitt 5.1 dargelegt wurde, kann aber auf die Behandlung von Ungewissheitssituationen nicht verzichtet werden. Das Datenbeschaffungsargument spricht nicht unbedingt gegen die Theorie. Ohne Kenntnis der einschlägigen Daten können zwar in der Praxis Entscheidungen getroffen werden (was fast sogar die Regel ist); eine fundierte Begründung der Entscheidung (die hier in erster Linie interessiert) dürfte jedoch schwer fallen.

Die Diskussion der verschiedenen Lösungskonzepte sollte vor allen Dingen aufzeigen, dass es sogar bei Kenntnis der benötigten Daten keineswegs selbstverständlich ist, was unter einer rationalen Entscheidung oder unter einer optimalen Aktion zu verstehen ist. Im Allgemeinen kann erst dann, wenn zusätzlich zu den Daten, die die Ungewissheitssituation charakterisieren, ein Optimalitätskriterium z. B. in Form einer der angegebenen Entscheidungsregeln präzisiert wird, von einer optimalen Aktion gesprochen werden. Deshalb wurden die mit der Präzisierung eines Optimalitätskriteriums verbundenen Probleme vorrangig behandelt.

Wir sahen, dass sich zur Lösung eines Entscheidungsproblems unter Unsicherheit im Wesentlichen drei Wege anbieten, die sich entweder nur

- auf gleichmäßig beste Aktionen oder
- auf die Gesamtheit aller effizienten Aktionen oder
- auf eine spezielle Entscheidungsregel

stützen. In den vorangehenden Abschnitten wurde deutlich zu machen versucht, dass gegen jeden dieser Lösungswege Einwände vorgebracht werden

---

[7] Ist bei einer Ungewissheitssituation eine gesonderte Nutzenbewertung der Ergebnisse nicht erforderlich, so können die Nutzen- und Unsicherheitspräferenzmessung miteinander verbunden und die (gekoppelte) Unsicherheitspräferenzfunktion unmittelbar auf dem Bereich aller Handlungskonsequenzen definiert werden; in diesem Falle ist lediglich eine einzige kardinale Messung nötig.

können. Da bei der jeweiligen Darstellung bereits kritische Anmerkungen angefügt wurden, erübrigt es sich, hierauf im Detail nochmals einzugehen.

Versucht man, alle oder zumindest einige kritische Einwände dadurch zu vermeiden, dass man vor der Suche nach einem Lösungskonzept zuerst einen Katalog von wünschenswerten Forderungen aufstellt, so ist es fraglich, ob diese Forderungen „unter einen Hut" zu bringen sind; sobald diese Forderungen nicht miteinander zu vereinbaren sind, kann natürlich kein Lösungskonzept existieren, das ihnen gleichzeitig genügt. Kataloge von Forderungen wurden unter anderem von Hurwicz (1951); Savage (1972); Chernoff (1954); Milnor (1954); Luce/Raiffa (1957); Morlat (1960); Kramer (1967) erörtert. Dabei betrafen die Forderungen jeweils Lösungskonzepte, die lediglich die für eine Ungewissheitssituation charakteristischen Daten A, Z und (u_{ij}) benutzen. Krelles Lösungskonzept fällt nicht hierunter, da es neben diesen Daten noch Charakteristika des Entscheidungsträgers (nämlich die Unsicherheitspräferenzfunktion) in Betracht zieht. Die Einbeziehung dieser zusätzlichen Charakteristika, die das Krelle-Konzept so flexibel und unangreifbar macht, führt dazu, dass bei derselben Ungewissheitssituation verschiedene Entscheidungsträger im Allgemeinen zu verschiedenen „optimalen" Aktionen gelangen.

Die in den oben erwähnten Arbeiten untersuchten „objektiven" (und damit unflexibleren) Lösungskonzepte, die nur die Daten A, Z und (u_{ij}) benutzen, können von zweierlei Typus sein:

a) Das Lösungskonzept kann darauf verzichten, eine vollständige Rangordnung zwischen den Aktionen herbeizuführen und sich darauf beschränken, die Aktionen in „optimale" und „nicht optimale" zu unterscheiden (was allerdings auch als eine grobe Rangordnung aufgefasst werden könnte). Ein derartiges Lösungskonzept ist bereits durch die Angabe der Menge A^* aller optimalen Aktionen völlig beschrieben. Als Beispiel sei aufgeführt:

$$A^* = \text{Menge aller effizienten Aktionen.}$$

b) Das Lösungskonzept führt mittels einer Entscheidungsregel eine vollständige Rangordnung zwischen den Aktionen herbei und legt somit auch die Menge der optimalen Aktionen fest. Ein derartiges Lösungskonzept ist also komfortabler als ein Lösungskonzept von Typ a), da es einen differenzierteren Vergleich zwischen den Aktionen zulässt. Beispiele hierfür sind in Abschnitt 5.3 aufgeführt.

Chernoff (1954); Luce/Raiffa (1957) untersuchten Lösungskonzepte vom Typ a) und stellten fest, dass eine Reihe plausibler Forderungen[8], die man an die Zuordnung

$$A \to A^*$$

stellen kann, nicht gleichzeitig erfüllbar sind. Ähnliche Resultate wurden auch bei der Untersuchung der Lösungskonzepte vom Typ b) erzielt. Als Beispiel

---

[8] Details sind z. B. bei Luce/Raiffa (1957, S. 286–297) zu finden.

möge folgendes Ergebnis von Milnor (1954) dienen. Milnor stellte an eine Entscheidungsregel die Forderungen:

Forderung 1: Die Aktionen werden in eine vollständige und transitive Rangordnung gebracht.

Forderung 2: Die Rangordnung ist unabhängig von der Nummerierung der Aktionen und der Zustände.

Forderung 3: Dominiert die Aktion a_k die Aktion a_i strikt, so wird a_k gegenüber a_i präferiert.

Forderung 4: Die Rangordnung zwischen bisher berücksichtigten Aktionen wird durch die Hinzufügung neuer Aktionen nicht verändert.

Forderung 5: Die Rangordnung zwischen den Aktionen wird dadurch nicht geändert, dass in irgendeiner Spalte der Entscheidungsmatrix zu jedem Spaltenelement dieselbe Konstante addiert wird.

Forderung 6: Die Rangordnung zwischen den Aktionen wird durch Verdoppelung[9] einer Spalte der Entscheidungsmatrix nicht verändert.

Die ersten drei Forderungen sind fast selbstverständlich. Die vierte Forderung besagt, dass man die Rangordnung aus Paarvergleichen aufbauen kann, dass also für den Vergleich zweier Aktionen a_i und a_k nur diese beiden Aktionen bzw. ihre zugehörigen Konsequenzen, nicht aber die eventuell noch vorhandenen weiteren Aktionen maßgebend sind;[10] die Savage-Niehans-Regel wird durch diese Forderung eliminiert, da die hypothetischen Nutzeneinbußen die Berücksichtigung aller Aktionen erfordern. Die in Forderung 5 zu jedem Spaltenelement addierte Konstante kann man sich als (positive oder negative) Prämie vorstellen, die vor oder nach der Entscheidung gezahlt wird; da diese Prämie von der gewählten Aktion unabhängig ist, ist es schwer vorstellbar, welchen Effekt sie auf die Rangordnung der Aktionen ausüben sollte. Auch die Forderung 6 ist relativ plausibel, wie bereits im Punkt d) des Abschnitts 5.3 erläutert wurde. Dennoch werden durch die beiden letzten Forderungen die Maximin-Regel, die Hurwicz-Regel und die Laplace-Regel eliminiert. Deshalb ist folgender Satz von Milnor (1954) nicht allzu überraschend:

Satz 5.1: *Es gibt keine Entscheidungsregel, die gleichzeitig die Forderungen 1 bis 6 erfüllt.*

Die ersten fünf Forderungen sind allerdings zu vereinbaren; Milnor (1954) zeigte nämlich:

Satz 5.2: *Die Laplace-Regel ist die einzige Entscheidungsregel, die gleichzeitig die Forderungen 1 bis 5 erfüllt.*

---

[9] Dies bedeutet nicht etwa die Multiplikation einer Spalte mit dem Faktor 2, sondern die Hinzufügung einer weiteren identischen Spalte.

[10] Aus diesem Grunde wird die Forderung 4 auch als Forderung nach der „Unabhängigkeit von irrelevanten Alternativen" bezeichnet.

5.5 Aufgaben

Die nachfolgenden vier Aufgaben dienen der Einübung der in Kapitel 5 behandelten Konzepte. Lösungen zu diesen Aufgaben findet der interessierte Leser im Anhang ab Seite 265. Weitere Übungsaufgaben, darunter zwölf zu Entscheidungen bei Ungewissheit, inklusive ausführlicher Lösungen, können beispielsweise Bamberg et al. (2012) entnommen werden.

Aufgabe 5.1

Eine Unternehmung hat für drei zur Debatte stehende Aktionen folgende Entscheidungsmatrix ermittelt:

	z_1	z_2	z_3
a_1	20	90	30
a_2	50	120	0
a_3	60	30	30

Wie lautet die optimale Aktion, wenn die

a) Wald-Regel

b) Maximax-Regel

c) Hurwicz-Regel (für $\lambda = 0{,}3$)

d) Laplace-Regel

e) Savage-Niehans-Regel

f) Krelle-Regel mit $\omega(u) = -\frac{1}{100}u^2 + 3u$

zu Grunde gelegt wird?

Aufgabe 5.2

Für die Entscheidungsmatrix aus Aufgabe 5.1 bestimme man Wahrscheinlichkeiten p_1, p_2 und p_3 für die Datensituationen z_1, z_2 und z_3, so dass alle Alternativen nach dem μ-Kriterium gleich bewertet werden.

Aufgabe 5.3

Eine Unternehmung stellt aus zwei Rohstoffen zwei Produkte I und II her. Die zur Produktion einer Mengeneinheit der Produkte erforderliche Anzahl von Mengeneinheiten der Rohstoffe ist aus folgender Tabelle zu entnehmen:

	Produkt I	Produkt II
produzierte Menge	x	y
Verbrauch an Rohstoff 1	1	2
Verbrauch an Rohstoff 2	1	6
variable Kosten	160	200
Produktpreis	p	300

Die Fixkosten betragen 15 000 Euro; vom Rohstoff 1 (bzw. 2) sind 1 500 (bzw. 2 100) Mengeneinheiten verfügbar. Der Preis p des Produktes I kann nicht genau kalkuliert werden, sei es durch Einflüsse der Konkurrenz, durch substitutive Güter, durch die Neuheit des Produktes und Ähnlichem. Es ist lediglich sicher, dass p im Intervall [160; 220] liegen wird. Da die Unternehmung infolge dieser Ungewissheit keinen gewinnmaximalen Produktionsplan (x, y) bestimmen kann, sucht sie nach einem Maximin-Produktionsplan. Wie lautet dieser? Welchen Gewinn garantiert er?

✎ Aufgabe 5.4

Ein Unternehmer hat die Möglichkeit, 0, 1, 2, 3 oder 4 Einheiten eines sehr leicht verderblichen Produktes zum Preis von 5 Euro je Einheit zu kaufen. Der Verkaufspreis beträgt 10 Euro je Einheit. Werden die Produkte nicht am selben Tag abgesetzt, so sind sie verdorben. Übernachfrage hat keine negativen Folgen. Nutzen und Gewinn werden gleichgesetzt.

a) Der Unternehmer hat keine weiteren Vorstellungen über die Absatzmöglichkeiten. Wie viele Einheiten wird er kaufen, wenn er sich nach den folgenden Regeln richtet?
   - Wald-Regel
   - Maximax-Regel
   - Hurwicz-Regel mit $\lambda = 0{,}5$
   - Laplace-Regel
   - Savage-Niehans-Regel
   - Krelle-Regel mit $\omega(u) = -\frac{1}{100}u^2 + u$

b) Der Unternehmer möge die Vorstellung haben, dass sich 0, 1, 2, 3, 4 Einheiten mit den Wahrscheinlichkeiten 0,2; 0,3; 0,0; 0,2; 0,3 absetzen lassen. Wie wird er sich nun bei linearem Bernoulli-Nutzen entscheiden? Bitte interpretieren Sie das Ergebnis.

6. Entscheidungen bei variabler Informationsstruktur

Zwischen den bereits behandelten Risikosituationen und den Ungewissheitssituationen sind eine Reihe von Mischformen denkbar. Hier sollen einige Entscheidungssituationen behandelt werden, die insofern Mischformen darstellen als

a) die Wahrscheinlichkeiten selbst unsicher sind oder zur Bildung eines Nutzenerwartungswertes nicht ausreichen,

b) die Möglichkeit in Betracht gezogen wird, das Risiko oder die Ungewissheit durch Informationsbeschaffungsmaßnahmen zu verringern.

Der Fall a) lässt sich in die beiden Unterfälle aufgliedern:

α) Die Wahrscheinlichkeiten lassen zwar die Bildung eines Nutzenerwartungswertes zu, sind jedoch so unsicher, dass sich der Entscheidungsträger nicht voll auf den Nutzenerwartungswert verlassen will.

β) Aus den gegebenen Wahrscheinlichkeitsangaben lässt sich kein Nutzenerwartungswert bilden. Was darunter zu verstehen ist, sei an dem bereits in Abschnitt 4.1 erwähnten Beispiel erläutert:

	z_1	z_2	z_3
a_1	u_{11}	u_{12}	u_{13}
a_2	u_{21}	u_{22}	u_{23}

In dieser Entscheidungssituation sei nur bekannt, dass z_3 mit der Wahrscheinlichkeit 0,4 eintritt und auf $\{z_1, z_2\}$ die Restwahrscheinlichkeit von 0,6 entfällt; diese partielle Information ist zu grob, um den Nutzenerwartungswert von a_1 oder a_2 berechnen zu können (außer in dem Spezialfall $u_{11} = u_{12}$ oder $u_{21} = u_{22}$).

Der Abschnitt 6.1 behandelt Entscheidungsregeln, die auf α) und β) zugeschnitten sind. Einige Probleme, die der Fall b) aufwirft, werden in den restlichen Abschnitten behandelt.

6.1 Entscheidungsregeln; LPI-Modelle

Da es nur auf das Prinzipielle ankommt, genügt es wieder, einen endlichen Zustands- und Aktionenraum und damit folgende Entscheidungsmatrix zu betrachten:

$$U = \begin{pmatrix} u_{11} & \cdots & u_{1n} \\ \vdots & \ddots & \vdots \\ u_{m1} & \cdots & u_{mn} \end{pmatrix}.$$

6.1.1 Entscheidungsregeln bei unzuverlässiger Zustandsverteilung

Liegen dem Entscheidungsträger Wahrscheinlichkeiten $p_1, p_2, \ldots, p_n$ für das Eintreten der relevanten Umfeldzustände vor und erscheinen diese Wahrscheinlichkeiten einerseits noch so zuverlässig, dass eine Ignorierung nicht ratsam ist, aber andererseits so unzuverlässig, dass die alleinige Orientierung am Nutzenerwartungswert ebenfalls nicht ratsam ist, so kommt die **Hodges-Lehmann-Regel**[1] als adäquate Entscheidungsregel in Betracht. Die Hodges-Lehmann-Regel benutzt das Gütemaß

$$\Phi(a_i) = \lambda \cdot \sum_{j=1}^{n} u_{ij} p_j + (1 - \lambda) \cdot \min_j u_{ij}$$

zur Beurteilung der Aktion a_i $(i = 1, \ldots, m)$. Aktionen mit einem größeren Φ-Wert werden gegenüber anderen Aktionen präferiert. Der Parameter λ ist dabei vom Entscheidungsträger selbst zwischen 0 und 1 festzulegen; für jedes λ ergibt sich eine andere Entscheidungsregel. λ wird als Vertrauensparameter bezeichnet, da wachsende λ-Werte einem wachsenden Vertrauen in die als **a-priori-Verteilung** bezeichnete Wahrscheinlichkeitsverteilung $(p_1, p_2, \ldots, p_n)$ entsprechen. Für $\lambda = 0$ beurteilt die Hodges-Lehmann-Regel die verschiedenen Aktionen a_i ausschließlich auf Grund des ungünstigsten Nutzenwertes

$$\min_j u_{ij} .$$

Sie stimmt also in diesem Fall mit der Maximin-Regel überein. Für $\lambda = 1$ beurteilt die Hodges-Lehmann-Regel die verschiedenen Aktionen a_i auf Grund des Nutzenerwartungswertes

$$\sum_{j=1}^{n} u_{ij} p_j .$$

Die Hodges-Lehmann-Regel stimmt also in diesem Fall mit der Bayes-Regel bezüglich der a priori Verteilung $(p_1, \ldots, p_n)$ überein. Nach der Hodges-Lehmann-Regel ist demnach für $\lambda = 0$ jede Maximin-Aktion und für $\lambda = 1$ jede Bayes-Aktion bezüglich der gegebenen a-priori-Verteilung optimal. Man kann also sagen, dass die Hodges-Lehmann-Regel einen Kompromiss zwischen der Maximin-Regel und der Bayes-Regel darstellt. In analoger Weise könnte man sich auch Kompromisse zwischen der Bayes-Regel und den anderen in Kapitel 5 betrachteten Entscheidungsregeln (wie zum Beispiel der Maximax-Regel) vorstellen. Ein weiterer Vorschlag[2] zur Kombination der Maximin-Regel mit der Bayes-Regel stammt ebenfalls von Hodges/Lehmann (1952):

---

[1] Nach Hodges/Lehmann (1952).

[2] Es handelt sich hier um eine Entscheidungsregel unter der Nebenbedingung einer bestimmten Risikogrenze. Risikobegrenzungen spielen für betriebliche Entscheidungen eine bedeutsame Rolle und werden deshalb in der betriebswirtschaftlichen Literatur vielfach als ein charakteristisches Merkmal rationaler Entscheidungsregeln betrachtet.

a) Der Entscheidungsträger gibt sich einen Nutzen u_0 vor, dessen Erreichung durch die auszuwählende Aktion auf jeden Fall gesichert sein muss. Dabei darf der garantierte Nutzen u_0 selbstverständlich nicht größer als

$$\max_i \min_j u_{ij}$$

vorgegeben werden, denn dies ist der höchste Nutzen, der durch eine Aktion (nämlich eine Maximin-Aktion) garantiert werden kann.

b) Unter allen Aktionen, die den Nutzen u_0 garantieren, wird eine Bayes-Aktion bezüglich der a-priori-Verteilung $(p_1, p_2, \ldots, p_n)$ ausgewählt.

Eine so bestimmte Aktion, etwa a_k, besitzt demnach die Eigenschaften:

$$\min_j u_{kj} \geqq u_0$$

$$\text{und} \quad \sum_{j=1}^{n} u_{kj}p_j \geqq \sum_{j=1}^{n} u_{ij}p_j \quad \text{für alle } i \text{, die} \quad \min_j u_{ij} \geqq u_0 \quad \text{erfüllen.}$$

Die Vorgabe von u_0 kann man als Sicherung eines Anspruchsniveaus auffassen. Wird u_0 maximal, also

$$u_0 = \max_i \min_j u_{ij}$$

vorgegeben, so sind nur geeignete Maximin-Aktionen optimal, nämlich diejenigen, die den a-priori-Nutzenerwartungswert maximieren. Wird im anderen Extremfall

$$u_0 \leqq \min_i \min_j u_{ij}$$

vorgegeben, also keine echte Nebenbedingung gefordert, so ist jede Bayes-Aktion bezüglich der a-priori-Verteilung $(p_1, \ldots, p_n)$ optimal.

6.1.2 Entscheidungsregeln bei partieller Information; LPI-Modelle

Zu Beginn des Kapitels wurde die Problematik einer partiellen Information angesprochen und anhand des Zustandsraumes $\{z_1, z_2, z_3\}$ mit der Information

$$P(z_1) + P(z_2) = 0{,}6 \quad \text{und} \quad P(z_3) = 0{,}4$$

verdeutlicht. Eine weitere denkbare partielle Information ist beispielsweise durch

$$P(z_1) \geqq P(z_2) \geqq P(z_3)$$

gegeben. In diesem Fall wäre an Stelle der Zustandsverteilung lediglich bekannt, dass z_1 die größte, z_2 die zweitgrößte und z_3 die geringste Chance auf Realisation besitzt. Eine nahe liegende Möglichkeit zur Ausnutzung partieller Informationen besteht darin, alle mit der partiellen Information verträglichen Zustandsverteilungen angemessen zu berücksichtigen. Genauer gesagt wird der Entscheidungssituation mit partieller Information eine Ungewissheitssituation zugeordnet, indem die Aktionen beibehalten werden, sämtliche mit der partiellen Information verträglichen Zustandsverteilungen $p = (p_1, \ldots, p_n)$ als neue Zustände aufgefasst werden und der Erwartungswert

$$\sum_{j=1}^{n} u_{ij} p_j$$

als Nutzen $g(a_i, p)$ der Aktion a_i und des „Zustands" p betrachtet wird.

Auf diese zugeordnete Ungewissheitssituation können im Prinzip alle Entscheidungsregeln aus Kapitel 5 angewandt werden.

In obigen Beispielen besitzen die zugeordneten Ungewissheitssituationen demnach die Zustandsräume

$$\{(p_1, p_2, p_3) \mid p_1 + p_2 = 0,6;\ p_1 + p_2 + p_3 = 1;\ p_j \geqq 0\} \quad \text{bzw.}$$
$$\{(p_1, p_2, p_3) \mid p_1 \geqq p_2 \geqq p_3;\quad p_1 + p_2 + p_3 = 1;\ p_j \geqq 0\}$$

und jeweils die „Nutzenfunktion"

$$g(a_i, p) = u_{i1} p_1 + u_{i2} p_2 + u_{i3} p_3 \,.$$

Es sind zwar beliebig geartete partielle Informationen denkbar; besonders anwendungsträchtig scheinen jedoch die linearen partiellen Informationen zu sein. Eine **lineare partielle Information** liegt dann vor, wenn alle Kenntnisse über die Zustandswahrscheinlichkeiten durch lineare Gleichungen oder lineare Ungleichungen beschrieben werden können. Die beiden bislang betrachteten partiellen Informationen sind offenbar von diesem Typ.

Die tragfähigste Ausbaustufe aller Modelle mit partieller Information wurde dank der Monografie von Kofler/Menges (1976) bei den **LPI-Modellen** erreicht. Dabei handelt es sich um Modelle mit linearer partieller Information, bei denen in der zugeordneten Ungewissheitssituation das Maximin-Prinzip angewandt wird. Im Folgenden soll über einige wichtige Eigenschaften der LPI-Modelle berichtet werden:

a) Als Erstes kann festgestellt werden, dass die Menge aller mit der linearen partiellen Information verträglichen Zustandsverteilungen p ein Polyeder bildet.

b) Ferner ist eine optimale Aktion a^* eines LPI-Modells definitionsgemäß durch

$$\min_p g(a^*, p) = \max_a \min_p g(a, p)$$

bestimmt, wobei sich die Minimierung jeweils über alle Verteilungen p des Polyeders erstreckt.

c) Da die „Nutzenfunktion" $g(a, p)$ eine lineare Funktion von p ist, wird das Minimum jeweils an einer Ecke des Polyeders erreicht.

d) In dem wichtigen Spezialfall, dass die lineare partielle Information aus einem System von Ungleichungen der Form $p_j \geqq p_k$ besteht, kann das Aufsuchen der Ecken des Polyeders durch den nachfolgenden Satz 6.1 beträchtlich vereinfacht werden.

Für die Satzformulierung ist es zweckmäßig, die lineare partielle Information durch einen gerichteten Grafen darzustellen, dessen Knoten die (ursprünglichen) Zustände $z_1, \ldots, z_n$ sind und bei dem zwei Knoten z_j und z_k genau dann durch einen Pfeil verbunden werden, wenn die Ungleichung $p_j \geqq p_k$ gegeben ist. Die Pfeilspitze zeige jeweils zu dem weniger wahrscheinlichen Zustand (hier also zu z_k). Abbildung 6.1 veranschaulicht diesen Grafen anhand eines Beispiels mit $n = 5$ Zuständen und der linearen partiellen Information

$$p_1 \geqq p_3, \quad p_2 \geqq p_3 \quad \text{und} \quad p_5 \geqq p_4 \,.$$

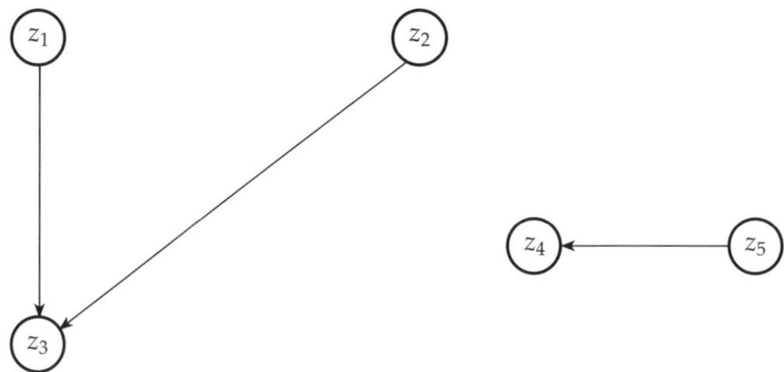

Abb. 6.1: Veranschaulichung einer linearen partiellen Information

Nun benötigen wir noch die Definition eines zulässigen und zusammenhängenden Trägers. Für eine gegebene Zustandsverteilung p werde die Menge aller Zustände, die bei p mit positiver Wahrscheinlichkeit vorkommen, als **Träger** $T(p)$ von p bezeichnet. Ist p mit der linearen partiellen Information verträglich, so heißt $T(p)$ ein **zulässiger Träger**. Im Beispiel der Abbildung 6.1 ist etwa $p = \left(\frac{1}{2}, \frac{1}{2}, 0, 0, 0\right)$ mit der linearen partiellen Information verträglich und $\{z_1, z_2\}$ infolgedessen ein zulässiger Träger. Ein Träger heißt **zusammenhängend**, wenn der von ihm gebildete ungerichtete[3] Teilgraf die Eigenschaft hat, dass je zwei seiner Zustände verbunden sind. Im Beispiel der Abbildung 6.1 sind etwa $\{z_4, z_5\}$, $\{z_1, z_2, z_3\}$, nicht jedoch $\{z_1, z_2\}$ oder $\{z_2, z_4\}$ zusammenhängende Träger. Damit gilt das folgende von Bühler (1975) bewiesene Ergebnis:

Satz 6.1: *In einem LPI-Modell ist eine Zustandsverteilung p genau dann eine Eckpunktverteilung (das heißt eine Ecke des durch die lineare partielle Information bestimmten Polyeders), wenn*

a) der Träger $T(p)$ zulässig und zusammenhängend ist und

b) p eine Gleichverteilung auf dem Träger $T(p)$ darstellt.

Wir wollen diesen Satz auf das Beispiel der Abbildung 6.1 anwenden. Die zulässigen und zusammenhängenden Träger findet man am schnellsten, wenn man von den Zuständen, in die Pfeile münden, ausgeht. Gehört z_3 zu einem Träger, so kann dieser wegen $p_1 \geqq p_3$ und $p_2 \geqq p_3$ nur dann zulässig sein, wenn auch z_1 und z_2 ebenfalls dazugehören. Muss dieser Träger auch noch

[3] Das heißt, die Pfeilspitzen werden als irrelevant erachtet.

zusammenhängend sein, so darf keiner der Zustände z_4 oder z_5 dazugehören. Mit solchen Überlegungen erkennt man rasch, dass

$$\{z_1\}, \quad \{z_2\}, \quad \{z_5\}, \quad \{z_4, z_5\} \quad \text{und} \quad \{z_1, z_2, z_3\}$$

eine vollständige Liste zulässiger und zusammenhängender Träger ist. Demnach gibt es bei der linearen partiellen Information der Abbildung 6.1 genau 5 Eckpunktverteilungen p, die, als Spaltenvektoren geschrieben, lauten:

$$\begin{pmatrix}1\\0\\0\\0\\0\end{pmatrix}, \quad \begin{pmatrix}0\\1\\0\\0\\0\end{pmatrix}, \quad \begin{pmatrix}0\\0\\0\\0\\1\end{pmatrix}, \quad \begin{pmatrix}0\\0\\0\\\frac{1}{2}\\\frac{1}{2}\end{pmatrix} \quad \text{und} \quad \begin{pmatrix}\frac{1}{3}\\\frac{1}{3}\\\frac{1}{3}\\0\\0\end{pmatrix}.$$

Für die Berechnung einer optimalen Aktion sind jeweils nur diese 5 Eckpunktverteilungen durchzumustern (vgl. Aufgabe 6.2). Im obigen Beispiel der linearen partiellen Information $p_1 \geqq p_2 \geqq p_3$ liefert Satz 6.1 übrigens die drei Eckpunktverteilungen

$$\begin{pmatrix}1\\0\\0\end{pmatrix}, \quad \begin{pmatrix}\frac{1}{2}\\\frac{1}{2}\\0\end{pmatrix} \quad \text{und} \quad \begin{pmatrix}\frac{1}{3}\\\frac{1}{3}\\\frac{1}{3}\end{pmatrix}.$$

6.2 Informationsbeschaffungsaktionen bei vollkommenen Informationssystemen

Im Abschnitt 2.2 wurden Informationssysteme behandelt und in Bezug auf die unterschiedlichen Möglichkeiten klassifiziert, die sich für einen Rückschluss von den Nachrichten $y_1, y_2, \ldots$ auf den wahren Umfeldzustand $z \in Z$ ergeben. Die bisher außer Acht gelassenen Kosten der Informationsbeschaffung sollen nun explizit berücksichtigt werden. Wir beginnen die Diskussion mit dem einfachsten Fall, nämlich mit dem vollkommenen Informationssystem.

Ein vollkommenes Informationssystem ist dadurch charakterisiert, dass aus einer empfangenen Nachricht mit Sicherheit auf den wahren Zustand geschlossen werden kann. Solche Nachrichten können etwa aus

- Gutachten von Experten,
- Spionage bei der Konkurrenz,
- statistischen Totalerhebungen aller potenziellen Kunden eines Produktes,
- Datenbankabfragen

resultieren. Wegen des sicheren Rückschlusses sind alle Informationsbeschaffungsaktionen gleichermaßen wirkungsvoll, so dass auf jeden Fall nur die (oder eine) kostengünstigste in Betracht gezogen werden sollte.[4] Wir wollen für diese Informationsbeschaffungsaktion das Symbol a_0 verwenden. Nicht so trivial wie der Vergleich der verschiedenen Informationsbeschaffungsaktionen ist die Entscheidung darüber, ob überhaupt Informationen beschafft werden sollen oder nicht, das heißt, ob a_0 ergriffen oder auf a_0 verzichtet werden soll.

Betrachten wir der Anschaulichkeit halber ein kleines nummerisches Beispiel, bei dem wir von der folgenden Ungewissheitssituation ausgehen:

	z_1	z_2	z_3
a_1	10 000	20 000	40 000
a_2	20 000	25 000	20 000
a_3	5 000	40 000	10 000

Die Handlungskonsequenzen sind in Euro angegeben. Man sieht z. B., dass keine gleichmäßig beste Aktion existiert und dass a_2 eine Maximin-Aktion ist; allerdings besteht bei Einsatz von a_2 keine Chance, an die begehrten 40 000 Euro heranzukommen.

Nun stehe zusätzlich eine (vollkommene Information liefernde) Informationsbeschaffungsfunktion a_0 zur Debatte, deren Einsatz Kosten in Höhe von 5 000 Euro verursache. Bei Einsatz von a_0 und der jeweils (bezüglich des dann bekannten wahren z) optimalen Aktion a erhält man

	z_1	z_2	z_3
Ergebnis abzgl. 5 000	20 000 − 5 000 = 15 000	40 000 − 5 000 = 35 000	40 000 − 5 000 = 35 000

Interpretiert man diese Werte als Handlungskonsequenzen von a_0, so ist die Ungewissheitssituation mit $A = \{a_1, a_2, a_3\}$ zusammen mit ihrem vollkommenen Informationssystem in die Ungewissheitssituation mit $A = \{a_0, a_1, a_2, a_3\}$ übergegangen:

	z_1	z_2	z_3
a_0	15 000	35 000	35 000
a_1	10 000	20 000	40 000
a_2	20 000	25 000	20 000
a_3	5 000	40 000	10 000

Ohne Zuhilfenahme einer Entscheidungsregel sind alle vier Aktionen noch unvergleichbar. Dieses Ergebnis steht in einem gewissen Widerspruch zu dem, was durch die Bezeichnung „vollkommenes Informationssystem" suggeriert wird. Vermutlich wird jemand, der von jeglicher Theorie unbelastet ist, die Neigung verspüren, für den Einsatz von a_0 zu plädieren. Als Begründung bietet sich die Argumentation an: Die 5 000 Euro für die Informationsbeschaffung sind gut angelegt in Anbetracht der Tatsache, dass bei völliger Ungewissheit Ergebnisschwankungen von 5 000 bis 40 000 Euro möglich sind.

---

4 Falls die Kosten der Informationsbeschaffung vom wahren Zustand abhängen, kann es vorkommen, dass keine (gleichmäßig) kostengünstigste Informationsbeschaffungsaktion existiert. Wir wollen deshalb unterstellen, dass – wie es meist in der Praxis der Fall ist – die Kosten nicht vom wahren Umfeldzustand abhängen.

Diese intuitiv nahe liegende Argumentation ist jedoch nicht so leicht rational zu begründen; denn es ist immerhin denkbar, dass a_0 die Information liefert, dass z_1 der wahre Zustand ist. Diese Kenntnis erbringt aber nur ein (Netto-)Ergebnis von 15 000 Euro, wohingegen ohne Informationsbeschaffung 20 000 Euro mit Sicherheit erzielt werden können (durch Einsatz von a_2). Die intuitive Argumentation steckt also implizit in das Entscheidungsproblem die Annahme hinein, dass z_1 nur mit kleiner Wahrscheinlichkeit der wahre Umfeldzustand sein wird. Damit verwendet man allerdings eine Entscheidungsregel in rudimentärer Form, nämlich die Bayes-Regel. Halten wir also als Ergebnis fest, dass infolge der Kosten, die der Einsatz des Informationssystems verursacht, ein Entscheidungsproblem unter Ungewissheit selbst dann nicht ohne Verwendung einer zusätzlichen Entscheidungsregel gelöst werden kann, wenn man auf ein vollkommenes Informationssystem zurückgreifen kann. Unter Zuhilfenahme einer Entscheidungsregel ist die Entscheidungssituation natürlich einfach zu lösen. Bezüglich der Maximin-Regel ist es optimal, auf eine Informationsbeschaffung zu verzichten und die Aktion a_2 zu wählen. Sprechen irgendwelche Gründe beispielsweise für die Zugrundelegung der a-priori-Verteilung

$$P(z_1) = \tfrac{1}{10}, \quad P(z_2) = \tfrac{4}{10} \quad \text{und} \quad P(z_3) = \tfrac{5}{10},$$

so schreibt die Bayes-Regel vor, die Informationsbeschaffungsaktion a_0 einzusetzen. Denn a_0 ist mit dem Erwartungswert 33 000, die anderen Aktionen sind aber nur mit den Erwartungswerten 29 000, 22 000 bzw. 21 500 verknüpft.

Bei Zugrundelegung einer a-priori-Verteilung $(p_1, \ldots, p_n)$ kann man den **erwarteten Wert der vollkommenen Information** (*EWVI*) einführen. Dieser ist[5] definiert als Differenz des Ergebniserwartungswertes

$$\sum_{j=1}^{n} p_j \max_i u_{ij} ,$$

der bei vollkommener Information (und jeweils nachfolgendem Einsatz der optimalen Aktion) entstehen würde und des Ergebniserwartungswertes

$$\max_i \sum_{j=1}^{n} p_j u_{ij} ,$$

der bei Einsatz einer Bayes-Aktion entsteht. Es ist also

$$EWVI = \sum_{j=1}^{n} p_j \max_i u_{ij} - \max_i \sum_{j=1}^{n} p_j u_{ij} .$$

---

5 im Falle der Gleichheit von Nutzen- und Geldeinheit, das heißt bei $u(x) = x$; bei nichtlinearem u tritt an die Stelle der hier gegebenen Definition eine komplizierte, implizite Definition. Vgl. z. B. Bitz/Wenzel (1974); Bamberg et al. (1976).

Wir wollen nun den erwarteten Wert der vollkommenen Information[6] für unser obiges Beispiel berechnen: Das Ergebnis, das bei vollkommener Information zu erwarten wäre, ist

$$\tfrac{1}{10} \cdot 20\,000 + \tfrac{4}{10} \cdot 40\,000 + \tfrac{5}{10} \cdot 40\,000 = 38\,000\,.$$

Die Aktion a_1 ist eine Bayes-Aktion bezüglich der gegebenen a-priori-Verteilung; der Ergebniserwartungswert dieser Bayes-Aktion a_1 ist, wie bereits erwähnt,

$$\tfrac{1}{10} \cdot 10\,000 + \tfrac{4}{10} \cdot 20\,000 + \tfrac{5}{10} \cdot 40\,000 = 29\,000\,.$$

Demnach gilt für unser Beispiel

$$EWVI = 38\,000 - 29\,000 = 9\,000\,.$$

Eine zweite Möglichkeit zur Berechnung des *EWVI* sei noch kurz erwähnt. Auf Grund der Definition des *EWVI* ergibt sich

$$\begin{aligned} EWVI &= \min_i \Big(\sum_j p_j \max_k u_{kj} - \sum_j p_j u_{ij} \Big) = \min_i \sum_j p_j \Big(\max_k u_{kj} - u_{ij} \Big) \\ &= \min_i \sum_j p_j s_{ij}\,, \end{aligned}$$

wobei s_{ij} die uns bereits aus Abschnitt 2.4 bekannten Opportunitätskosten sind. Die zweite Berechnungsmöglichkeit besteht also darin, die Opportunitätskostenmatrix aufzustellen und den *EWVI* als die erwarteten Opportunitätskosten einer Bayes-Aktion zu berechnen. In unserem Beispiel lautet die Opportunitätskostenmatrix

$$\begin{pmatrix} 10\,000 & 20\,000 & 0 \\ 0 & 15\,000 & 20\,000 \\ 15\,000 & 0 & 30\,000 \end{pmatrix}.$$

Die bei den Aktionen a_1, a_2, a_3 zu erwartenden Opportunitätskosten sind 9 000, 16 000 und 16 500. Das Minimum ist 9 000, also ergibt sich auch hier $EWVI = 9\,000$. Dieser Betrag von 9 000 Euro gibt den Preis an, den der Entscheidungsträger für die Gewinnung vollkommener Information höchstens bezahlen sollte. Der Vergleich des *EWVI* mit den Informationskosten ist demnach ein Indiz dafür, ob die Informationsbeschaffungsaktion a_0 eingesetzt werden soll.

Da in unserem Beispiel die Kosten der vollkommenen Information nur 5 000 Euro betragen, kann man aus dem Wert von *EWVI* ersehen, dass a_0 eingesetzt werden muss; dies ist ein erster Grund für die Einführung des erwarteten Wertes der vollkommenen Information. Ein weiterer Grund besteht darin, dass sich zeigen lässt (und auch intuitiv klar ist), dass der erwartete Wert der vollkommenen Information eine obere Schranke für den wesentlich komplizierter

[6] Im amerikanischen Schrifttum wird dieser Wert meist mit EVPI (expected value of perfect information) abgekürzt; vgl. z. B. Raiffa/Schlaifer (2000).

zu berechnenden erwarteten Wert einer unvollkommenen Information darstellt (vgl. Abschnitt 6.4). Erkennt man also in einer Entscheidungssituation, in der nur unvollkommene Information beschafft werden kann, dass die Kosten der unvollkommenen Information bereits den erwarteten Wert der vollkommenen Information übersteigen, so weiß man sicher, dass auf die Informationsbeschaffung verzichtet werden muss.

6.3 Informationsbeschaffungsaktionen bei unvollkommenen Informationssystemen; Information durch Stichproben

Für viele Entscheidungssituationen bestehen die relevanten Zustände aus den möglichen Werten eines Parameters. Können nur (oder in erster Linie) empirische Untersuchungen einen Aufschluss über den wahren Parameterwert erbringen, so dürfte eine vollkommene Information nur selten zu vertretbaren Kosten zu beschaffen sein. Vielmehr muss sich die Informationsbeschaffung aus Zeit- oder Kostengründen oder auch prinzipiellen Gründen oft auf Stichproben beschränken. Einige Beispiele mögen dies verdeutlichen:

- Bei empirischen Marktuntersuchungen interessieren beispielsweise die Absatzchancen eines Produktes, der Vergleich der Absatzchancen mehrerer Produkte, die Wirkung alternativer Verpackungen, alternativer Preise usw. Vollkommene Informationen können (ideale Interview-Technik vorausgesetzt) nur Totalerhebungen unter allen potenziellen Kunden erbringen; in der Praxis beschränkt man sich auf die Befragung von n Personen (n Geschäften, n Betrieben usw.), man erhebt also eine Stichprobe vom Umfang n.
- Für die Entscheidung über die Modalitäten der Garantieerklärung eines neu entwickelten Produktes, etwa eines Elektronenblitzgerätes, interessiert den Hersteller natürlich die mittlere Lebensdauer L des Gerätes. Da die gesamte (auch zukünftige) Produktion die Grundgesamtheit darstellt, kann der Parameter L aus prinzipiellen Gründen nicht exakt ermittelt, sondern nur auf Grund einer Stichprobe geschätzt werden.
- Ähnliches gilt für Produktionsentscheidungen, die ein neu entwickeltes pharmazeutisches Präparat betreffen: Informationen über die Wirksamkeit des neuen Präparates im Vergleich zur Wirksamkeit marktüblicher Präparate können nur auf Stichprobenbasis gewonnen werden.

Bei Informationen durch Stichproben stellen die Stichprobenrealisationen die verschiedenen Nachrichten dar, die der Entscheidungsträger erhalten kann. Wir wollen den Stichprobenumfang mit n, die Stichprobenrealisation mit

$$x = (x_1, x_2, \ldots, x_n)$$

und die Stichprobenvariable mit

$$X = (X_1, X_2, \ldots, X_n)$$

bezeichnen; X ist also eine n-dimensionale Zufallsvariable und x ein n-dimensionaler Vektor.[7] Die Menge der Stichprobenrealisationen bildet den Stichprobenraum, der mit $\mathfrak{X}$ bezeichnet werde; $\mathfrak{X}$ ist somit die Menge aller potenziellen Informationen über den wahren Umfeldzustand.

Erinnern wir uns nun an die Vorgehensweise aus Abschnitt 6.2. Dort wurden alle Informationsbeschaffungsaktionen bis auf eine kostengünstigste (nämlich a_0) von vornherein ausgeschlossen; das mit a_0 verbundene Nettoergebnis konnte als Differenz des zur optimalen Aktion gehörenden Ergebnisses und der Informationskosten ermittelt werden. Auf Grund dieses Nettoergebnisses konnte a_0 (unter eventueller Zuhilfenahme einer Entscheidungsregel) mit den anderen Aktionen $a \in A$ verglichen werden.

Diese Vorgehensweise lässt sich aus mehreren Gründen nicht übertragen. Zunächst kann man sich nicht auf eine kostengünstigste Stichprobe beschränken; die kostengünstigste Stichprobe hätte den Umfang null, stellt überhaupt keine echte Stichprobe dar und bringt keinerlei Information. Da die Kosten mit dem Stichprobenumfang wachsen, bedeutet eine Kostenerhöhung (-verringerung) im Allgemeinen einen Präzisionsgewinn (-verlust) beim Rückschluss von der Stichprobe auf das wahre $z \in Z$.

Weiterhin ist im Gegensatz zum vollkommenen Informationssystem auch nach Erhalt der Nachricht, also nach Kenntnis der Stichprobenrealisation x, der wahre Zustand immer noch nicht bekannt, so dass auch die bezüglich des wahren Zustandes optimale Aktion noch unbekannt ist. Mithin kann das mit einer Stichprobe verbundene Nettoergebnis nicht ermittelt und ein Vergleich mit den Aktionen $a \in A$ nicht durchgeführt werden. Deshalb geht man in der von Wald (1950) entwickelten statistischen Entscheidungstheorie[8] folgendermaßen vor:

a) Man führt **Strategien** oder, wie man auch sagt, **statistische Entscheidungsfunktionen** δ ein. Dabei ist eine statistische Entscheidungsfunktion δ eine Vorschrift, die für jede Stichprobenrealisation $x \in \mathfrak{X}$ eine Aktion $\delta(x) \in A$ festlegt; δ ist also eine auf $\mathfrak{X}$ definierte Abbildung:
$$\delta : \mathfrak{X} \to A \, .$$

b) Die Beurteilung der verschiedenen statistischen Entscheidungsfunktionen erfolgt durch die Risikofunktion. Zur Berechnung der Risikofunktion werden drei Daten, nämlich die Schadensfunktion, die Stichprobenkostenfunktion und die Likelihoodfunktion benötigt:

   α) Die **Schadensfunktion** s ist eine auf dem kartesischen Produkt $Z \times A$ (der entscheidungstheoretischen Konvention gemäß wäre eigentlich $A \times Z$ passender) definierte Funktion
$$s : Z \times A \to \mathbb{R} \, ,$$

[7] Da die Anzahl der relevanten Umfeldzustände (die bisher mit n bezeichnet wurde) in diesem Abschnitt nicht explizit benötigt wird, ist das Symbol n, wie es in der Stichprobentheorie Tradition ist, für den Stichprobenumfang benutzt worden. Ebenfalls aus Traditionsgründen werden die Stichprobenrealisationen mit x und nicht mit dem in Abschnitt 2.2 für Nachrichten vorgesehenen Symbol y bezeichnet.

[8] Einführende Texte sind etwa Chernoff/Moses (1959); Bamberg (1972); mathematisch anspruchsvollere Texte sind etwa Wald (1950); DeGroot (1970); Berger (1985).

die die Handlungskonsequenzen, ausgedrückt in Schadenseinheiten, wiedergibt. $s(z, a)$ ist also der Schaden, der bei Durchführung der Aktion a entsteht, wenn z der wahre Zustand ist.

β) Die **Stichprobenkostenfunktion** c ist eine auf dem Stichprobenraum $\mathfrak{X}$ definierte Funktion

$$c : \mathfrak{X} \to \mathbb{R} ;$$

$c(x_1, x_2, \ldots, x_n)$ gibt die Kosten an, die bei Durchführung der Stichprobe und Beobachtung der Stichprobenrealisation $(x_1, x_2, \ldots, x_n)$ entstehen. Der wichtigste Spezialfall ist die lineare Stichprobenkostenfunktion

$$c(x_1, x_2, \ldots, x_n) = c(n) = c_0 + nc_1 ,$$

die vom Stichprobenumfang n (linear) abhängig, aber von der speziellen Stichprobenrealisation unabhängig ist.

γ) Durch den wahren Umfeldzustand z ist die Wahrscheinlichkeitsverteilung über dem Stichprobenraum $\mathfrak{X}$ festgelegt. Diese Wahrscheinlichkeitsverteilung wird meist durch ihre Wahrscheinlichkeitsfunktion bzw. Wahrscheinlichkeitsdichte

$$f(x|z)$$

charakterisiert; man bezeichnet $f(x|z)$ als **Likelihoodfunktion**.

Verwendet man eine statistische Entscheidungsfunktion δ, so ist die von δ festzulegende Aktion $\delta(X)$ noch eine Zufallsvariable, da die Stichprobenvariable X eine (gemäß der Likelihoodfunktion $f(x|z)$ verteilte) Zufallsvariable ist. Infolgedessen ist auch der bei Einsatz von δ entstehende Schaden noch eine (von z abhängende) Zufallsvariable, nämlich

$$s(z, \delta(X)) .$$

Addiert man hierzu die bei Einsatz von δ entstehenden Stichprobenkosten

$$c(X) ,$$

die im allgemeinen Fall ebenfalls noch eine Zufallsvariable darstellen, so erhält man als Summe die Zufallsvariable

$$s(z, \delta(X)) + c(X) .$$

Es ist klar, dass δ so gewählt werden sollte, dass diese Summe aus entstehenden Schäden und Kosten möglichst klein ausfällt. Da der Größenvergleich von Zufallsvariablen nicht ohne Weiteres möglich ist, geht man in der statistischen Entscheidungstheorie (unter Berufung auf das Bernoulli-Prinzip) zum Erwartungswert dieser Zufallsvariablen über. Der Erwartungswert[9]

$$r(z, \delta) = \mathrm{E}_z[s(z, \delta(X)) + c(X)]$$

ist bei festem δ eine Funktion von z und heißt **Risikofunktion** der statistischen Entscheidungsfunktion δ. Im wichtigen Spezialfall eines fest vorgegebenen Stichprobenumfanges n und einer nur von n abhängigen Funktion c

[9] Der Index z bei E_z besagt, dass der Erwartungswert bezüglich der durch z bestimmten Wahrscheinlichkeitsverteilung, also bezüglich der Likelihoodfunktion $f(x|z)$, zu bilden ist.

kann der Summand $c(X)$ weggelassen werden, da er bei jedem δ denselben Beitrag liefert; man kann dann vereinfachend von der Risikofunktion

$$r(z, \delta) = \mathrm{E}_z s(z, \delta(X))$$

ausgehen.

c) Es stellt sich nun die Frage, welche statistische Entscheidungsfunktion auszuwählen ist und was gegenüber der ursprünglich gegebenen Ungewissheitssituation gewonnen wurde. Die ursprünglich gegebene Ungewissheitssituation konnte durch den Zustandsraum Z, den Aktionenraum A und die Schadensfunktion s, also kurz durch das Tripel

$$(Z, A, s)$$

charakterisiert werden. Fasst man zweckmäßigerweise die zur Debatte stehenden statistischen Entscheidungsfunktionen zu dem so genannten Strategienraum Δ zusammen, so erkennt man, dass die Einbeziehung der Stichprobeninformationen zu einer Ungewissheitssituation geführt hat, die durch das Tripel

$$(Z, \Delta, r)$$

charakterisiert werden kann. Rein formal ist insofern noch nichts gewonnen, als die gegebene Entscheidungssituation in eine Entscheidungssituation vom gleichen Typus überführt wurde. Allerdings ist durch den Übergang von A zu Δ für den Entscheidungsträger das Arsenal an Alternativen beträchtlich vergrößert worden, denn die Aktionen $a \in A$ entsprechen ganz speziellen Strategien.[10] Infolge dieser Vermehrung der Alternativen ist die Chance, bezüglich der benutzten Entscheidungsregel eine „vernünftige" Alternative zu finden, weitaus größer als bei der ursprünglich gegebenen Ungewissheitssituation.

Die Festlegung einer Entscheidungsregel ist – wie auch bei den vollkommenen Informationssystemen in Abschnitt 6.2 – im Allgemeinen unumgänglich. Legt man die Minimax-Regel fest, so heißen die optimalen Strategien Minimax-Strategien oder Minimax-Entscheidungsfunktionen; bei der Bayes-Regel bezeichnet man sie entsprechend als Bayes-Strategien.

---

[10] Bei festem Stichprobenumfang kann man sich, wie oben erwähnt, auf die Risikofunktion

$$r(z, \delta) = \mathrm{E}_z s(z, \delta(X))$$

beschränken. Die Aktionen $a \in A$ sind in Form der konstanten (von der Stichprobeninformation keinerlei Notiz nehmenden) Strategien:

$$\delta_a(x) = a \quad \text{für jedes} \quad x \in \mathfrak{X}$$

in Δ enthalten, denn wegen $r(z, \delta_a) = s(z, a)$ können δ_a und a ohne Weiteres identifiziert werden. Bei variablem Stichprobenumfang kann ohnehin $n = 0$ gewählt werden, so dass die Aktionen in natürlicher Weise als spezielle Strategien aufgefasst werden können.

Die Bayes-Regel hat eine relativ große Resonanz gefunden. Wie die im nächsten Abschnitt exemplarisch zitierte Literatur dokumentiert, wurde ihr Einsatz für zahlreiche betriebswirtschaftliche Problembereiche vorgeschlagen. Es ist deshalb sinnvoll, ihr einen eigenen Abschnitt zu widmen.

6.4 Bayes-Analyse

Wie in Abschnitt 6.1 bereits erwähnt, bedingt die Anwendung der Bayes-Regel die Kenntnis einer a-priori-Verteilung über dem Zustandsraum Z. Die a-priori-Verteilung kann die rein subjektive Einschätzung des Entscheidungsträgers repräsentieren, sie kann aber auch frühere Erfahrungen oder das Urteil von Experten wiedergeben. Wir wollen die a-priori-Verteilung nun mit φ bezeichnen.

Eine Strategie δ^* ist eine **Bayes-Strategie in Δ bezüglich der a-priori-Verteilung φ**, wenn δ^* den Risikoerwartungswert[11]

$$\mathrm{E}_{\varphi} r(z, \delta)$$

unter allen $\delta \in \Delta$ minimiert.

Die direkte Lösung dieses Minimierungsproblems kann ziemlich aufwändig sein, da zuerst alle Strategien $\delta \in \Delta$ aufgestellt, dann alle Risikofunktionen und alle Risikoerwartungswerte berechnet werden müssen, um schließlich den minimalen Risikoerwartungswert und δ^* ermitteln zu können. Es existiert jedoch ein günstigerer Weg, der im Folgenden für den Fall eines festen Stichprobenumfangs erläutert werden soll:[12]

a) Zur Stichprobenrealisation x wird die (durch φ und x bestimmte) a-posteriori-Verteilung ψ gebildet.

b) Eine Aktion $a^* \in A$ wird ermittelt, die den a-posteriori-Schadenserwartungswert

$$\mathrm{E}_{\psi} s(z, a)$$

minimiert.

c) Setzt man $\delta^*(x) = a^*$ und führt man a) und b) für jede Stichprobenrealisation $x \in \mathfrak{X}$ durch, so ergibt sich insgesamt eine Bayes-Strategie.

Dieser Weg ist insbesondere dann vorteilhaft, wenn man keine „komplette" Bayes-Strategie δ^* benötigt, sondern die Stichprobenrealisation x bereits kennt und nur für dieses eine x die Aktion $\delta^*(x)$ wissen will; man braucht nach dem

---

11 Der wahre Umfeldzustand z ist durch die Annahme einer a-priori-Verteilung φ in den logischen Zustand einer Zufallsvariablen versetzt. Für diese verwenden wir weiterhin das Symbol z, insbesondere weil Z bereits für den Zustandsraum vergeben ist). Mit z ist auch $r(z, \delta)$ als Zufallsvariable aufzufassen und die Erwartungswertbildung sinnvoll.

12 Die mathematische Begründung läuft im Wesentlichen auf die Vertauschung der Reihenfolge zweier Integrationen hinaus; vgl. z. B. Bamberg (1972, S. 102–103).

oben Ausgeführten nur diejenige Aktion (oder eine derjenigen Aktionen) zu ermitteln, die den a posteriori zu erwartenden Schaden minimiert.

Einige weitere Ausführungen zu den Schritten a) und b) erscheinen angebracht: Bei endlichem (oder diskretem) Zustandsraum Z wird φ durch eine Wahrscheinlichkeitsfunktion und bei kontinuierlichem Z im Allgemeinen durch eine Wahrscheinlichkeitsdichte beschrieben. Um Symbole zu sparen, wollen wir die zu φ gehörende Wahrscheinlichkeitsfunktion oder Wahrscheinlichkeitsdichte ebenfalls mit φ bezeichnen; dasselbe gelte für die a-posteriori-Verteilung ψ. Missverständnisse dürften hierdurch kaum zu befürchten sein. Die a-posteriori-Verteilung wird mittels des bekannten bayesschen Theorems berechnet, bei diskretem Z also gemäß

$$\psi(z|x) = \frac{f(x|z)\varphi(z)}{\sum\limits_{z \in Z} f(x|z)\varphi(z)}$$

und bei kontinuierlichem Z gemäß

$$\psi(z|x) = \frac{f(x|z)\varphi(z)}{\int\limits_Z f(x|z)\varphi(z)\,\mathrm{d}z} .$$

Man sieht, dass die a-posteriori-Verteilung – abgesehen vom Nenner – durch das Produkt $f(x|z)\varphi(z)$ aus Likelihood-Funktion und a-priori-Verteilung bestimmt ist. Da der Nenner nur von x aber nicht von z abhängt, braucht er bei der Minimierung des Schrittes b) nicht berücksichtigt zu werden. Es genügt demnach, statt des a-posteriori-Schadenserwartungswertes $\mathrm{E}_\psi s(z,a)$ bei diskretem Zustandsraum Z die Summe

$$\sum_{z \in Z} s(z,a) f(x|z)\varphi(z)$$

und bei kontinuierlichem Zustandsraum Z das Integral

$$\int\limits_Z s(z,a) f(x|z)\varphi(z)\,\mathrm{d}z$$

bezüglich a zu minimieren. Der besseren Übersichtlichkeit halber verdeutlicht Abbildung 6.2 die Vorgehensweise der Bayes-Analyse schematisch: Aus der a-priori-Verteilung φ wird unter Berücksichtigung der Stichprobenrealisation x eine „verbesserte" Wahrscheinlichkeitsverteilung ψ gewonnen. Dabei wird die ursprünglich durch (Z, A, s) und φ gegebene Risikosituation in die durch (Z, A, s) und ψ gegebene Risikosituation überführt. Es ist intuitiv einsichtig, dass die letztere Risikosituation eine Verbesserung darstellt, da alle verfügbaren Informationen geeignet verwertet werden; infolge dieser Kombination der verfügbaren Information braucht sich der Entscheidungsträger weder voll auf die a-priori-Verteilung φ noch voll auf die Stichprobenrealisation x zu verlassen.

Betrachten wir als Beispiel die übliche Entscheidungssituation eines Wirtschaftsprüfers. Als Aktionen kommen etwa die Erteilung eines uneinge-

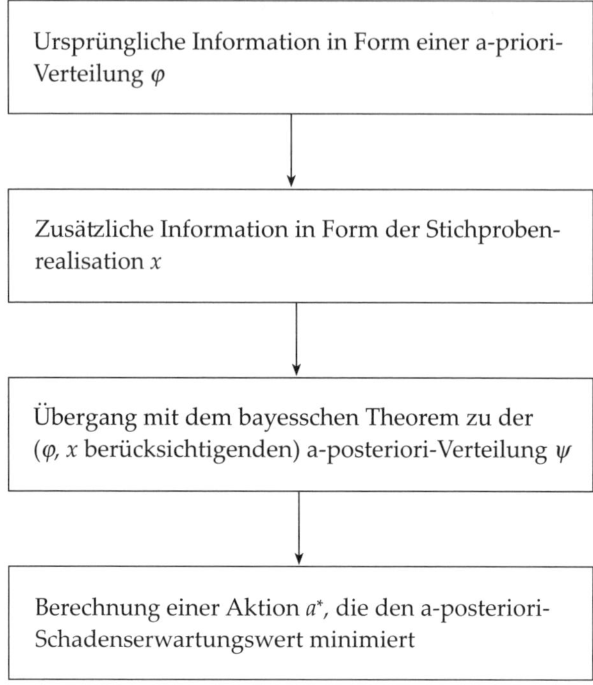

Abb. 6.2: Schematischer Ablauf der Bayes-Analyse

schränkten Bestätigungsvermerks, die Erteilung eines eingeschränkten Bestätigungsvermerks oder die Versagung eines Bestätigungsvermerks in Betracht; A wäre demnach dreielementig. Vereinfachend wollen wir die möglichen Werte z für den unbekannten Anteil der inkorrekten Belege als relevante Zustände annehmen; der Zustandsraum Z ist dann kontinuierlich[13] und stimmt mit dem Intervall $[0; 1]$ überein. Eine Totalerhebung, das heißt die Prüfung aller Belege, bringt natürlich eine vollkommene Information über z, ist jedoch im Allgemeinen mit einem enormen Arbeitsaufwand verbunden. Deshalb werden in zunehmendem Maße die Anwendungsmöglichkeiten von Stichprobenverfahren diskutiert.[14] Es liegt nahe, neben den klassischen (nur die Stichprobenrealisation berücksichtigenden) statistischen Verfahren auch bayessche Methoden zu berücksichtigen. Denn der Wirtschaftsprüfer besitzt stets gewisse Vorinformationen über die zu prüfende Unternehmung, seien dies Erfahrungen aus früheren Prüfungen, Kenntnisse des branchenüblichen Verhaltens, Kenntnisse über die leitenden Personen der Unternehmung sowie über die Qualität des internen Kontrollsystems usw. Kann der Wirtschaftsprüfer diese Vorinformation zu einer a-priori-Verteilung konkretisieren und ist er weiterhin in der Lage, die

[13] Streng genommen sind bei endlich vielen Belegen nur endlich viele Anteilswerte möglich; bei 10 000 Belegen kommen nur 10 001 Werte in Betracht. Es ist jedoch rechentechnisch einfacher und hinreichend genau, den diskreten Zustandsraum durch den idealisierten kontinuierlichen zu ersetzen.

[14] Vgl. z. B. Elmendorff (1963); König (1965); Schulte (1970); von Wysocki (1988).

Konsequenzen von Fehlentscheidungen in Form einer Schadensfunktion s zu präzisieren, so lässt sich die in diesem Abschnitt geschilderte Bayes-Analyse anwenden.

Mit bayesschen Methoden in der Wirtschaftsprüfung beschäftigen sich unter anderem Sorensen (1969); Tracy (1969); Coreless (1972). Mit bayesschen Methoden im Marketingbereich beschäftigen sich unter anderem Sabel (1971); Topritzhofer (1972); Jolson/Hise (1973). Auch in der statistischen Qualitätskontrolle sowie in der Investitionstheorie (Jammernegg, 1988) werden zunehmend bayessche Methoden angewandt.

In Abschnitt 6.2 haben wir den erwarteten Wert der vollkommenen Information (*EWVI*) als denjenigen Effekt (Nutzenerhöhung bzw. Schadensreduktion) eingeführt, der infolge der vollkommenen Information zu erwarten ist. Ganz entsprechend wird (im Fall der Risikoneutralität) der **erwartete Wert der unvollkommenen Information** eingeführt: Liegt eine a-priori-Verteilung φ vor, so ist das Beste, was man bei Verzicht auf eine Stichprobe tun kann, der Einsatz einer Bayes-Aktion bezüglich φ, das heißt der Einsatz einer Aktion $a \in A$, deren zu erwartender Schaden minimal ist, also

$$\min_{a \in A} \mathrm{E}_{\varphi} s(z, a)$$

beträgt. Führt man dagegen eine Stichprobe durch, so ist das Beste, was man tun kann, der Einsatz einer Bayes-Strategie bezüglich φ, das heißt der Einsatz einer Strategie $\delta \in \Delta$, deren zu erwartendes Risiko minimal ist, also

$$\min_{\delta \in \Delta} \mathrm{E}_{\varphi} r(z, \delta)$$

beträgt. Die Differenz bezeichnet man als erwarteten Wert der unvollkommenen Information oder als **erwarteten Wert der Stichprobeninformation** (*EWSI*):

$$EWSI = \min_{a \in A} \mathrm{E}_{\varphi} s(z, a) - \min_{\delta \in \Delta} \mathrm{E}_{\varphi} r(z, \delta) \, .$$

Gibt die Schadensfunktion s Opportunitätskosten an (was wir hier voraussetzen wollen), so erkennt man (durch einen Vergleich mit dem in Abschnitt 6.2 für endlichen Zustands- und Aktionenraum angegebenen *EWVI*), dass

$$\min_{a \in A} \mathrm{E}_{\varphi} s(z, a) = EWVI$$

gilt. Deshalb kann man den erwarteten Wert der Stichprobeninformation auch in der Form

$$EWSI = EWVI - \min_{\delta \in \Delta} \mathrm{E}_{\varphi} r(z, \delta)$$

darstellen. Hieraus liest man die in Abschnitt 6.2 bereits angesprochene Beziehung

$$EWSI \leqq EWVI$$

ab. Aus den beiden Informationswerten *EWVI* und *EWSI* kann man folgende Aussagen über den zu benutzenden Stichprobenumfang gewinnen: Sind $c(n)$ die Kosten einer Stichprobe vom Umfang n und ist $\hat{n}$ das maximale n, das der Bedingung

$$c(n) \leqq EWVI$$

genügt, so stellt $\hat{n}$ eine obere Schranke für den zu benutzenden Stichprobenumfang dar. Für viele praktische Zwecke ist die Bestimmung dieses maximal vertretbaren Stichprobenumfangs $\hat{n}$ bereits ausreichend.

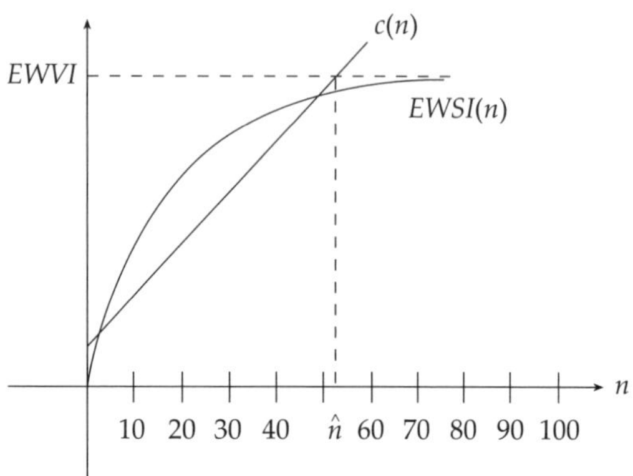

Abb. 6.3: Erwarteter Wert der Stichprobeninformation und Stichprobenkosten in Abhängigkeit vom Stichprobenumfang n

Den optimalen Stichprobenumfang n^* kann man allerdings erst nach Berechnung des (im Allgemeinen kompliziert zu ermittelnden Wertes) *EWSI* bestimmen. Unternimmt man diese Anstrengung und berechnet man $EWSI(n)$, also den erwarteten Wert der Stichprobeninformation in Abhängigkeit vom Stichprobenumfang n, so findet man einen Kurvenverlauf, wie er in Abbildung 6.3 angedeutet ist.

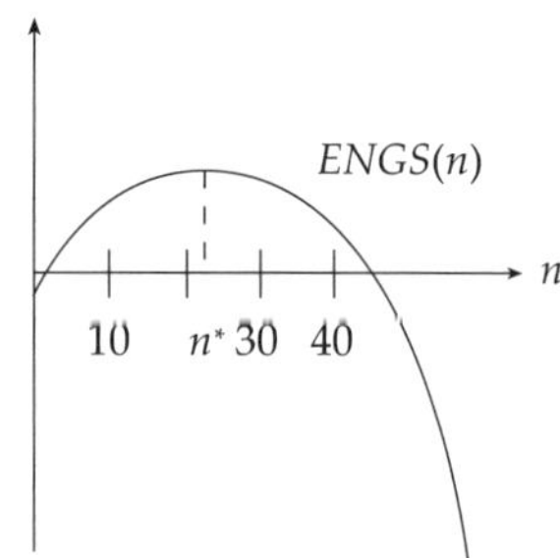

Abb. 6.4: Erwarteter Nettogewinn einer Stichprobe vom Umfang n

Subtrahiert man die Stichprobenkosten $c(n)$ vom erwarteten Wert der Stichprobeninformation $EWSI(n)$, so ergibt sich der **erwartete Nettogewinn der Stichprobe vom Umfang *n*** gemäß

$$ENGS(n) = EWSI(n) - c(n) .$$

Für die Situation aus Abbildung 6.3 ergibt sich der in Abbildung 6.4 dargestellte Verlauf für $ENGS(n)$. Den optimalen Stichprobenumfang n^* berechnet man als Maximalstelle der Funktion $ENGS(n)$; in der Abbildung 6.4 liegt n^* bei 22.

6.5 Die allgemeine Entscheidungssituation bei Informationsbeschaffungsmöglichkeiten

Die in den Abschnitten 6.2, 6.3 und 6.4 behandelten Modelle können in mehrfacher Hinsicht verallgemeinert werden. Zwei mögliche Verallgemeinerungen sollen hier kurz angedeutet werden.

a) Bei der Information durch Stichproben hatten wir bisher angenommen, dass man sich auf Grund der Kenntnis der Stichprobenrealisation x für eine der Aktionen $a \in A$ entscheiden muss. Eine Verallgemeinerung besteht darin, dass diese Annahme folgendermaßen modifiziert wird: Auf Grund der Kenntnis der Stichprobenrealisation x werden entweder eine der Aktionen aus A ergriffen oder weitere Informationen eingeholt.

   Dieser Ansatz liegt der **Sequenzial-Analyse** zu Grunde. Man bezeichnet in der Sequenzial-Analyse die Entscheidung, weitere Informationen einzuholen, als **Fortsetzungsentscheidung**; im Gegensatz dazu werden die Aktionen aus A **Terminal-Entscheidungen** oder Terminal-Aktionen genannt. Formal kann die Sequenzial-Analyse in den Rahmen des Modells von Abschnitt 6.3 gestellt werden, indem der Aktionenraum A um die Fortsetzungsentscheidungen erweitert und der Stichprobenraum $\mathfrak{X}$ als Menge aller Folgen $(x_1, x_2, \ldots)$ von Beobachtungen aufgefasst wird. Damit können auch unsere Definition der Risikofunktion und die Diskussion um die Beurteilungsproblematik auf den Fall sequenzieller Verfahren δ übertragen werden. Ein sequenzielles Verfahren δ arbeitet nach folgendem Schema: In der ersten Stufe wird die von δ vorgeschriebene Stichprobe (z. B. vom Umfang 10) erhoben. Sodann schreibt δ auf Grund der Stichprobenrealisation $(x_1, x_2, \ldots, x_{10})$ entweder eine der Terminal-Entscheidungen oder weitere Beobachtungen vor. Im ersten Fall wird die vorgeschriebene Aktion a ergriffen, ohne dass weitere Informationen beschafft werden. Im zweiten Fall wird in einer zweiten Stufe die vorgeschriebene weitere Stichprobe (z. B. vom Umfang 5) erhoben. Nun wird auf Grund der insgesamt vorliegenden Stichprobenrealisation $(x_1, x_2, \ldots, x_{15})$ wiederum von δ entweder eine Terminal-Entscheidung oder eine Fortsetzungsentscheidung vorgeschrieben usw.

   Führt δ spätestens nach der k-ten Stufe zu einer Terminal-Entscheidung, so bezeichnet man δ als ***k*-stufiges Verfahren**; die in den Abschnitten 6.3 und 6.4 behandelten Verfahren sind also einstufige Verfahren. Sind speziell nur zwei Terminal-Aktionen möglich (beispielsweise zwei konkrete Produktionsentscheidungen oder zwei Hypothesen), so bezeichnet man δ als **Sequenzial-Test**. Es liegt auf der Hand, dass man sich bei der Konstruktion eines sequenziellen Verfahrens an folgendes Prinzip halten sollte: Eine Fortsetzungsentscheidung wird nur getroffen, wenn der zu erwartende Schaden zusammen mit den zu erwartenden Kosten für die weiteren Beobachtungen im Fall der günstigsten Fortsetzung geringer ist als der Schaden, der bei der günstigsten Terminal-Entscheidung ohne weitere Beobachtungen zu erwarten ist. Da die detaillierte mathematische Ausgestaltung dieses Prinzips jedoch relativ aufwändig ist (vgl. z. B. Wald, 1947; Wetherill/Glazebrook,

1986), wollen wir uns hier mit dem Hinweis begnügen, dass sequenzielle Verfahren bei gleicher Güte der Entscheidung einen wesentlich geringeren (zu erwartenden) Stichprobenumfang erfordern als einstufige Verfahren.[15]

Aus diesem Grunde wurde die Anfang der 1940er Jahre von A. Wald entwickelte Sequenzial-Analyse, die zuerst für die statistische Qualitätskontrolle im militärischen Bereich eingesetzt wurde, bis zum Kriegsende geheim gehalten. Mittlerweile werden auch in anderen Bereichen sequenzielle Verfahren angewandt. Die Anwendungsmöglichkeiten in der Wirtschaftsprüfung wurden beispielsweise von Charnes et al. (1964) untersucht. Einsatzmöglichkeiten bieten sich auch in der Stichprobeninventur; vgl. z. B. AWV (1985) oder von Wysocki (1988).

b) Eine weitere Verallgemeinerungsmöglichkeit besteht darin, an Stelle des festen (und höchstens im Stichprobenumfang variierbaren) Zufallsexperiments mehrere andere Informationsquellen zu berücksichtigen. So sind für absatzpolitische Entscheidungen u. U. mehrere empirische Marktuntersuchungen oder auch Gutachten von Experten als Informationsquellen denkbar. In solchen Fällen muss dem Einsatz einer Strategie δ eine Vorentscheidung über die zu verwendende Informationsquelle vorangehen. Nach Pratt et al. (1995) kann eine derartige Entscheidungssituation als ein Vier-Züge-Spiel aufgefasst und durch den in Abbildung 6.5 skizzierten Spiel- oder Entscheidungsbaum veranschaulicht werden. Rechteckige Knoten sind **Entscheidungsknoten** und besagen, dass der Entscheidungsträger am Zuge ist, runde Knoten werden als **Zufallsknoten** oder **Ereignisknoten** bezeichnet und symbolisieren, dass der fiktive Spieler „Umfeld" am Zuge ist. Beim Knoten [1] muss sich der Entscheidungsträger für eine der Informationsquellen $I_1, I_2, \ldots$ entscheiden. Oft werden vom Knoten [1] nur zwei Kanten I_1, I_2 ausgehen, wobei beispielsweise I_1 bedeutet, dass eine Stichprobe vom (fest vorgeplanten) Umfang n erfolgt und I_2 bedeutet, dass auf eine Stichprobe gänzlich verzichtet wird.[16] Beim Knoten (2) liefert das Umfeld dann eine der Nachrichten $y_1, y_2, \ldots$ Beim Knoten [3] wählt der Entscheidungsträger eine seiner Aktionen $a \in A$ aus (bzw. er lässt sie sich mittels einer Strategie δ auf Grund der empfangenen Nachricht y auswählen). Nun ist bei (4) wieder das Umfeld am Zuge, das den wahren Zustand $z \in Z$ „auswählt". Rechts werden an die Baumenden (die meist als Pfeilspitzen oder als rechteckige Knoten dargestellt werden) die insgesamt resultierenden Konsequenzen, also die Summe aus den entstehenden Schäden und Informationsbeschaffungskosten eingetragen.

---

15 Vgl. z. B. Mag (1973, 1975); Berger (1985).

16 Vgl. die Aufgaben 6.5 und 6.6 ab Seite 152.

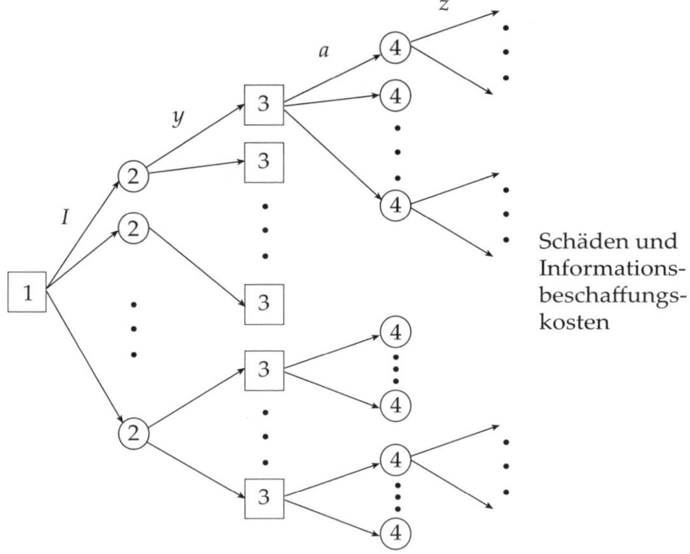

Abb. 6.5: Baumdarstellung eines allgemeinen Entscheidungsproblems mit Informationsbeschaffungsmöglichkeiten

6.6 Informations-Asymmetrie und Prinzipal-Agent-Ansätze

Bislang gingen wir davon aus, dass der Entscheidungsträger (und zwar nur er) die Konsequenzen seiner Entscheidungen zu tragen hat. Auswirkungen seiner Entscheidungen auf die Nutzenniveaus anderer Akteure wurden vernachlässigt. In Organisationen und in der betrieblichen Praxis ist diese Vernachlässigung meist nicht gerechtfertigt. Sind die Rollen der beteiligten Akteure weit gehend symmetrisch, so ergeben sich spieltheoretische Probleme, denen wir uns erst im nächsten Kapitel zuwenden wollen. Sind die Rollen jedoch in dem Sinne verschieden, dass ein Entscheidungsträger (der als Agent bezeichnet wird) im Auftrag eines anderen Entscheidungsträgers (der als Prinzipal bezeichnet wird) handelt, so spricht man von einer **Prinzipal-Agent-Beziehung** oder von einem Anwendungsfall der **Agency-Theorie**.

6.6.1 Beispiele für Prinzipal-Agent-Beziehungen

Die nachfolgenden Beispiele sollen die Grundsituation sowie wichtige Charakteristika solcher Prinzipal-Agent-Beziehungen erläutern.

a) Die bei Unternehmungen oft vorhandene Trennung von Eigentum und Geschäftsführung liefert den Rahmen für das wohl meistzitierte Beispiel: Der Manager (= Agent) handelt im Auftrag der Eigentümer (= Prinzipal). Man erkennt an diesem Beispiel, dass der Begriff „Agent" selbstverständlich nichts mit Spionage, Unterwelt und dergleichen zu tun haben muss. Des Weiteren sieht man, dass der Agent einen mehr oder weniger großen Verhaltens- und Entscheidungsspielraum besitzt. Der menschlichen Natur gemäß wird der Agent diesen Spielraum, ungeachtet der möglichen negativen Konsequenzen für den Prinzipal, zur Maximierung seines Eigennutzens ausschöpfen wollen. Für den Prinzipal existieren zur Entschärfung der Konfliktsituation im Wesentlichen die beiden Möglichkeiten,

α) den Spielraum des Agenten durch penible Vorschriften und Inkaufnahme hoher Kontrollkosten drastisch einzuengen,

β) einen weiten Spielraum zu lassen und durch geeignete **Anreizschemata** sicherzustellen, dass der Agent dennoch im Interesse des Prinzipals handelt.

Agency-Probleme sind dadurch charakterisiert, dass die erste Möglichkeit nicht praktizierbar ist und nur die zweite Möglichkeit infrage kommt. In dem gerade betrachteten Beispiel ist dies offensichtlich der Fall. Der Manager wird von den Eigentümern gerade wegen seiner besonderen ökonomischen, technischen oder sonstigen Kompetenzen engagiert. Seine vielfältigen Aktivitäten können nicht bis ins kleinste Detail vorgeschrieben werden. Ein derartiger Versuch würde Entscheidungen des Managers, die für beide Seiten vorteilhafter sind als die vorgeschriebenen, jegliche Realisierungschance rauben. Als praktikable Anreizschemata kommen beispielsweise die vielfältigen Formen der gewinnabhängigen Entlohnung in Betracht.

b) Nach diesem längeren Einstiegsbeispiel und der ersten Klärung wichtiger Begriffe sollen die weiteren Beispiele nur kurz angedeutet werden. Man sieht an diesen Beispielen, dass die eingangs gewählte Formulierung, der Agent handele „im Auftrag" des Prinzipals, nicht wörtlich zu nehmen ist. Man erkennt ferner, dass eine von der Wortwahl möglicherweise suggerierte Hierarchie (Prinzipal ist Vorgesetzter des Agenten) nicht vorliegen muss.

α) Mit der Gestaltung der Versicherungspolice (Selbstbeteiligung in gewisser Höhe, teilweise Beitragsrückgewähr bei Schadensfreiheit usw.) setzt die Versicherungsgesellschaft (= Prinzipal) Anreizschemata ein, um das Verhalten des Versicherungsnehmers (= Agent) in ihrem Sinne günstig zu beeinflussen.

β) Die Ausgestaltung des Leasing-Kontraktes ist ein Anreizschema, das den Leasing-Nehmer (= Agent) dazu motivieren soll, das Leasing-Gut gemäß den Wünschen des Leasing-Gebers (= Prinzipal) mit Sorgfalt zu behandeln.

γ) Der Auftraggeber für ein Großprojekt (= Prinzipal) kann dem Auftragnehmer (= Agent) einen Anreizvertrag zur Kostenreduktion vorschreiben. Davon wird im militärischen Beschaffungswesen seit Längerem Gebrauch gemacht. Wir werden das Beispiel unten nochmals aufgreifen.

Halten wir als Fazit der Beispiele fest: Es herrscht eine **Informations-Asymmetrie** zwischen Prinzipal und Agent. Der Agent ist besser über die „Gegebenheiten vor Ort" informiert (der Manager ist marktnäher und kompetenter als die Aktionäre, der Versicherungsnehmer ist besser über seine spezifische Situation und seine Risiken informiert als die Versicherungsgesellschaft usw.). Insofern kann der Prinzipal dem Agenten weder alle Aktivitäten im Detail vorschreiben noch ihm permanent „auf die Finger schauen". Die Informations-Asymmetrie ist sogar noch weitergehend. Denn auch ex post ist es für den Prinzipal in der Regel nicht möglich, das Anstrengungsniveau (im agency-theoretischen Jargon: den **Effort**) des Agenten festzustellen. So besteht im ersten Beispiel der Effort des Managers nur zum kleinen Teil aus der (prinzipiell leicht beobachtbaren) Anwesenheitszeit im Unternehmen; vielmehr beinhaltet der Effort auch Arbeitssorgfalt, Kreativität, Innovationsbereitschaft, das zielgerechte und rechtzeitige Einholen von Sachinformationen, Fingerspitzengefühl, Mitarbeiterführung usw.

6.6.2 Relevante und optimale Anreizschemata

Der Prinzipal muss sich aus den genannten Gründen auf eine indirekte Beeinflussung des Agenten mittels eines Anreizschemas beschränken. Jedes Anreizschema stellt einen Rahmen dar, innerhalb dessen sich der Agent bewegt und seinen Eigennutzen maximiert. Der Prinzipal ist insofern für die **Rahmensetzung** zuständig. Jeder Rahmen stellt eine denkbare Aktion des Prinzipals dar. Das **Optimierungsproblem des Prinzipals** besteht darin, dass er für jeden Rahmen die Reaktion des Agenten ermitteln (bzw. prognostizieren) muss und unter Antizipation dieser Reaktion denjenigen Rahmen zu ermitteln hat, der seinen (das heißt des Prinzipals) Nutzen maximiert.[17] Das Ergebnis dieser zweistufigen Optimierungsprozedur ist ein **optimales Anreizschema**.

Unter den vielen theoretisch möglichen Anreizschemata sind für die Praxis primär diejenigen relevant, die

- auf solchen Größen beruhen, die vom Anstrengungsniveau des Agenten merklich beeinflusst und zudem von beiden Parteien ohne Dissens beobachtet werden können (wie etwa der Unternehmensgewinn im Fall des Managers, die Schadenshöhe im Fall des Versicherungsnehmers, die nachkalkulatorisch festgestellten Projektkosten im Fall des Auftragnehmers usw.) und
- so einfach sind, dass der Agent die Wirkungsweise des Schemas verstehen kann und die intendierte Motivationswirkung nicht infolge der Undurchschaubarkeit konterkariert wird.

Der Forderung nach Einfachheit dürften wohl alle linearen Anreizschemata genügen, so beispielsweise eine vom Unternehmensgewinn G abhängende Managerentlohnung des Typs

$$F + s \cdot G\,,$$

[17] Dabei ist die so genannte Partizipations-Nebenbedingung zu beachten; das heißt, diejenigen Anreizschemata sind auszuschließen, die dem Agenten weniger einbringen als er anderweitig verdienen könnte.

wobei F ein Fixum bedeutet und s einen Anteilswert zwischen 0 und 1. Die Ermittlung eines optimalen derartigen Anreizschemas, das heißt einer optimalen Kombination (F, s), ist beispielsweise in Milde (1989) oder in Laux (1990) nachzulesen.

Wegen weiterer agency-theoretischer Fragestellungen sowie konkreter Durchführungen der zweistufigen Optimierungsprozedur sei ebenfalls auf die einschlägige Literatur verwiesen, z. B. auf Bamberg/Spremann (1987), Ewert/Wagenhofer (2014), Grünbichler (1991), Hartmann-Wendels (1989, 1991), Hofmann (2001), Jost (2001), Kleine (1995), Krahnen/Meran (1989), Kräkel (2015), Krapp (2000a), Krapp/Sandner (2016), Kürsten (1994), Milde (1989), Neus (1989, 2018), Nippel (1996), Petersen (1988), Pfaff (1995), Pfaff/Zweifel (1998), Pfingsten (1989), Pratt/Zeckhauser (1985), Schweizer (1999), Swoboda (1989), Wagenhofer (1990, 1992), Wagenhofer/Ewert (1993), Wenger/Terberger (1988), Wosnitza (1991).

6.6.3 Extreme Informations-Asymmetrie; Informations-Extraktion

Wenn die Informations-Asymmetrie besonders extrem ausgeprägt ist, kann bei der Lösung eines Prinzipal-Agent-Ansatzes ein konzeptionelles Problem dadurch entstehen, dass dem Prinzipal die für seine Optimierung erforderlichen Informationen nicht zur Verfügung stehen. Betrachten wir zur Erläuterung wieder das Managerbeispiel, wobei nun eine Risikosituation bezüglich des Periodengewinns G unterstellt wird. Die Wahrscheinlichkeitsverteilung von G bestimmt die (hier nicht explizit formulierte) Zielfunktion des Prinzipals wesentlich mit. Zur korrekten Antizipation der Reaktion des Agenten müsste dem Prinzipal sogar bekannt sein, in welcher Weise sich diese Wahrscheinlichkeitsverteilung in Abhängigkeit vom Anstrengungsniveau des Agenten verändert. Ist annahmegemäß nur der Agent über diese Wahrscheinlichkeitsverteilung(en) informiert, so hängt die Optimierung seitens des Prinzipals „in der Luft", da er wichtige Bestimmungsstücke seines Optimierungsproblems nicht hinreichend genau kennt. Was kann man in diesen Situationen tun? Konsequenterweise sollte man die Ansprüche an das Lösungskonzept reduzieren. Ein sinnvoller Ausweg besteht darin, sich auf die Ermittlung von Anreizschemata zu konzentrieren, die den (besser informierten) Agenten im eigenen Interesse dazu veranlassen, seine Information **wahrheitsgemäß** an den Prinzipal zu übermitteln. Schemata, die dies leisten, werden als **anreizkompatibel** bezeichnet. Man spricht auch von **Informations-Extraktions-Schemata**, von **Eliciting-Kontrakten** oder von **Revelationsmechanismen**. Im Grunde gehört bereits der Wettbewerb in die Kategorie dieser Mechanismen, da mit seiner Hilfe Kosten oder Grenzkosten ausgelotet werden, die durch direkte Befragung von Produzenten wohl kaum wahrheitsgemäß zu ermitteln wären. Ferner kann man hierzu die Ermittlung von (subjektiven) Wahrscheinlichkeiten durch Wetten, die Ermittlung des (subjektiven) Wertes eines Gegenstandes oder eines Rechts durch verschieden gestaltete Auktionen (z. B. Vickrey-Auktionen) zählen. Auf einige stärker betriebswirtschaftlich orientierte Beispiele wird nachfolgend etwas detaillierter eingegangen.

Beispiel 1:

Ein Hersteller von Farbkopierern vertreibt seine Geräte ausschließlich durch Gebietsvertreter. Diese wissen im Gegensatz zum Hersteller besser, wie viele Geräte pro Planungsperiode in ihrem Gebiet abgesetzt werden können. Für seine Produktionsplanung benötigt der Hersteller verlässliche (das heißt wahrheitsgemäße) Angaben über die Absatzzahlen. Der Einfachheit halber wollen wir von einer Sicherheitssituation ausgehen, so dass die in einem Gebiet realisierte Absatzzahl r gleich der vom Vertreter ex ante für realisierbar gehaltenen Absatzzahl ist. Wird jeder Gebietsvertreter in Abhängigkeit von r und der von ihm gemeldeten Absatzzahl (= Aktion) a folgendermaßen entlohnt

$$u(a) = \begin{cases} 5\,000r - 2\,000 \cdot (a - r), & \text{falls } r < a \quad \text{(Untererfüllung)} \\ 5\,000r, & \text{falls } r = a \\ 5\,000r - 1\,000 \cdot (r - a), & \text{falls } r > a \quad \text{(Übererfüllung),} \end{cases}$$

so bedeutet dies de facto, dass er für jedes abgesetzte Gerät 5 000 Geldeinheiten bekommt, falls er die tatsächlich abgesetzte Zahl zu Beginn akkurat prognostiziert bzw. gemeldet hatte. Andernfalls wird seine Entlohnung in Abhängigkeit vom Grad der Falschmeldung entsprechend reduziert. Insofern erkennt man unmittelbar, dass die Entlohnung bei gegebenem r maximal wird, wenn genau dieses r auch gemeldet wird ($a = r$). Im eigenen Interesse wird jeder Gebietsvertreter dem Hersteller die wahre Absatzzahl melden. Die hier nummerisch fixierten Geldbeträge von 5 000 pro abgesetztem Stück und 2 000 bzw. 1 000 als Abzug pro Stück bei Unter- bzw. Übererfüllung können natürlich pro Gebiet variieren. Durch die Variation dieser drei Design-Parameter kann der Tatsache Rechnung getragen werden, dass die Gebiete unterschiedlich strukturiert sind. Man erkennt ferner, dass die obige Entlohnung bei festgehaltener Meldung a eine monoton wachsende Funktion in r ist. Dies bedeutet: Hat ein Gebietsvertreter aus irgendwelchen Gründen eine unwahre Absatzzahl a ($\neq r$) gemeldet, so besteht während der gesamten Periode dennoch ein Anreiz, möglichst viel abzusetzen. Eine weitere Erörterung verwandter Entlohnungsschemata findet man bei Albers (1980); auf Risikosituationen geht Pfingsten (1989) ein.

Beispiel 2:

Ein vollkommener Wettbewerb setzt wirksame Anreize zur Kosteneffizienz. Besonders unvollkommen ist der Wettbewerb jedoch dann, wenn sich nur ein einziger Nachfrager und ein einziger Anbieter gegenüberstehen. Um auch hier eine gewisse Effizienz zu gewährleisten, wurden die nachfolgend beschriebenen Anreizverträge entwickelt. Potenzielle Anwendungsgebiete sind große militärische Beschaffungsprojekte (neue Raketenabwehr-Systeme, komplexe Verifikationssysteme usw.), bei denen aus Sicherheitsgründen oder technologischen Gründen nur eine einzige Unternehmung als Auftragnehmer infrage kommt. Natürlich sind auch im nichtmilitärischen Kontext derart unvollkommene Märkte denkbar, wenn es um besonders innovative und mit Unsicherheiten behaftete Großprojekte geht. Man denke etwa an die Entwicklung neuer Verkehrssysteme (Magnetschwebebahn), an die Entwicklung und den

Bau neuartiger Solarkraftwerke, an die Entwicklung und den Transport von speziellen Kommunikationssatelliten, an die Sanierung ökologischer Altlasten (Uranbergbau, ausgediente Kernkraftwerke usw.). Auch muss der Auftraggeber nicht unbedingt mit dem Staat identisch sein; es kann sich durchaus um einen Generalunternehmer oder ein Firmenkonsortium handeln. Deshalb wollen wir auch von dem komplexen deutschen Vergaberecht für öffentliche Aufträge abstrahieren. Um in diesen unvollkommenen Märkten Anreize zur Kosteneffizienz zu setzen, können beispielsweise **einfache Anreiz-Kontrakte** des folgenden (und vom Pentagon seit 1962 verwendeten) Typs eingesetzt werden: Bei korrekter Leistungserstellung erhält der Auftragnehmer die nachkalkulatorisch festgestellten Kosten c sowie einen Gewinn, der sich gemäß

$$\hat{g} - s \cdot [c - \hat{c}]$$

berechnet. Die drei (Design-)Parameter $\hat{c}$, s und $\hat{g}$ haben dabei folgende Bedeutung: $\hat{c}$ sind die so genannten Zielkosten, s ist ein Anteilswert zwischen 0 und 1 (risk sharing coefficient), und $\hat{g}$ ist der Zielgewinn (der dann realisiert wird, wenn die tatsächlichen Kosten mit den Zielkosten identisch sind). Die Zahlung des Auftraggebers an den Auftragnehmer beträgt somit

$$c + \hat{g} - s \cdot (c - \hat{c}) = c + \hat{g} + s \cdot (\hat{c} - c)\,.$$

Der Kontrakt hat also die bereits bekannte Gestalt $F + s \cdot G$, wobei das „Fixum“ $F = c + \hat{g}$ allerdings nicht vorab nummerisch spezifiziert wird, und $G = \hat{c} - c$ die (eventuell negative) Unterschreitung der Zielkosten durch die tatsächlichen Kosten bedeutet. Man beachte, dass der „Gewinn“ $\hat{g} + s \cdot (\hat{c} - c)$ des Auftragnehmers auch negativ werden kann, wenn die Kostenüberschreitungen und der Risikoteilungsparameter s groß sind. Im Sonderfall $s = 0$ degeneriert der Anreizvertrag zum **Selbstkosten-Plus-Kontrakt**, von dem offensichtlich keine besonderen Anreize zur Kostenreduktion ausgehen. Bekannt ist auch der Sonderfall $s = 1$, der mit dem **Fixpreis-Kontrakt** (wobei der fixe Preis $\hat{g} + \hat{c}$ beträgt) übereinstimmt. Auf Prozeduren zur Festlegung oder Aushandlung der drei Parameter wollen wir hier nicht eingehen. Auf den ersten Blick scheint der Sonderfall der Fixpreis-Kontrakte für den Auftraggeber ideal zu sein. Man muss jedoch bedenken, dass hierbei das vorhandene Risiko zu 100 Prozent auf den Auftragnehmer verlagert wird. Ein risikoaverser Auftragnehmer wird sich diese Risikoübernahme honorieren lassen und um einen besonders hohen Fixpreis feilschen. Die Erfahrung hat gezeigt, dass Auftragnehmer auch bei $s < 1$ stark auf die Fixierung hoher Zielkosten $\hat{c}$ drängen. Dies gab Anlass zur Entwicklung so genannter **erweiterter Anreiz-Kontrakte**, bei denen es dem Auftragnehmer überlassen bleibt, die Zielkosten $\hat{c}$ nach eigenem Ermessen festzusetzen. Allerdings hängen dann sowohl der Zielgewinn $\hat{g}$ als auch der Risikoteilungsparameter s (und zwar monoton fallend) vom gewählten $\hat{c}$ ab. An die Stelle der drei Parameter der einfachen Anreizverträge treten nun die beiden (Design-)Funktionen $\hat{g}(\hat{c})$ und $s(\hat{c})$, wobei Letztere nach wie vor nur Werte zwischen 0 und 1 annehmen kann. Der Gewinn errechnet sich infolgedessen als

$$\hat{g}(\hat{c}) - s(\hat{c}) \cdot [c - \hat{c}]\,.$$

Nach Fixierung von $\hat{c}$ durch den Auftragnehmer wird der erweiterte Anreiz-Kontrakt zu einem einfachen Anreiz-Kontrakt. Setzt der Auftragnehmer die Zielkosten $\hat{c}$ vergleichsweise hoch fest, so reduzieren sich damit automatisch der Zielgewinn sowie (wegen der Verkleinerung von $s(\hat{c})$) der Vorteil aus etwaigen Kostenunterschreitungen. Es liegt eine inhärente Selbstregulierung vor. Wir wollen nun im Gegensatz zum ersten Beispiel eine Risikosituation unterstellen, die bei Großprojekten der erwähnten Kategorien auch eher vorliegen dürfte als eine Sicherheitssituation. Infolgedessen sind die entstehenden Kosten (aus der Sicht vor der Projektrealisierung) als Zufallsvariable C anzusehen. Wenn wir vereinbarungsgemäß wieder annehmen, dass der Auftragnehmer besser über C informiert ist als der Auftraggeber, so stellen sich für den Auftraggeber beispielsweise die Fragen:

- Welches sind die relevanten Informationen, zu deren Offenlegung der Auftragnehmer motiviert werden soll? Ist es der Kostenerwartungswert $\mathrm{E}(C)$ oder ein anderer Lageparameter wie der Kostenmedian, der wahrscheinlichste Kostenbetrag usw., oder ist es die gesamte Wahrscheinlichkeitsverteilung der risikobehafteten Kosten C?
- Wie müssen die beiden Funktionen $\hat{g}(\hat{c})$ und $s(\hat{c})$ vorgegeben werden, damit der Auftragnehmer die gewünschte Information im eigenen Interesse wahrheitsgemäß preisgibt?

Nehmen wir an, der Auftraggeber sei primär an den erwarteten Kosten $\mathrm{E}(C)$ interessiert. Die Annahme ist sinnvoll, wenn er gleichzeitig verschiedene Großprojekte finanzieren und sein Gesamtbudget planen muss. Da sich Kostenüberschreitungen und -unterschreitungen in etwa „wegmitteln" (Diversifikationseffekt), ist die Summe der einzelnen Kostenerwartungswerte eine wichtige Orientierungsgröße. Nehmen wir weiter an, dass der Auftragnehmer risikoneutral ist und deshalb den Gewinnerwartungswert

$$\hat{g}(\hat{c}) - s(\hat{c}) \cdot [\mathrm{E}(C) - \hat{c}]$$

durch geeignete Wahl der Zielkosten $\hat{c}$ zu maximieren trachtet. Nullsetzen der ersten Ableitung nach $\hat{c}$ liefert

$$\hat{g}'(\hat{c}) + s(\hat{c}) - s'(\hat{c}) \cdot [\mathrm{E}(C) - \hat{c}] = 0\,.$$

Gibt der Auftraggeber die beiden Design-Funktionen dergestalt vor, dass die Summe der ersten beiden Terme (für jedes $\hat{c}$) verschwindet,

$$\hat{g}'(\hat{c}) + s(\hat{c}) = 0\,,$$

so reduziert sich die Gleichung auf

$$s'(\hat{c}) \cdot [\mathrm{E}(C) - \hat{c}] = 0\,,$$

woraus wegen der Voraussetzung $s'(\hat{c}) < 0$ die Gleichheit von $\hat{c}$ mit $\mathrm{E}(C)$ folgt (die zweite Ableitung ist für $\hat{c} = \mathrm{E}(C)$ mit $s'(\hat{c})$ identisch und damit negativ). Also kann die den Gewinnerwartungswert maximierende Wahl der Zielkosten für den Auftragnehmer nur sein:

$$\hat{c}_{\mathrm{opt}} = \mathrm{E}(C)\,.$$

Damit ist folgendes Ergebnis erzielt: Wird ein risikoneutraler Auftragnehmer mit einem erweiterten Anreiz-Kontrakt konfrontiert, bei dem $s(\hat{c})$ streng monoton fallend ist und $\hat{g}(\hat{c})$ eine mit negativen Vorzeichen versehene Stammfunktion von $s(\hat{c})$ ist, so wählt der Auftragnehmer im eigenen Interesse als Zielkosten den Kostenerwartungswert. Analog zum ersten Beispiel gilt auch hier: Weicht der Auftragnehmer (wissentlich oder unwissentlich) von der optimalen Wahl der Zielkosten ab (das heißt $\hat{c} \neq \mathrm{E}(C)$), so ist er in der Durchführungsphase des Projektes dennoch motiviert, die Kosten so gering wie möglich zu halten (denn die Gewinnfunktion ist in c monoton fallend). Weitere Aussagen zu diesem Problemkreis findet man beispielsweise in Reichelstein/Osband (1984); Reichelstein/Reichelstein (1987); Bamberg (1991).

Beispiel 3:

Unternehmen werden häufig dezentralisiert, um eine größere Markt- und Kundennähe sowie eigenverantwortliche, schnelle und flexible Entscheidungen zu sichern. Naturgemäß sind deshalb die Leiter der dezentralen Einheiten (Divisionen, Sparten, Geschäftsbereiche, Profit-Center) – wir wollen sie hier als Divisionsmanager bezeichnen – besser über das Gewinnpotenzial ihrer Einheit informiert als die Unternehmenszentrale. In stark typisierender Sicht ist die Unternehmenszentrale nur noch für die Beschaffung des erforderlichen Kapitals auf dem Kapitalmarkt, die Allokation des Kapitals auf die Divisionen und die Entlohnung der Divisionsmanager zuständig. Zweifellos ist die Unternehmenszentrale infolge der Informations-Asymmetrie auf wahrheitsgemäße Informationen über das Gewinnpotenzial der einzelnen Divisionen angewiesen. Seit Anfang der 1970er Jahre wurden einschlägige Anreizschemata zur Lösung dieses Problems entwickelt; nach Theodore Groves werden sie meist als **Groves-Schemata** bezeichnet. Wegen formelmäßiger Darstellungen sei beispielsweise auf Groves/Loeb (1979); Bamberg/Locarek (1992); Pfaff/Leuz (1995); Budde et al. (1998) und Kräkel (2015) verwiesen.

Wir wollen uns auf eine knappe Skizzierung der Struktur derartiger Schemata beschränken. Ähnlich wie im Gebietsvertreter-Beispiel beinhaltet das Schema in einer ersten Stufe eine zu Periodenbeginn an die Zentrale zu übermittelnde Meldung bezüglich des Gewinnpotenzials der eigenen Division. Die Meldung ist allerdings jetzt keine schlichte Zahl, sondern eine Funktion, die präzisiert, welchen Gewinn die Division mit alternativen Budgets erzielen kann. In einer zweiten Stufe ermittelt die Zentrale auf der Grundlage der Meldungen und der anfallenden Kapitalkosten, in welcher Höhe Kapital zu beschaffen und den einzelnen Divisionen zuzuweisen ist. Schließlich gehört zu einem Groves-Schema als integraler wichtiger Bestandteil eine ausgeklügelte Vorschrift, wie die Divisionsmanager in Abhängigkeit vom realisierten Gewinn und der Diskrepanz zwischen gemeldetem und realisiertem Gewinn entlohnt werden. Es versteht sich von selbst, dass die Divisionsmanager über alle Details dieser Prozedur voll informiert sein müssen; andernfalls kann die motivierende Wirkung nicht zur Geltung kommen. Es lässt sich nachweisen, dass die Divisionsmanager genau dann ihre Entlohnung maximieren, wenn sie die Zentrale wahrheitsgemäß informieren. Bemerkenswerterweise ist die wahrheitsgemäße Information eine dominante Strategie in dem Sinne, dass ihre Optimalität für jeden Divisionsmanager auch dann gewährleistet ist, wenn die restlichen Divisionsmanager beliebige (das heißt richtige oder auch verfälschte) Informationen an die Zentrale übermitteln.

6.7 Aufgaben

Die nachfolgenden sieben Aufgaben dienen der Einübung der in Kapitel 6 behandelten Konzepte. Lösungen zu diesen Aufgaben findet der interessierte Leser im Anhang ab Seite 266. Weitere Übungsaufgaben, darunter 16 zu Entscheidungen bei variabler Informationsstruktur, inklusive ausführlicher Lösungen, können beispielsweise Bamberg et al. (2012) entnommen werden.

In den Aufgaben 6.1 bis 6.6 (nicht aber in Aufgabe 6.7) wird wieder von der Gleichheit von Nutzen- und Geldeinheit ausgegangen.

Aufgabe 6.1

Eine Unternehmung hat für vier zur Debatte stehende Aktionen folgende Entscheidungsmatrix ermittelt:

$$\begin{pmatrix} 5\,000 & 12\,000 & 20\,000 & 7\,000 \\ 15\,000 & 13\,000 & 2\,000 & 9\,000 \\ 10\,000 & 9\,000 & 8\,000 & 20\,000 \\ 4\,000 & 20\,000 & 10\,000 & 10\,000 \end{pmatrix}$$

Die Unternehmung besitzt die Möglichkeit, vollkommene Information über den wahren Umfeldzustand zu beschaffen. Welchen Betrag sollte sie dafür höchstens aufwenden, wenn sie jeden Umfeldzustand a priori für gleich wahrscheinlich hält?

Aufgabe 6.2

Die Analyse der Konsequenzen von drei Investitionsalternativen habe auf die Entscheidungsmatrix

$$\begin{pmatrix} 100 & 200 & 60 & 80 & 100 \\ 150 & 150 & 210 & 50 & 50 \\ 120 & 150 & 120 & 20 & 100 \end{pmatrix}$$

geführt. Bezüglich der Zustandswahrscheinlichkeiten liege die in Abbildung 6.1 dargestellte lineare partielle Information vor. Bitte bestimmen Sie die in diesem LPI-Modell optimale Aktion a^*.

Aufgabe 6.3

Eine Unternehmensleitung steht vor der Alternative, ein Produkt 1 oder ein Produkt 2 einzuführen; die Produktionsmengen richten sich nach der künftigen Nachfrage. Über die künftigen Absatzmengen z liegen a-priori-Verteilungen vor, die durch Normalverteilungen angenähert werden können. Folgende Daten seien gegeben:

	Produkt 1	Produkt 2
Zusätzliche Fixkosten	15 000 Euro	28 000 Euro
Variable Stückkosten	1,00 Euro	0,40 Euro
Verkaufspreis	2,50 Euro	2,40 Euro
Erwartungswert des Absatzes	13 000 Stück	16 250 Stück
Standardabweichung	4 500 Stück	2 250 Stück

a) Wie sind die Aktionen nach der Bayes-Regel zu beurteilen?

b) Wie hoch ist für jede Aktion die Wahrscheinlichkeit, dass die Gewinnzone erreicht wird?

✎ Aufgabe 6.4

a) Die Unternehmensleitung stehe vor der Frage, ob Produkt 1 aus Aufgabe 6.3 eingeführt werden soll oder nicht. Für die Einführung soll dann entschieden werden, wenn der Absatz so hoch ist, dass die zusätzlichen Fixkosten (die einen angemessenen Gewinnaufschlag in Höhe der bei alternativer Investition erzielbaren Rendite enthalten) mindestens gedeckt werden. Welchen Betrag sollte die Unternehmensleitung maximal für die Gewinnung vollkommener Information über die Absatzentwicklung ausgeben?

b) Wie hoch ist der maximal zahlbare Preis für vollkommene Information, wenn nur Produkt 2 zur Debatte steht?

Man stelle den *EWVI* jeweils analytisch dar; eine nummerische Bestimmung ist nicht erforderlich.

✎ Aufgabe 6.5

Eine Unternehmung, die ein neues Produkt auf den Markt bringen möchte, hält folgende Nachfrageniveaus z_1, z_2, z_3 und folgende a-priori-Verteilung φ für möglich:

$$z_1 = \text{Nachfrage nach } 2\,000\,000 \text{ Einheiten},$$
$$z_2 = \text{Nachfrage nach } 1\,000\,000 \text{ Einheiten},$$
$$z_3 = \text{Nachfrage nach } 200\,000 \text{ Einheiten},$$
$$\varphi = (p_1, p_2, p_3) = \left(\tfrac{1}{10}, \tfrac{4}{10}, \tfrac{5}{10}\right).$$

Der Deckungsbeitrag je Einheit beträgt 5 Euro, die fixen Kosten belaufen sich auf 4 000 000 Euro. Als Alternative kann eine Investition durchgeführt werden, die einen sicheren Gewinn von 500 000 Euro erbringt.

a) Für welche der beiden Aktionen a_1 (= Einführung des neuen Produkts) oder a_2 (= Alternativinvestition) soll sich die Unternehmung auf Grund ihres gegenwärtigen Informationsstandes entscheiden?

b) Lohnt sich für die Unternehmung eine breit angelegte Marktanalyse, die eine nahezu vollkommene Information über die Absatzchancen des Produkts liefert, aber Kosten in Höhe von 800 000 Euro verursacht?

Aufgabe 6.6

Die Unternehmung aus Aufgabe 6.5 habe nun die Möglichkeit, eine Testmarktuntersuchung durchführen zu lassen, deren Kosten 60 000 Euro betragen. Die drei Testmarktresultate

y_1: günstiges Ergebnis,
y_2: mittleres Ergebnis,
y_3: ungünstiges Ergebnis

werden in Betracht gezogen. Aus den Testmarktresultaten (die wie Stichprobenrealisationen zu behandeln sind) kann nicht mit Sicherheit auf die Situation des Gesamtmarktes geschlossen werden. Über die Verlässlichkeit eines Testmarktresultates y in Bezug auf die tatsächliche Marktsituation z bestehen Erfahrungen in Gestalt der Likelihoods $f(y|z)$ gemäß folgender Tabelle:

	y_1	y_2	y_3
z_1	0,6	0,3	0,1
z_2	0,3	0,5	0,2
z_3	0,1	0,2	0,7

a) Man gebe alle Strategien an, die der Unternehmung bei Durchführung der Testmarktuntersuchung zur Verfügung stehen.

b) Man bestimme eine Bayes-Strategie bezüglich der a-priori-Verteilung

$$\varphi = \left(\frac{1}{10}, \frac{4}{10}, \frac{5}{10}\right).$$

c) Soll die Testmarktuntersuchung überhaupt durchgeführt werden? Man berechne die zur Testmarktuntersuchung gehörenden Werte *EWSI* und *ENGS*.

Aufgabe 6.7

Eine Ölgesellschaft besitzt die Bohrrechte für ein bestimmtes Stück Land.[18] Bevor die Rechte verfallen, steht die Ölgesellschaft vor der Entscheidung, ob eine Bohrung durchgeführt werden soll (a_1) oder nicht (a_2). Eine Bohrung verursacht Kosten in Höhe von 100 000 Euro. Sollte die Bohrung Erfolg haben, so würde die Gesellschaft die Rechte sofort für 500 000 Euro weiterverkaufen. Die a-priori-Wahrscheinlichkeit dafür, dass die Gesellschaft im Falle einer Bohrung Öl findet, beträgt 0,22. Ferner hat die Ölgesellschaft die Möglichkeit, durch ein seismisches Schallexperiment, das 20 000 Euro kosten wird, relativ genaue Vor-

[18] Vgl. Feichtinger (1972). Falls Vorkenntnisse bezüglich des für den Rechengang benutzten Roll-Back-Verfahrens fehlen, sollte dem Lösungsversuch eine Lektüre des Kapitels 9 vorangehen.

stellungen über die Bodenbeschaffenheit zu bekommen. Drei mögliche Testergebnisse werden unterschieden:

y_1: die Bodenstruktur ist für Ölvorkommen ungünstig,
y_2: wenig günstig,
y_3: günstig.

Aus der Erfahrung heraus rechnet die Gesellschaft damit, dass das Testergebnis y_1 mit Wahrscheinlichkeit 0,6, y_2 mit 0,3 und y_3 mit 0,1 eintritt. Weiterhin lehrt die Erfahrung, dass bei einem Testergebnis von y_1 die Chance, Öl zu finden, 0,1 beträgt; bei y_2 beträgt sie 0,3 und bei y_3 beträgt sie 0,7.

Die Praxis hat gezeigt, dass es sinnvoll ist, für die Ölgesellschaften konkave Nutzenfunktionen, also Risikoaversion zu unterstellen (Grayson, 1960). Für diese Gesellschaft sei die Nutzenfunktion (in Tausend Euro)

$$u(x) = 8 - \frac{12\,000}{x + 1\,600}$$

gegeben. Was soll die Gesellschaft tun?

7. Entscheidungen bei bewusst handelnden Gegenspielern; Grundbegriffe der Spieltheorie

7.1 Spielsituationen

Nur Entscheidungssituationen bei Sicherheit besitzen die Eigenschaft, dass die Konsequenzen eigener Aktionen ausschließlich durch diese eigenen Handlungen selbst bestimmt sind. Bei allen anderen Entscheidungssituationen hängen die Konsequenzen der eigenen Aktionen noch von Umständen ab, die der Entscheidungsträger nicht unter Kontrolle hat. So werden in Entscheidungssituationen bei Risiko bzw. Ungewissheit die Handlungskonsequenzen maßgeblich von zufälligen bzw. ungewissen Zuständen beeinflusst. Fasst man das Umfeld als einen fiktiven Gegenspieler auf, so lassen sich bereits die Kapitel 4, 5 und 6 als Teile der Spieltheorie auffassen. Da Zweipersonenspiele mit einem fiktiven Spieler somit schon ausgiebig genug behandelt worden sind, wollen wir uns in diesem Kapitel mit Entscheidungssituationen beschäftigen, bei denen sich zwei oder mehrere bewusst handelnde Entscheidungsträger gegenüberstehen. Solche Entscheidungssituationen, wir wollen sie Spielsituationen nennen, treten nicht nur bei Gesellschaftsspielen, sondern bei fast allen praktisch bedeutsamen Konfliktsituationen im ökonomischen, politischen oder militärischen Bereich auf.

Das gemeinsame Charakteristikum der Spielsituationen besteht darin, dass die Konsequenzen der Aktion eines Entscheidungsträgers von den Aktionen abhängen, die die restlichen Entscheidungsträger ergreifen. So bestehen bei Lohnkämpfen die Aktionen der Arbeitnehmer aus den verschiedenen Lohnforderungen sowie (Streik-)Drohungen, während die Aktionen der Arbeitgeber aus verschiedenen Lohnzugeständnissen sowie (Aussperrungs-)Drohungen bestehen; es ist klar, dass die Konsequenzen von den Aktionen beider Seiten abhängen. So bestehen bei einer Versteigerung, bei der N Firmen unabhängig voneinander ihr Angebot einreichen, die Aktionen aus den verschiedenen Angeboten. Jede Firma ist bestrebt, das Höchstgebot zu liefern, jedoch dabei noch so billig wie möglich davonzukommen; die Konsequenzen der Aktion einer Firma hängen also von den Aktionen der restlichen $N-1$ Firmen ab. Betrachten wir als weiteres typisches Beispiel die Oligopolsituation, bei der N Mineralölgesellschaften oder N Waschmittelfabrikanten oder N Zigarettenfirmen usw. den Markt beherrschen. Diese N Entscheidungsträger werden als die **Spieler** des N-Personenspiels bezeichnet. Die Aktionen, die den einzelnen Spielern zur Verfügung stehen, werden in der Spieltheorie als **Strategien** bezeichnet.

Welche Strategien die einzelnen Oligopolisten zur Verfügung haben, hängt von der konkreten Situation ab; es kommen beispielsweise verschiedene Produktdifferenzierungen, verschiedene Marketingkonzeptionen usw. in Betracht. Beim Einproduktoligopol können die jeweils auf den Markt gebrachten Mengen bzw. die geforderten Preise die Strategien der einzelnen Oligopolisten darstellen. Setzt jeder Oligopolist eine seiner Strategien ein, so ist eine **Partie** des (Oligopol-)Spiels gespielt; allgemein kann also eine Partie durch ein N-Tupel von Strategien charakterisiert werden. Ist eine Partie gespielt, so stehen für jeden Spieler die resultierenden Konsequenzen fest. Die Funktionen, die in Abhängigkeit von den ausgewählten Strategien die Konsequenzen für die einzelnen Spieler angeben, werden in der Spieltheorie als **Auszahlungsfunktionen** u_i bezeichnet. Es gibt bei einem N-Personenspiel also N Auszahlungsfunktionen, eine für jeden Spieler.

Die Grundlagen der Spieltheorie wurden von v. Neumann/Morgenstern (1947) außerordentlich breit und allgemein konzipiert; so wurden Spiele mit verschiedenen Spieleranzahlen in Betracht gezogen, Spiele mit und ohne Zufallszüge, Spiele mit unterschiedlichen Informationsstrukturen, Spiele mit unterschiedlichen Kooperationsmöglichkeiten usw. Deshalb lässt sich fast jeder in der Praxis vorkommenden Konfliktsituation ein adäquates spieltheoretisches Modell zuordnen. Diese Zuordnungsmöglichkeit bedeutet allerdings nicht, dass damit stets eine allgemein akzeptierte Lösung aus der Spieltheorie übernommen werden könnte; in vielen Fällen kann damit lediglich die Problematik der Konfliktsituation transparenter gemacht werden. Da auf unterschiedliche Weise präzisiert werden kann, was unter „rationalem Verhalten" zu verstehen ist, existieren verschiedene Lösungskonzepte und somit auch verschiedene Definitionen (und Berechnungsmöglichkeiten) für optimale Strategien.

7.2 Klassifikation und grundlegende Definitionen

Spiele, bei denen die Spieler in jeder Partie unabhängig voneinander nur einen Zug auszuführen haben, werden als **Spiele in Normalform** bezeichnet; beispielsweise ist beim (statischen) Preisdyopol eine Partie bereits dann gespielt, wenn sich jeder Dyopolist für eine Preisfestsetzung entschieden hat. Andererseits gibt es – z. B. unter den Gesellschaftsspielen – viele Spiele, bei denen die Spieler in jeder Partie häufiger am Zuge sind. Diese Spiele heißen **Spiele in extensiver Form**; sie können durch einen Kunstgriff ebenfalls auf Spiele in Normalform zurückgeführt werden. Ein Beispiel mag dies erläutern. Das betrachtete Spiel ist unter der Bezeichnung „Nim-Spiel" bekannt. Es stammt zwar nicht aus der betrieblichen Praxis und ist außerdem so simpel, dass es als Gesellschaftsspiel kaum üblich ist; dennoch ist es zur Klärung einiger Begriffe gut geeignet.

Das Nim-Spiel wird nach folgenden Regeln gespielt: Von einem ursprünglich 20 Hölzchen umfassenden Stapel nehmen die Spieler nacheinander (und für die anderen Spieler sichtbar) entweder 1, 2, 3, 4 oder 5 Hölzchen; Sieger ist derjenige, der das letzte Hölzchen nimmt. Wir nehmen an, dass $N = 2$ Spieler beteiligt sind. Es sei α_i bzw. β_i die Anzahl der von Spieler 1 bzw. Spieler 2 beim i-ten Zug genommenen Hölzchen; Spieler 1 sei der als Erster ziehende Spieler. Welche Wahl von α_i, β_i ist für die Spieler optimal? Kann einer der beiden Spieler den Sieg erzwingen, das heißt, gewinnt er bei geeigneter Spielweise, ohne dass der Gegenspieler dies durch noch so geschicktes Verhalten verhindern kann?

Da das Spiel eine einfache Struktur besitzt, können diese Fragen leicht beantwortet werden. Spieler 1 kann den Sieg erzwingen; er braucht dazu nur nach folgendem Plan zu spielen:

$\alpha_1 = 2$ (darauf werden β_1 Hölzchen von Spieler 2 genommen),
$\alpha_2 = 6 - \beta_1$ (darauf werden β_2 Hölzchen von Spieler 2 genommen),
$\alpha_3 = 6 - \beta_2$ (darauf werden β_3 Hölzchen von Spieler 2 genommen),
$\alpha_4 = 6 - \beta_3$ (damit hat Spieler 1 das letzte Hölzchen genommen und gewonnen).

Der Plan, der Spieler 1 den Sieg bringt, besteht also aus der unbedingten Anweisung, beim ersten Zug 2 Hölzchen zu ziehen und aus den bedingten Anweisungen (bedingt durch die Informationen aus den Zügen des Gegenspielers), beim zweiten, dritten und vierten Zug $6 - \beta_1$, $6 - \beta_2$ und $6 - \beta_3$ Hölzchen zu nehmen.

Die Beschreibung dieses speziellen Plans ist bewusst so ausführlich gehalten, weil dadurch der für die Spieltheorie fundamentale Begriff der Strategie verdeutlicht werden soll. Allgemein bezeichnet man als **Strategie** des Spielers i einen Plan, der für jede Information, die dem Spieler i im Zeitpunkt der Ausführung eines Zuges zur Verfügung stehen kann, eine (bedingte) Anweisung enthält, wie der Zug auszuführen ist. Der spieltheoretische Begriff der Strategie deckt sich demnach mit dem in Abschnitt 6.3 betrachteten Begriff einer (die Stichprobeninformation verwertenden) Strategie.

Eine Strategie ist also eine Liste von Abbildungen (für jeden Zug eine), die die Menge der potenziellen Informationen in die Menge der (durch die Spielregeln) zugelassenen Zugmöglichkeiten abbilden. Oder noch kürzer ausgedrückt: Eine Strategie ist ein vollständiger Verhaltensplan. In unserem Beispiel besitzt Spieler 1 beim ersten Zug naturgemäß noch keine Information über gegnerische Züge; da die 5 Zugmöglichkeiten $\alpha_1 = 1, 2, 3, 4, 5$ offenstehen, gibt es auch nur 5 mögliche Anweisungen. Beim zweiten Zug dagegen besitzt Spieler 1 die 25 potenziellen Informationen (α_1, β_1); da wiederum jeweils 5 Zugmöglichkeiten offenstehen, gibt es $5^{25} \approx 3 \cdot 10^{17}$ verschiedene Anweisungen, den Zug auszuführen. Man erkennt, wie groß bereits bei diesem einfachen Spiel die Strategienmengen werden können. Es lässt sich leicht vorstellen, dass die Anzahl der Strategien beim Schach ungleich größer ist.

Angesichts der u. U. gigantischen Anzahl möglicher Strategien drängt sich die skeptische Frage auf, was durch die Einführung des relativ komplexen Begriffs der Strategie gewonnen ist. Der Gewinn besteht darin, dass durch den Begriff der Strategie die eingangs des Abschnitts erwähnte Zurückführung eines beliebigen Spiels auf ein Spiel in Normalform gelingt; denn entscheidet sich jeder der Spieler für eine seiner Strategien, so ist dadurch die resultierende Partie bzw. das entsprechende Baumende eindeutig festgelegt. Wir brauchen deshalb nur noch Spiele zu betrachten, bei denen die Spieler unabhängig voneinander jeweils nur einen Zug, nämlich die Auswahl einer Strategie, durchzuführen haben. Die damit gewonnene formale Vereinfachung ist ganz beträchtlich.

7.2.1 Baumdarstellung

Bevor wir uns den Spielen in Normalform zuwenden, wollen wir noch kurz die **Baumdarstellung eines Spiels in extensiver Form** betrachten: Die Knoten des Baumes stellen die möglichen Spielsituationen dar; die in den Knoten notierte Zahl gibt den Spieler an, der gerade am Zug ist. Die Kanten stellen jeweils die verschiedenen Zugmöglichkeiten dar. Da jedes Baumende eine Partie charakterisiert, schreibt man an die Baumenden die entsprechende Auszahlung für die N verschiedenen Spieler in Form eines N-Tupels $(u_1, u_2, \ldots, u_N)$. In unserem Beispiel ergibt sich der in Abbildung 7.1 (nur partiell) skizzierte Spielbaum. Da der komplette Baum sehr breit ist und sowohl die Zahl der Züge als auch die am Schluss der Partie verbleibenden Zugmöglichkeiten vom Verlauf der Partie selbst abhängen, fällt eine exakte Baumdarstellung bereits relativ schwer.

Ist jeder Spieler dann, wenn er einen Zug auszuführen hat, über den bisherigen Verlauf der Partie völlig informiert, so spricht man von einem **Spiel mit vollkommener (oder perfekter) Information**; andernfalls spricht man von einem Spiel mit unvollkommener (oder imperfekter) Information. Der unterschiedliche Informationsstand eines oder einiger Spieler sowie eventuell vorgesehene

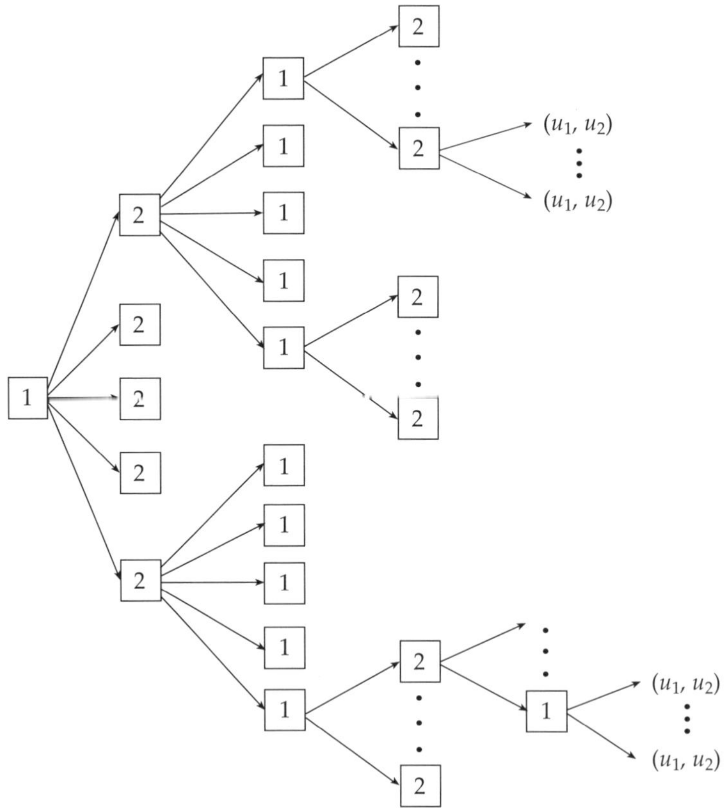

Abb. 7.1: Skizze eines Spielbaumes beim Nim-Spiel

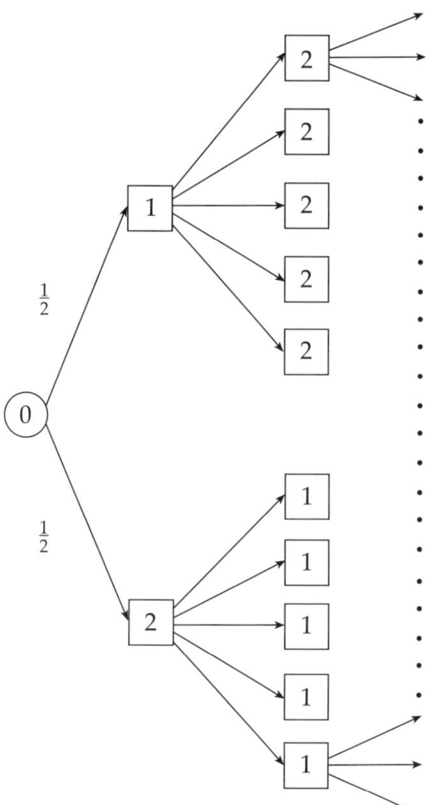

Abb. 7.2: Nim-Spiel mit Münzwurf als Start

Zufallszüge können in der Baumdarstellung ebenfalls veranschaulicht werden. Zufallszüge können in der Baumdarstellung als Züge eines fiktiven Spielers 0 berücksichtigt werden; an die Kanten, die von einem mit 0 beschrifteten Knoten wegführen, schreibt man die entsprechenden Wahrscheinlichkeiten. Wird in unserem Beispiel durch einen Münzwurf entschieden, welcher Spieler beginnt, so sieht die neue Baumwurzel wie in Abbildung 7.2 aus.

Unterschiedliche Informationsstände eines Spielers können dadurch berücksichtigt werden, dass gewisse Spielsituationen (= Knoten) zu **Informationsmengen** zusammengefasst werden; kann der Spieler bei einigen Spielsituationen (ohne Verletzung der Spielregeln) nicht entscheiden, welches die tatsächlich eingetretene Spielsituation ist, so werden diese zu einer Informationsmenge zusammengefasst und in der Baumdarstellung eingekreist. Beginnt ein Spiel mit einem Zufallszug, dessen Ergebnis allen Spielern unbekannt ist (z. B. Kartenverteilung beim Skat), und ist dann Spieler 1 am Zuge, so enthält der Spielbaum, wie in Abbildung 7.3 skizziert, unmittelbar nach der Wurzel eine umfangreiche Informationsmenge.

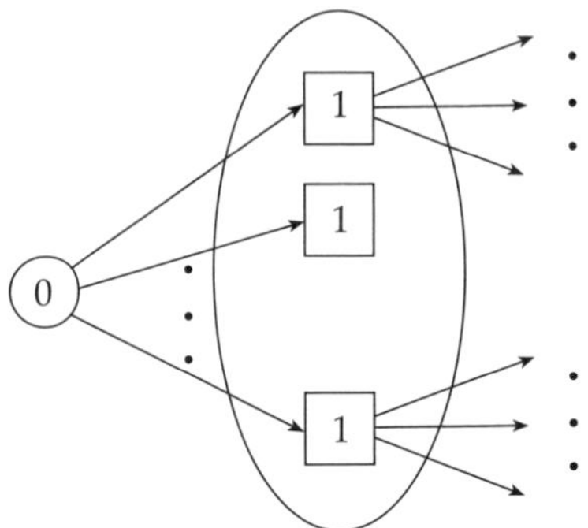

Abb. 7.3: Spielbaum mit einer Informationsmenge

7.2.2 Spiele in Normalform

Nun wollen wir uns den N-Personen-Spielen in Normalform zuwenden. Wir bezeichnen die **Strategienmenge** des i-ten Spielers mit A_i. Wählen die N Spieler unabhängig voneinander jeweils eine ihrer Strategien aus, so ist durch das resultierende Strategien-N-Tupel

$$(a_1, a_2, \ldots, a_N)$$

eindeutig eine Partie festgelegt. Bezeichnen wir die Auszahlungsfunktion des i-ten Spielers mit u_i, so erhält Spieler i bei dieser Partie eine Auszahlung von

$$u_i(a_1, a_2, \ldots, a_N) .$$

Die Auszahlungsfunktionen $u_1, u_2, \ldots, u_N$ sind jeweils auf dem kartesischen Produkt $A_1 \times A_2 \times \cdots \times A_N$ definierte Funktionen[1]:

$$u_i : A_1 \times A_2 \times \cdots \times A_N \to \mathbb{R} \quad (i = 1, \ldots, N) .$$

Für einige Teile der Spieltheorie reicht ein ordinaler Nutzen u_i aus, für die meisten Teile benötigt man jedoch u_i als Bernoulli-Nutzen. Wir werden an geeigneten Stellen nochmals darauf hinweisen.

Da ein N-Personenspiel Γ in Normalform durch die N Strategienmengen und die N Auszahlungsfunktionen vollständig beschrieben ist, können wir Γ folgendermaßen charakterisieren:

$$\Gamma = (A_1, A_2, \ldots, A_N; u_1, u_2, \ldots, u_N) .$$

Bei $N = 2$ Personen schreibt man meistens A an Stelle von A_1 und B an Stelle von A_2 und somit $\Gamma = (A, B; u_1, u_2)$. Sind dabei A und B endliche Mengen, also $A = \{a_1, \ldots, a_m\}$, $B = \{b_1, \ldots, b_n\}$ – man spricht dann von einem **endlichen Zweipersonenspiel** –, so können die Auszahlungen matriziell angegeben werden, genauer in Form einer **Bimatrix** mit den Auszahlungspaaren

[1] Enthält das Spiel in extensiver Form noch Zufallszüge, so geht man, damit die Auszahlung eine reelle Zahl und keine Zufallsvariable wird, zum Erwartungswert über und nimmt diesen als Auszahlung.

$(u_1(a_i, b_j), u_2(a_i, b_j))$ an Position (i, j), $i = 1, \ldots, m$; $j = 1, \ldots, n$. Dies sei anhand folgenden Zweipersonenspiels verdeutlicht, in dem auch nochmals der Übergang von extensiver Form zur Normalform, aber auch die unterschiedliche Handhabung von perfekter bzw. imperfekter Information sichtbar werden. Auf dieses Spiel werden wir im Verlauf von Kapitel 7 unter dem Stichwort **„Zahlenwahlspiel"** noch mehrmals eingehen.

Dieses Zahlenwahlspiel ist dadurch charakterisiert, dass der Spieler 1 eine Zahl $x \in \{1, 2\}$ und der Spieler 2 eine Zahl $y \in \{1, 2\}$ auszuwählen hat und dabei folgende Auszahlungen resultieren (die beiden Spielern bekannt sind): Spieler 1 erhält das Ergebnis $x - 1$, falls Spieler 2 die Wahl $y = 1$ trifft, bzw. das Ergebnis $x + 2$, falls Spieler 2 die Wahl $y = 2$ trifft. Für Spieler 2 ergibt sich die Auszahlung $1 + y$, falls Spieler 1 sich für $x = 1$ entscheidet, bzw. die Auszahlung $2 - y$, falls Spieler 1 die Entscheidung $x = 2$ fällt. Bezüglich der Durchführung des Spiels unterscheiden wir zwei Fälle:

a) Nennen beide Spieler ihre Zahlen x bzw. y gleichzeitig, so ist das Spiel von vorneherein in Normalform gegeben mit $A = \{a_1, a_2\}$ und $B = \{b_1, b_2\}$, wobei a_i bzw. b_j bedeutet: $x = i$ bzw. $y = j$. Aus obiger Beschreibung erhält man – wie man sich für die einzelnen Positionen (i, j) leicht klarmacht – folgende Auszahlungsbimatrix:

$$U = \begin{pmatrix} (0, 2) & (3, 3) \\ (1, 1) & (4, 0) \end{pmatrix} .$$

In einer ersten Analyse erkennt man bereits: Spieler 1 erhält durch a_2 sowohl bei b_1 als auch bei b_2 ein (jeweils um 1) höheres Ergebnis als durch a_1; rechnet Spieler 2 daher mit a_2, so wird er sich für b_1 entscheiden. Für beide Spieler resultiert dann die Auszahlung 1.

b) Nun gehen wir davon aus, dass Spieler 2, wenn er y zu nennen hat, bereits die von Spieler 1 genannte Zahl x kennt. Damit ist das Spiel zunächst in extensiver Form – durch die Baumdarstellung in Abbildung 7.4 – gegeben. Offensichtlich hat Spieler 1 wieder die beiden Strategien a_1 und a_2 zur Aus-

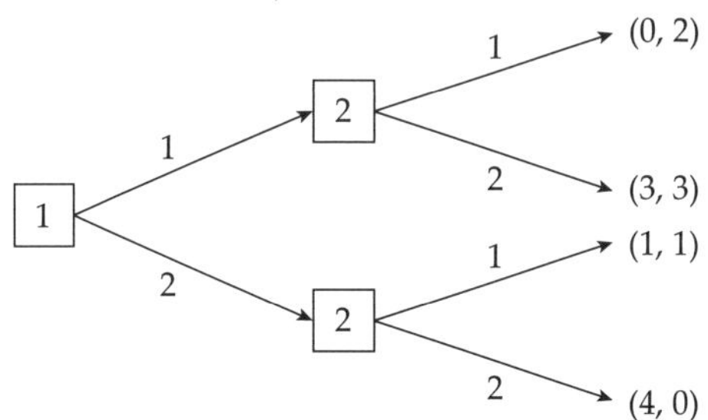

Abb. 7.4: Spielbaum im Fall b) des Zahlenwahlspiels

wahl, wobei a_i für die Wahl $x = i$ steht. Spieler 2 verfügt hingegen nunmehr über $2 \cdot 2 = 4$ Strategien, die gemäß

$$b_1 = \binom{1}{1}, \quad b_2 = \binom{1}{2}, \quad b_3 = \binom{2}{1}, \quad b_4 = \binom{2}{2}$$

darstellbar sind, wobei in b_j jeweils der obere Wert die y-Wahl nach $x = 1$ und der untere Wert die y-Wahl nach $x = 2$ angibt. Überführt man dieses Spiel in Normalform, so erhält man die Auszahlungsbimatrix

$$U = \begin{pmatrix} (0,2) & (0,2) & (3,3) & (3,3) \\ (1,1) & (4,0) & (1,1) & (4,0) \end{pmatrix}.$$

deren Spalten den Strategien b_j (mit $j = 1, \ldots, 4$) entsprechen. In einer ersten Analyse dieses Falls erkennt man, dass es für Spieler 2 offenkundig optimal ist, nach $x = 1$ die Wahl $y = 2$ bzw. nach $x = 2$ die Wahl $y = 1$ zu treffen. Somit sollte sich Spieler 2 für b_3 entscheiden; da Spieler 1 dies antizipiert, trifft er die Entscheidung a_1, und für beide resultiert die Auszahlung 3 (siehe dazu in Abschnitt 7.4.4 den Begriff teilspielperfektes Gleichgewicht).

Laut Beschreibung – und Baumdarstellung – handelt es sich in Fall b) um ein Spiel mit perfekter Information. In Fall a) hingegen, in dem keiner der beiden Spieler bei Festlegung seiner Zahl die vom jeweils anderen gewählte Zahl kennt, liegt ein Spiel mit imperfekter Information vor. Im Übrigen ist dabei die Gleichzeitigkeit der Zahlenwahlen nicht entscheidend; die Situation wäre unverändert, wenn Spieler 1 zuerst seine Zahl festlegt, das Ergebnis aber vor Spieler 2 verdeckt hält. Der Entscheidungsbaum in Abbildung 7.5 mit eingetragener Informationsmenge von Spieler 2 ist demnach geeignet als Darstellung von Fall a).

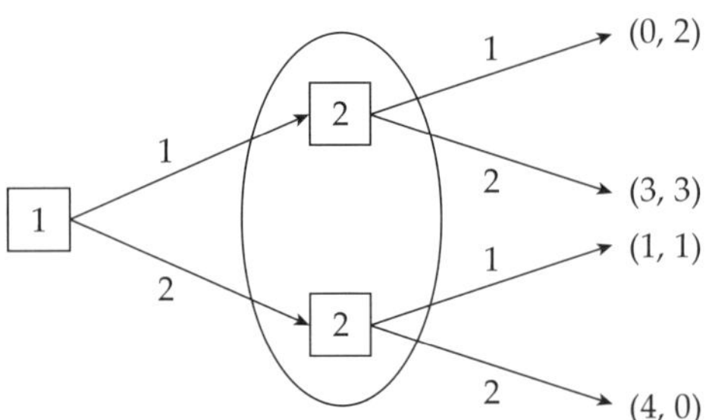

Abb. 7.5: Spielbaum im Fall a) des Zahlenwahlspiels

Man kann sich natürlich fragen, ob es realistisch ist anzunehmen, dass alle Spieler über die Charakteristika (Strategienmengen und Auszahlungsfunktionen) der restlichen Spieler vollständig informiert sind. Sobald dieser Fall vorliegt, spricht man deshalb auch von einem **Spiel mit vollständiger Information**. Die Daten von Γ sind dann gemeinsames Wissen (common knowledge) aller Spieler. Sobald Informations-Asymmetrien vorherrschen, ist eine Modellierung durch Spiele mit unvollständiger Information angemessener. Dieser Fall liegt beispielsweise dann vor, wenn die Kostenfunktion und damit auch die Auszahlungsfunktion eines Dyopolisten dem Konkurrenten nicht bekannt ist. Wie Harsanyi (1967) jedoch gezeigt hat, kann ein Spiel mit unvollständiger Information mithilfe eines fiktiven Spielers 0 und des Begriffs der Informationsmenge (analog zu Abbildung 7.3) auf ein Spiel mit vollständiger Information zurückgeführt werden. Ist etwa die Auszahlungsfunktion u_1 den restlichen Spielern

$2, 3, \ldots, N$ unbekannt, so „würfelt“ der Spieler 0 das wahre u_1 (= Typ des Spielers 1) aus und teilt das Ergebnis nur dem Spieler 1 mit. Nach Harsanyi wird das resultierende Spiel mit vollständiger Information als **bayessches Spiel** bezeichnet, da die Analogie zu der (in Abschnitt 6.4 skizzierten) Bayes-Analyse ganz offensichtlich ist. Denn in dieser wird der wahre Zustand ϑ gemäß der a-priori-Verteilung „ausgewürfelt“, aber nicht öffentlich bekannt gemacht. Genaueres über bayessche Spiele ist z. B. bei Wiese (2002) und Holler/Illing (2009) zu finden. Wegen der angedeuteten Zurückführungsmöglichkeit werden im Rest des Kapitels jedoch ausschließlich Spiele mit vollständiger Information analysiert.

Zunächst wollen wir uns mit der konkreten Ermittlung von Strategienmengen und Auszahlungsfunktionen anhand des Einprodukt-Dyopols (mit vollständiger Information) beschäftigen.

7.2.3 Das Dyopol

a) Bei einem Mengendyopol stellt jede in der betrachteten Zeitperiode auf den Markt geworfene Quantität a_i eine Strategie des Dyopolisten i dar; demnach ist

$$A_i = [0; c_i] \quad (i = 1, 2) ,$$

wobei c_i die Kapazitätsgrenze des Dyopolisten i bedeutet und A_i die Strategienmenge des Dyopolisten i. Bezeichnen wir die Kostenfunktionen mit K_1 bzw. K_2 und die inverse Nachfragefunktion mit $p = f(q)$, wobei p den Preis angibt, zu dem genau q Einheiten auf dem Markt nachgefragt werden, und nehmen wir schließlich an, dass der Gewinn als relevante Auszahlung gilt, so ist

$$u_i(a_1, a_2) = a_i f(a_1 + a_2) - K_i(a_i) .$$

Insgesamt sieht die Normalform des Mengendyopols dann folgendermaßen aus:

$$\Gamma = ([0; c_1], [0; c_2]; a_1 f(a_1 + a_2) - K_1(a_1), a_2 f(a_1 + a_2) - K_2(a_2)) .$$

b) Beim Preisdyopol stellen die von den Dyopolisten geforderten Preise die Strategien dar. Falls wir uns keine Mühe mit der Aussonderung praktisch irrelevanter Preise machen, können wir

$$A_i = [0; \infty) \quad (i = 1, 2)$$

annehmen. Die Nachfragefunktion für den Dyopolisten i sei f_i; der Dyopolist i kann also mittels seiner Vertriebsorganisation bei den Preisen a_1, a_2 genau $f_i(a_1, a_2)$ Einheiten absetzen. Bezeichnen wir wieder die Kostenfunktionen mit K_i und unterstellen wir, dass nur die Gewinne interessieren, so ist

$$u_i(a_1, a_2) = a_i f_i(a_1, a_2) - K_i(f_i(a_1, a_2)) .$$

c) Falls neben Preisvariationen noch weitere Aktionen mitberücksichtigt werden sollen – etwa die Werbung – so lässt sich die Dyopolsituation natürlich ebenfalls noch als Zweipersonenspiel in Normalform darstellen; die Strategienmengen A_i und die Auszahlungsfunktionen sehen dann allerdings komplizierter aus.

Können beispielsweise vom Dyopolisten i in der betrachteten Zeitperiode bis zu d_i Geldeinheiten für die Werbung ausgegeben werden, so besteht eine Strategie a_i aus einem Paar (p_i, w_i), wobei p_i den Preis und w_i den Werbeaufwand des Dyopolisten i bedeute. Man erhält so die Strategienmengen

$$A_i = [0; \infty) \times [0; d_i] \quad (i = 1, 2)\,.$$

Die Auszahlungsfunktionen

$$u_i(a_1, a_2) = u_i(p_1, w_1; p_2, w_2) \quad (i = 1, 2)$$

wären (wenn die Werbewirkungen noch unbekannt sind) erst empirisch zu ermitteln.[2]

7.2.4 Klassifikation; Programm dieses Kapitels

Kehren wir nach diesem Exkurs über das Dyopolspiel nun wieder zu den N-Personenspielen zurück. Ein Spiel

$$\Gamma = (A_1, \ldots, A_N; u_1, \ldots, u_N)$$

heißt **Konstantsummenspiel**, wenn es eine Konstante c gibt, so dass für jede Partie $(a_1, \ldots, a_N)$ die Auszahlungssumme

$$\sum_{i=1}^{N} u_i(a_1, \ldots, a_N)$$

gleich c ist; speziell für $c = 0$ heißt das Spiel ein **Nullsummenspiel**. Zweipersonennullsummenspiele werden uns im Abschnitt 7.3 ausführlicher beschäftigen. Da bei Zweipersonennullsummenspielen der Gewinn des einen Spielers gleich dem Verlust des anderen Spielers ist, können die Spieler ihre Situation dadurch nicht verbessern, dass sie zu kooperieren versuchen. Bei Mehrpersonenspielen ($N \geqq 3$) oder Zweipersonenspielen, die die Null- bzw. Konstantsummenbedingung verletzen, kann eine Kooperation (falls sie durch die Spielregeln zugelassen ist) durchaus sinnvoll sein. Aus verständlichen Gründen versucht man beispielsweise durch Gesetze, bei Dyopolen oder Oligopolen eine Kooperation zwischen den Spielern zu verhindern; andererseits gibt es Aushandlungsprozesse (z. B. Tarifverhandlungen), bei denen ein kooperatives Modell angemessener erscheint. Bei kooperativen Spielen setzen die Spieler ihre Strategien nicht mehr unabhängig voneinander ein; vielmehr einigen sich die

---

[2] Steht zusätzlich noch die Aufteilung des Werbeetats auf verschiedene Werbemedien zur Debatte, etwa auf Presse, Rundfunk und Fernsehen, so besteht jede Strategie a_i aus einem Quadrupel (Preis p_i und die Werbeaufwendungen für drei Medien). Treten schließlich an die Stelle der kurzfristigen Gewinnmaximierung andere Zielsetzungen, etwa eine ruinöse Konkurrenz mit dem langfristigen Ziel, Monopolist zu werden, so kann dies formal durch geeignete Wahl der Strategien (= langfristige Unternehmenspolitiken) und der Auszahlungsfunktionen erfasst werden.

Spieler einer Spielkoalition auf eine gemeinsame Strategienwahl. Dabei ergeben sich natürlich die Fragen: Welche Koalitionen kommen zu Stande? Auf welche gemeinsamen Vorgehensweisen sollen sich die Koalitionen einigen? Wie soll der Koalitionsgewinn auf die Koalitionsmitglieder aufgeteilt werden? Der Beantwortung dieser Fragen ist ein großer Teil der spieltheoretischen Literatur gewidmet.

Wir können uns im Rahmen dieses Kapitels natürlich nicht mit allen spieltheoretischen Problemen beschäftigen. Nichtkooperative Spiele werden in den Abschnitten 7.3 und 7.4 behandelt; zuerst in 7.3 Zweipersonennullsummenspiele, dann in 7.4 allgemeine Zweipersonenspiele. Die Behandlung nichtkooperativer N-Personenspiele erübrigt sich, da gegenüber dem Fall $N = 2$ keine grundlegend neuen Aspekte auftauchen. Die Abschnitte 7.5 und 7.6 sind der Theorie kooperativer Zweipersonenspiele bzw. N-Personenspiele gewidmet. Nicht behandelt werden beispielsweise kooperative Spiele mit nicht-transferierbaren Nutzen, bei denen es also keinen Sinn hat, nach der Aufteilung des Koalitionsgewinns auf die Koalitionsmitglieder zu fragen. Nicht behandelt werden Probleme, die sich daraus ergeben, dass vor jedem Zug eines Spielers den Gegenspielern die Möglichkeit eingeräumt wird, auf jeden der bevorstehenden Züge eine Seitenzahlung zu versprechen.[3]

Nicht behandelt werden Differenzialspiele, also Spiele, bei denen alle Spieler versuchen, den Zustand eines dynamischen Systems in ihrem Sinne geeignet zu beeinflussen. In dem Extremfall, dass nur ein einziger Spieler beteiligt ist, reduziert sich das Differenzialspiel auf ein Problem der optimalen Kontrolle. Nicht behandelt werden ferner alle Probleme, die mit dem häufigen Wiederholen desselben Spiels verknüpft sind. Spielt man ein (Nichtkonstantsummen-)Zweipersonenspiel beispielsweise hundertmal hintereinander, so ist auch dann, wenn durch die Spielregeln eine Kooperation ausgeschlossen ist, bei intelligenten Spielern zu erwarten, dass sie sich nach einer gewissen Anlautzeit stillschweigend auf Partien einigen, die für beide ein relativ annehmbares Ergebnis bringen. Durch geeignete Strategienwahl eröffnen sich nämlich Möglichkeiten zum Signalisieren des eigenen Willens. Andererseits besteht in der letzten Partie für beide Spieler ein großer Anreiz, den Gegner „hereinzulegen", indem eine Partie angestrebt wird, die einem selbst (auf Kosten des Gegners) ein möglichst gutes Resultat bringt. Rein formal kann auch die hundertfache Wiederholung desselben Spiels wieder als ein Spiel in Normalform aufgefasst werden (so genanntes Superspiel), indem die Sequenzen aus 100 sukzessiven Strategienwahlen als neue Strategien aufgefasst werden. Primär interessiert jedoch bei dieser Abfolge von Partien, wie der eventuell einsetzende Lernprozess vor sich geht. Besonders intensiv beschäftigt sich Krelle (1968) mit diesen Problemen; wegen einer Anwendung solcher Superspiele auf das Dyopolproblem sei beispielsweise auch auf Cyert/DeGroot (1973) verwiesen. Eine Lehrbuchdarstellung der Theorie wiederholter Spiele kann beispielsweise bei Holler/Illing (2009) gefunden werden.

---

[3] Albers (1973) analysiert derartige Spiele, charakterisiert durch einige Forderungen einen eindeutigen Spielwert und untersucht optimale Verhaltensweisen.

7.2.5 Gleichgewichtspunkte

Wir wollen diesen Abschnitt mit einer grundlegenden Definition und zwei wichtigen Sätzen beschließen. Es ist zweckmäßig, diese hier vorzuziehen, da sie sonst in verschiedenen Abschnitten jeweils in spezieller Form neu formuliert werden müssten. In einem (nichtkooperativen) N-Personenspiel

$$\Gamma = (A_1, \ldots, A_N; u_1, \ldots, u_N)$$

heißt ein Strategien-N-Tupel $(a_1^*, \ldots, a_N^*)$ ein **Gleichgewichtspunkt** (genauer wäre die Bezeichnung „Gleichgewichtspartie"), wenn für alle $a_i \in A_i$ und alle $i = 1, \ldots, N$ die Ungleichung

$$u_i(a_1^*, \ldots, a_i^*, \ldots, a_N^*) \geqq u_i(a_1^*, \ldots, a_{i-1}^*, a_i, a_{i+1}^*, \ldots, a_N^*)$$

gilt. Dies bedeutet anschaulich, dass jedes Abweichen von der **Gleichgewichtsstrategie** a_i^* dann für den i-ten Spieler nicht vorteilhaft ist, wenn sämtliche anderen $N-1$ Spieler ihre Gleichgewichtsstrategie beibehalten. Deshalb kann ein Gleichgewichtspunkt als eine stabile Situation interpretiert werden; allerdings ist diese Situation nur stabil, wenn man als Verhaltenshypothese unterstellt, dass die Abweichung eines Spielers von seiner Gleichgewichtsstrategie die anderen Spieler nicht darin beirrt, an ihrer Gleichgewichtsstrategie festzuhalten.[4] Die Definition eines Gleichgewichtspunktes bedingt lediglich, dass für jeden Spieler die mit den verschiedenen Partien verknüpften Auszahlungen der Größe nach verglichen werden können. Offensichtlich benötigt eine auf Gleichgewichtspunkten basierende Theorie deshalb nur eine ordinale Nutzenmessung.[5]

In einem Zweipersonenspiel $\Gamma = (A, B; u_1, u_2)$ ist laut obiger Definition ein Strategienpaar (a^*, b^*) genau dann ein Gleichgewichtspunkt, wenn die beiden Strategien a^* und b^* **wechselseitig beste Antworten** sind. Deshalb kann man zur Bestimmung von Gleichgewichtspunkten wie folgt vorgehen:

- Spieler 1 bestimmt zu jedem $b \in B$ seine **beste Antwort** (auch **Bayes-Strategie**[6] gegen b genannt) gemäß

$$u_1(a, b) \to \max \quad \text{bezüglich} \quad a \in A\,,$$

- und Spieler 2 bestimmt zu jedem $a \in A$ seine beste Antwort (= Bayes-Strategie gegen a) gemäß

$$u_2(a, b) \to \max \quad \text{bezüglich} \quad b \in B\,.$$

---

[4] Dieses Gleichgewichtskonzept wurde von Nash (1951) eingeführt. Es ist in der Spieltheorie so etabliert, dass auf den eigentlich zur Präzisierung erforderlichen Zusatz „im Sinne von Nash" verzichtet wird. Vgl. hierzu auch die Diskussion am Ende von Abschnitt 7.4.

[5] Enthält das Spiel Zufallszüge oder werden – wie in den nächsten Abschnitten – Gleichgewichtspunkte in gemischten Strategien gesucht, so benötigt man allerdings wieder eine Bernoulli-Nutzenmessung.

[6] Die Bezeichnung „Bayes-Strategie" erklärt sich daraus, dass die Kenntnis der gegnerischen Strategie als eine spezielle a-priori-Verteilung (die die Wahrscheinlichkeit 1 auf diese gegnerische Strategie konzentriert) aufgefasst werden kann.

Anschließend lassen sich die Strategienpaare, die beste Antworten gegeneinander sind, meist leicht identifizieren.

In einem endlichen Zweipersonenspiel lässt sich diese Vorgehensweise wie folgt konkretisieren: Spieler 1 markiert – z. B. durch einen Querstrich oben – jedes Spaltenmaximum zu u_1, und Spieler 2 markiert – z. B. durch einen Querstrich unten – jedes Zeilenmaximum zu u_2. Genau die zu doppelt markierten Positionen (i^*, j^*) gehörenden Strategienpaare (a_{i^*}, b_{j^*}) sind dann die Gleichgewichtspunkte.

Im Fall a) des obigen **Zahlenwahlspiels** ergibt sich so

$$U = \begin{pmatrix} (0,2) & (3,\underline{3}) \\ (\overline{1},\underline{1}) & (\overline{4},0) \end{pmatrix}.$$

Folglich besitzt dieses Spiel genau einen Gleichgewichtspunkt, nämlich (a_2, b_1). Geht man analog dazu für den Fall b) des Zahlenwahlspiels vor,

$$U = \begin{pmatrix} (0,2) & (0,2) & (\overline{3},\underline{3}) & (3,\underline{3}) \\ (\overline{1},\underline{1}) & (\overline{4},0) & (1,\underline{1}) & (\overline{4},0) \end{pmatrix},$$

so erkennt man, dass dieses zwei Gleichgewichtspunkte besitzt, nämlich (a_1, b_3) und (a_2, b_1). Die Frage, ob beide Gleichgewichtspunkte gleichermaßen plausible Lösungen dieses Spiels darstellen, werden wir in Abschnitt 7.4 aufgreifen (und beantworten).

Weitere zentrale Fragen sind die nach der Existenz und den weiteren speziellen Eigenschaften von Gleichgewichtspunkten. Diese werden in den folgenden Abschnitten noch häufiger behandelt. Die zwei folgenden Existenzsätze über Gleichgewichtspunkte stammen von Kuhn (1953) bzw. Nikaido/Isoda (1955); übersichtliche Beweise sind z. B. bei Burger (1966, S. 31–37) nachzulesen. Satz 7.1 macht eine Aussage über Gleichgewichtspunkte bei Spielen mit vollkommener Information, bei denen jeder Spieler nur endlich oft am Zuge ist und dabei jeweils nur endlich viele Zugmöglichkeiten zur Verfügung hat; das Spiel besitzt dann einen endlichen Spielbaum. Neben diesen Voraussetzungen über die Struktur des Spiels werden keinerlei Voraussetzungen über die Form der Auszahlungsfunktionen benötigt.

Satz 7.1: *Jedes Spiel mit vollkommener Information und endlichem Baum besitzt mindestens einen Gleichgewichtspunkt.*

Satz 7.2 benötigt zwar starke Voraussetzungen über die Auszahlungsfunktionen, jedoch keine Voraussetzungen über die Informationsstruktur.

Satz 7.2: *Genügen die Strategienmengen sowie die Auszahlungsfunktionen des N-Personenspiels $\Gamma = (A_1, \ldots, A_N; u_1, \ldots, u_N)$ für $i = 1, \ldots, N$ den drei folgenden Bedingungen, so besitzt Γ mindestens einen Gleichgewichtspunkt.*

a) A_i ist eine abgeschlossene, beschränkte, konvexe Menge des $\mathbb{R}^{n_i}$ (die Dimension n_i kann für jedes i eine andere sein).

b) Die Auszahlungsfunktion u_i ist konkav bezüglich a_i bei festen $a_1, \ldots, a_{i-1}, a_{i+1}, \ldots, a_N$.

c) Die Auszahlungsfunktion u_i ist stetig in $a_1, \ldots, a_N$.

7.3 Zweipersonennullsummenspiele

Zweipersonennullsummenspiele sind durch die Normalform $\Gamma = (A, B; u_1, u_2)$ und $u_2 = -u_1$ charakterisiert. Da u_2 bereits durch u_1 festgelegt ist und man sich überflüssige Indizes sparen will, ist es zweckmäßig $u_1 = u$ zu setzen und das Zweipersonennullsummenspiel kürzer durch das Tripel

$$\Gamma = (A, B; u)$$

zu charakterisieren. Dabei gibt also $u(a, b)$ für jede Partie (a, b) den Gewinn von Spieler 1 und gleichzeitig den Verlust von Spieler 2 an.

Zweipersonennullsummenspiele bieten sich als Modelle für solche Entscheidungssituationen an, bei denen der Interessengegensatz zwischen zwei Entscheidungsträgern in der schärfsten Form auftritt. Zweipersonennullsummenspiele sind ferner für die Theorie der kooperativen N-Personennullsummenspiele von Bedeutung, da die Konfliktsituation zwischen einer Koalition und der Gegenkoalition auf ein Zweipersonennullsummenspiel führt. Schließlich erfordert die Behandlung von Zweipersonenkonstantsummenspielen gegenüber den Zweipersonennullsummenspielen aus folgendem Grund keine neue Theorie: Im Konstantsummenspiel

$$\Gamma = (A, B; u_1, u_2)$$

mit $u_1 + u_2 = c$ verhalten sich beide Spieler in strategischer Hinsicht vermutlich genauso wie im Nullsummenspiel

$$\bar{\Gamma} = \left(A, B; u_1 - \tfrac{c}{2}, u_2 - \tfrac{c}{2}\right),$$

bei dem jeder Spieler die Teilnahme an einer Partie mit einer zusätzlichen Prämie von $\frac{c}{2}$ honoriert bekommt.[7] Die Spiele Γ und $\bar{\Gamma}$ heißen strategisch äquivalent.

Für ein Zweipersonennullsummenspiel $\Gamma = (A, B; u)$ sind folgende Definitionen von Bedeutung: Sind die Strategienmengen A und B endlich, so bezeichnet man Γ als ein **Matrixspiel**. Für

$$A = \{a_1, a_2, \dots, a_m\} \quad \text{und} \quad B = \{b_1, b_2, \dots, b_n\}$$

sowie $u_{ij} = u(a_i, b_j)$ kann Γ durch die **Auszahlungsmatrix** (oder Spielmatrix)

$$U = (u_{ij}) = \begin{pmatrix} u_{11} & \cdots & u_{1n} \\ \vdots & \ddots & \vdots \\ u_{m1} & \cdots & u_{mn} \end{pmatrix}$$

vollständig beschrieben werden. Der Einsatz der Strategie a_i durch Spieler 1 entspricht der Wahl der i-ten Zeile der Auszahlungsmatrix und der Einsatz der Strategie b_j durch Spieler 2 entspricht der Wahl der j-ten Spalte; am Kreu-

---

[7] Diese Zerlegung des Konstantsummenspiels in ein Nullsummenspiel und eine Prämienzahlung bedingt natürlich, dass die Auszahlungen in einem transferierbaren und beliebig teilbaren Gut, also etwa in Geldeinheiten, erfolgen.

zungspunkt der gewählten Zeile und Spalte wird der Gewinn von Spieler 1 (und der Verlust von Spieler 2) eingetragen. Den weiteren Definitionen legen wir (obwohl sie allgemeiner gefasst werden können) stets das durch U gegebene Matrixspiel zu Grunde.

7.3.1 Gleichgewichtspunkte

In einem Matrixspiel erhält man die Gleichgewichtspunkte im Prinzip nach der in Abschnitt 7.2 beschriebenen Vorgehensweise, das heißt, Spieler 1 markiert in U durch einen Querstrich oben jedes Spaltenmaximum, und Spieler 2 markiert in U (wegen $u_2(a_i, b_j) = -u_{ij}$) durch einen Querstrich unten jedes Zeilenminimum. Genau die zu doppelt markierten Feldern gehörenden Strategienpaare sind dann die Gleichgewichtspunkte.

Im Spiel Γ_1 mit der Auszahlungsmatrix

$$U_1 = \begin{pmatrix} \overline{1} & \underline{-1} \\ \underline{-1} & \overline{1} \end{pmatrix}$$

ist z. B. a_1 eine Bayes-Strategie bezüglich b_1, während b_2 eine Bayes-Strategie bezüglich a_1 ist. Offensichtlich besitzt dieses Spiel keinen Gleichgewichtspunkt. Dagegen besitzt das Spiel Γ_2 mit der Auszahlungsmatrix

$$U_2 = \begin{pmatrix} \overline{4} & \underline{1} & 2 \\ 1 & \overline{5} & \underline{0} \\ \overline{4} & \underline{3} & \underline{\overline{3}} \end{pmatrix}$$

einen einzigen Gleichgewichtspunkt, nämlich (a_3, b_3), und das Spiel Γ_3 mit der Auszahlungsmatrix

$$U_3 = \begin{pmatrix} 4 & \overline{5} & \underline{\overline{2}} \\ \overline{6} & 3 & \underline{\overline{2}} \end{pmatrix}$$

die beiden Gleichgewichtspunkte (a_1, b_3) und (a_2, b_3).

7.3.2 Maximin-Strategien und Spielwerte

Bei Zweipersonennullsummenspielen ist auf Grund des gegebenen strikten Interessengegensatzes zwischen den beiden Spielern die Anwendung des Maximin-Prinzips ebenfalls ein sinnvoller Lösungsansatz.

Setzt Spieler 1 die Strategie a_i ein, so ist er sicher, dass sein Gewinn mindestens $\min_j u_{ij}$ beträgt. Nach der in Abschnitt 5.3 eingeführten Maximin-Regel ist dieser garantierte Mindestgewinn als Beurteilungsgröße für a_i zu verwenden und eine Strategie zu suchen, die den garantierten Mindestgewinn maximiert. Eine Strategie a_k heißt demnach **Maximin-Strategie** des Spielers 1, wenn

$$\min_j u_{kj} = \max_i \min_j u_{ij}$$

gilt. Dieser maximale Gewinn, den sich Spieler 1 aus eigener Kraft, nämlich durch Einsatz einer Maximin-Strategie, garantieren kann, wird als **unterer Spielwert** u_* bezeichnet:

$$u_* = \max_i \min_j u_{ij} .$$

Die entsprechenden Überlegungen kann nun Spieler 2 anstellen. Setzt er die Strategie b_j ein, so ist er sicher, dass sein Verlust höchstens $\max_i u_{ij}$ beträgt. Spieler 2 wird nach der Maximin-Regel[8] eine Strategie suchen, bei der dieser mögliche Maximalverlust minimal wird. Eine Strategie b_r ist demnach eine Maximin-Strategie des Spielers 2, wenn

$$\max_i u_{ir} = \min_j \max_i u_{ij}$$

gilt. Der Verlust, der für Spieler 2 nach Einsatz einer Maximin-Strategie im ungünstigsten Falle möglich ist, wird als **oberer Spielwert** u^* bezeichnet:

$$u^* = \min_j \max_i u_{ij} .$$

Es ist klar, dass der untere Spielwert u_* nicht größer als der obere Spielwert u^* sein kann. Setzen beide Spieler eine ihrer Maximin-Strategien, etwa a_k und b_r ein, so beträgt die resultierende Auszahlung u_{kr} mindestens u_* und höchstens u^*. Man bezeichnet das Intervall

$$[u_*; u^*]$$

als **Indeterminiertheitsintervall**. Orientieren sich beide Spieler an der Maximin-Regel, so braucht die resultierende Auszahlung im Allgemeinen noch nicht determiniert zu sein. Man weiß nur, dass sie im Indeterminiertheitsintervall liegt; welche Auszahlung zu Stande kommt, hängt noch davon ab, welche speziellen Maximin-Strategien aufeinandertreffen. Eine Ausnahme bildet der Fall, dass das Indeterminiertheitsintervall auf einen einzigen Punkt zusammenschrumpft. In diesem Fall wird das Spiel als **determiniert** bezeichnet. Der untere Spielwert stimmt dann mit dem oberen Spielwert überein; der gemeinsame Wert $u_* = u^*$ wird als **Spielwert** v bezeichnet. Nicht determinierte Spiele werden als indeterminierte Spiele bezeichnet.

Bevor wir mit der Theorie fortfahren, wollen wir diese Begriffe anhand der bereits in Abschnitt 7.3.1 diskutierten Spiele $\Gamma_1, \Gamma_2, \Gamma_3$ veranschaulichen: Im Spiel Γ_1 ist jede Strategie des Spielers 1 und jede Strategie des Spielers 2 eine Maximin-Strategie; der untere Spielwert ist $u_* = -1$, der obere Spielwert ist $u^* = 1$, und somit ist das Spiel Γ_1 indeterminiert. Im Spiel Γ_2 sind a_3 und b_3 Maximin-Strategien; der untere sowie der obere Spielwert sind $u_* = u^* = 3$. Demnach ist Γ_2 determiniert. Und das Spiel Γ_3 ist wegen $u_* = u^* = 2$ ebenfalls determiniert; Spieler 1 besitzt darin ausschließlich Maximin-Strategien und Spieler 2 die eine Maximin-Strategie b_3.

---

[8] Rein formal geht Spieler 2 hierbei nach der Minimax-Regel vor. In Bezug auf die eigenen Auszahlungen, die ja das Negative seiner Verluste betragen, richtet er sich jedoch nach der Maximin-Regel. Es ist zweckmäßig und vereinfacht die folgenden Erläuterungen, wenn auch bezüglich Spieler 2 von der Maximin-Regel und von Maximin-Strategien geredet wird.

7.3.3 Determinierte Spiele

Bei determinierten Spielen fällt es der Theorie relativ leicht, eine Anweisung für rationales Spielverhalten zu geben. Die Anweisung lautet für beide Spieler: „Setze eine Maximin-Strategie ein!" Diese Anweisung[9] kann durch die folgenden Eigenschaften von Maximin-Strategien begründet[10] werden: Setzt Spieler 1 eine Maximin-Strategie ein, so ist er sicher, dass sein Gewinn mindestens so groß wie der Spielwert v ist und dass der Verlust des Spielers 2 ebenfalls mindestens v beträgt; Spieler 2 kann sich nur dadurch vor einem höheren Verlust als v schützen, dass er ebenfalls eine Maximin-Strategie einsetzt. Setzt dagegen Spieler 1 keine Maximin-Strategie ein, so kann Spieler 2 durch Einsatz einer Maximin-Strategie in der Regel erreichen, dass sein eigener Verlust weniger als v beträgt und der Gewinn von Spieler 1 infolgedessen unter den Spielwert v herabgedrückt wird. Die analogen Aussagen gelten natürlich auch bei Vertauschung der Rollen beider Spieler. Setzt also ein Spieler eine Maximin-Strategie ein, so kann der Gegner nichts Besseres tun als selbst eine Maximin-Strategie einzusetzen; jede Abweichung von einer Maximin-Strategie bringt keine Verbesserung. Diese Gründe rechtfertigen es, für ein determiniertes Zweipersonennullsummenspiel Γ jedes Paar (a_k, b_r) von Maximin-Strategien als eine Lösung von Γ sowie v bzw. $-v$ als gerechte Auszahlung an Spieler 1 bzw. Spieler 2 zu bezeichnen.

Die Tatsache, dass ein Spieler (in einem determinierten Spiel) nichts Besseres tun kann als eine Maximin-Strategie einzusetzen, wenn der Gegenspieler eine Maximin-Strategie einsetzt, bedeutet gerade, dass jedes Paar (a_k, b_r) von Maximin-Strategien einen Gleichgewichtspunkt in dem in Abschnitt 7.2 definierten Sinn bildet. Es lässt sich auch umgekehrt zeigen, dass dann, wenn in einem Zweipersonennullsummenspiel ein Gleichgewichtspunkt existiert, das Spiel determiniert ist und der Gleichgewichtspunkt aus einem Paar von Maximin-Strategien besteht; deshalb kann bei einem (determinierten) Spiel Γ auch jeder Gleichgewichtspunkt als eine Lösung bezeichnet werden. Dies zeigt auch ein Vergleich unserer Ergebnisse für die Spiele $\Gamma_1, \Gamma_2, \Gamma_3$ in den Abschnitten 7.3.1 und 7.3.2 hinsichtlich der Gleichgewichtspunkte und Determiniertheit dieser Spiele sowie der Maximin-Strategien der Spieler: Die mit einem Gleichgewichtspunkt (a_k, b_r) verknüpfte Auszahlung u_{kr}, die kurz als Gleichgewichtsauszahlung bezeichnet wird, stimmt mit dem Spielwert v überein und stellt

[9] Bei unendlichen Strategiemengen kann es vorkommen, dass das Spiel zwar determiniert ist, jedoch keine Maximin-Strategien existieren. Durch so genannte ε-gute Strategien kann die garantierte Auszahlung dem Spielwert beliebig (das heißt bis auf $\pm\,\varepsilon$) genähert werden. Die obige Anweisung wäre dann so zu modifizieren, dass für hinreichend kleines ε eine ε-gute Strategie einzusetzen ist.

[10] Die Begründung geht allerdings davon aus, dass beide Spieler hinreichend intelligent sind, um das Spiel Γ so weit analysieren zu können, dass sie die Vorteilhaftigkeit der Maximin-Strategien erkennen. Ist ein Spieler aus irgendwelchen Gründen sicher, dass sein Gegner keine Maximin-Strategie einsetzt, so ist es in der Regel besser, eine geeignete Bayes-Strategie an Stelle einer Maximin-Strategie einzusetzen. Solche Zusatzinformationen über die gegnerische Strategienwahl wollen wir hier natürlich nicht voraussetzen; vielmehr wollen wir allein auf Grund der Kenntnis der Strategiemengen A und B sowie der Auszahlungsfunktion u zu einer Lösung gelangen.

gleichzeitig in der Auszahlungsmatrix U das Maximum der zugehörigen (das heißt der r-ten) Spalte und das Minimum der zugehörigen (das heißt der k-ten) Zeile dar:[11]

$$\max_i u_{ir} = u_{kr} = \min_j u_{kj} \,.$$

Auf Grund dieser Eigenschaft kann für ein Matrixspiel im Allgemeinen schnell entschieden werden, ob es einen Gleichgewichtspunkt besitzt und somit determiniert ist. Probleme bereiten dabei allerdings die Spiele, von denen man zwar weiß, dass sie in ein Matrixspiel überführt werden können, diese Überführung aber wegen der enormen Strategienanzahl praktisch unmöglich ist. In diesen Fällen liefert Satz 7.1 vielfach ein nützliches Kriterium für die Determiniertheit und für die Existenz von Gleichgewichtspunkten. So ist das Schachspiel (nach Einführung von Stoppregeln, die eine endliche Anzahl von Zügen pro Partie gewährleisten) in ein Matrixspiel überführbar; setzt man die Auszahlung für den Spieler 1, den zuerst ziehenden Spieler, in nahe liegender Weise mit 1, 0 bzw. -1 fest, je nachdem, ob Spieler 1 gewinnt, Remis erzielt oder verliert, so besitzt die Spielmatrix zwar enorm viele Zeilen und Spalten, aber nur Matrixelemente, die mit 1, 0 oder -1 übereinstimmen. Da ein Spiel mit endlichem Spielbaum und vollständiger Information vorliegt, liefert Satz 7.1 die Aussage, dass mindestens ein Gleichgewichtspunkt existiert. Zum Glück für die Schachspieler ist bis heute keiner dieser Gleichgewichtspunkte bekannt; es ist auch nicht bekannt, ob die Gleichgewichtsauszahlung und damit der Spielwert 1, 0 oder -1 beträgt. Wäre der Spielwert beispielsweise 1, so bedeutete dies, dass Spieler 1 den Sieg erzwingen kann. Jede seiner Gleichgewichtsstrategien wäre eine Gewinnstrategie; die zugehörigen Matrixzeilen bestünden nur aus Einsen.

Für Zweipersonennullsummenspiele mit kontinuierlichen Strategienmengen liefert beispielsweise der Satz 7.2 ein Kriterium für die Determiniertheit und für die Existenz von Gleichgewichtspunkten.

7.3.4 Indeterminierte Spiele und gemischte Erweiterung

Die Betrachtungen auf den letzten Seiten beschränkten sich ausschließlich auf determinierte Spiele; nur dort haben Maximin-Strategien die erwähnten angenehmen Eigenschaften. Wie kann man nun für die indeterminierten Spiele eine Lösung und einen Spielwert definieren? Die Lage erscheint auf den ersten Blick hoffnungslos. Beispielsweise wirkt im indeterminierten Spiel Γ_1 mit der Spielmatrix

$$U_1 = \begin{pmatrix} 1 & -1 \\ -1 & 1 \end{pmatrix}$$

---

[11] Wegen dieser Eigenschaft bezeichnet man bei Zweipersonennullsummenspielen die Gleichgewichtspunkte auch als **Sattelpunkte**; denn stellt man sich die Auszahlungen u_{ij} über den Feldern (i, j) in einer dritten Koordinatenrichtung aufgetragen vor, so sieht das entstehende „Gebirge“, vom Punkt (k, r, u_{kr}) aus betrachtet, sattelförmig aus.

die Anweisung, eine Maximin-Strategie einzusetzen, nicht besonders überzeugend. Oder betrachten wir etwa das Spiel Γ_4 mit der Spielmatrix

$$U_4 = \begin{pmatrix} 10 & 1 \\ 0 & 1\,000 \\ 2\,000 & 0 \end{pmatrix}$$

und dem Indeterminiertheitsintervall $[1; 1\,000]$: Setzen beide Spieler ihre Maximin-Strategien (also a_1 und b_2) ein, so wird Spieler 1 auf dem Gewinn 1, also auf der unteren Grenze des Indeterminiertheitsintervalls „festgenagelt". Insofern könnte man sagen, dass es zwar für den ersten Spieler schlecht ist, seine Maximin-Strategie einzusetzen, dass der zweite Spieler aber mit seiner Maximin-Strategie recht gut fährt. Andererseits könnte aber Spieler 1 diese (scheinbare) Nützlichkeit von b_2 auch bemerken, mit der Strategie a_2 kontern, einen Gewinn von 1 000 einstreichen und dem Spieler 2 dadurch einen Verlust von 1 000 zufügen. Will Spieler 2 dies vermeiden, so darf er nicht stur seine Maximin-Strategie b_2 einsetzen, sondern muss auch seiner Strategie b_1 noch eine gewisse Chance lassen, ebenfalls eingesetzt zu werden. Ebenso ist für den Spieler 1 weder das sture Einsetzen seiner Maximin-Strategie a_1 noch ein eigensinniges Spekulieren auf die möglichen Gewinne von 1 000 oder 2 000 vorteilhaft. Offensichtlich liegt bei indeterminierten Spielen eine höchst instabile Situation vor; Maximin-Strategien bilden keinen Gleichgewichtspunkt mehr, auch andere Strategienpaare können keinen Gleichgewichtspunkt bilden.

Angesichts dieser Erkenntnis blieben der Theorie nur die beiden Möglichkeiten offen, indeterminierte Spiele als unlösbar zu betrachten oder eine Lösung „mit Gewalt" zu definieren. Da die meisten Spiele indeterminiert sind und somit allzu viele Spiele als unlösbar deklariert worden wären, ist die Theorie den letzteren Weg gegangen. Es wurden neue Strategien geschaffen, die darauf beruhen, dass man sich nach vorgegebenen Wahrscheinlichkeiten durch einen Zufallsmechanismus die endgültig einzusetzende Strategie auswählen lässt. Solche Strategien sind also durch die Wahrscheinlichkeitsverteilungen (über dem Strategienraum A bzw. B) eindeutig charakterisiert und werden als **gemischte Strategien** bezeichnet; die bisher betrachteten Strategien werden der besseren Unterscheidung wegen als **reine Strategien** bezeichnet. In unserem Matrixspiel mit

$$A = \{a_1, a_2, \ldots, a_m\} \quad \text{und} \quad B = \{b_1, b_2, \ldots, b_n\}$$

ist eine gemischte Strategie $p=(p_1, p_2, \ldots, p_m)$ des Spielers 1 durch die m Wahrscheinlichkeiten $p_1, p_2, \ldots, p_m$ charakterisiert, mit denen die einzelnen reinen Strategien $a_1, a_2, \ldots, a_m$ eingesetzt werden. Analog ist $q=(q_1, q_2, \ldots, q_n)$ eine gemischte Strategie des Spielers 2. Die Menge aller gemischten Strategien des Spielers 1 ist

$$P = \left\{ p = (p_1, \ldots, p_m) \mid p_i \geqq 0 \quad (i = 1, \ldots, m), \ \sum_{i=1}^{m} p_i = 1 \right\},$$

und die Menge aller gemischten Strategien des Spielers 2 ist

$$Q = \left\{ q = (q_1, \ldots, q_n) \mid q_j \geqq 0 \quad (j = 1, \ldots, n), \ \sum_{j=1}^{n} q_j = 1 \right\}.$$

Setzt mindestens ein Spieler eine gemischte Strategie ein, so ist die resultierende Auszahlung noch eine Zufallsvariable; insbesondere ist die resultierende Auszahlung eine Zufallsvariable, wenn zwei gemischte Strategien p und q aufeinandertreffen. Man geht nun, gestützt auf das Bernoulli-Prinzip, zum Erwartungswert[12] über und betrachtet diesen als die relevante Auszahlung:[13]

$$u(p, q) = \sum_{i=1}^{m} \sum_{j=1}^{n} u_{ij} p_i q_j \,.$$

Durch diese Festsetzung ist eine Auszahlungsfunktion auf dem kartesischen Produkt $P \times Q$ definiert. Das Zweipersonennullsummenspiel

$$(P, Q; u)$$

mit der so definierten Auszahlungsfunktion heißt die **gemischte Erweiterung** des Matrixspiels $(A, B; u)$. Die bisher eingeführten Begriffe, wie Bayes-Strategie, Maximin-Strategie, unterer und oberer Spielwert usw. sind unmittelbar auch auf gemischte Erweiterungen übertragbar.

Man kann eine Anzahl von Argumenten für die Einführung gemischter Strategien und für den Übergang zur gemischten Erweiterung anführen. So gewährleistet eine gemischte Strategie in idealer Weise die Geheimhaltung der tatsächlich zum Einsatz kommenden Strategie; nicht einmal der Spieler selbst weiß ja, welche Strategie vom Zufallsmechanismus ausgewählt wird. Weiter existieren bei einem (in reinen Strategien) indeterminierten Spiel gemischte Strategien, die in dem Sinne sicherer als alle reinen Strategien sind, als ihr garantierter Mindestgewinn größer bzw. ihr garantierter Höchstverlust kleiner als bei allen reinen Strategien ist. Diese Aussage gilt natürlich nur für die oben definierten Erwartungswerte, nicht jedoch für die sich letztlich realisierenden Auszahlungen. Im Spiel Γ_1 mit

$$U_1 = \begin{pmatrix} 1 & -1 \\ -1 & 1 \end{pmatrix}$$

ist beispielsweise der von a_1 und von a_2 garantierte Mindestgewinn jeweils -1; dagegen „garantiert“ die gemischte Strategie $p = \left(\frac{1}{2}, \frac{1}{2}\right)$ den Mindestgewinn

$$\min\{u(p, b_1), u(p, b_2)\} = \min\{0, 0\} = 0 \,.$$

---

12 Das Symbol u für die Auszahlungsfunktion wird im Folgenden weiterhin verwendet, auch wenn darin gemischte Strategien eingesetzt werden und u somit die erwartete Auszahlung repräsentiert.

13 Die Auszahlungen u_{ij} des Spiels in reinen Strategien müssen also bereits den Bernoulli-Nutzen der beiden Spieler messen. Ist dies noch nicht der Fall und geht man erst bei der Bewertung der Partien (p, q) zum Nutzenerwartungswert über, so kann aus dem ursprünglichen Nullsummen- oder Konstantsummenspiel ein Nichtnullsummen- oder Nichtkonstantsummenspiel werden.

Allgemein lässt sich zeigen, dass sich das Indeterminiertheitsintervall beim Übergang vom Spiel in reinen Strategien zur gemischten Erweiterung verkleinert; der untere Spielwert vergrößert sich und der obere Spielwert verkleinert sich. Bei Matrixspielen ist, wie von Neumann bereits 1928 zeigte, die gemischte Erweiterung stets determiniert; jedes Paar (p, q) von gemischten Maximin-Strategien bildet hier einen Gleichgewichtspunkt. Akzeptiert man also gemischte Strategien, so kann man bei Matrixspielen stets die befriedigende Situation eines determinierten Spiels erreichen.

Schließlich kann man argumentieren, dass durch die Einführung von gemischten Strategien vielleicht nicht viel gewonnen, jedoch auch nichts verschenkt wurde, da die reinen Strategien als spezielle gemischte Strategien aufgefasst werden können; es wurde also zumindest das Arsenal an Alternativen beträchtlich vergrößert.

7.3.5 Berechnung des Spielwertes und der Maximin-Strategien von gemischten Erweiterungen

Abschließend wollen wir uns nun überlegen, wie der Spielwert der gemischten Erweiterung und gemischte Maximin-Strategien berechnet werden können.

a) Besitzt ein Spieler nur zwei reine Strategien, so können der Spielwert und gemischte Maximin-Strategien grafisch ermittelt werden (wegen näherer Erläuterungen vgl. Aufgabe 7.3).

b) Oft kann durch die folgende Reduktion der Fall erreicht werden, dass ein Spieler nur noch zwei reine Strategien besitzt: Zuerst entfernt Spieler 1 alle ineffizienten Strategien aus A; danach entfernt Spieler 2 alle Strategien aus B, die bezüglich diesem Restspiel ineffizient sind; danach sondert wieder Spieler 1 alle bezüglich dem entstandenen Restspiel ineffizienten Strategien (aus der im ersten Schritt verbliebenen Strategienmenge A') aus usw,[14] wie folgendes Beispiel verdeutlichen soll:

$$\begin{pmatrix} 4 & 1 & 8 & 0 \\ \cancel{5} & \cancel{2} & \cancel{-2} & \cancel{1} \\ 10 & 2 & 7 & 8 \\ -6 & 5 & 6 & 2 \end{pmatrix} \rightarrow \begin{pmatrix} 4 & 1 & \cancel{8} & 0 \\ 10 & 2 & \cancel{7} & 8 \\ -6 & 5 & \cancel{6} & 2 \end{pmatrix} \rightarrow \begin{pmatrix} \cancel{4} & \cancel{1} & \cancel{0} \\ 10 & 2 & 8 \\ -6 & 5 & 2 \end{pmatrix} \rightarrow \begin{pmatrix} 10 & 2 & 8 \\ -6 & 5 & 2 \end{pmatrix}$$

Nun besitzt Spieler 1 lediglich noch zwei reine Strategien; die Zurückführung auf den Fall a) ist gelungen.

Es lässt sich zeigen, dass bei solchen sukzessiven Reduktionen der Spielwert der gemischten Erweiterung unverändert bleibt. Es können dabei zwar gemischte Maximin-Strategien verloren gehen; die aus der reduzierten

---

[14] Sind mehrere Zeilen (oder Spalten) der ursprünglichen oder bereits reduzierten Auszahlungsmatrix identisch, so dürfen darüber hinaus alle bis auf eine dieser identischen Zeilen (oder Spalten) eliminiert werden.

Matrix berechneten gemischten Maximin-Strategien sind (nach geeigneter Ergänzung von Null-Komponenten) aber gemischte Maximin-Strategien der ursprünglichen Spielmatrix.

c) Ist keine Zurückführung auf den Fall $m = 2$ oder $n = 2$ möglich, so lassen sich der Spielwert v und gemischte Maximin-Strategien über ein lineares Programm berechnen. Zu diesem Zweck ist sicherzustellen, dass $v > 0$ resultiert; hinreichend dafür ist $u_* > 0$, was insbesondere dann der Fall ist, wenn alle $u_{ij} > 0$ sind. Diese Annahme ist unproblematisch, da sich die Struktur des Spiels nicht dadurch ändert, dass zu jedem u_{ij} ein konstanter Betrag addiert wird; die Maximin-Strategien bleiben völlig gleich, lediglich der Spielwert wird um diesen Betrag erhöht (und damit positiv). Der von einer gemischten Strategie $p = (p_1, \ldots, p_m)$ garantierte Minimalgewinn ist

$$G(p) = \min_q u(p, q) = \min_j u(p, b_j) = \min_j \sum_{i=1}^{m} u_{ij} p_i \,.$$

Jedes p, das $G(p)$ maximiert, ist eine Maximin-Strategie; der Maximalwert von G ist der Spielwert v. Damit ist also G zu maximieren unter den Nebenbedingungen

$$\begin{aligned} \sum_{i=1}^{m} u_{ij} p_i &\geqq G \quad (j = 1, \ldots, n), \\ p_i &\geqq 0 \quad (i = 1, \ldots, m), \\ \sum_{i=1}^{m} p_i &= 1 \,. \end{aligned}$$

Dividiert man diese Nebenbedingungen durch G (G kann als positiv vorausgesetzt werden), so ergeben sich mit den Hilfsvariablen

$$x_i = \frac{p_i}{G} \quad (i = 1, \ldots, m)$$

die Nebenbedingungen

$$\begin{aligned} \sum_{i=1}^{m} u_{ij} x_i &\geqq 1 \quad (j = 1, \ldots, n), \\ x_i &\geqq 0 \quad (i = 1, \ldots, m), \\ \sum_{i=1}^{m} x_i &= \frac{1}{G} \,. \end{aligned}$$

Wegen dieser letzteren Nebenbedingungen entspricht die Maximierung von G der Minimierung von $x_1 + \cdots + x_m$. Damit erhält man schließlich das lineare Programm zur Bestimmung des Spielwertes v und der Maximin-Strategien des Spielers 1:

$$\min \sum_{i=1}^{m} x_i$$

unter den Nebenbedingungen

$$\sum_{i=1}^{m} u_{ij}x_i \geqq 1 \quad (j = 1, \ldots, n),$$
$$x_i \geqq 0 \quad (i = 1, \ldots, m)\,.$$

Jeder Lösungsvektor $(x_1^*, \ldots, x_m^*)$ dieses linearen Programms liefert den Spielwert v gemäß

$$v = \frac{1}{\sum\limits_{k=1}^{m} x_k^*}$$

und eine Maximin-Strategie p^* des Spielers 1 gemäß

$$p_i^* = \frac{x_i^*}{\sum\limits_{k=1}^{m} x_k^*}\,.$$

Ganz analog kann man das lineare Programm aufstellen, das die Maximin-Strategien q^* des Spielers 2 (sowie ebenfalls den Spielwert v) liefert. Es ergibt sich:

$$\max \sum_{j=1}^{n} y_j$$

unter den Nebenbedingungen

$$\sum_{j=1}^{n} u_{ij}y_j \leqq 1 \quad (i = 1, \ldots, m),$$
$$y_j \geqq 0 \quad (j = 1, \ldots, n)\,,$$

also das duale Programm zu obigem; jeder Lösungsvektor $(y_1^*, \ldots, y_n^*)$ liefert entsprechend

$$v = \frac{1}{\sum\limits_{k=1}^{n} y_k^*}$$

als Spielwert und

$$q_j^* = \frac{y_j^*}{\sum\limits_{k=1}^{n} y_k^*}$$

als j-te Komponente der Minimax-Strategie q^*.

7.4 Allgemeine nichtkooperative Zweipersonenspiele

Ein allgemeines Zweipersonenspiel

$$\Gamma = (A, B; u_1, u_2)$$

ist ein Zweipersonenspiel, dessen Auszahlungsfunktionen u_1, u_2 keiner Konstantsummenbedingung unterliegen müssen. Da im Rahmen betriebswirtschaftlicher Entscheidungsprobleme – wie etwa beim Dyopolproblem – meistens keine Konstantsummenbedingung vorausgesetzt werden kann, scheint den allgemeinen Zweipersonenspielen ein breiteres Anwendungsfeld als den Zweipersonennullsummenspielen gesichert zu sein. Es zeigt sich jedoch, dass die Schwierigkeiten, die sich bei der Erarbeitung eines befriedigenden Lösungsbegriffs ergeben, noch wesentlich größer als bei den Nullsummenspielen sind. Einen Einblick in diese Schwierigkeiten gewähren bereits allgemeine Zweipersonenspiele, wobei wir uns auf endliche Zweipersonenspiele beschränken und die Auszahlungen wieder in Form einer Bimatrix darstellen, wie das bereits in den Fällen a) und b) des Zahlenwahlspiels aus Abschnitt 7.2 geschah.

Zunächst stellen wir zwei wichtige Typen von Bimatrixspielen vor, bei denen jedem Spieler nur zwei (reine) Strategien zur Verfügung stehen, die Auszahlungsbimatrix also die Gestalt

$$U = \begin{pmatrix} (u_1(a_1, b_1), u_2(a_1, b_1)) & (u_1(a_1, b_2), u_2(a_1, b_2)) \\ (u_1(a_2, b_1), u_2(a_2, b_1)) & (u_1(a_2, b_2), u_2(a_2, b_2)) \end{pmatrix}$$

besitzt.

7.4.1 Spiele vom Typ „Gefangenendilemma"

Den Spielen mit einer Auszahlungsbimatrix vom Typ

$$U = \begin{pmatrix} (\beta, \beta) & (\delta, \alpha) \\ (\alpha, \delta) & (\gamma, \gamma) \end{pmatrix} \quad \text{mit} \quad \alpha > \beta > \gamma > \delta$$

wurde in der Literatur viel Aufmerksamkeit geschenkt. Sogar ganze Bücher[15] wurden über die empirischen Resultate und die psychologischen Aspekte derartiger Spiele geschrieben. Nach einer häufig zitierten Interpretation[16] wird ein solches Spiel als „Gefangenendilemma" bezeichnet. Setzen wir der Anschaulichkeit halber

$$\alpha = 10, \quad \beta = 6, \quad \gamma = 2 \quad \text{und} \quad \delta = 0\,,$$

---

[15] Z. B. Rapoport/Chammah (1965).

[16] Zwei eines Mordes Verdächtige wurden festgenommen und getrennt inhaftiert. Die für beide Gefangenen jeweils zur Verfügung stehenden Strategien sind: Nichtgestehen (= a_1 bzw. b_1) oder Gestehen (= a_2 bzw. b_2). Gestehen beide nicht, so bekommen beide wegen unerlaubten Waffenbesitzes usw. nur eine geringfügige Haftstrafe von einem Jahr; gestehen beide, so bekommen sie wegen des Geständnisses zwar mildernde Umstände zugebilligt, jeder erhält dennoch eine Haftstrafe von 10 Jahren. Gesteht jedoch nur einer, so wird dieser zum Kronzeugen, erhält nur 6 Monate Haft, während der Nichtgeständige zu 20 Jahren Haft verurteilt wird.

so erhalten wir beispielsweise das Spiel Γ_1 mit der Bimatrix

$$U_1 = \begin{pmatrix} (6,6) & (0,10) \\ (10,0) & (2,2) \end{pmatrix}.$$

Betriebswirtschaftliche, ökologische und sonstige Interpretationen liegen auf der Hand. Folgende diskrete Version eines Einprodukt-Preisdyopols (vgl. Borch, 1969, S. 206) könnte etwa auf die Bimatrix U_1 führen: a_1 (bzw. b_1) bedeutet, dass Firma 1 (bzw. Firma 2) ihren Preis beibehält, a_2 (bzw. b_2) bedeutet, dass Firma 1 (bzw. Firma 2) ihren Preis um eine Einheit senkt. Man sieht an U_1, dass beiderseitige Preisreduktion zum Auszahlungspunkt $(2,2)$ führt, also für die Firmen ungünstiger ist als eine konzentrierte Preisbeibehaltung, die zum Auszahlungspunkt $(6,6)$ führt. Eine einseitige Preisreduktion ist für jede Firma allerdings noch attraktiver, da sie ihr (auf Kosten der anderen Firma) eine Auszahlung von 10 bringt.

Eine andere nahe liegende Interpretation des Spiels Γ_1 liefert das Abrüstungsproblem zwischen zwei Ländern oder zwei Bündnissystemen: a_1 bzw. b_1 bedeutet dabei Abrüsten und a_2 bzw. b_2 bedeutet Weiterrüsten. Das beiderseitige Abrüsten ist für beide Parteien besser als das beiderseitige Weiterrüsten. Da sich aber jede Partei durch ein einseitiges Weiterrüsten einen Vorteil auf Kosten der anderen verschaffen kann, ist die Verlockung groß, eine Täuschung des Gegners zu versuchen.

Man bezeichnet a_1 (bzw. b_1) häufig als die „kooperative Alternative“ (da ihr wechselseitiger Einsatz beide Spieler relativ besser stellt) und a_2 (bzw. b_2) als die „defektive Alternative“. Um im Rahmen eines Zweipersonenspiels zu bleiben, muss man sich für die (im Folgenden nur angetippten) Interpretationen als Spieler 1 die eine Hälfte der Betroffenen und als Spieler 2 die andere Hälfte der Betroffenen vorstellen.

- Beim Kartell- oder OPEC-Problem bedeute:

  a_1 an die vereinbarte Förderquote halten,

  a_2 zu viel fördern (und auf den Markt bringen).

- Beim Subventionswettlauf von Regionen oder Gemeinden bedeute:

  a_1 Verzicht auf exzessive Subventionen,

  a_2 exzessive Subventionen.

- Beim Abfallentsorgungsproblem bedeute:

  a_1 Abfallstoffe vorschriftsmäßig trennen,

  a_2 Abfallstoffe gemischt in die Tonne werfen.

- Bei der drohenden Überfischung der Weltmeere bedeute:

  a_1 Fischen mit vorschriftsmäßigen (weitmaschigen) Netzen,

  a_2 Fischen mit engmaschigen Netzen.

Im Vergleich zu den Nullsummenspielen weist Γ_1 einige Eigenschaften auf, die alle Lösungsbegriffe infrage stellen, die entweder auf der Maximin-Regel oder auf dem Gleichgewichtskonzept basieren: Der einzige Gleichgewichtspunkt von Γ_1 ist (a_2, b_2); er besteht aus einem Paar von Maximin-Strategien und führt auf den unbefriedigenden Auszahlungspunkt (2, 2). Dieser Gleichgewichtspunkt bzw. Auszahlungspunkt ist dominiert[17], da die Partie (a_1, b_1) für beide Spieler eine bessere Auszahlung erbringt. Wie in Abschnitt 7.2 ausgeführt wurde, kann ein Gleichgewichtspunkt jedoch nur dann als stabile Situation angesehen werden, wenn bei Abweichung eines Spielers der andere auf seiner Gleichgewichtsstrategie beharrt. Da hier beide Spieler ein Interesse daran haben, den Gleichgewichtspunkt (a_2, b_2) zu verlassen, kann man ihn wohl kaum als die Lösung des Spiels betrachten.

Andererseits ist es im nichtkooperativen Fall für jeden Spieler gefährlich, die attraktive Partie (a_1, b_1) anzupeilen, da weder a_1 noch b_1 eine Maximin-Strategie ist, Wenn keine bindenden Absprachen über eine abgestimmte Strategienwahl möglich sind, besteht natürlich die Gefahr, dass sich der Gegenspieler durch Einsatz seiner Bayes-Strategie die Auszahlung 10 sichert und den anderen Spieler auf die minimale Auszahlung 0 herabdrückt. Deshalb wird man die Partie (a_1, b_1) nicht ohne Weiteres als Lösung akzeptieren wollen.

Bei diesem völlig symmetrischen Spiel kommen auch die in Bezug auf die Auszahlungen extrem unsymmetrischen Partien (a_1, b_2) bzw. (a_2, b_1) nicht als Lösungen infrage. Da damit alle Möglichkeiten erschöpft sind, eine Lösung in reinen Strategien zu definieren, liegt es nach den guten Erfolgen beim Nullsummenspiel nahe, sich von der gemischten Erweiterung eine Hilfe zu versprechen. Man kann jedoch nachrechnen, dass auch in der gemischten Erweiterung von Γ_1 kein zusätzlicher, insbesondere also auch kein günstigerer Gleichgewichtspunkt existiert. Weiterhin kann auch der maximale garantierte Mindestgewinn (in Höhe von 2 Einheiten) nicht durch den Übergang zur gemischten Erweiterung vergrößert werden; nach wie vor bleiben a_2 bzw. b_2 die einzigen Maximin-Strategien. Somit bringt uns auch der Übergang zur gemischten Erweiterung einer befriedigenden Lösung nicht näher.

Sobald einzig und allein die Auszahlungsbimatrix U_1 bekannt ist, kann die Theorie keine Verhaltensweise empfehlen, die die Bezeichnung „optimal" verdient; es hängt von der speziellen Situation (von den persönlichen Eigenarten der Spieler, von der gegenseitigen Einschätzung usw.) ab, welche Verhaltensweise verfolgt werden soll. Deshalb kann man den Standpunkt einnehmen (z. B. Krelle/Coenen, 1965; Krelle, 1968), dass ein solches Spiel lediglich eine **persönlichkeitsbestimmte Lösung**, aber keine **spielbedingte Lösung** besitzt.

Die alltägliche Erfahrung zeigt, dass ein Spiel wie Γ_1 in unterschiedlichen Situationen auch unterschiedlich gespielt wird. So realisieren Dyopolisten (zum Nachteil der Verbraucher) bevorzugt die Partie (a_1, b_1); Preiskämpfe sind relativ selten zu beobachten. Dass die Partie (a_1, b_1) bevorzugt wird, mag daran liegen, dass das Spiel – entgegen den Gesetzen zur Wettbewerbsförderung – kooperativ gespielt wird und Preisabsprachen vorgenommen werden; es mag auch daran liegen, dass das Spiel in jeder Zeitperiode wiederholt wird und sich eine Täuschung des Gegenspielers in der Folgezeit rächen kann. Beim „Abrüstungsspiel" dagegen wird fast ausschließlich die Partie (a_2, b_2) realisiert; bei-

[17] In anderer Bezeichnungsweise: nicht paretooptimal oder ineffizient.

derseitige Abrüstung ist eine politische Rarität. Beide Spieler gehen also „auf Nummer sicher“ und setzen ihre Maximin-Strategien ein. Daran kann auch eine gewisse Kooperation (gemeinsame Konferenzen und Verhandlungen) nichts ändern; sobald vereinbarte Absprachen nicht unbedingt bindend sind, bleibt ein Misstrauen bestehen, wodurch das Spiel praktisch wie ein nichtkooperatives Spiel zu behandeln ist.

Ein weiterer Aspekt des Spiels Γ_1 sei kurz erwähnt. Führt man eine Reduktion des Spieles nach dem in Abschnitt 7.3 besprochenen Schema[18] durch, so erkennt man, dass die Strategie a_2 die Strategie a_1 und die Strategie b_2 die Strategie b_1 dominiert. In dem übrig bleibenden Spiel besitzen beide Spieler jeweils nur noch eine einzige Strategie, nämlich a_2 bzw. b_2. Die Spieler sind dann in ihrer Strategienwahl völlig festgelegt[19] und bekommen jeweils die Auszahlung 2. Da die attraktive Partie (a_1, b_1) durch die Reduktion unmöglich gemacht wird, kann eine Reduktion – im Gegensatz zu den Nullsummenspielen – den Charakter von allgemeinen Zweipersonenspielen offenbar entscheidend verändern.

Darüber hinaus kann das Spiel Γ_1 zur Illustration dafür dienen, dass verschiedene **Rationalitätsforderungen unvereinbar** sein können. Bezeichnen wir die Orientierung am Dominanzprinzip („Setze nur undominierte Aktionen ein“) als **individuelle Rationalität** und die Forderung, dass keine paretoinferiore Partie realisiert werden sollte, als **kollektive Rationalität**, so schreibt die individuelle Rationalität den Einsatz von a_2 bzw. b_2 vor. Weil diese Strategien nicht nur undominiert, sondern sogar dominant sind, spricht aus individueller Sicht alles für das Zu-Stande-Kommen der Partie (a_2, b_2). Da hierbei jeder Spieler nur die Auszahlung 2 bekommt, ist die Partie paretoinferior. Denn es existiert eine Partie, nämlich (a_1, b_1), bei der jeder Spieler die Auszahlung 6 erhält. Demnach kollidiert die individuelle Rationalität mit der kollektiven Rationalität.

7.4.2 Spiele vom Typ „Kampf der Geschlechter“

Weitere Schwierigkeiten, die bei allgemeinen Zweipersonenspielen auftreten, können am besten durch Spiele mit einer Auszahlungsbimatrix vom Typ

$$U_2 = \begin{pmatrix} (\alpha, \beta) & (\gamma, \gamma) \\ (\gamma, \gamma) & (\beta, \alpha) \end{pmatrix} \quad \text{mit} \quad \alpha > \beta > \gamma$$

erläutert werden. Setzen wir speziell $\alpha = 2$, $\beta = 1$ und $\gamma = -1$, so erhalten wir ein Spiel Γ_2 mit der Bimatrix

$$U_2 = \begin{pmatrix} (2, 1) & (-1, -1) \\ (-1, -1) & (1, 2) \end{pmatrix},$$

[18] Die Spieler eliminieren sukzessive ihre dominierten Strategien; diese Reduktion ermöglichte eine vereinfachte Berechnung der Maximin-Strategien und veränderte den Spielwert von Nullsummenspielen nicht.

[19] Da A und B zweielementig sind, und da a_1 von a_2 bzw. b_1 von b_2 dominiert wird, ist a_2 bzw. b_2 hier gleichmäßig beste (= dominante) Strategie in A bzw. in B; (a_2, b_2) heißt dann auch **Gleichgewichtspunkt in dominanten Strategien**.

das auf Grund seiner Standardinterpretation[20] etwas hochtrabend „Kampf der Geschlechter“ genannt wird. Man sieht, dass Spieler 1 die Partie (a_1, b_1) und Spieler 2 die Partie (a_2, b_2) bevorzugen wird; für beide Spieler ist es gleichermaßen ungünstig, wenn die gewählten Strategien nicht zusammenpassen, das heißt eine der Partien (a_1, b_2) oder (a_2, b_1) realisiert wird.

Betriebswirtschaftliche Entscheidungssituationen von dieser Struktur treten relativ häufig auf. Borch (1969, S. 205) gibt folgendes Beispiel an: Zwei Versicherungsgesellschaften erwägen jeweils eine Reklamekampagne, die sich entweder auf Krankenversicherungen (= Strategie a_1 bzw. b_1) oder auf Lebensversicherungen (= Strategie a_2 bzw. b_2) beziehen kann. Die Marktlage sei dabei derart, dass Reklame nutzlos ist, außer wenn beide Gesellschaften ihre Mittel dafür verwenden, für dieselbe Art von Versicherung zu werben. Gesellschaft 1 (bzw. Gesellschaft 2) gewinnt am meisten, wenn sich die Nachfrage nach Krankenversicherungen (bzw. Lebensversicherungen) erhöht.

Ein anderes Beispiel ergibt sich, wenn zwei Unternehmungen – etwa infolge technischer Entwicklungen oder des Verhaltens der Konkurrenz – eine engere Zusammenarbeit anstreben müssen und zu diesem Zweck zwei unterschiedliche (Kooperations-)Verträge erarbeitet haben, von denen der erste für die Unternehmung 1 und der zweite für die Unternehmung 2 vorteilhafter ist; besteht jede Unternehmung auf dem für sie vorteilhafteren Vertrag, so kommt keine Einigung zu Stande (die resultierende Auszahlung ist -1 für beide Unternehmungen). Bei diesen und anderen Beispielen wird man zunächst einwenden, dass das Spiel in der Praxis wohl kaum nichtkooperativ durchgeführt wird, sondern eher versucht werden wird, durch geeignete Kompensationen die Partien (a_1, b_1) und (a_2, b_2) für beide Spieler gleichermaßen attraktiv zu machen. Damit werden aber alle Schwierigkeiten in den Aushandlungsprozess verlagert, der theoretisch nicht leicht in den Griff zu bekommen ist und selbst meist (vgl. Abschnitt 7.5) auf ein nichtkooperatives Spiel zurückgeführt wird.

Schauen wir uns nun die spieltheoretischen Aspekte des (nichtkooperativen) Spiels Γ_2 genauer an:[21] Γ_2 besitzt zwei Gleichgewichtspunkte, nämlich (a_1, b_1) und (a_2, b_2). Anders als bei den Nullsummenspielen führen also verschiedene Gleichgewichtspunkte zu verschiedenen Auszahlungspunkten. Außerdem sind hier die Gleichgewichtspunkte nicht vertauschbar, das heißt, die Gleichgewichtsstrategien a_1 und b_2 (und ebenso a_2 und b_1) ergeben zusammen keinen Gleichgewichtspunkt. Auch bilden im Gegensatz zu den Verhältnissen bei den determinierten Nullsummenspielen je zwei Maximin-Strategien (z. B. a_1 und b_2) im Allgemeinen keinen Gleichgewichtspunkt. Ein weiterer

[20] Eine Ehefrau (= Spieler 1) und ihr Ehemann (= Spieler 2) wollen abends ausgehen. Zwei Abendveranstaltungen finden statt, eine Theateraufführung und ein Profi-Boxkampf. Im Verlaufe des Tages besorgt sich jeder (unabhängig voneinander) entweder eine Theaterkarte (= a_1 bzw. b_1) oder eine Karte für den Boxkampf (= a_2 bzw. b_2). Die Frau präferiert einen gemeinsamen Theaterabend, der Mann einen gemeinsam besuchten Boxkampf; ein getrenntes Ausgehen bewerten beide schlechter als einen gemeinsamen Abend. Welche Karte soll sich jeder besorgen?

[21] Eine ausführlichere Diskussion findet der interessierte Leser bei Luce/Raiffa (1957, S. 90–94).

Unterschied zu den Nullsummenspielen besteht darin, dass eine Information des Gegenspielers über die eigene Strategienwahl vorteilhaft ist (denn dessen Bayes-Strategie ist für einen selbst besonders vorteilhaft).

Die Eigenschaften von Γ_2 stehen also im krassen Gegensatz zu den Eigenschaften determinierter Nullsummenspiele. Offensichtlich kann keine der vier möglichen Partien (a_i, b_j) als Lösung des Spiels angesehen werden; die beiden Partien (a_1, b_2) und (a_2, b_1) sind ineffizient und damit indiskutabel, die beiden Partien (a_1, b_1) und (a_2, b_2) sind unsymmetrisch und bevorteilen jeweils einseitig einen der Spieler (obwohl das Spiel selbst völlig symmetrisch ist).

Wie bereits beim Spiel Γ_1 bringt uns auch der Übergang von Γ_2 zur gemischten Erweiterung einer befriedigenden Lösung kaum näher. Die optimale Garantie (das heißt die maximale garantierte Mindestauszahlung) wird durch die gemischten Maximin-Strategien $p^* = \left(\frac{2}{5}, \frac{3}{5}\right)$ bzw. $q^* = \left(\frac{3}{5}, \frac{2}{5}\right)$ zwar jeweils von -1 auf $\frac{1}{5}$ angehoben. Dieses (einzige) Paar von gemischten Maximin-Strategien kann jedoch wegen folgendem Schönheitsfehler nicht gut als Lösung aufgefasst werden. Es bildet keinen Gleichgewichtspunkt: Sobald Spieler 1 vermutet, dass Spieler 2 seine Maximin-Strategie q^* einsetzen wird, liegt es für ihn nahe, an Stelle von p^* seine Bayes-Strategie gegen q^*, nämlich a_1, einzusetzen und sich dadurch die Auszahlung $\frac{4}{5}$ zu verschaffen;[22] umgekehrt wird Spieler 2 aus der analogen Überlegung b_2 zum Einsatz bringen. Die Empfehlung, die Partie (p^*, q^*) zu spielen, führt also zu einer höchst instabilen Situation, da jeder zum Kontern verlockt wird; kontern aber beide, so wird die Partie (a_1, b_2) realisiert, die für jeden Spieler die unbefriedigende Auszahlung von -1 zur Folge hat.

Sucht man nach Gleichgewichtspunkten in gemischten Strategien, so stellt man fest, dass die gemischte Erweiterung gegenüber dem Spiel in reinen Strategien noch einen zusätzlichen Gleichgewichtspunkt besitzt, nämlich $(\bar{p}, \bar{q})$ mit $\bar{p} = \left(\frac{3}{5}, \frac{2}{5}\right)$ und $\bar{q} = \left(\frac{2}{5}, \frac{3}{5}\right)$; die Gleichgewichtsauszahlung beträgt für beide Spieler jeweils nur $\frac{1}{5}$. Damit sind sogar die bereits hinreichend kritisierten Maximin-Strategien p^* und q^* vorteilhafter als $\bar{p}$ und $\bar{q}$, denn sie garantieren die Auszahlung $\frac{1}{5}$ in jedem Falle (und nicht nur dann, wenn der Gegenspieler seine Gleichgewichtsstrategie einsetzt).

Man erkennt an der Diskussion deutlich, dass keine Chance besteht, eine befriedigende Lösung zu definieren, die allein auf der Kenntnis der Auszahlungsbimatrix basiert. Somit besitzt auch Γ_2 wie Γ_1 keine spielbedingte, sondern allenfalls eine persönlichkeitsbestimmte Lösung. Insbesondere zeigt diese Erkenntnis, dass keinerlei Aussicht besteht, allen allgemeinen Zweipersonenspielen in befriedigender Weise eine (spielbedingte) Lösung zuzuordnen. Damit wird die Frage nach den Forderungen nahegelegt, die man an ein Spiel Γ stellen sollte, damit für Γ eine vernünftige Lösung definiert werden kann. Der Diskussion einiger solcher Forderungen müssen noch einige Definitionen vorangeschickt werden.

---

22 Dabei wird – wie immer bei einer gemischten Erweiterung – der Erwartungswert als Auszahlung genommen.

7.4.3 Auszahlungsdiagramm und Garantiepunkt

Trägt man in einem Koordinatensystem auf der Abszisse die Auszahlung u_1 an Spieler 1 und auf der Ordinate die Auszahlung u_2 an Spieler 2 ab, so lässt sich die mit einer Partie verbundene Auszahlung als Auszahlungspunkt veranschaulichen. Die Menge aller Auszahlungspunkte eines Spiels Γ heißt Nutzendiagramm oder **Auszahlungsdiagramm** von Γ. Bei einem Zweipersonennullsummenspiel (und auch bei seiner gemischten Erweiterung, bei der u_1 und u_2 die erwarteten Auszahlungen an die beiden Spieler repräsentieren) liegt das Auszahlungsdiagramm natürlich auf der Geraden durch den Ursprung mit dem Anstieg -1 (vgl. Abbildung 7.6).

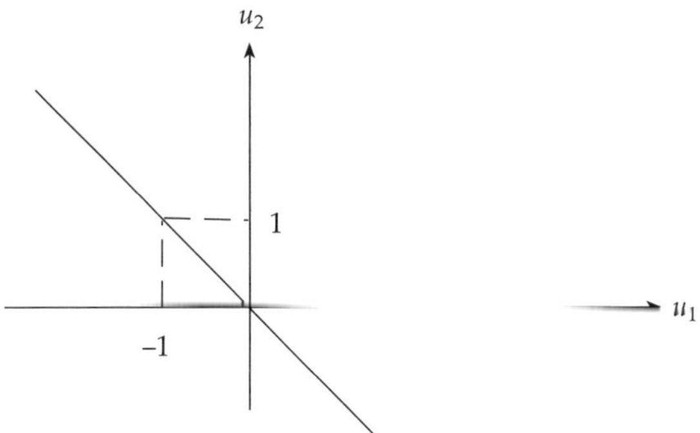

Abb. 7.6: Auszahlungsdiagramm der gemischten Erweiterung eines Zweipersonennullsummenspiels

Für die gemischten Erweiterungen der ausführlich behandelten Spiele Γ_1 und Γ_2 ergeben sich die in den Abbildungen 7.7 und 7.8 wiedergegebenen Auszahlungsdiagramme. Wie an Abbildung 7.8 ersichtlich, braucht das Auszahlungsdiagramm der gemischten Erweiterung eines Bimatrixspiels keineswegs konvex zu sein.[23]

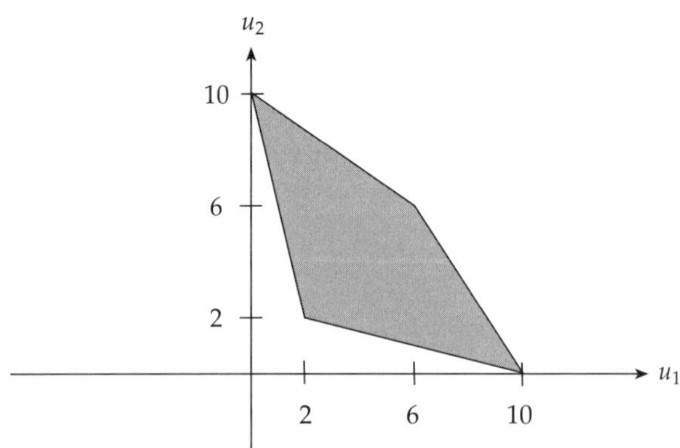

Abb. 7.7: Auszahlungsdiagramm der gemischten Erweiterung von Γ_1 (Gefangenendilemma)

[23] Als Randlinien des Auszahlungsdiagramms kommen allerdings nur Geraden- und Parabelstücke in Betracht.

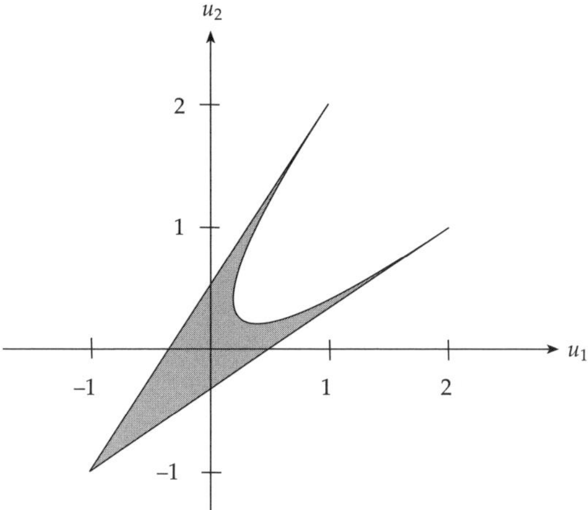

Abb. 7.8: Auszahlungsdiagramm der gemischten Erweiterung von Γ_2 (Kampf der Geschlechter)

Analog zum Nullsummenspiel bezeichnen wir die Auszahlung, die sich ein Spieler maximal aus eigener Kraft garantieren kann, als **unteren Spielwert**. So ist beim Bimatrixspiel $(A, B; u_1, u_2)$

$$u_{1*} = \max_i \min_j u_1(a_i, b_j) \quad \text{der } \textbf{untere Spielwert für Spieler 1} \text{ und}$$
$$u_{2*} = \max_j \min_i u_2(a_i, b_j) \quad \text{der } \textbf{untere Spielwert für Spieler 2}.$$

Entsprechend erhält man für die gemischte Erweiterung $(P, Q; u_1, u_2)$ die beiden unteren Spielwerte

$$u_{1*} = \max_p \min_q u_1(p, q) \quad \text{und} \quad u_{2*} = \max_q \min_p u_2(p, q)\,.$$

Wie beim Nullsummenspiel vergrößert sich in der Regel der untere Spielwert, wenn man zur gemischten Erweiterung übergeht; schreiben wir der Deutlichkeit halber jeweils die Strategienmengen zu den Spielwerten hinzu, so gelten die Ungleichungen

$$u_{1*}(A, B) \leqq u_{1*}(P, Q) \quad \text{und} \quad u_{2*}(A, B) \leqq u_{2*}(P, Q)\,.$$

Den aus den unteren Spielwerten von Γ gebildeten Punkt (u_{1*}, u_{2*}) wollen wir als den **Garantiepunkt** des Spiels Γ bezeichnen. Für ein Zweipersonennullsummenspiel mit dem in Abschnitt 7.3 definierten unteren Spielwert u_* und dem oberen Spielwert u^* ist der Garantiepunkt durch $(u_*, -u^*)$ gegeben. Im Falle der Determiniertheit ist $u_* = u^* = v$; der Garantiepunkt ist dann $(v, -v)$.

Schauen wir uns nun einige mögliche Lagen des Garantiepunktes relativ zum Auszahlungsdiagramm an. In den Abbildungen 7.9 und 7.11 ist der Garantiepunkt insofern dominiert, als es Partien gibt, die für beide Spieler eine Auszahlung liefern, die jeweils über ihrem unteren Spielwert liegt. Allgemein heißt der Garantiepunkt (u_{1*}, u_{2*}) eines Spiels Γ **undominiert** (oder paretooptimal),

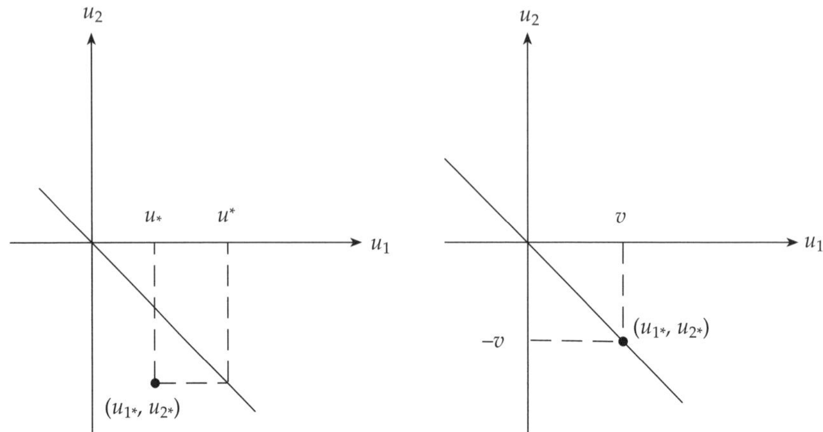

Abb. 7.9: Garantiepunkt und Auszahlungsdiagramm eines indeterminierten Nullsummenspiels

Abb. 7.10: Garantiepunkt und Auszahlungsdiagramm eines determinierten Nullsummenspiels

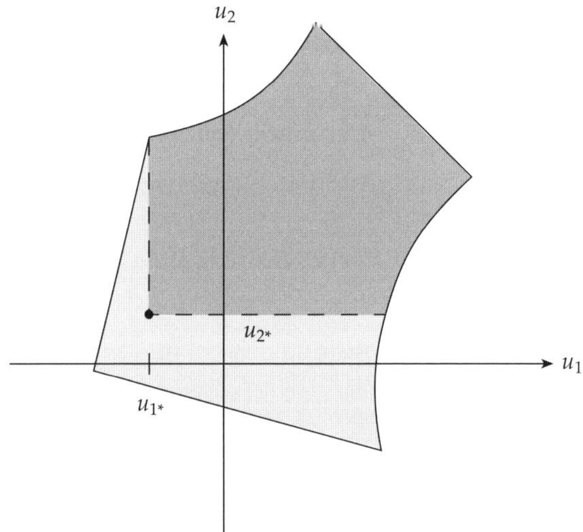

Abb. 7.11: Auszahlungsdiagramm eines allgemeinen Zweipersonenspiels mit dominiertem Garantiepunkt

wenn kein von (u_{1*}, u_{2*}) verschiedener Auszahlungspunkt $(\bar{u}_1, \bar{u}_2)$ des Spiels Γ existiert, so dass

$$\bar{u}_1 \geqq u_{1*} \quad \text{und} \quad \bar{u}_2 \geqq u_{2*}$$

gilt; andernfalls heißt der Garantiepunkt **dominiert**. Entsprechend definiert man die Dominiertheit bzw. Undominiertheit eines Gleichgewichtspunktes. Anschaulich besagt die Undominiertheit des Garantiepunktes, dass (u_{1*}, u_{2*}) auf dem „Nordost-Rand" des Auszahlungsdiagramms liegt; dies ist beispielsweise bei Abbildung 7.10 erfüllt.

7.4.4 Diskussion verschiedener Lösungsansätze

Befolgen beide Spieler die Maximin-Regel, so ist für jeden von ihnen die Auszahlung mindestens so groß wie sein unterer Spielwert, das heißt, der resultierende Auszahlungspunkt liegt „rechts oberhalb" des Garantiepunktes. Dieser Bereich, in dem dann der Auszahlungspunkt liegt, ist in der Abbildung 7.11 dunkelgrau gekennzeichnet. Offensichtlich sind Maximin-Strategien dann weniger attraktiv, wenn der Garantiepunkt weit „links unten" liegt, also der dunkelgraue Bereich einen großen Teil des Auszahlungsdiagrammes ausmacht, wie es etwa Abbildung 7.9 der Fall ist.

Auch bei den Spielen Γ_1 und Γ_2 (vgl. Abbildungen 7.7 und 7.8), für die sich keine vernünftige Lösung finden ließ, liegt der Garantiepunkt weit links unten: Bei Γ_1 und der gemischten Erweiterung von Γ_1 ist er jeweils $(2, 2)$, bei Γ_2 ist er $(-1, -1)$ und bei der gemischten Erweiterung von Γ_2 ist er $\left(\frac{1}{5}, \frac{1}{5}\right)$. Es liegt nahe und entspricht auch der Vorgehensweise bei den Nullsummenspielen, die Maximin-Regel bzw. die Maximin-Strategien dann als besonders effektiv zu betrachten, wenn der Garantiepunkt ziemlich weit rechts oben, also nahe am Nordost-Rand des Auszahlungsdiagrammes liegt. Die Maximalforderung besteht darin, dass der Garantiepunkt undominiert sein soll, also auf dem Nordost-Rand liegen soll. Ist der Garantiepunkt undominiert, so schrumpft der dunkelgraue Bereich auf den Punkt (u_{1*}, u_{2*}) zusammen; bei Befolgung der Maximin-Regel durch beide Spieler ist die resultierende Auszahlung dann strikt determiniert. Es lässt sich zeigen,[24] dass bei einem Spiel mit undominiertem Garantiepunkt jedes Paar von Maximin-Strategien einen Gleichgewichtspunkt bildet und dass alle Gleichgewichtspunkte zu demselben Auszahlungspunkt, nämlich zu (u_{1*}, u_{2*}) führen. Sieht man bei diesen Spielen die Maximin-Strategien als optimal und jedes Paar von Maximin-Strategien als eine Lösung an, so ist insbesondere gesichert, dass

- optimale Strategien wenig riskant sind (da sie Maximin-Strategien sind),
- die Lösung insofern stabil ist, als sich für keinen der Spieler eine einseitige Abweichung lohnt (da die Lösung ein Gleichgewichtspunkt ist),
- die Lösung auch insofern stabil ist, als keinerlei Anreiz für eine gemeinsame Abweichung besteht (da keine Partie existiert, deren Auszahlungspunkt den Garantiepunkt dominiert).

Ordnet man auf Grund dieser Eigenschaften nur den Spielen mit undominiertem Garantiepunkt eine Lösung zu und bezeichnet man die anderen Spiele als unlösbar, so hat man zwar bei den lösbaren Spielen eine relativ unangreifbare Lösung, gleichzeitig hat man sich aber den Nachteil eingehandelt, dass sehr

[24] Wegen detaillierterer Ergebnisse über Spiele mit undominiertem Garantiepunkt sei auf Bamberg (1969, 1970) verwiesen.

viele Spiele als unlösbar deklariert werden müssen.[25] Dies ist ein Dilemma, das bei allgemeinen Zweipersonenspielen allerdings unvermeidlich zu sein scheint: Ist man bei der Definition der Lösung zu anspruchsvoll (das heißt will man viele angenehme Eigenschaften „unter einen Hut bringen"), so gibt es nur wenige lösbare, aber viele unlösbare Spiele. Während die obigen Ausführungen darauf hinausliefen, nur solchen Spielen eine Lösung zuzuordnen, bei denen die Maximin-Regel besonders effektiv ist, beruhen andere Vorschläge darauf, nur solchen Spielen eine Lösung zuzuordnen, bei denen das Gleichgewichtskonzept besonders effektiv ist. In diesem Zusammenhang wären vor allem Nash (1951), Luce/Raiffa (1957) und Krelle/Coenen (1965) zu nennen.

Nash, der 1951 zeigte, dass jedes Bimatrixspiel (entweder bereits in reinen oder zumindest in gemischten Strategien) einen oder mehrere Gleichgewichtspunkte besitzt, bezeichnet ein Spiel dann als lösbar, wenn alle Gleichgewichtspunkte vertauschbar sind. Das Spiel Γ_1 wäre demnach lösbar im Sinne von Nash, da (a_2, b_2) der einzige Gleichgewichtspunkt ist; dagegen wäre Γ_2 nicht Nash-lösbar, da die beiden Gleichgewichtspunkte (a_1, b_1) und (a_2, b_2) nicht vertauschbar sind. Die Vertauschbarkeitsbedingung schließt nicht aus, dass verschiedene Gleichgewichtspunkte zu verschiedenen Auszahlungspunkten führen können. Führen die Gleichgewichtspunkte aber zu unterschiedlichen Auszahlungspunkten, so wird in der Regel zwischen den Spielern ein Interessengegensatz darüber bestehen, welcher Gleichgewichtspunkt realisiert werden soll. Visiert jeder einen für sich günstigen Gleichgewichtspunkt an, so wird im Falle der Vertauschbarkeit zwar wieder ein Gleichgewichtspunkt realisiert; dieser kann jedoch für beide Spieler äußerst ungünstig sein. Weiterhin verhindert die Vertauschbarkeitsbedingung nicht, dass zu einem Gleichgewichtspunkt Partien existieren, deren Auszahlungspunkte die Gleichgewichtsauszahlung dominieren. Deshalb besitzt ein Spiel nach Luce/Raiffa, Krelle/Coenen nur dann eine spielbedingte Lösung, wenn

- undominierte Gleichgewichtspunkte existieren,
- alle undominierten Gleichgewichtspunkte vertauschbar sind
- und zu demselben Auszahlungspunkt führen.

Damit nicht allzu viele Spiele unlösbar werden, schlagen Luce/Raiffa noch eine „solution in weak sense" vor, die darauf beruht, dass diese einschneidenden Forderungen nur von einem Teilspiel erfüllt sein müssen, das durch geeignete Reduktion erhalten wird.

[25] Die Forderung der Undominiertheit des Garantiepunktes verknüpft die beiden Auszahlungsfunktionen u_1 und u_2 relativ eng miteinander. Etwas unpräzise formuliert, gilt folgender Zusammenhang: Beschränken sich bei einem Spiel mit undominiertem Garantiepunkt beide Spieler auf diejenigen reinen Strategien, die bei einer gemischten Maximin-Strategie eingesetzt werden können, so ist das resultierende Teilspiel einem determinierten Nullsummenspiel strategisch äquivalent.

Auch bei den so genannten Konkurrenzspielen (speziellen Zweipersonenspielen, für die ebenfalls eine vernünftige Lösung definiert werden kann) lässt sich ein ähnliches Resultat nachweisen (vgl. Opitz, 1969): Führt man bei einem Konkurrenzspiel nahe liegende Reduktionen durch, so ist das resultierende Teilspiel einem determinierten Nullsummenspiel strategisch äquivalent.

Da sich diese Lösungsbegriffe ausschließlich auf das Gleichgewichtskonzept stützen, ohne die mit den Gleichgewichtsstrategien verbundene garantierte Mindestauszahlung zu beachten, lassen sich natürlich lösbare Spiele konstruieren, bei denen sich kritische Einwände gegen die Lösung ergeben. Zur Illustration eignet sich das von Luce/Raiffa (1957, S. 110) angegebene Spiel Γ_3 mit der Auszahlungsbimatrix

$$U_3 = \begin{pmatrix} (4, -3\,000) & (10, 6) \\ (12, 8) & (5, 4) \end{pmatrix}.$$

Das Spiel Γ_3 besitzt genau einen undominierten Gleichgewichtspunkt, nämlich (a_2, b_1); es ist also lösbar in dem besprochenen Sinne. Die Gleichgewichtsstrategie b_1 ist jedoch außerordentlich risikoreich: Spieler 2 läuft beim Einsatz von b_1 Gefahr, den Verlust von 3 000 zu erleiden. Er wird deshalb nicht ohne Weiteres b_1 einsetzen (es sei denn, er kennt die Persönlichkeit des Spielers 1 so gut, dass es sicher ist, dass dieser auf den Einsatz von a_1 verzichtet; eine derartige Abhängigkeit sollte bei einer spielbedingten Lösung aber gerade vermieden werden). Spieler 1 könnte infolgedessen vermuten, dass Spieler 2 die Strategie b_2 einsetzt und wird dann selbst seine Bayes-Strategie gegen b_2, nämlich a_1 einsetzen. Damit wird aber an Stelle des undominierten Gleichgewichtspunktes die Partie (a_1, b_2) realisiert, die ebenfalls ein Gleichgewichtspunkt ist. Man kann deshalb die Ansicht vertreten, dass (a_2, b_1) von (a_1, b_2) „psychologisch dominiert" wird.

Bei Spielen, in denen mehrere Gleichgewichtspunkte existieren, besteht oft auch die Möglichkeit, durch gewisse „Verfeinerungen" des Gleichgewichtskonzepts wenig plausible Gleichgewichtspunkte auszuschließen. Zu nennen ist etwa das von R. Selten (1975) stammende **trembling-hand-perfekte Gleichgewicht**.[26] Wir wollen hier kurz einen anderen derartigen Lösungsansatz vorstellen, der in Spielen, die (zunächst) in extensiver Form – mit endlichem Baum und perfekter Information – gegeben sind, zur Anwendung kommen kann, nämlich das ebenfalls von R. Selten (1965) stammende **teilspielperfekte Gleichgewicht**. Dabei wird ein Gleichgewichtspunkt (a^*, b^*) eines Zweipersonenspiels mit den genannten Eigenschaften als teilspielperfekt bezeichnet, wenn es kein – an irgendeinem Knoten des Spielbaumes beginnendes – Teilspiel gibt, in dem einer der beiden Spieler von seiner Gleichgewichtsstrategie (a^* bzw. b^*) abweichen würde.

Es existiert immer mindestens ein teilspielperfekter Gleichgewichtspunkt. Zur Ermittlung empfiehlt sich die Vorgehensweise der **Rückwärtsrechnung**. Dabei werden die Knoten sukzessive von rechts nach links wie folgt abgearbeitet: Man bestimmt jeweils das vom „Knotenspieler" erreichbare Maximum seiner Auszahlungen,[27] kennzeichnet (z. B. fett) die entsprechende Kante und vermerkt am Knoten das zugehörige Auszahlungspaar.

---

[26] Siehe dazu auch Holler/Illing (2009, S. 103).

[27] Dieses Maximum sollte, damit die Rückwärtsrechnung tatsächlich zur Lösung führt, eindeutig sein.

Das Prinzip der Teilspielperfektheit sowie die Methode der Rückwärtsrechnung lassen sich anhand des im Abschnitt 7.2 vorgestellten Zahlenwahlspiels, Fall b) verdeutlichen (vgl. hierzu auch die Baumdarstellung in Abbildung 7.4). Aus Abschnitt 7.2 ist bereits bekannt, dass dieses Spiel zwei Gleichgewichtspunkte besitzt, nämlich

$$(a_1, b_3) = \left(1, \binom{2}{1}\right) \quad \text{und} \quad (a_2, b_1) = \left(2, \binom{1}{1}\right).$$

Laut Definition ist dabei (a_2, b_1) nicht teilspielperfekt, denn in dem im oberen Knoten von Spieler 2 beginnenden Teilspiel würde dieser nicht die 1 wählen.[28] Somit ist, da stets mindestens ein Gleichgewichtspunkt teilspielperfekt ist, der andere Gleichgewichtspunkt (a_1, b_3) teilspielperfekt. Zum selben Ergeb-

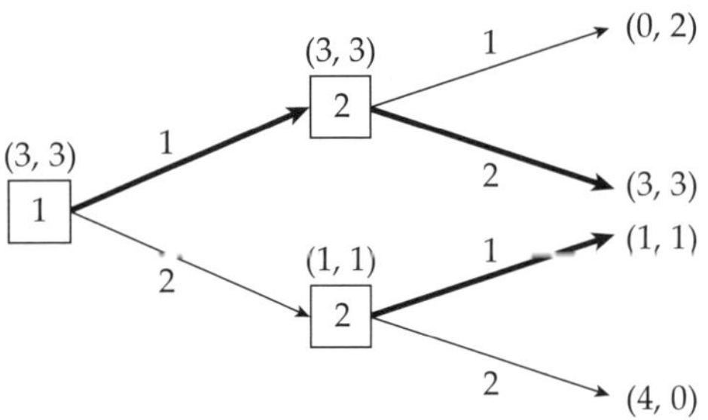

Abb. 7.12: Ermittlung des teilspielperfekten Gleichgewichts für den Fall b) des Zahlenwahlspiels

nis führt die Rückwärtsrechnung, deren oben beschriebener Ablauf sich wie in Abbildung 7.12 darstellt: Spieler 2 kennzeichnet am oberen Knoten die untere Kante (wegen $3 > 2$) sowie am unteren Knoten die obere Kante (wegen $1 > 0$) und er notiert an den beiden Knoten das jeweils resultierende Auszahlungspaar (3, 3) bzw. $(1, 1)$. Spieler 1 bestimmt dann das Maximum der beiden ersten Komponenten dieser beiden Paare $(3, 3)$, $(1, 1)$; wegen $3 > 1$ kennzeichnet er die obere der von $\boxed{1}$ ausgehenden Kanten und vermerkt über $\boxed{1}$ das zugehörige Auszahlungspaar $(3, 3)$. Damit ist insgesamt der Gleichgewichtspunkt

$$(a_1, b_3) = \left(1, \binom{2}{1}\right)$$

markiert.

Werfen wir zum Abschluss noch einen kurzen Blick auf das Dyopol, das nach Krelle (1961, S. 245) „die für das Verständnis der jetzigen Wirtschaftsordnung wichtigste Marktform" darstellt. Unter den üblichen Annahmen bezüglich der Nachfrage- und die Kostenfunktionen lässt sich die Existenz von Gleichgewichtspunkten nachweisen (vgl. z. B. Burger, 1966, S. 48). Allerdings sind die Gleichgewichtspunkte nicht undominiert, das heißt sie sind paretoinferior.

[28] Seine „Drohung", dort die 1 zu spielen, ist unglaubwürdig, da sie ihm selber schadet.

Auch der Garantiepunkt ist nicht undominiert.[29] Nach den vorangegangenen Diskussionen ist es kaum möglich, eine befriedigende spielbedingte Lösung zu definieren. Deshalb ist es auch nicht weiter verwunderlich, dass in den zahlreichen Publikationen zu diesem Thema stets persönlichkeitsbestimmte Charakteristika in Form von Reaktionskurven oder Reaktionshypothesen berücksichtigt werden.

Nach Festlegung einer Reaktionshypothese werden dann Strategienpaare als stabil oder gleichgewichtig bezeichnet, wenn kein Dyopolist durch eigene Strategievariationen und nachfolgende Reaktion des anderen Dyopolisten seine Auszahlung verbessern kann. Unterstellt man beispielsweise die spezielle Reaktionshypothese, dass der Gegenspieler überhaupt nicht auf eigene Strategienvariation reagiert, so sind genau diejenigen Strategienpaare gleichgewichtig, die wir auch bisher als Gleichgewichtspunkte (im Sinne von Nash) bezeichnet haben; bei anderen Reaktionshypothesen gelangt man zu allgemeineren Gleichgewichtspunkten. Die Menge aller Gleichgewichtspunkte wird dann als Dyopollösung aufgefasst. Exemplarisch für die verschiedenen allgemeinen Reaktionshypothesen sei diejenige von Krelle erwähnt, da sie in der Literatur bisher das größte Echo gefunden hat. Krelle (1961, S. 247–266) betrachtet als „normale oder wirtschaftsfriedliche" Reaktion die folgende: Falls man sich durch die Strategienvariation des Gegenspielers verbessert, reagiert man nicht; falls man auf dem gleichen Gewinn-Niveau bleibt, reagiert man ebenfalls nicht; falls man sich verschlechtert, so stellt man – wenn möglich – sein altes Gewinn-Niveau wieder her; wenn das alte Gewinn-Niveau nicht mehr zu erreichen ist, so maximiert man den Gewinn unter den nun eingetretenen Umständen.

7.5 Allgemeine kooperative Zweipersonenspiele

Im vorangehenden Abschnitt wurde das Spiel Γ_2 mit der Auszahlungsbimatrix

$$U_2 = \begin{pmatrix} (2,1) & (-1,-1) \\ (-1,-1) & (1,2) \end{pmatrix}$$

nichtkooperativ zu „lösen" versucht. Dem Versuch war kein großer Erfolg beschieden, da zwischen den Spielern ein unlösbarer Interessengegensatz darüber bestand, welcher der beiden Gleichgewichtspunkte (a_1, b_1) und (a_2, b_2) realisiert werden soll. Sind dagegen Kooperationsmöglichkeiten zugelassen, so scheint die Lösung auf der Hand zu liegen. Betrachten wir nämlich die beiden Hauptfälle:

---

[29] Beim Einprodukt-Mengendyopol (vgl. Abschnitt 7.2) schreibt die Maximin-Strategie jedem Dyopolisten vor, überhaupt nichts zu produzieren und die Fixkosten $K_i(0)$ in Kauf zu nehmen; denn sobald eine positive Quantität produziert wird, kann der Gegenspieler (im ungünstigsten Falle) soviel produzieren, dass der Preis völlig zusammenbricht (was den Erlös 0 und Kosten zur Folge hat, die die Fixkosten übersteigen). Der Garantiepunkt ist unter den üblichen Annahmen über die Nachfrage- und Kostenfunktionen also durch $(-K_1(0), -K_2(0))$ gegeben und sicherlich nicht undominiert.

a) Die Spieler haben die Möglichkeit, ihren Mitspielern kompensierende Zahlungen (so genannte Seiten- oder Nebenzahlungen) für den Fall verbindlich zu versprechen, dass diese eine bestimmte Strategie einsetzen.[30]

b) Es sind nur verbindliche Absprachen über die einzusetzenden Strategien, aber keine Seitenzahlungen zulässig.

Im Falle a) liegt es nahe, die beiden Gleichgewichtspunkte (a_1, b_1) und (a_2, b_2) durch Seitenzahlungen für beide Spieler gleichermaßen günstig zu gestalten. Spieler 1 könnte etwa Spieler 2 die Zahlung $\frac{1}{2}$ für den Einsatz von b_1 versprechen. Die endgültige Auszahlung bei dieser kooperativen Strategie, die aus der Partie (a_1, b_1) und der nachfolgenden Kompensationszahlung besteht, ist

$$2 - \tfrac{1}{2} = \tfrac{3}{2} \quad \text{für Spieler 1 und} \quad 1 + \tfrac{1}{2} = \tfrac{3}{2} \quad \text{für Spieler 2.}$$

Dieser symmetrische Auszahlungspunkt $\left(\frac{3}{2}, \frac{3}{2}\right)$ scheint für beide Spieler akzeptabel zu sein und könnte als Lösung des kooperativen Spiels aufgefasst werden. Im Falle b) können die beiden Gleichgewichtspunkte zwar nicht durch kompensierende Zahlungen gleichwertig gemacht werden; beide Spieler können sich jedoch zumindest dahingehend einigen, dass entweder (a_1, b_1) oder (a_2, b_2) gespielt und eine für beide missliche Panne (nämlich eine der Partien (a_1, b_2) oder (a_2, b_1)) vermieden wird. Damit keiner der Spieler das Gefühl hat, benachteiligt zu sein, müsste jeder der beiden Gleichgewichtspunkte dieselbe Chance haben, realisiert zu werden. Bei der Standardinterpretation von Γ_2 als „Kampf der Geschlechter" müsste beispielsweise ein Münzwurf darüber entscheiden, ob zwei Theaterkarten oder zwei Karten für die Boxveranstaltung gekauft werden. Auch bei dieser kooperativen Strategie, die aus der Fifty-fifty-Mischung der Partien (a_1, b_1) und (a_1, b_2) besteht, ergibt sich für jeden Spieler eine Auszahlung (= Nutzenerwartungswert) von $\frac{1}{2} \cdot (2 + 1) = \frac{3}{2}$.

Man sieht, dass bei kooperativer Spielweise Auszahlungspunkte realisiert werden können, die nichtkooperativ unerreichbar bleiben; denn der Auszahlungspunkt $\left(\frac{3}{2}, \frac{3}{2}\right)$ ist nach Abbildung 7.8 weder bei Γ_2 noch bei der gemischten Erweiterung von Γ_2 realisierbar. Die bei kooperativer Spielweise mit bzw. ohne Seitenzahlungen erreichbaren Auszahlungspunkte wollen wir als **kooperatives Auszahlungsdiagramm** (mit bzw. ohne Seitenzahlungen) K bezeichnen. Der ge-

[30] Hier – sowie in den kooperativen Modellen des Abschnitts 7.6 – treten die Probleme des interpersonellen Nutzenvergleichs und Nutzentransfers natürlich in voller Deutlichkeit hervor. Die grundlegenden Definitionen der bisher behandelten nichtkooperativen Modelle (Gleichgewichtspunkte, Vertauschbarkeit von Gleichgewichtspunkten, Undominiertheit von Gleichgewichts- und Garantiepunkten usw.) bedingten keinerlei Festlegung von Nutzennullpunkt und Nutzeneinheit, ja sie kamen teilweise mit einer rein ordinalen Nutzenmessung aus. Jetzt bei der Berücksichtigung von Seitenzahlungen muss man natürlich wissen, welchen Nutzenzuwachs etwa Spieler 1 dadurch erhält, dass ihm Spieler 2 eine Einheit seines Nutzens transferiert. Wir wollen simplifizierend annehmen, dass Spieler 2 (bzw. Spieler 1) die Auszahlung von Spieler 1 (bzw. Spieler 2) um eine Einheit dadurch vergrößern kann, dass er ihm eine Einheit seiner Auszahlung überträgt. Diese Simplifizierung ist beispielsweise dann gerechtfertigt, wenn die Spielergebnisse von monetärer Natur sind, die Nutzen linear von den Geldbeträgen abhängen und die Nutzenskalen geeignet gewählt sind.

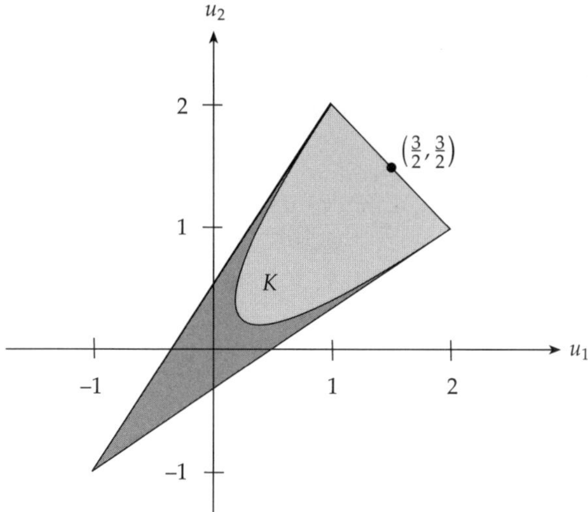

Abb. 7.13: Kooperatives Auszahlungsdiagramm K der gemischten Erweiterung des Spiels Γ_2

mischten Erweiterung von Γ_2 entspricht das in Abbildung 7.13 dargestellte kooperative Auszahlungsdiagramm. Der hellgraue Bereich besteht aus allen Auszahlungspunkten, die nur kooperativ erreichbar sind. Ein Blick auf K zeigt, dass $\left(\frac{3}{2}, \frac{3}{2}\right)$ der einzige symmetrische undominierte Auszahlungspunkt von K ist und infolgedessen für eine Lösung dieses symmetrischen Spiels prädestiniert ist. Bei allgemeineren Spielen kann K jedoch eine außerordentlich komplizierte Menge sein und die Aussonderung eines für beide Spieler akzeptablen Auszahlungspunktes $(\hat{u}_1, \hat{u}_2)$ zu einem echten Problem werden. Nash stellte hierzu 1950 folgenden interessanten Lösungsansatz zur Diskussion.

7.5.1 Die Nash-Lösung

Nash geht vom kooperativen Auszahlungsdiagramm K eines beliebigen Spiels aus[31] und nimmt an, dass ein Punkt der (u_1, u_2)-Ebene, etwa $(\bar{u}_1, \bar{u}_2)$ besonders ausgezeichnet ist. $\bar{u}_i$ ist dabei ein für Spieler i charakteristischer Wert, der seine Position für den Fall beschreiben soll, dass keine Einigung zwischen den Spielern zu Stande kommt. Einige Beispiele mögen dies erläutern. Nash hatte in erster Linie den Aushandlungsprozess im Auge, der zwischen zwei Individuen stattfindet, die jeweils mit einem Güterbündel ausgestattet sind und durch Feilschen zu einem für beide Seiten annehmbaren Tausch kommen wollen. Kommt keine Einigung zu Stande, so findet auch kein Tausch statt; durch geeignete Wahl der Nutzenskalen können dieser Status-quo-Situation die Nutzen $\bar{u}_1 = 0$ und $\bar{u}_2 = 0$ zugeordnet werden. Ähnlich gelagert ist die Situation,

[31] Für den nachfolgenden Existenzsatz muss lediglich vorausgesetzt werden, dass K konvex, abgeschlossen und nach oben beschränkt ist.

wenn sich ein Monopolist und ein Monopsonist, z. B. ein Verkäufer und ein Käufer eines gesamten Unternehmens auf einen Preis einigen müssen oder wenn zwei Länder um die Modalitäten eines bilateralen Handelsabkommens feilschen. Ist die Entscheidungssituation primär durch ein nichtkooperatives Spiel gegeben, bei dem zusätzlich aber Kooperationsmöglichkeiten zugelassen werden, so bietet sich die Wahl von $\bar{u}_1 = u_{1*}$ und $\bar{u}_2 = u_{2*}$ an; denn der untere Spielwert u_{i*} ist diejenige Auszahlung, die sich Spieler i aus eigener Kraft, also auch nach dem Scheitern von Verhandlungen, garantieren kann.

Wie kann nun aus den Daten $(K; \bar{u}_1, \bar{u}_2)$ ein akzeptabler Auszahlungspunkt $(\hat{u}_1, \hat{u}_2)$ ermittelt werden, ohne dass der Zeit raubende und Aggressionen erzeugende Aushandlungsprozess konkret durchexerziert werden muss? Nach welcher Regel sollte eine neutrale Schlichtungsinstanz aus $(K; \bar{u}_1, \bar{u}_2)$ die Lösung $(\hat{u}_1, \hat{u}_2)$ berechnen?

Formal kann eine Regel zur Berechnung von $(\hat{u}_1, \hat{u}_2)$ als eine Abbildung F aufgefasst werden, die jedem Tripel $(K; \bar{u}_1, \bar{u}_2)$, das heißt jedem „Verhandlungsspiel", einen Auszahlungspunkt $(\hat{u}_1, \hat{u}_2)$ aus K zuordnet:

$$F: \ (K; \bar{u}_1, \bar{u}_2) \to (\hat{u}_1, \hat{u}_2) \in K\,.$$

Damit beide Spieler bereit sind, sich einer „Schiedsrichterlösung" anzuvertrauen, muss der Schlichtungsmechanismus F einige intuitiv nahe liegende Invarianzbedingungen erfüllen sowie einige Bedingungen, die den Begriff der Fairness präzisieren. Nash stellte deshalb an F folgende Forderungen:

Forderung 1 (Unabhängigkeit gegenüber linearen Transformationen): Falls die Nutzennullpunkte und Nutzeneinheiten verändert werden, verändert sich in demselben Maße[32] auch die Lösung $(\hat{u}_1, \hat{u}_2)$.

Diese Forderung erscheint vernünftig, da wir bisher alle Nutzenfunktionen als gleichwertig betrachtet haben, die durch eine (positive) lineare Transformation auseinander hervorgehen.

Forderung 2 (Individuelle Rationalität): Die Lösung $(\hat{u}_1, \hat{u}_2)$ muss den Ungleichungen $\hat{u}_1 \geqq \bar{u}_1$ und $\hat{u}_2 \geqq \bar{u}_2$ genügen.

Auf diese Forderung kann nicht verzichtet werden, da kein rationaler Spieler eine Einigung akzeptiert, die ihn schlechter stellt als ein Scheitern der Verhandlungen.

---

[32] Genauer soll hierunter Folgendes verstanden werden: Geht man von u_1, u_2 gemäß den linearen Transformationen

$$u_1' = \alpha_1 u_1 + \beta_1 \quad \text{und} \quad u_2' = \alpha_2 u_2 + \beta_2$$

zu den Auszahlungsfunktionen u_1' und u_2' über, so ist der neue ausgezeichnete Punkt $(\bar{u}_1', \bar{u}_2')$ durch

$$\bar{u}_1' = \alpha_1 \bar{u}_1 + \beta_1 \quad \text{und} \quad \bar{u}_2' = \alpha_2 \bar{u}_2 + \beta_2$$

gegeben; bezeichnet man ferner das Bild von K unter diesen linearen Transformationen mit K', so muss aus $F(K; \bar{u}_1, \bar{u}_2) = (\hat{u}_1, \hat{u}_2)$ die Beziehung

$$F(K'; \bar{u}_1', \bar{u}_2') = (\alpha_1 \hat{u}_1 + \beta_1, \alpha_2 \hat{u}_2 + \beta_2)$$

folgen.

Forderung 3 (Pareto-Optimalität): Die Lösung $(\hat{u}_1, \hat{u}_2)$ ist undominiert.

Wäre diese Forderung verletzt, so könnten sich die Spieler der „Schiedsrichterlösung“ zu Recht widersetzen, da für wenigstens einen der Spieler etwas verschenkt wurde.

Forderung 4 (Symmetrie): Sind die Rollen beider Spieler völlig symmetrisch, so ist auch die Lösung symmetrisch; das heißt, es gilt dann $\hat{u}_1 = \hat{u}_2$.

Diese Forderung wird wohl jeder als fair empfinden.

Forderung 5 (Unabhängigkeit von irrelevanten Alternativen): Ist $\tilde{K}$ eine Teilmenge von K, die sowohl den Punkt $(\bar{u}_1, \bar{u}_2)$ als auch die Lösung $(\hat{u}_1, \hat{u}_2)$ von $(K; \bar{u}_1, \bar{u}_2)$ enthält, so gilt auch:

$$F(\tilde{K}; \bar{u}_1, \bar{u}_2) = (\hat{u}_1, \hat{u}_2) .$$

Anschaulich besagt diese Forderung, dass unter den getroffenen Voraussetzungen diejenigen Auszahlungspunkte, die zu K aber nicht zu $\tilde{K}$ gehören, für die Bestimmung der Lösung irrelevant sind. Oder anders ausgedrückt, geht man von einem Verhandlungsspiel $(\tilde{K}; \bar{u}_1, \bar{u}_2)$ durch Vergrößerung von $\tilde{K}$ zu einem Verhandlungsspiel $(K; \bar{u}_1, \bar{u}_2)$ über, so bleibt die Lösung entweder gleich oder sie stimmt mit einem der neu hinzugekommenen Auszahlungspunkte überein.

Die Forderung 5 ist weniger einsichtig und normativ begründbar als die übrigen Forderungen. Durch die Einschränkung von K auf $\tilde{K}$ könnten die Verhandlungspositionen der Spieler verändert werden, z. B. durch den Wegfall von Druckmitteln, Drohstrategien und Ähnlichem.

Nash (1950) untersuchte die Konsequenzen dieser fünf Forderungen. Er zeigte, dass die Forderungen miteinander verträglich sind. Er stellte darüber hinaus fest, dass nur eine einzige Funktion F_0 allen Forderungen gleichzeitig genügen kann. F_0 kann folgendermaßen beschrieben werden: $F_0(K; \bar{u}_1, \bar{u}_2) = (\hat{u}_1, \hat{u}_2)$ ist die (eindeutig bestimmte) Maximalstelle des Optimierungsproblems

$$\max(u_1 - \bar{u}_1)(u_2 - \bar{u}_2)$$

unter den Nebenbedingungen

$$(u_1, u_2) \in K, \quad u_1 \geqq \bar{u}_1 \quad \text{und} \quad u_2 \geqq \bar{u}_2 .$$

Satz 7.3: *Es gibt genau einen auf der Menge aller Verhandlungsspiele $(K; \bar{u}_1, \bar{u}_2)$ definierten Schlichtungsmechanismus, der alle fünf Forderungen gleichzeitig erfüllt; dieser ist durch das oben beschriebene F_0 gegeben.*

Die Bestimmung von $F_0(K; \bar{u}_1, \bar{u}_2)$ kann man sich leicht anhand von Abbildung 7.14 veranschaulichen. Das kooperative Auszahlungsdiagramm ist hellgrau und der durch die Nebenbedingungen festgelegte Bereich ist dunkelgrau markiert. Die Niveaulinien der Zielfunktion $(u_1 - \bar{u}_1)(u_2 - \bar{u}_2)$ sind die eingezeichneten Hyperbeln. Der Berührpunkt der Hyperbel H_0 mit K ist die Nash-Lösung $F_0(K; \bar{u}_1, \bar{u}_2) = (\hat{u}_1, \hat{u}_2)$ des gegebenen Verhandlungsspiels $(K; \bar{u}_1, \bar{u}_2)$.

Beispielsweise sieht man den in Abschnitt 7.4 behandelten Spielen Γ_1 und Γ_2 sofort an, dass sie symmetrisch sind und ihr kooperatives Auszahlungsdiagramm jeweils einen einzigen symmetrischen undominierten Auszahlungspunkt besitzt. Auf Grund der Forderungen 3 und 4 ist deshalb $(6, 6)$ die Nash-Lösung von Γ_1 und $\left(\frac{3}{2}, \frac{3}{2}\right)$ die Nash-Lösung von Γ_2.

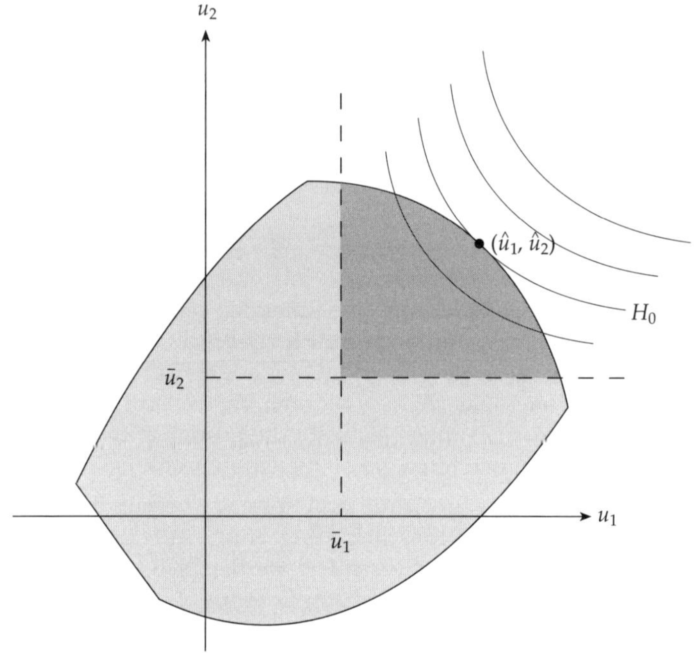

Abb. 7.14: Grafische Ermittlung der Nash-Lösung $(\hat{u}_1, \hat{u}_2)$ eines Verhandlungsspiels $(K, \bar{u}_1, \bar{u}_2)$

7.5.2 Die Nash-Lösung eines Tarifkonfliktes

Der weiteren Veranschaulichung diene das Beispiel des Tarifkonflikts. Spieler 1 (die Tarifkommission der Gewerkschaften) und Spieler 2 (die Arbeitgeber-Vertretung) streiten sich um das Ausmaß der Lohnerhöhungen. Nehmen wir 20 % als realistische Obergrenze an, so wären bei nichtkooperativer Spielweise die Strategienmengen

$$A = \{a : 0 \leqq a \leqq 20\} \quad \text{und} \quad B = \{b : 0 \leqq b \leqq 20\}$$

zu berücksichtigen; der Einsatz von $a \in A$ durch Spieler 1 bedeutet dabei, dass a % Lohnerhöhungen gefordert werden, der Einsatz von $b \in B$ durch Spieler 2 bedeutet entsprechend, dass b % Lohnerhöhungen zugestanden werden.

Offensichtlich führt das nichtkooperative Spiel zu untragbaren Ergebnissen, da eine Einigung (das heißt $a \leqq b$) wohl nie zu Stande käme und permanent Arbeitskämpfe stattfinden müssten. In der Praxis wird das Spiel deshalb kooperativ gespielt. Der dabei ablaufende Aushandlungsprozess ist formal schwierig zu beschreiben. Die alltägliche Erfahrung zeigt, dass der Prozess meist über etliche Runden geht, dass dabei die Spielerpersönlichkeiten sowie die Beeinflussung der (und die Beeinflussung durch die) Öffentlichkeit eine Rolle spielen und dass die Spieler zu Beginn der Verhandlungen jeweils ihre Maximalforderungen (aus optischen Gründen etwas von 0 % und 20 % abweichend) auf den Tisch legen. Der genaue Prozessverlauf braucht uns hier nicht weiter zu interessieren, da wir den Tarifkonflikt von der Warte einer neutralen Schlichtungsinstanz betrachten und den Zeit raubenden Aushandlungsprozess gerade vermeiden wollen. Eine neutrale Schlichtungsinstanz, die auf der Basis obiger fünf Forderungen eine Lösung erarbeiten will, müsste sich zunächst die Daten K, $\bar{u}_1$ und $\bar{u}_2$ zu beschaffen versuchen. Hierin – und nicht in der grafischen Lösung gemäß Abbildung 7.14 steckt das Problem. Machen wir uns zunächst die Unabhängigkeit gegenüber linearen Transformationen (Forderung 1) zu Nutze, so können wir die beiden Auszahlungsfunktionen ohne Einschränkung der Allgemeinheit auf das Intervall $[0; 1]$ normieren. Machen wir uns weiterhin zu Nutze, dass (vgl. Abbildung 7.14) nicht ganz K, sondern nur der paretooptimale Rand von K (das heißt die Menge aller bezüglich K undominierten Auszahlungspunkte) relevant ist, so können wir uns auf diejenigen Auszahlungspunkte beschränken, die aus der Einigung auf irgendeinen der Prozentsätze α zwischen 0 und 20 resultieren. $u_1(\alpha)$ wird monoton wachsen mit $u_1(0) = 0$ und $u_1(20) = 1$, während $u_2(\alpha)$ monoton fallen wird mit $u_2(0) = 1$ und $u_2(20) = 0$. Der genauere Verlauf von u_1 und u_2 hängt vom Einzelfall ab. Wir wollen zum Zwecke dieses Beispiels annehmen, dass u_1 zuerst schneller und später (etwa ab der derzeitigen Inflationsrate) langsam steigt, während u_2 linear fällt; damit die Berechnung von $(\hat{u}_1, \hat{u}_2)$ einfach wird, setzen wir speziell

$$u_1(\alpha) = \sqrt{\frac{\alpha}{20}} \quad \text{sowie} \quad u_2(\alpha) = 1 - \frac{\alpha}{20} .$$

Die Werte $\bar{u}_1$ und $\bar{u}_2$ sind die Auszahlung für den Fall, dass keine Einigung zu Stande kommt und entweder Spieler 1 einen Streik oder Spieler 2 eine Aussperrung beschließt (oder beide einen derartigen Beschluss fassen). Wir wollen annehmen, dass dieser Fall die Spieler ungleich hart trifft und speziell

$$\bar{u}_1 = \tfrac{1}{2} \quad \text{sowie} \quad \bar{u}_2 = \tfrac{1}{4}$$

setzen. Damit kann die Nash-Lösung $(\hat{u}_1, \hat{u}_2)$ bestimmt werden (vgl. Abbildung 7.15). Der paretooptimale Rand von K ist ein Stück der Parabel $u_1^2 + u_2 = 1$, wie man durch Elimination des Parameters α erkennt. Man errechnet die Nash-Lösung

$$\hat{u}_1 = 0{,}69 \quad \text{und} \quad \hat{u}_2 = 0{,}52 .$$

Dieser Auszahlungspunkt wird bei Einigung auf $\alpha = 9{,}6\,\%$ Lohnerhöhung realisiert. Orientiert sich also eine neutrale Schlichtungsinstanz an den obigen Daten, so müsste sie bei Respektierung der Forderungen 1 bis 5 den beiden Tarifpartnern vorschlagen, sich auf Lohnerhöhungen von 9,6 % zu einigen.

Diese Vorgehensweise hat natürlich einige Nachteile, die ihre praktische Anwendung infrage stellen: Erstens sind die erforderlichen Daten kaum zu beschaffen, zweitens können Einwände gegen die fünf Forderungen vorgebracht

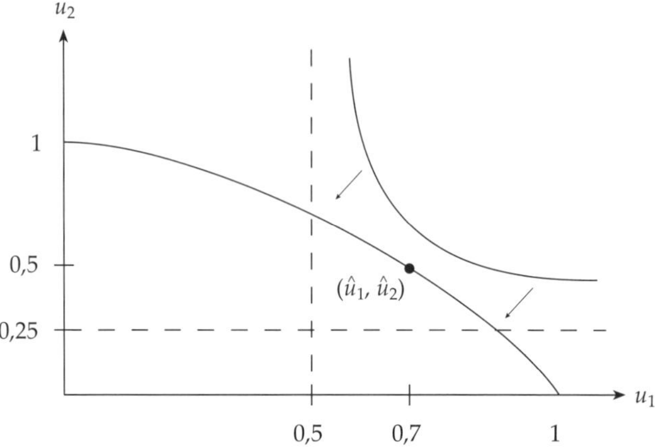

Abb. 7.15: Ermittlung der Nash-Lösung für das Beispiel des Tarifkonflikts

werden, drittens entsteht infolge der starken Abhängigkeit der Nash-Lösung $(\hat{u}_1, \hat{u}_2)$ von $(\bar{u}_1, \bar{u}_2)$ ein zusätzlicher strategischer Aspekt. Drohen nämlich in dem obigen Beispiel die Arbeitgeber mit einer verschärften Aussperrung, die mit einer verstärkten Automatisierung und einer Stillegung gewisser Betriebe verbunden ist, so könnte dies die Arbeitnehmer entschieden härter treffen und den Punkt $(\bar{u}_1, \bar{u}_2)$ von $\left(\frac{1}{2}, \frac{1}{4}\right)$ etwa zu $\left(\frac{1}{5}, \frac{3}{5}\right)$ verschieben. Dann wäre die Nash-Lösung aber $(\hat{u}_1, \hat{u}_2) = (0{,}44; 0{,}81)$; die entsprechende Lohnerhöhung würde nur 3,8 % betragen.

7.5.3 Das verallgemeinerte Verhandlungsmodell von Nash

Der eben erwähnte strategische Aspekt veranlasste Nash (1953), ein allgemeineres Verhandlungsmodell vorzuschlagen, das aus der Kopplung eines so genannten Drohspiels mit einem so genannten Forderungsspiel besteht. Wir können hierauf nicht im Detail eingehen, sondern nur die zu Grunde liegende Idee umreißen.

Nash zerlegt den Verhandlungsprozess in zwei Stufen: In der ersten Stufe, dem **Drohspiel**, wählen beide Spieler unabhängig voneinander eine Drohstrategie $\bar{a}$ bzw. $\bar{b}$ aus; die Drohstrategien, die dann bekannt gegeben, aber noch nicht eingesetzt werden, hätten für Spieler 1 eine Auszahlung $\bar{u}_1$ und für Spieler 2 eine Auszahlung $\bar{u}_2$ zur Folge. In der zweiten Stufe, dem **Forderungsspiel**, fordern die Spieler unabhängig voneinander jeweils eine Auszahlung $\tilde{u}_1$ bzw. $\tilde{u}_2$, von der sie ihre Kooperation abhängig machen; das heißt, Spieler i ist genau dann zur Kooperation bereit, wenn ihm diese mindestens die geforderte Auszahlung $\tilde{u}_i$ einbringt. Kommt keine Einigung zu Stande, ist also der Auszahlungspunkt $(\tilde{u}_1, \tilde{u}_2)$ kooperativ nicht realisierbar, so werden die Drohstrategien eingesetzt; jeder Spieler erhält dann nur die Auszahlung $\bar{u}_1$ bzw. $\bar{u}_2$.

Bei gegebenem Drohpunkt $(\bar{u}_1, \bar{u}_2)$ kann das resultierende Forderungsspiel gemäß dem einfachen Nash-Modell behandelt werden. Dann müssten die Spieler jeweils die Werte $\hat{u}_1$ bzw. $\hat{u}_2$ der zugehörigen Nash-Lösung $(\hat{u}_1, \hat{u}_2)$ fordern. Setzt man dies voraus, so ist das Forderungsspiel kein echtes Spiel mehr (da die Einigung auf $(\hat{u}_1, \hat{u}_2)$ durch den Schlichtungsmechanismus bewerkstelligt wird); die gesamten spieltheoretischen Aspekte verlagern sich in das nichtkooperative Drohspiel. Nash zeigte, dass die Gleichgewichtspunkte dieses Drohspiels ansprechende Eigenschaften haben: Sie sind vertauschbar und führen alle zu demselben undominierten Auszahlungspunkt, der auch der Garantiepunkt ist; mithin kann jedes gleichgewichtige Paar von Drohstrategien und jedes Paar von Maximin-Drohstrategien als eine Lösung aufgefasst werden.

7.6 Kooperative N-Personenspiele

Wie bereits in Abschnitt 7.2 erwähnt, entstehen im Rahmen von N-Personenspielen (mit $N \geqq 3$) gegenüber den Zweipersonenspielen zusätzliche Schwierigkeiten dadurch, dass sich Koalitionen bilden können. Große theoretische Anstrengungen wurden zur Klärung der Frage unternommen, welche Koalitionen sich unter rationalen Spielern bilden sollten und welches die faire Aufteilung des Koalitionsgewinnes ist. Auch breit angelegte empirische Untersuchungen wurden unternommen,[33] teils um die normativen Resultate der Theorie zu testen, teils um zu ergründen, wie sich Personen (mit den üblichen menschlichen Schwächen) in kooperativen Mehrpersonenspielen tatsächlich verhalten. Es darf bereits hier vorweggenommen werden, dass kein Rezept dafür bereitsteht, das Spielergebnis mit hundertprozentiger Sicherheit prognostizieren zu können. Dies wird nach den Problemen, mit denen wir schon bei den allgemeinen Zweipersonenspielen zu kämpfen hatten, wohl nicht weiter überraschen.

Ein einfaches Fünfpersonenspiel, auf das wir im Folgenden oft zurückgreifen, mag der weiteren Veranschaulichung der auftretenden Probleme dienen. Die speziellen Spieldaten interessieren hier nicht im Detail, sondern nur in Bezug auf die Auszahlung, die sich die verschiedenen Koalitionen sichern können. In Bezug auf diese Koalitionsauszahlungen wird Folgendes angenommen: 40 Euro bekommt eine Koalition, falls sie entweder aus Spieler 1 und mindestens einem der restlichen Spieler besteht oder falls sie aus den restlichen vier Spielern 2, 3, 4 und 5 besteht; alle anderen Koalitionen bekommen nichts.

Bei diesem Spiel kann man zwar ohne Bedenken die Prognose wagen, dass sich eine der „Gewinnkoalitionen" bilden wird; eine genauere Prognose, die sich auf eine der 16 Gewinnkoalitionen sowie auf eine Aufteilung des Koalitionsgewinnes festlegt, dürfte jedoch nur selten „ins Schwarze treffen". Formiert sich beispielsweise die Koalition $\{2, 3, 4, 5\}$, so geht Spieler 1 leer aus, während die restlichen Spieler 40 Euro unter sich aufteilen. Da die Rollen der vier Spieler 2, 3, 4, 5 symmetrisch sind, wird man bei fairem Verhalten erwarten dürfen, dass sich die vier Spieler auf eine gleichmäßige Aufteilung einigen; ins-

---

33 Vgl. z. B. Rapoport/Orwant (1962); Selten/Schuster (1968).

gesamt entsteht dann der Auszahlungsvektor (0, 10, 10, 10, 10). Andererseits wird Spieler 1 diese Koalition mit allen Mitteln verhindern wollen. Wenn es ihm gelingt, einen Spieler – etwa Spieler 2 – aus der Koalition herauszulösen, kann er sich mit diesem Spieler die 40 Euro teilen. Wenn Spieler 2 dafür den Löwenanteil – sagen wir 35 Euro – verlangt, entsteht der Auszahlungsvektor (5, 35, 0, 0, 0). Selbst bei dieser ungleichen Aufteilung stellt sich Spieler 1 (und natürlich Spieler 2) besser als bei obigem Auszahlungsvektor (0, 10, 10, 10, 10). Aber auch gegen diese Gewinnkoalition $\{1, 2\}$ und diese Aufteilung sprechen gewichtige Argumente. So könnte sich etwa Spieler 3 dem Spieler 1 als billigerer Koalitionspartner – etwa für 20 Euro – anbieten; geht Spieler 1 darauf ein, so entsteht der Auszahlungsvektor (20, 0, 20, 0, 0). Da die vier Spieler 2, 3, 4, 5 jedoch in harter Konkurrenz um die begehrte Partnerschaft mit Spieler 1 stehen, scheint es für den Spieler 1 rational zu sein, seinem Partner nicht viel über 10 Euro zu bieten; denn die einzige sinnvolle Alternative zu einer Koalition mit Spieler 1 ist die anfänglich betrachtete Koalition $\{2, 3, 4, 5\}$, die jedem der vier Spieler 2, 3, 4 und 5 nur 10 Euro einbringt. Auf Grund dieses Konkurrenzdrucks kann Spieler 1 seine potenziellen Partner gegeneinander ausspielen, was z. B. Dreierkoalitionen vom Typ $\{1, 2, 3\}$, $\{1, 2, 4\}$ usw. als sehr unwahrscheinlich, Auszahlungsvektoren vom Typ (29, 11, 0, 0, 0), (30, 10, 0, 0, 0), (29, 0, 11, 0, 0) usw. dagegen als sehr wahrscheinlich erscheinen lässt.

Selten/Schuster (1968) ließen dieses Fünfpersonenspiel von Studenten der Universität Frankfurt mehrfach durchspielen. Eine Koalition und ein Auszahlungsvektor galten dabei als endgültig, wenn sie 10 Verhandlungsminuten überdauerten. Es zeigte sich, dass häufig Auszahlungsvektoren vom Typ (25, 15, 0, 0, 0), (25, 0, 15, 0, 0) zu Stande kamen, aber auch der für starkes Solidaritätsgefühl sprechende Auszahlungsvektor (8, 8, 8, 8, 8) sowie unmotivierter erscheinende Ergebnisse wie etwa (0, 7, 7, 19, 7) und (25, 0, 5, 5, 5). Wegen weiterer empirischer Resultate sei direkt auf Selten/Schuster (1968) oder auch auf die ausführliche Besprechung dieses Experimentes durch Borch (1969) verwiesen. Ohne Zweifel kann man aus den empirischen Resultaten den Schluss ziehen, dass die Kenntnis von persönlichkeitsbestimmten Daten wie etwa Sympathien, Antipathien, Beredsamkeit, Verhandlungsgeschick, weltanschauliche Einstellung usw. für eine absolut sichere Prognose unerlässlich sein wird. Die Einbeziehung solcher Daten wirft zusätzliche gravierende Messprobleme sowie psychologische und soziologische Fragestellungen auf. Wir wollen uns hier auf die Behandlung einiger wesentlicher Definitionen und Lösungsansätze beschränken, die zur Beantwortung der eingangs dieses Abschnitts erwähnten normativen Fragestellungen dienen.

Wie in diesem Fünfpersonenspiel wollen wir auch künftig annehmen, dass die Auszahlungen in Einheiten eines unbeschränkt teilbaren, transferierbaren Gutes (z. B. Geld) erfolgen, so dass es einen Sinn hat, den Koalitionsgewinn durch eine einzige Zahl zu beschreiben und von Aufteilungen des Koalitionsgewinnes auf die Koalitionsteilnehmer zu reden. Weiter sollen alle denkbaren Koalitionen sowie alle denkbaren Aufteilungen a priori möglich sein (später werden natürlich einige normative Forderungen aufgestellt). Da wir primär an der Analyse der Koalitionsbildung interessiert sind, wäre es ein Umweg, den

Untersuchungen das Spiel in Normalform zu Grunde zu legen und die Normalform dann durch die Einbeziehung von Absprachen über kompensierende Zahlungen und koordinierte Strategienwahl zu ergänzen. Es ist zweckmäßiger, das kooperative N-Personenspiel direkt durch die Auszahlungen zu beschreiben, die sich die verschiedenen Koalitionen sichern können. Die Funktion, die diese Beschreibung leistet, heißt **charakteristische Funktion** des Spiels. Bezeichnen wir die Spielermenge des kooperativen N-Personenspiels Γ mit

$$S = \{1, 2, \ldots, N\},$$

so ordnet die charakteristische Funktion v jeder Teilmenge K von S eine reelle Zahl zu;[34] der Funktionswert $v(K)$ gibt die Auszahlung an, die sich die Koalition K (durch geeignete Strategienwahl, die aber hier nicht weiter interessiert) sichern kann. Demnach ist $v(K)$ der untere Spielwert des Spielers K in dem Zweipersonenspiel, das sich zwischen der Koalition K und der Gegenkoalition $S \setminus K$ ergibt. In dem obigen Fünfpersonenspiel hat die charakteristische Funktion beispielsweise folgende Form:

$$v(K) = \begin{cases} 40, & \text{falls } 1 \in K \text{ und } K \text{ mindestens zweielementig ist} \\ 40, & \text{falls } K = \{2, 3, 4, 5\} \\ 0, & \text{sonst}. \end{cases}$$

Zwei disjunkte Koalitionen K_1 und K_2 können sich insgesamt die Auszahlung

$$v(K_1) + v(K_2)$$

sichern; fügen sie sich zu einer großen Koalition $K = K_1 \cup K_2$ zusammen, so können sie sich (durch koordinierte Strategienwahl) mindestens ebenso viel sichern. Deshalb erfüllt die charakteristische Funktion v die Ungleichung:

$$v(K_1 \cup K_2) \geqq v(K_1) + v(K_2), \quad \text{falls} \quad K_1 \cap K_2 = \emptyset.$$

Gilt hierbei für ein Spiel Γ stets das Gleichheitszeichen, so besagt dies, dass sich keine Koalitionsbildung lohnt und jeder Spieler auf eigene Faust genauso viel erreichen kann wie bei Kooperation mit anderen Spielern. Solche Spiele heißen **unwesentlich** (inessential), da sie vom Gesichtspunkt der kooperativen Theorie aus uninteressant sind. Gilt dagegen für mindestens ein Paar (disjunkter) Koalitionen K_1, K_2 das Ungleichheitszeichen, also

$$v(K_1 \cup K_2) > v(K_1) + v(K_2),$$

so heißt das Spiel Γ **wesentlich** (essential). Ein handliches Kriterium zur Überprüfung, ob ein Spiel Γ wesentlich oder unwesentlich ist, beruht auf dem Vergleich von $v(S)$ mit der Summe

$$\sum_{i \in S} v(\{i\})$$

[34] Der Buchstabe K symbolisiert in diesem Abschnitt stets eine Koalition und nicht – wie im Abschnitt 7.5 – ein kooperatives Auszahlungsdiagramm. Da man sich lästige Fallunterscheidungen sparen will, lässt man auch die leere Menge, das heißt $K = \emptyset$ als Koalition zu; der Funktionswert $v(\emptyset)$ wird definitionsgemäß gleich null gesetzt.

aller individuellen Auszahlungen $v(\{i\})$, die sich die Spieler allein (das heißt jeweils als Ein-Personen-Koalition $\{i\}$) sichern können; man rechnet nämlich leicht nach, dass ein Spiel Γ genau dann unwesentlich ist, wenn

$$v(S) = \sum_{i \in S} v(\{i\})$$

gilt. Im Beispiel des Fünfpersonenspiels ist $v(S) = 40$, aber $v(\{i\}) = 0$ für jedes i; infolgedessen ist das Spiel wesentlich.

7.6.1 Imputationen und Kern eines Spiels

Wir kommen nun zu den Auszahlungsvektoren $(x_1, x_2, \ldots, x_N)$, die sich nach der Tätigung aller vereinbarten Seitenzahlungen ergeben. Im Beispiel hatten die Auszahlungsvektoren die spezielle Form $(0, 10, 10, 10, 10)$, $(25, 15, 0, 0, 0)$ usw.; jede Komponente war nichtnegativ, die Summe der Komponenten war stets 40. Die beiden Eigenschaften lauten, auf den allgemeinen Fall übertragen:

$$x_i \geqq v(\{i\}) \quad \text{für} \quad i = 1, \ldots, N \quad \text{und} \tag{1}$$

$$\sum_{i \in S} x_i = v(S)\,. \tag{2}$$

Ein Auszahlungsvektor, der diese Forderungen (1) und (2) erfüllt, heißt eine **Imputation** (oder Zubilligung, Zurechnung, Zuweisung, Zuteilung). Forderung (1) wird **individuelle Rationalität** genannt, da sie besagt, dass sich kein Spieler bei einer Koalition mit weniger abspeisen lässt, als er schon aus eigener Kraft erreichen kann. Die Forderung (2) wird **kollektive Rationalität** oder Pareto-Optimalität genannt; ist sie nämlich verletzt, gilt also[35]

$$\sum_{i \in S} x_i < v(S)\,,$$

so besagt dies, dass beim Auszahlungsvektor $(x_1, x_2, \ldots, x_N)$ insgesamt „etwas verschenkt" wurde. Denn wenn alle Spieler kooperieren (das heißt die Koalition S bilden) und die Mehrauszahlung

$$v(S) - \sum_{i \in S} x_i$$

gleichmäßig untereinander aufteilen, so fahren dabei alle besser als beim Auszahlungsvektor $(x_1, x_2, \ldots, x_N)$.

Bei rationalen Spielern wird man demnach keine beliebigen Auszahlungsvektoren, sondern nur Imputationen als Ergebnisse erwarten dürfen. Allerdings kann man nicht jede Imputation als rational ansehen. Im Fünfpersonenspiel sind etwa $(0, 0, 0, 0, 40)$ und $(0, 1, 0, 39, 0)$ noch Imputationen; ihre Realisa-

---

[35] Die umgekehrte Ungleichung kann offenbar nicht gelten, da die Spieler voraussetzungsgemäß höchstens soviel unter sich verteilen können, wie sie insgesamt erzielen können.

tion würde einem objektiven Betrachter sicher merkwürdig vorkommen. Wir benötigen deshalb noch weitere Forderungen, um die vernünftigen von den unvernünftigen Imputationen trennen zu können. Nachdem wir bereits gefordert haben, dass jeder Spieler, das heißt jede Koalition $\{i\}$ und die Spielergesamtheit, das heißt die Koalition S, rational sein sollen, bietet sich als Zusatzforderung an, dass auch jede von $\{i\}$ und S verschiedene Koalition K rational sein soll. Gillies (1959) präzisierte diese Forderung folgendermaßen:

$$\sum_{i \in K} x_i \geqq v(K) \quad \text{für alle} \quad K \subseteq S\,. \tag{3}$$

In dieser Form enthält sie speziell auch die Forderungen (1) und (2). Die Menge aller Imputation eines Spiels, die der Forderung (3) genügen, wird als **Kern** (core) des Spiels bezeichnet. Um ein Gefühl dafür zu bekommen, wie einschränkend die Forderung (3) ist, wollen wir den Kern unseres Fünfpersonenspiels berechnen. Eine Imputation $(x_1, x_2, \ldots, x_5)$ ist durch

$$x_i \geqq 0 \quad (i = 1, \ldots, 5) \quad \text{und} \quad \sum_{i=1}^{5} x_i = 40 \tag{4}$$

definiert. Die Forderung (3) liefert für $K = \{2, 3, 4, 5\}$:

$$\sum_{i=2}^{5} x_i \geqq 40\,.$$

Daraus lässt sich mit (4) ersehen, dass $x_1 = 0$ sein muss. Die Forderung (3) liefert z. B. für $K = \{1, 2\}$ und $K = \{1, 3\}$:

$$x_1 + x_2 \geqq 40 \quad \text{und} \quad x_1 + x_3 \geqq 40\,.$$

Da x_1 verschwinden muss, sieht man, dass x_2 und x_3 mindestens 40 betragen müssen; dies kann nach (4) jedoch nicht der Fall sein. Der Widerspruch zeigt, dass keine Imputation existieren kann, die zum Kern gehört; der Kern ist also bei diesem Spiel leer.

Der Kern ist auch bei vielen anderen Spielen leer; es lässt sich zeigen (vgl. Aufgabe 7.5), dass jedes wesentliche Konstantsummenspiel einen leeren Kern besitzt.[36] Die Forderung (3) siebt also unter den Imputationen häufig so viele

---

[36] Ein Spiel Γ, gegeben durch seine charakteristische Funktion v, heißt dabei ein Konstantsummenspiel, wenn für jede Koalition K gilt:

$$v(K) + v(S \setminus K) = v(S)\,.$$

War Γ ursprünglich durch seine Normalform gegeben und ist diese ein Konstantsummenspiel (in dem in 7.2 definierten Sinne), so erfüllt Γ diese Bedingung genau dann, wenn für jedes K das Zweipersonenspiel von K gegen $S \setminus K$ einem determinierten Nullsummenspiel strategisch äquivalent ist.

als unvernünftig aus, dass keine „vernünftigen" mehr übrig bleiben. Versteht man unter einer „vernünftigen" Imputation eine Imputation, die sich durch besondere Stabilitätseigenschaften auszeichnet und als gleichgewichtig bezeichnet werden kann, so existieren bei einem Spiel mit leerem Kern tatsächlich keine vernünftigen Imputationen. Denn sie besitzen alle zumindest folgenden Schönheitsfehler: Zu $(x_1, \ldots, x_N)$ gibt es (mindestens) eine Koalition K, so dass

$$\sum_{i \in K} x_i < v(K)$$

gilt (sonst wäre nämlich (3) erfüllt). Dies bedeutet aber, dass die Spieler $i \in K$ keine Veranlassung haben, mit der Imputation $(x_1, \ldots, x_N)$ zufrieden zu sein; bei der Bildung der Koalition K könnten diese Spieler alle besser abschneiden. Wird jedoch die Koalition K gebildet, so gibt es bezüglich der neu entstandenen Imputation $(x'_1, \ldots, x'_N)$ wiederum eine Koalition K', die dasselbe Problem aufwirft usw.

7.6.2 Die Von-Neumann-Morgenstern-Lösung

Fasst man nur Imputationen aus dem Kern als Lösungen auf, so hat man zwar für lösbare Spiele eine Lösung mit befriedigenden Eigenschaften; gleichzeitig muss man jedoch in Kauf nehmen, dass sehr viele Spiele unlösbar sind. Von Neumann/Morgenstern (1947) wollten möglichst allen Spielen eine Lösung zuordnen und führten einen anderen Lösungsbegriff ein. In ihrer Bezeichnungsweise **dominiert** eine Imputation $x = (x_1, \ldots, x_N)$ eine Imputation $y = (y_1, \ldots, y_N)$, wenn es eine (nichtleere) Koalition K gibt, so dass

$$x_i > y_i \quad \text{für alle} \quad i \in K \tag{5}$$

und

$$\sum_{i \in K} x_i \leq v(K) \tag{6}$$

gilt. Die Bedingung (5) besagt, dass sich alle Spieler aus K bei der Imputation x besser stellen als bei der Imputation y. Die Bedingung (6) garantiert, dass die Spieler aus K auch in der Lage sind, die Ansprüche x_i aus dem Koalitionsgewinn $v(K)$ zu befriedigen. Man sieht, dass eine Imputation genau dann zum Kern gehört, wenn sie von keiner anderen Imputation dominiert wird; damit ist allerdings nicht gesagt (und im Allgemeinen falsch), dass eine Imputation aus dem Kern jede Imputation außerhalb des Kerns dominiert. Die Dominanz ist keine transitive Relation; es kann beispielsweise x die Imputation y dominieren und y seinerseits die Imputation x (natürlich bezüglich verschiedener Koalitionen K, K'). Infolgedessen ist kaum damit zu rechnen – was auch bei obiger Diskussion der Imputationen bei leerem Kern deutlich wurde –, dass eine Imputation gefunden werden kann, die bezüglich der Dominanzrelation optimal ist. Deshalb definierten von Neumann/Morgenstern auch nicht eine einzelne Imputation, sondern eine Menge L von Imputationen als **Lösung**,[37] wenn L die beiden folgenden Stabilitätsbedingungen erfüllt:

a) Jede nicht in L enthaltene Imputation wird durch eine Imputation aus L dominiert.

b) Keine Imputation aus L wird von einer anderen Imputation aus L dominiert.

Von Neumann/Morgenstern vergleichen die Lösung L mit einem „akzeptierten Verhaltensstandard" oder einer „Gesellschaftsordnung". Die Bedingung a) sorgt dafür, dass jedes nicht akzeptierte Verhalten (= Imputation außerhalb von L) diskreditiert werden kann; die Bedingung b) verhindert innere Widersprüche der Gesellschaftsordnung.

Bei einigen Spielen gibt es nur eine einzige Lösung L, bei anderen existieren mehrere Lösungen $L_1, L_2, \ldots$ Es können (sogar schon bei Dreipersonenspielen) auch unendlich viele Spiellösungen existieren. Unwesentliche Spiele besitzen nur eine einzige Imputation, nämlich

$$(v(\{1\}), \ldots, v(\{N\}))\,;$$

diese Imputation stellt auch die Lösung L dar. Bei Zweipersonenspielen gibt es auch nur eine Lösung, nämlich

$$L = \{(x_1, x_2) : \; x_1 \geqq v(\{1\}), \; x_2 \geqq v(\{2\}), \; x_1 + x_2 = v(\{1,2\})\}\,.$$

Die Aufteilung des kooperativ möglichen Gesamtgewinns bleibt dabei völlig offen. Unser Fünfpersonenspiel besitzt mehrere Lösungen; eine davon besteht aus den folgenden fünf Imputationen:

$$(30, 10, 0, 0, 0), \quad (30, 0, 10, 0, 0), \quad (30, 0, 0, 10, 0), \quad (30, 0, 0, 0, 10)$$
$$\text{und} \quad (0, 10, 10, 10, 10)\,.$$

Von Neumann/Morgenstern bestimmen in ihrem Buch sämtliche Lösungen für die Dreipersonenspiele sowie für gewisse Klassen von Vierpersonenspielen. Es war über 20 Jahre ein berühmtes offenes Problem, ob alle Spiele eine Lösung L besitzen. Die Bemühungen, ein Existenztheorem aufzustellen, endeten 1968, als es Lucas gelang, ein Zehnpersonenspiel zu konstruieren, das keine Lösung L besitzt. Shapley/Shubik (1969) untersuchten, ob dieses Zehnpersonenspiel bloß ein durch mathematische Spitzfindigkeit entdecktes „pathologisches" Spiel darstellt oder ob die „ökonomische Realität" auf ein solches unlösbares Spiel führen kann; sie fanden, dass Letzteres der Fall ist und gaben ein Marktmodell sowie ein Produktionsmodell an, die beide auf die charakteristische Funktion des lucasschen Spiels führen.

Die Beziehungen zwischen dem Kern eines Spiels und der von-neumann-morgensternschen Lösung sind nicht einfach zu beschreiben. Es gibt Spiele (wie unser Fünfpersonenspiel) mit einem leeren Kern, aber vielen Lösungen; es gibt auch Spiele (wie dasjenige von Lucas), die keine Lösung, aber einen nichtleeren Kern besitzen.

---

[37] Heute bezeichnet man L bevorzugt als eine **stabile Menge**.

Neben dem Kern und der von-neumann-morgensternschen Lösung wurden in der Spieltheorie eine Reihe anderer Ansätze diskutiert, etwa der Shapley-Wert oder der Verhandlungsbereich (bargaining set) von Aumann/Maschler (1964). Da ihre Behandlung hier zu weit führen würde, muss auf die einschlägige Literatur verwiesen werden.[38]

7.7 Kritische Zusammenfassung

Die Diskussion in den vorangehenden Abschnitten hat zwar gezeigt, dass viele betriebswirtschaftliche Entscheidungsprobleme durch spieltheoretische Modelle beschrieben werden können, sie hat aber auch gezeigt, dass damit keineswegs eine Lösung in den Schoß fällt. Die Diskussion hat ferner deutlich gemacht, dass forsch ausgesprochene Behauptungen, die propagierte Strategie sei eine „Optimalstrategie" im Sinne der Spieltheorie, mit Vorsicht zu genießen sind. Diese Vorsicht ist besonders dann angebracht, wenn weder das Optimalitätskriterium noch die Strategienmengen noch die Bewertung der Konsequenzen (also die Auszahlungsfunktionen) mitgeteilt werden. Nur bei den Zweipersonennullsummenspielen, die bereits in reinen Strategien determiniert sind, konnte die erzielte Lösung voll befriedigen; im Falle der Indeterminiertheit mussten schon die „künstlichen" gemischten Strategien eingeführt werden, um eine Determiniertheit u. U. zu erzwingen. Besitzt jeder der beiden Spieler des Nullsummenspiels lediglich endlich viele Strategien, so erreicht man durch Einführung der gemischten Strategien stets die Determiniertheit; bei unendlich vielen Strategien ist jedoch nicht einmal dies gewährleistet, wie das folgende Spiel mit

$$A = \{1, 2, 3, \dots\}, \quad B = \{1, 2, 3, \dots\}$$

und der Auszahlungsfunktion

$$u(a, b) = \begin{cases} 1, & \text{falls } a > b \\ 0, & \text{falls } a = b \\ -1, & \text{falls } a < b \end{cases}$$

zeigt.[39] Bei diesem so genannten Überholspiel nutzt auch der Übergang zur gemischten Erweiterung nichts; das Indeterminiertheitsintervall bleibt das Intervall $[-1; 1]$. Es ist schlecht vorstellbar, dass eine Theorie gefunden werden kann, die im Stande ist, hierfür eine befriedigende „Optimalstrategie" zu empfehlen.

Bei den allgemeinen Zweipersonenspielen wurde im Abschnitt 7.4 anhand der Spiele Γ_1 und Γ_2 demonstriert, dass im nichtkooperativen Fall sicherlich nicht allen Spielen eine befriedigende Lösung zugeordnet werden kann. Die in Ab-

---

[38] Z. B. auf Burger (1966); Rosenmüller (1971); Tirole (1988, Kap. 11); Damme (1991); Güth (1999); Rieck (2006); Holler/Illing (2009).

[39] Einfachste Interpretation: Jeder Spieler sagt eine Zahl; wer die höchste Zahl sagt, hat gewonnen.

schnitt 7.5 besprochene Nash-Lösung ordnet jedem kooperativen Zweipersonenspiel zwar eine eindeutige Lösung zu; die hinter diesem Lösungsbegriff steckenden normativen Annahmen müssen dennoch kritisch beurteilt werden.

Die in Abschnitt 7.6 behandelte Theorie der kooperativen N-Personenspiele basierte ausschließlich auf dem Begriff der charakteristischen Funktion. Gegen diesen Begriff kann vorgebracht werden, dass er auf der Annahme beruht, dass sich zu jeder Koalition K die Gegenkoalition $S \setminus K$ formiert, die den Koalitionsgewinn von K (ohne Rücksicht auf eigene Verluste) nach Möglichkeit schmälern will. Ein weiterer Einwand stammt von McKinsey (2003, S. 351), der an einem einfachen Spiel[40] deutlich machte, dass die charakteristische Funktion zu einer symmetrischen Beurteilung der Spieler führen kann, obwohl die Rollen der beiden Spieler völlig unsymmetrisch sind.

Die Liste der Kritikpunkte an dem augenblicklichen Stand der Spieltheorie ließe sich leicht verlängern. Dennoch muss man bedenken, dass ein Großteil der möglichen Kritikpunkte weniger den Stand der Theorie betrifft als vielmehr die Natur der behandelten Probleme. Vermutlich wird jegliche Theorie, die sich zum Ziel gesetzt hat, Konfliktsituationen zu analysieren und ihnen Lösungen zuzuordnen, kritischen Einwänden ausgesetzt sein.

7.8 Aufgaben

Die nachfolgenden fünf Aufgaben dienen der Einübung einiger der in Kapitel 7 behandelten Konzepte. Lösungen zu diesen Aufgaben findet der interessierte Leser im Anhang ab Seite 272. Weitere Übungsaufgaben, darunter 15 zu Entscheidungen bei bewusst handelnden Gegenspielern, inklusive ausführlicher Lösungen, können beispielsweise Bamberg et al. (2012) entnommen werden.

Aufgabe 7.1 ✎

Ein junger Mann mit guten Referenzen hat sich bei einer Unternehmung 1 (= Spieler 1) um einen leitenden Posten beworben. Der Unternehmung 1 ist bekannt, dass der junge Mann sich bei der örtlichen Konkurrenz (= Spie-

---

[40] McKinsey geht von der Normalform eines allgemeinen Zweipersonenspiels aus, bei dem Spieler 1 nur eine einzige Strategie und Spieler 2 nur zwei Strategien besitzt und dessen Auszahlungsbimatrix durch

$$U = ((0, -1\,000) \quad (10, 0))$$

gegeben ist. Die charakteristische Funktion ist

$$v(\{1\}) = v(\{2\}) = 0, \quad v(\{1,2\}) = 10\,;$$

sie behandelt die beiden Spieler symmetrisch. Spieler 1 hat die Auszahlung von 10 aber praktisch sicher (auch ohne Kooperation mit Spieler 2), da es für den Spieler 2 außerordentlich verlustreich wäre, Spieler 1 am Gewinn von 10 zu hindern. (Ein interpersoneller Nutzenvergleich wurde bei dieser Argumentation natürlich unterstellt.)

ler 2) ebenfalls um einen vergleichbaren Posten beworben hat, dass er aber bei gleichem Gehaltsangebot die Unternehmung 1 vorzieht. Sowohl für 1 als auch für 2 kommen nur die drei Gehaltsstufen I, II und III in Betracht (= Strategien a_1, a_2, a_3 bzw. b_1, b_2, b_3). Der Leiter der Personalabteilung kalkuliert die Konsequenzen der verschiedenen Strategien und kommt zu dem Nullsummenspiel mit der Auszahlungsmatrix

$$U = \begin{pmatrix} 10 & -10 & -5 \\ 8 & 8 & -5 \\ 5 & 5 & 5 \end{pmatrix} .$$

Welches Angebot soll die Unternehmung 1 dem Bewerber unterbreiten?

✎ Aufgabe 7.2

Die Supermärkte 1 und 2 sind die einzigen Konkurrenten in ihrem Ort. Jede Woche erscheint in der örtlichen Presse eine Anzeige über die Sonderangebote. Der Supermarkt 1 verfolgt bei der Wahl seiner Anzeigen die Strategien a_1, a_2 und a_3, der Supermarkt 2 die Strategien b_1, b_2 und b_3. Es hat sich herausgestellt, dass bei einer Werbeanzeige a_i des Supermarktes 1 und b_j des Supermarktes 2 damit zu rechnen ist, dass der Marktanteil von 1 gegenüber 2 um u_{ij} % steigt. Diese Prozentzahlen sind in der folgenden Auszahlungsmatrix zusammengefasst:

$$U = \begin{pmatrix} 2 & -1 & 1 \\ -1 & 1 & -1 \\ 1 & -2 & 3 \end{pmatrix} .$$

a) Gibt es reine Strategien, die einander dominieren?

b) Hat das Spiel einen Gleichgewichtspunkt in reinen Strategien? Besitzt die gemischte Erweiterung einen Gleichgewichtspunkt?

c) Ist es sinnvoll für eine oder beide Parteien, eine reine Strategie zu verfolgen?

d) Wie lauten die gemischten Maximin-Strategien? Wie groß ist der Spielwert v der gemischten Erweiterung?

e) Welche Firma muss langfristig ihre Strategienmenge ändern?

✎ Aufgabe 7.3

Zwei Firmen 1 und 2, die ihren Marktanteil erhöhen wollen, befinden sich auf einem Markt mit dyopolistischer Angebotsstruktur, der soweit gesättigt ist, dass der Interessengegensatz zwischen den beiden Firmen durch ein Nullsummenspiel dargestellt werden kann. Die Firmen können als Marketinginstrumente Preispolitik (a_1 bzw. b_1), Werbung (a_2 bzw. b_2) oder Qualitätspolitik (a_3 bzw. b_3) einsetzen. Die folgende Auszahlungsmatrix gibt wieder, wie sich der Marktanteil der Firma 1 ändert (in %), wenn die verschiedenen Strategien aufeinandertreffen:

$$U = \begin{pmatrix} -4 & -3 & 4 \\ 2 & 3 & -2 \\ -2 & 4 & -1 \end{pmatrix}.$$

a) Ist das Spiel in reinen Strategien determiniert?

b) Gibt es dominierte (reine) Strategien?

c) Man berechne den Spielwert v der gemischten Erweiterung und für jede Firma eine gemischte Maximin-Strategie.

d) Man bestimme eine (reine) Bayes-Strategie der Firma 1 bezüglich der gemischten Strategie $q = \left(\frac{1}{3}, \frac{1}{3}, \frac{1}{3}\right)$ der Firma 2.

Aufgabe 7.4

In einem Preisdyopol bieten zwei Dyopolisten je ein Gut an. Die Nachfrage nach beiden Gütern sei komplementär (das heißt, der Absatz eines Dyopolisten sinkt, wenn der andere seinen Preis anhebt) und durch die folgenden Nachfragefunktionen gegeben:

$$\begin{aligned} x &= f_1(a, b) &= -5a - b + 100\,, \\ y &= f_2(a, b) &= -a - 5b + 100\,; \end{aligned}$$

dabei ist a der Preis des ersten und b der Preis des zweiten Gutes. Die Kostenfunktionen der beiden Dyopolisten seien gleich und durch

$$K_1(x) = 120 + 2x \quad \text{bzw.} \quad K_2(y) = 120 + 2y$$

gegeben. Die Strategienmengen A und B seien jeweils das Intervall $(0; 15)$, die Auszahlungsfunktionen seien die jeweiligen Gewinne.

a) Man zeige, dass die Partie (a^*, b^*) mit $a^* = b^* = 10$ ein Gleichgewichtspunkt ist.

b) Man berechne die Partie (a_0, b_0), die den gemeinsamen Gesamtgewinn der Dyopolisten maximiert; man vergleiche die Preise a^*, a_0, b^* und b_0 miteinander sowie die Gewinne, die aus den Partien (a^*, b^*) bzw. (a_0, b_0) resultieren.

Aufgabe 7.5

Es sei Γ ein wesentliches Konstantsummenspiel mit der charakteristischen Funktion v. Es gilt also sowohl

$$v(S) > \sum_{i=1}^{N} v(\{i\}) \qquad (*)$$

als auch für jede Koalition K (und zugehörige Gegenkoalition $S \setminus K$)

$$v(K) + v(S \setminus K) = v(S)\,. \qquad (**)$$

Man berechne den Kern von Γ.

8. Entscheidungen durch Entscheidungsgremien

Im Zuge der fortschreitenden Demokratisierung werden nicht nur im politischen, sondern auch im wirtschaftlichen Bereich immer häufiger Entscheidungen von Entscheidungsgremien getroffen; deshalb sind die mit Entscheidungsgremien zusammenhängenden Probleme auch von betriebswirtschaftlichem Interesse. Der Intention des Buches entsprechend sollen die ideologischen gegenüber den formalen Aspekten vernachlässigt werden.

Bei Entscheidungen durch Entscheidungsgremien lassen sich ebenfalls statische und dynamische Probleme, Sicherheits-, Risiko- und Ungewissheitssituationen sowie verschiedene Informationsstrukturen unterscheiden. Diese Unterscheidung bringt für die Behandlung von Kollektiventscheidungen nicht viel Neues, da es für die bisherige Behandlung derartiger Situationen (vgl. Kapitel 3 bis 6) unerheblich war, ob der Entscheidungsträger ein Individuum oder ein Gremium ist. Von zentralem Interesse ist vielmehr die folgende Frage: Wie können die Präferenzordnungen der Mitglieder des Gremiums „möglichst gerecht" zu einer einzigen Präferenzordnung aggregiert werden?

Es ist offensichtlich, welche praktische Bedeutung ein gerechter, allgemein akzeptierter Aggregationsmechanismus besäße. Aufgenommen in die Geschäftsordnung, könnte er endlose Debatten ersparen; relativ mühe- und konfliktlos könnten mit seiner Hilfe Probleme von folgendem Typ gelöst werden:

- Auf welche Prioritätenliste für Forschungsprojekte oder andere Projekte soll sich der Vorstand einer AG einigen?
- In welche Rangfolge soll der Vorstand die Kandidaten für vakante leitende Stellen ordnen?
- Auf welche Rangfolge der verschiedenen Unternehmensziele soll sich der Vorstand einigen?
- Auf welche Rangfolge von konkurrierenden wirtschaftspolitischen Zielen soll sich ein politisches Gremium einigen?
- Nach welchen Prioritäten soll ein Stadtrat seine zur Debatte stehenden Projekte ordnen?
- Auf welche Landesliste soll sich ein Landesparteitag einigen?
- Wie kann in einem Berufungsausschuss ein Konsens über eine Berufungsliste erreicht werden?
- usw.

Vielfach müssen in der Praxis Entscheidungsgremien keine Präferenzordnung aller zur Debatte stehenden Alternativen aufstellen, sondern sich lediglich für eine der Alternativen entscheiden. Diese Aufgabe ist natürlich gelöst, wenn das Gremium eine Präferenzordnung aller Alternativen ermittelt hat und der „Spitzenreiter" eindeutig bestimmt ist. Viele Verfahren sind jedoch ausschließlich auf die Ermittlung der Gremienentscheidung (und nicht der kompletten Gremienpräferenzordnung) ausgelegt. Diese Verfahren werden als **kollektive Entscheidungsregeln**[1] bezeichnet.

Im nachfolgenden Abschnitt 8.1 werden zunächst die (formalen) Probleme einer gerechten Aggregation von individuellen Präferenzen erörtert sowie wichtige Bezeichnungen eingeführt. Abschnitt 8.2 hat das bekannte Ergebnis von K. J. Arrow zum Gegenstand, das oft als „Unmöglichkeitstheorem" bezeichnet wird und gelegentlich in unzulässig vergröberter Form durch das Schlagwort „Demokratie ist unmöglich" beschrieben wird. In Abschnitt 8.3 werden Abänderungen derjenigen Forderungen, die das Unmöglichkeitstheorem zur Folge haben, untersucht. In Abschnitt 8.4 kommen traditionelle Wahlverfahren, allgemeine kollektive Entscheidungsregeln sowie in Abschnitt 8.5 ein weiteres wichtiges Unmöglichkeitstheorem (Gibbard und Satterthwaite) zur Sprache. Eine kritische Zusammenfassung erübrigt sich bei diesem Kapitel, da die „negativen Resultate" ohnehin gegenüber den „positiven Resultaten" überwiegen, so dass eine unmittelbare praktische Anwendung der Resultate in den Hintergrund tritt. Dies soll natürlich nicht besagen, dass die Resultate keinerlei Bezug zur Anwendung haben. Auch die Erkenntnis, dass es vergebliche Mühe wäre, nach einem allseits zufrieden stellenden Aggregationsmechanismus zu suchen, kann für die Praxis von Nutzen sein.

8.1 Probleme einer gerechten Aggregation individueller Präferenzen

Das Entscheidungsgremium bestehe aus $N \geqq 2$ Individuen. Eine Menge A von m Alternativen $a, b, c, \ldots$ stehe zur Debatte. Jedes der N Mitglieder des Entscheidungsgremiums besitze bezüglich dieser Alternativen eine transitive und vollständige Präferenzordnung.[2] Da wir es mit N Präferenzordnungen zu tun haben, ist es zweckmäßig, auf das Symbol $\succcurlyeq$ zu verzichten und stattdessen die Präferenzordnung des i-ten Mitgliedes mit R_i zu bezeichnen; es bedeute

$$a \, R_i \, b \, ,$$

dass die Alternative $a \in A$ für das i-te Mitglied mindestens so gut wie die Alternative $b \in A$ ist. Die Präferenzordnung R_i kann mithilfe der Definitionen

$$\begin{aligned} a \, I_i \, b \quad &:\Longleftrightarrow \quad a \, R_i \, b \quad \text{und} \quad b \, R_i \, a \, , \\ a \, P_i \, b \quad &:\Longleftrightarrow \quad a \, R_i \, b \quad \text{und nicht} \quad b \, R_i \, a \end{aligned}$$

[1] Andere Bezeichnungen sind: Abstimmungsregeln, social decision functions, social choice functions. Diese Mechanismen ordnen jedem Präferenzordnungsprofil als Funktionswert ein einziges Element von A zu, nämlich den kollektiven Spitzenreiter. In leichter Verallgemeinerung findet man in der Literatur (z. B. Sen, 2017) auch die Definition, dass die kollektive Entscheidungsregel jedem Profil eine binäre Relation R über A zuordnet mit der Eigenschaft, dass jede Teilmenge von A (also auch A selbst) ein bezüglich R optimales Element besitzt.

[2] Die Transitivität und die Vollständigkeit einer Präferenzordnung wurden bereits in Abschnitt 2.4 erläutert.

in die Indifferenzrelation I_i und die strikte Präferenzrelation P_i aufgespalten werden. Es bedeutet also

$$a\, I_i\, b\,,$$

dass das i-te Mitglied zwischen den Alternativen a und b indifferent ist, sowie

$$a\, P_i\, b\,,$$

dass das i-te Mitglied die Alternative a gegenüber der Alternative b (echt) präferiert. Fasst man die Präferenzordnungen der N Mitglieder zu dem N-Tupel $(R_1, R_2, \ldots, R_N)$ zusammen, so erhält man ein **Präferenzordnungsprofil**. Die Frage, die uns hier beschäftigt, lautet: Nach welchen Spielregeln soll das Gremium aus einem Präferenzordnungsprofil $(R_1, R_2, \ldots, R_N)$ eine kollektive Präferenzordnung R herstellen? Dieses Problem ist übrigens, wie in Abschnitt 3.3 bereits erwähnt, rein formal völlig identisch mit dem Problem, das sich einem Individuum stellt, das m Alternativen bezüglich N Zielen ordinal geordnet hat und aus diesen N Präferenzordnungen eine gemeinsame Präferenzordnung konstruieren muss.

In dem speziellen Fall, dass alle individuellen Präferenzordnungen übereinstimmen, dürfte es unumstritten sein, dass die kollektive Präferenzordnung R mit der für alle Mitglieder gleichen Präferenzordnung übereinstimmen sollte. Sobald dieser Fall der völligen Interessenharmonie nicht vorliegt, wird die Aggregation eines Präferenzordnungsprofils problematischer; gleichzeitig wird damit die Nützlichkeit eines vernünftigen Aggregationsmechanismus deutlicher gemacht. Was unter „vernünftig" zu verstehen ist, kann auf verschiedene Weisen präzisiert werden.

Eine erste nahe liegende Forderung besteht darin, dass der Aggregationsmechanismus für jede vorhersehbare Situation, das heißt für jedes Präferenzordnungsprofil, verwendbar sein sollte. Bezeichnen wir die Menge aller transitiven und vollständigen Präferenzordnungen auf A mit $\mathcal{R}$, so bedeutet diese Forderung, dass der **Aggregationsmechanismus**[3] eine Zuordnung F ist, die jedem Präferenzordnungsprofil, das heißt jedem Element der Menge

$$\mathcal{R}^N = \mathcal{R} \times \mathcal{R} \times \cdots \times \mathcal{R}$$

wieder eine Präferenzordnung, das heißt ein Element von $\mathcal{R}$ zuordnet:

$$F: \mathcal{R}^N \to \mathcal{R}\,.$$

Aus der formalen Darstellung ersieht man, dass die Anzahl der möglichen Aggregationsmechanismen F sehr rasch mit der Alternativenzahl m und der Gremiengröße N anwächst. Bezeichnet nämlich $|\mathcal{R}|$ die Anzahl der Elemente von $\mathcal{R}$, so gibt es

$$|\mathcal{R}|^{(|\mathcal{R}|^N)}$$

mögliche Aggregationsmechanismen. Auch die Anzahl kollektiver Entscheidungsregeln steigt mit wachsenden m und N sehr schnell an; sie beträgt

$$m^{(|\mathcal{R}|^N)}\,.$$

3 Andere Bezeichnungen sind: kollektive Präferenzordnungsregel, Schlichtungsregel, Konstitution, Präferenzen aggregierende Funktion, social welfare function.

Für $m = 3$ und $A = \{a, b, c\}$ ergeben sich beispielsweise die in der Abbildung 8.1 dargestellten 13 Präferenzordnungen. Bei dieser Tabelle wurden gleichwertige Alternativen auf ein Niveau geschrieben; bei der Präferenzordnung Nr. 13 sind also alle Alternativen gleichwertig. Bei der Präferenzordnung Nr. 1 kommt dagegen keine Gleichwertigkeit vor; a wird gegenüber b streng präferiert, b ebenso gegenüber c (wegen der Transitivität dann auch a gegenüber c). Nehmen wir jetzt noch zusätzlich $N = 3$ an, so ist wegen $|\mathcal{R}| = 13$ die Anzahl der möglichen Aggregationsmechanismen bzw. kollektiven Entscheidungsregeln durch

Nummer												
1	2	3	4	5	6	7	8	9	10	11	12	13
a	*b*	*c*	*a*	*b*	*c*	*a*	*b*	*c*	*bc*	*ac*	*ab*	*abc*
b	*c*	*a*	*c*	*a*	*b*	*bc*	*ac*	*ab*	*a*	*b*	*c*	
c	*a*	*b*	*b*	*c*	*a*							

Abb. 8.1: Die Präferenzordnungen zwischen drei Alternativen a, b, c

$$13^{(13^3)} = 13^{2197} \quad \text{bzw.} \quad 3^{(13^3)} = 3^{2197}$$

gegeben.

Die Vielfalt an Aggregationsmechanismen enthält offensichtlich zahlreiche Möglichkeiten, die man als „unvernünftig" einstufen muss. So gibt es zunächst Aggregationsmechanismen, die jedem Präferenzordnungsprofil (R_1, R_2, R_3) dieselbe Präferenzordnung $R \in \mathcal{R}$ zuordnen (konstante Abbildungen); von diesem Typ gibt es 13 Exemplare. Man bezeichnet sie als **aufgezwungene** Aggregationsmechanismen, da die resultierende kollektive Präferenzordnung von den individuellen Präferenzen gänzlich unabhängig ist.[4] Ferner gibt es die drei **diktatorischen** Aggregationsmechanismen:[5]

$$\begin{aligned} F(R_1, R_2, R_3) &= R_1 \quad \text{für alle} \quad (R_1, R_2, R_3) \in \mathcal{R}^3 \,, \\ F(R_1, R_2, R_3) &= R_2 \quad \text{für alle} \quad (R_1, R_2, R_3) \in \mathcal{R}^3 \,, \\ F(R_1, R_2, R_3) &= R_3 \quad \text{für alle} \quad (R_1, R_2, R_3) \in \mathcal{R}^3 \,, \end{aligned}$$

bei denen jeweils die Präferenzordnung eines Mitglieds (Diktator) zur Präferenzordnung des Gremiums gemacht wird. Berücksichtigt man die aufgezwungenen und diktatorischen Lösungen nicht, so bleiben immer noch $13^{2197} - 16$ Möglichkeiten offen. Diese Riesenauswahl erweckt die Hoffnung, dass ein geeignetes F gefunden werden kann. Dennoch wird sich im nächsten Abschnitt

[4] Arrow (1951, S. 28) bezeichnet einen Aggregationsmechanismus bereits dann als aufgezwungen (imposed), wenn für irgendein Paar (a, b) verschiedener Alternativen stets $a\ R\ b$ gilt, unabhängig davon, welches die individuellen Präferenzen $R_1, \ldots, R_N$ sind (Forderung 2b in Abschnitt 8.3). In einem solchen Fall liegt insofern ein Tabu vor, als das Gremium nicht in der Lage ist, b gegenüber a zu bevorzugen. Aufgezwungene Aggregationsmechanismen von diesem allgemeinen Typ sind natürlich zahlreicher als die oben betrachteten konstanten Aggregationsmechanismen.

[5] In Abschnitt 8.2 wird an ein diktatorisches F eine schwächere Forderung gestellt (Forderung 4).

zeigen, dass es keinen Aggregationsmechanismus gibt, der einige harmlos aussehende Rationalitätspostulate gleichzeitig erfüllen kann.

Werfen wir jedoch vorher noch einen Blick auf diejenige Aggregationsmethode, die in fast allen Gremien praktiziert wird: die **Mehrheitsentscheidung**. Bei der Mehrheitsentscheidung gilt für je zwei Alternativen a und b

$$a\, R\, b$$

genau dann, wenn die Anzahl der Mitglieder i, die a mindestens so gut wie b einschätzen, für die also $a\, R_i\, b$ gilt, mindestens so groß wie die Anzahl der Mitglieder i mit $b\ R_i\ a$ ist. Wir wollen wiederum $N = m = 3$ annehmen, also ein Drei-Personen-Gremium betrachten, das die drei Alternativen a, b, c in eine Reihenfolge zu bringen hat. Weiterhin wollen wir speziell annehmen, dass das Gremienmitglied Nr. i die Präferenzordnung Nr. i von Abbildung 8.1 besitzt. Welche Rangfolge entsteht auf Grund von Mehrheitsbeschlüssen? Die Mitglieder 1 und 3 präferieren a gegenüber b, also präferiert eine Mehrheit und damit auch das Gremium a gegenüber b:

$$a \succ b$$

Die Mitglieder 1 und 2 präferieren b gegenüber c, also müsste auch

$$b \succ c$$

gelten. Wäre die entstehende Rangordnung transitiv, so müssten diese beiden Präferenzen auch $a \succ c$ zur Folge haben. Tatsächlich sieht man aber, dass eine Mehrheit (bestehend aus den Mitgliedern 2 und 3) c gegenüber a präferiert:

$$c \succ a\,.$$

Für einen Beobachter, der das Wirken des Gremiums von außen betrachtet, mag es paradox erscheinen, dass das Gremium zuerst a gegenüber b präferiert, dann aber a für schlechter erachtet als eine Alternative c, die ihrerseits geringer als b eingestuft wurde. Dieser paradox aussehende Effekt, dass durch einfache (oder qualifizierte) Mehrheitsentscheidungen aus transitiven individuellen Rangordnungen intransitive kollektive Rangordnungen entstehen können, wurde bereits 1785 vom Marquis de Condorcet beschrieben[6] und wird seither als **Wählerparadoxon** (oder Condorcet-Effekt) bezeichnet.

Das obige Beispiel zeigt ferner, dass die Mehrheitsentscheidung (bei mindestens drei Alternativen) überhaupt kein Aggregationsmechanismus in dem hier betrachteten Sinne ist, da die entstehende Relation nicht für jedes Präferenzordnungsprofil transitiv ist.

---

6 Vgl. Condorcet (1785).

8.2 Das Unmöglichkeitstheorem von Arrow

An einen Aggregationsmechanismus F stellen wir nun eine Reihe von Forderungen. Die erste Forderung wurde bereits bei der Definition von F aufgestellt; es wurde nämlich vorausgesetzt, dass F die Gesamtheit aller Präferenzordnungsprofile als Definitionsbereich besitzt. Da in Abschnitt 8.3 abgeänderte Definitionsbereiche erörtert werden, ist es zweckmäßig, diese Forderung hier nochmals explizit aufzuführen.

Forderung 1 (Universeller Definitionsbereich, universal domain condition): Der Aggregationsmechanismus F ist auf der Menge $\mathcal{R}^N$ aller Präferenzordnungsprofile definiert.

Die nächste Forderung besagt, dass der Aggregationsmechanismus F das einstimmige Urteil aller Mitglieder respektieren muss: Präferieren alle Mitglieder die Alternative a gegenüber der Alternative b, so darf F keine Präferenzordnung liefern, die entweder a und b gleichwertig macht oder b gegenüber a präferiert. Ist z. B. $N = m = 3$ und bestehe das Präferenzordnungsprofil (R_1, R_2, R_3) aus den Präferenzordnungen Nr. 1, 4 und 7 von Abbildung 8.1

R_1	R_2	R_3
a	a	a
b	c	bc
c	b	

so wird von allen Mitgliedern a gegenüber b sowie a gegenüber c präferiert. Infolgedessen kann die resultierende Präferenzordnung $F(R_1, R_2, R_3)$ des Gremiums nur eine der Präferenzordnungen Nr. 1, 4 und 7 von Abbildung 8.1 sein; alle anderen 10 Präferenzordnungen verletzen diese Forderung. Diesem Umstand wird mit der folgenden Forderung Rechnung getragen.

Forderung 2 (Einstimmigkeitsbedingung, Pareto-Bedingung, unanimity condition): Sind a, b zwei beliebige Alternativen und ist $(R_1, \ldots, R_N)$ ein Präferenzordnungsprofil mit

$$a \, P_i \, b \quad \text{für} \quad i = 1, \ldots, N,$$

so gilt auch

$$a \, P \, b \, ;$$

dabei ist P_i die R_i entsprechende strikte Präferenzrelation und P die der kollektiven Präferenzordnung $F(R_1, \ldots, R_N)$ entsprechende strikte Präferenzrelation.

Die dritte Forderung besagt, dass sich die Präferenzordnung R des Gremiums in dem folgenden Sinne aus den individuellen Paarvergleichen ergeben muss: Sind $(R_1, \ldots, R_N)$ und $(R'_1, \ldots, R'_N)$ zwei Präferenzordnungsprofile, die zwei (beliebige) Alternativen a und b übereinstimmend beurteilen, so gilt dies auch für die beiden zugeordneten kollektiven Präferenzordnungen $R = F(R_1, \dots, R_N)$ und $R' = F(R'_1, \dots, R'_N)$. Das heißt, gilt für $i = 1, \dots, N$

$$a\,R_i\,b \quad \text{genau dann, wenn} \quad a\,R'_i\,b\,,$$

so gilt auch

$$a\,R\,b \quad \text{genau dann, wenn} \quad a\,R'\,b\,.$$

Beispielsweise stimmen die beiden Präferenzordnungsprofile (R_1, R_2, R_3) und (R'_1, R'_2, R'_3)

R_1	R_2	R_3
a	a	c
b	b	b
c	c	a

R'_1	R'_2	R'_3
c	c	b
a	a	a
b	b	c

in der Beurteilung von a, b überein, denn die beiden ersten Mitglieder präferieren jeweils a gegenüber b und das dritte Mitglied präferiert jeweils b gegenüber a. Die Forderung besagt, dass dann, wenn die zu (R_1, R_2, R_3) gehörende kollektive Präferenzordnung R die Alternative a besser als (schlechter als, ebenso gut wie) b einstuft, dasselbe auch für die (R'_1, R'_2, R'_3) entsprechende kollektive Präferenzordnung R' gelten muss; die in beiden Präferenzordnungsprofilen unterschiedliche Einstufung von c ist also für den kollektiven Vergleich zwischen a und b irrelevant. In Kurzfassung entspricht dies der nachfolgenden Forderung.

Forderung 3 (Unabhängigkeit von irrelevanten Alternativen, independence of irrelevant alternatives): Sind a, b zwei beliebige Alternativen und stimmen zwei Präferenzordnungsprofile $(R_1, \dots, R_N)$ und $(R'_1, \dots, R'_N)$ auf $\{a, b\}$ überein, so müssen auch die beiden (vermöge F) zugeordneten kollektiven Präferenzordnungen R und R' auf $\{a, b\}$ übereinstimmen.

Die vierte Forderung schließt aus, dass der Aggregationsmechanismus F diktatorisch ist. Dabei heißt F diktatorisch, wenn ein Gremienmitglied i existiert, so dass immer dann, wenn i eine Alternative a einer anderen Alternative b vorzieht, also $a\,P_i\,b$ gilt, auch das Gremium (unabhängig von den Präferenzordnungen R_j $(j \neq i)$) a gegenüber b präferieren muss, das heißt $a\,P\,b$ folgt. Das Mitglied i heißt dann **Diktator**. Ein Diktator in diesem Sinne lässt dem Gremium also nur dann noch einen Entscheidungsspielraum, wenn er zwischen zwei Alternativen indifferent ist; in den anderen Fällen setzt er seine Präferenz durch.

Forderung 4 (Diktaturverbot, nondictatorship condition): Es gibt keinen Diktator.

Arrow untersuchte die Möglichkeiten, die für die Konstruktion eines Aggregationsmechanismus F noch verbleiben, wenn diese vier Forderungen gleichzeitig erfüllt werden sollen. Das Hauptergebnis, das Arrow selbst als „general possibility theorem for social welfare functions" bezeichnet, welches treffender aber als **Unmöglichkeitstheorem** bezeichnet werden muss, besagt, dass diese Forderungen (bis auf die Sonderfälle $m = 1$ oder 2) unvereinbar sind.

Satz 8.1: *Beträgt die Anzahl m der Alternativen mindestens 3, so sind die Forderungen 1 bis 4 nicht miteinander zu vereinbaren; es gibt demnach für $m \geqq 3$ überhaupt keinen Aggregationsmechanismus, der alle vier Forderungen gleichzeitig erfüllt.*

Arrow veröffentlichte 1951 in der ersten Auflage seines bekannten Buches „Social Choice and Individual Values" eine Version dieses Satzes, bei der die Forderung 1 weitaus schwächer ist und die Forderung 2 durch zwei andere Forderungen (Forderungen 2a und 2b in Abschnitt 8.3) ersetzt ist; Blau (1957) zeigte durch ein Gegenbeispiel, dass dieses ursprüngliche Unmöglichkeitstheorem falsch ist; er konnte den Satz durch die Einführung obiger Forderung 1 reparieren.[7] Je drei der Forderungen 1 bis 4 sind miteinander verträglich, so dass wir das Ergebnis von Satz 8.1 auch folgendermaßen ausdrücken können: Ist $m \geqq 3$ und erfüllt ein Aggregationsmechanismus F die Forderungen 1, 2 und 3, so muss er diktatorisch sein.

Ein Beweis für Satz 8.1 ist in der im Jahre 1963 erschienenen zweiten Auflage von Arrows Werk „Social Choice and Individual Values" (S. 98–100) nachzulesen. Arrow geht von den Forderungen 1 bis 3 aus und konstruiert daraus einen Widerspruch zur Forderung des Diktaturverbots. Einen gänzlich anderen Beweis hat Fishburn (1970c) geliefert; Fishburn zeigte, dass die Forderungen 1 bis 4 implizieren, dass die Gremiengröße N unendlich sein muss. Streng genommen müsste deshalb in Satz 8.1 noch die (als selbstverständlich unterstellte) Einschränkung, dass N endlich ist, hinzugefügt werden.[8]

In Satz 8.1 wurden die Fälle $m = 1$ oder 2 ausgeschlossen. Im Fall $m = 1$ liegt noch kein Entscheidungsproblem vor, da die einzige Alternative keine Konkurrenten besitzt. Lediglich der Fall $m = 2$ ist von praktischer Bedeutung. Da bei zwei Alternativen noch keine Intransitivitäten auftreten können (hierfür ist mindestens $m = 3$ erforderlich), bereitet dieser Fall keine größeren Probleme. Die vier Forderungen sind miteinander verträglich; ein Aggregationsmechanismus, der alle Forderungen erfüllt, ist insbesondere die Mehrheitsentscheidung.

---

[7] Arrows Forderung 1 verlangte keinen universellen Definitionsbereich, sondern besagte lediglich, dass A mindestens eine dreielementige Teilmenge S enthalten musste, so dass der Definitionsbereich von F alle Präferenzordnungen über S enthält. Arrows Inkorrektheit bestand darin, seine restlichen Forderungen allgemein für die Alternativenmenge A auszusprechen statt sie speziell auf diese Teilmenge(n) S zu beziehen. Wie Murakami (1961) gezeigt hat, ist mit der arrowschen Forderung 1 bereits ein Unmöglichkeitstheorem zu erreichen, wenn die Forderung 4 abgeändert wird in: Unter diesen dreielementigen Teilmengen S gibt es mindestens eine, bezüglich der kein Mitglied Diktator ist. Auch mit dieser Uminterpretation erfasst der ursprüngliche arrowsche Beweis nur den Fall $m = 3$; die Erweiterung des Beweises auf den Fall $m > 3$ stammt eigentlich erst von Blau (1957); dennoch gaben Arrows Arbeiten der Theorie entscheidende Impulse.

[8] Fishburn zeigte, dass sich bei unendlichem N die Forderungen 1 bis 4 tatsächlich vereinbaren lassen. Aufbauend auf der Arbeit von Fishburn gaben Kirman/Sondermann (1972) eine maßtheoretische Modifikation der Forderung 4 an und zeigten, dass diese Modifikation des Diktaturverbots mit den Forderungen 1, 2 und 3 auch bei unendlichem N unvereinbar ist. Wegen allgemeiner Ergebnisse über Möglichkeits- bzw. Unmöglichkeitstheoreme bei unendlichem N sei auf Schmitz (1977) und Skala (1981) verwiesen.

Satz 8.2: *Besteht A nur aus zwei Alternativen, so erfüllt die Mehrheitsentscheidung die Forderungen 1 bis 4.*

Der (einfache) Beweis dieses „Möglichkeitstheorems" ist beispielsweise bei Arrow (1963, S. 46–47) zu finden. Nach Arrow kann Satz 8.2 als eine gewisse theoretische Grundlage des anglo-amerikanischen Zweiparteiensystems aufgefasst werden.

Da in den Entscheidungssituationen der betriebswirtschaftlichen Praxis meist mehr als zwei Alternativen zur Debatte stehen und die Ansichten der Gremienmitglieder bezüglich der Alternativen im Allgemeinen differieren, bleiben angesichts des negativen arrowschen Resultates nur zwei Möglichkeiten zur Lösung derartiger Konfliktsituationen:

- Man behält die Problemformulierung bei, das heißt, man versucht aus den gegebenen (ordinalen) Präferenzordnungen der Gremienmitglieder eine kollektive Präferenzordnung herzustellen, verzichtet aber auf eine oder einige der vier Forderungen (oder modifiziert diese Forderungen).
- Man ändert die Problemformulierung ab.

8.3 Modifizierung der Forderungen des Unmöglichkeitstheorems

Forderung 1 (universeller Definitionsbereich) ist weniger durch normative, sondern eher durch pragmatische Gesichtspunkte bestimmt; man will vermeiden, dass das Gremium vom Aggregationsmechanismus in bestimmten Situationen im Stich gelassen wird. Andererseits zeigt das Wählerparadoxon, dass sich wohl kein vernünftiger Aggregationsmechanismus finden lassen wird, wenn chaotische Diskrepanzen zwischen den individuellen Präferenzordnungen möglich sind. Die arrowsche Einschränkung des Definitionsbereiches, welche in Verbindung mit der Murakami-Version des Diktaturverbots noch zu einem Unmöglichkeitstheorem führt, wurde bereits in Abschnitt 8.2 im Anschluss an Satz 8.1 erwähnt.

Eine andere Einschränkung, die zu einem Möglichkeitstheorem führt, geht auf die Arbeiten von Black zurück. Black (1948a,b,c) stellte bei seinen Untersuchungen über Mehrheitsentscheidungen die „Eingipfelbedingung" (singlepeakedness condition) auf. Durch Beschränkung auf Präferenzordnungsprofile, die einer Eingipfelbedingung genügen, erreicht man eine Verträglichkeit der vier Forderungen (vgl. Satz 8.3). Dabei ist die Eingipfelbedingung folgendermaßen definiert:[9] Ein Präferenzordnungsprofil genügt einer Eingipfelbedingung, wenn die Alternativen so angeordnet werden können, dass jedes Gremienmitglied beim Übergang von einer Alternative zur nächsten bis zu einer bestimmten Alternative (die für jedes Mitglied eine andere sein kann) stets zu einer

[9] Der Leser, der an einer weiteren Erörterung interessiert ist, sei auf Black (1948a,b,c); Arrow (1951, S. 77); Rapoport (1989) und Bossert/Stehling (1990) verwiesen.

präferierten und von dieser bestimmten Alternative ab stets zu einer weniger präferierten Alternative gelangt.

Diese Bedingung ist erfüllt, wenn sich die Alternativen bezüglich eines eindimensionalen Merkmales auf der Abszisse eines Koordinatensystems so anordnen lassen, dass für jedes Gremienmitglied die Präferenzordnung (dargestellt durch irgendeine ordinale Nutzenfunktion) eine eingipfelige Kurve darstellt. Bei dem Präferenzordnungsprofil, das dem Wählerparadoxon zu Grunde liegt

R_1	R_2	R_3
a	b	c
b	c	a
c	a	b

ist diese Bedingung nicht erfüllt, da bei jeder Anordnung genau eine Kurve zweigipfelig ist; trägt man die Alternativen z. B. in der Reihenfolge a, b, c auf (vgl. Abbildung 8.2), so hat der R_3 entsprechende Graf (der eigentlich nur aus drei Punkten besteht, die der Anschaulichkeit halber durch einen Polygonzug verbunden wurden) zwei Gipfel, nämlich einen bei a und einen bei c.

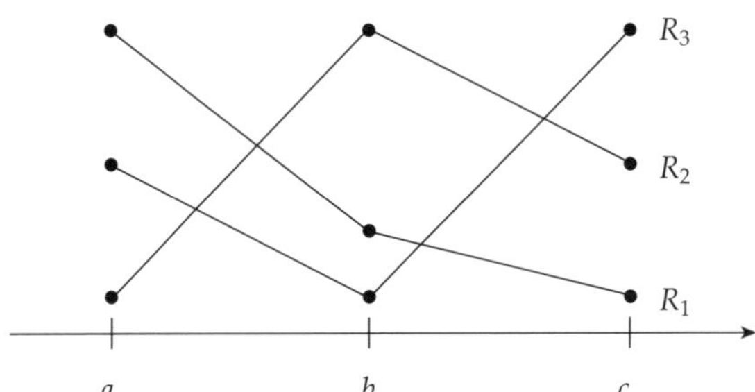

Abb. 8.2: Präferenzordnungsprofil des Wählerparadoxons

Häufig wurde argumentiert, dass die Eingipfelbedingung im politischen Bereich recht plausibel ist, da sich dort Alternativen nach einem „Links-Rechts-Schema“ oder einem „Liberal-Konservativ-Schema“ anordnen lassen. Es muss dahingestellt bleiben, ob die Eingipfelbedingung auch im (weniger ideologisierten) betriebswirtschaftlichen Gebiet als ebenso plausibel gelten kann. Rein formal lässt sich die Forderung 1 natürlich folgendermaßen abschwächen.

Forderung 1a: Der Aggregationsmechanismus F ist auf allen Präferenzordnungsprofilen definiert, die einer Eingipfelbedingung genügen.

Damit lässt sich folgender Satz beweisen (Arrow, 1951, nach Vorarbeit von Black, 1948).

Satz 8.3: *Ist die Gremiengröße N eine ungerade Zahl, so sind die Forderungen 1a, 2, 3 und 4 miteinander verträglich; die Mehrheitsentscheidung ist ein Aggregationsmechanismus, der diesen Forderungen gleichzeitig genügt.*

Ein Beweis ist z. B. bei Arrow (1951, S. 78–79) zu finden. Dort (S. 80) wird auch gezeigt, dass die Voraussetzung eines ungeraden N nicht überflüssig ist. Ist nämlich $N = 2$ und $m = 3$ und besteht das Präferenzordnungsprofil (R_1, R_2) aus

R_1	R_2
a	b
b	c
c	a

(es erfüllt mit der Anordnung a, b, c die Eingipfelbedingung), so ergibt sich durch Mehrheitsentscheidung:

$$c \sim a \quad \text{und} \quad a \sim b \quad \text{aber} \quad b \succ c \quad \text{(an Stelle von } c \sim b\text{)}\,.$$

Die Mehrheitsentscheidung verletzt die Transitivitätsbedingung und stellt somit keinen Aggregationsmechanismus in unserem Sinne dar.

Forderung 2 (Einstimmigkeitsbedingung) ist im Kern wohl unverzichtbar. Sie ist durch ihren normativen Gehalt so weit gehend vorprogrammiert, dass lediglich unbedeutende Abänderungen oder Abschwächungen infrage kommen. Arrow führte statt der Forderung 2 die beiden folgenden Forderungen ein.[10]

Forderung 2a (Positive Assoziation individueller und kollektiver Präferenzen): Führt F bei dem Präferenzordnungsprofil $(R_1, \ldots, R_N)$ zu einer Präferenz der Alternative a gegenüber b, so soll dies auch beim Übergang zu einem Präferenzordnungsprofil $(R'_1, \ldots, R'_N)$ der Fall sein, bei dem a bezüglich jedem Mitglied seine Position gehalten oder verbessert hat (und die Präferenzen zwischen den von a verschiedenen Alternativen unverändert geblieben sind).

Forderung 2b (Souveränität der Gremienmitglieder): Es gibt kein Paar (a, b) verschiedener Alternativen, so dass bezüglich der kollektiven Präferenzordnung stets (das heißt für jedes Präferenzordnungsprofil) a gegenüber b präferiert wird.

Auch bei der Ersetzung von Forderung 2 durch 2a und 2b ergibt sich (Arrow, 1963, S. 97) eine Unverträglichkeit, wie der nachfolgende Satz belegt.

Satz 8.4: *Ist $m \geqq 3$, so sind die Forderungen 1, 2a, 2b, 3 und 4 nicht miteinander zu vereinbaren. Das heißt, erfüllt ein Aggregationsmechanismus F die Forderungen 1, 2a, 2b und 3, so ist er entweder aufgezwungen oder diktatorisch.*

Blau (1972) schwächt die Einstimmigkeitsbedingung dadurch ab, dass eine einstimmige strikte Präferenz von a gegenüber b nur noch eine kollektive Präferenz von a gegenüber b oder eine kollektive Indifferenz zwischen a und b zur Folge haben muss.

[10] Da Forderung 2 unter Benutzung von Forderung 3 aus den nachfolgenden Forderungen 2a und 2b gefolgert werden kann (Arrow, 1963, S. 97), stellt die Ersetzung von 2 durch 2a und 2b keine schwächere, sondern eine stärkere Forderung dar.

Forderung 2c: Gilt für ein Paar (a, b) von Alternativen und für jedes Gremienmitglied i die strikte Präferenz $a\ P_i\ b$, so muss $a\ R\ b$ (bezüglich der kollektiven Präferenzordnung R) gelten.

Bei Ersetzung von Forderung 2 durch 2c ergibt sich nach Blau (1972) nachfolgender Satz.

Satz 8.5: *Für $N \geqq 2$ und $m \geqq 3$ sind die Forderungen 1, 2c, 3 und 4 miteinander zu vereinbaren; der einzige Aggregationsmechanismus F_0, der diesen Forderungen gleichzeitig genügt, produziert aus jedem Präferenzordnungsprofil diejenige kollektive Präferenzordnung R_0, bezüglich der alle Alternativen gleichwertig sind.*

Bezüglich diesem offensichtlich äußerst unbefriedigenden Aggregationsmechanismus F_0 ist jedes Gremienmitglied i ein „schwacher Diktator" in dem Sinne, dass keine kollektive strikte Präferenz $a\ P\ b$ entstehen kann, die einer strikten Präferenz $b\ P_i\ a$ des Mitglieds i entgegensteht. Stellt man an F die Forderung 4a, so ergibt sich aus Satz 8.5 der nachfolgende Satz 8.6.

Forderung 4a: Es existiert kein schwacher Diktator, das heißt, es existiert kein Gremienmitglied i, so dass für alle Alternativen a, b stets $a\ P_i\ b$ die Relation $a\ R\ b$ zur Folge hat.

Satz 8.6: *Für $m \geqq 3$ sind die Forderungen 1, 2c, 3 und 4a unvereinbar.*

Forderung 3 (Unabhängigkeit von irrelevanten Alternativen) ist am einschränkendsten und wurde in der Literatur zwar gelegentlich kritisiert (z. B. Fishburn, 1970a,b); schwächt man diese Forderung jedoch in erheblichem Maße ab, so lässt sich wohl kein Unmöglichkeitstheorem aufstellen. Interpretiert man Forderung 3 so, dass die Alternativenmenge A fest gegeben ist, so wird Forderung 3 in der Literatur (z. B. bei French, 1986) auch als „binary relevance" bezeichnet. Lässt man dagegen A variieren, so erhält man eine Verschärfung der Forderung, die bereits von Arrow diskutiert, jedoch nicht beim Beweis seines Unmöglichkeitstheorems benutzt wurde.

Forderung 3a: Sind A und A' zwei Alternativenmengen, die beide a und b enthalten, und stimmen die auf A bzw. A' definierten Präferenzordnungsprofile $(R_1, \ldots, R_N)$ bzw. $(R'_1, \ldots, R'_N)$ auf $\{a, b\}$ überein, so stimmen auch die zugehörigen kollektiven Präferenzordnungen R bzw. R' auf $\{a, b\}$ überein.

Für $A = A'$ ergibt sich aus Forderung 3a die Forderung 3; da A und A' differieren können, ist Forderung 3a eine Verschärfung von Forderung 3. Nach 3a müssen beispielsweise die zu den Präferenzordnungsprofilen

R_1	R_2
a	c
b	b
c	a

R'_1	R'_2
a	b
b	a

gehörenden kollektiven Präferenzordnungen R und R' die beiden Alternativen a und b übereinstimmend beurteilen. Forderung 3a findet man salopp und in Analogie zu Forderung 4 von Abschnitt 5.4 auch so formuliert (z. B. Krelle, 1968, S. 99): „Der Ausfall oder das Hinzukommen einer Alternative darf die Präferenzordnung der übrigen Alternativen nicht beeinflussen." Es ist klar, dass auch diese Version von Forderung 3a sinnvoll ist. Einige Beispiele mögen die Nützlichkeit verdeutlichen: Hat sich der Vorstand einer AG auf die Durchführung eines Projekts a geeinigt, so sollte dieser Beschluss nicht dadurch infrage gestellt werden, dass sich ein anderes der ursprünglich konkurrierenden Projekte (etwa aus rechtlichen Gründen) als undurchführbar erweist. Hat sich der Stadtrat auf eine Prioritätenliste seiner Projekte geeinigt (was in der Praxis meist sehr zeitintensiv ist), so sollte diese Rangordnung nicht dadurch infrage gestellt werden, dass sich ein bisher unberücksichtigtes Projekt (etwa infolge neuer technologischer Möglichkeiten) als durchführbar erweist; dies soll natürlich nicht heißen, dass das neue Projekt unberücksichtigt bleibt, sondern bedeutet lediglich, dass das neue Projekt unter Wahrung der bisher bestehenden Rangordnung geeignet einzustufen ist.

Streng genommen liegt Forderung 3a ein allgemeineres Konzept eines Aggregationsmechanismus zu Grunde. Bisher waren Aggregationsmechanismen für ein festes Paar (N, m) aus Gremiengröße N und Alternativenzahl m definiert; wir wollen sie momentan mit $F_{N,m}$ bezeichnen. Ein wirklich universell anwendbarer Aggregationsmechanismus F müsste aber für alle praktisch vorkommenden Werte von N und m eine Lösung parat haben; er müsste also aus einer Folge von Aggregationsmechanismen vom Typ $F_{N,m}$ bestehen. Da bereits Forderung 3 mit den anderen Forderungen 1, 2 und 4 unverträglich ist, sind auch erst recht die Forderungen 1, 2, 3a und 4 unverträglich. Deshalb kann ein solch universeller Aggregationsmechanismus F ebenso wenig wie einer der Teil-Aggregationsmechanismen $F_{N,m}$ die vier Forderungen erfüllen.

8.4 Traditionelle Entscheidungsverfahren

Lässt man eine oder sogar mehrere der arrowschen Forderungen fallen, so gibt es natürlich eine große Anzahl an Aggregationsmechanismen, darunter etliche, die eine lange Tradition haben. So werden die Forderungen 1, 2 und 4 beispielsweise von dem häufig praktizierten **Borda-Verfahren**[11] erfüllt. Dabei vergibt jedes Gremienmitglied an jede der m Alternativen folgendermaßen eine Punktzahl: Die erste Wahl erhält m Punkte, die zweite Wahl $m - 1$ Punkte usw. (Bei Indifferenz werde die auf die gleichwertigen Alternativen fallende Punktsumme gleichmäßig aufgeteilt.) Die Gremienpräferenzordnung ergibt sich aus der Punktsumme, die die einzelnen Alternativen auf sich vereinigen können.

[11] Benannt nach dem französischen Ingenieur Jean-Charles de Borda (1733–1799). Als Synonyma werden benutzt: Borda-Regel, Borda-Kriterium, Borda-Schema, Borda-Mechanismus.

Beispielsweise ergeben sich für $N = m = 3$ und die speziellen Präferenzordnungsprofile

R_1	R_2	R_3
a	a	c
b	b	b
c	c	a

R'_1	R'_2	R'_3
a	c	b
b	a	c
c	b	a

für (a, b, c) die Punktsummen $(7, 6, 5)$ bzw. $(6, 6, 6)$ und somit gemäß Borda die Gremienpräferenzordnungen:

R
a
b
c

R'
abc

Man sieht, dass Forderung 3 verletzt ist, denn die beiden Präferenzordnungsprofile stimmen auf $\{a, b\}$ überein, die kollektiven Präferenzordnungen jedoch nicht.

Die Vergabe der Punkte gemäß den Rängen geht implizit von gleichen Abständen zwischen den Alternativen aus. Bei einer rein ordinalen Präferenzordnung ist diese Fiktion sehr fragwürdig. Eine gänzlich andere Gewichtung nimmt die **Pluralitätsregel**[12] vor: Der Spitzenreiter bekommt das Gewicht 1 und alle restlichen Alternativen das Gewicht 0. De facto hat jedes Gremienmitglied eine Stimme. Die Stimmensumme, die auf die verschiedenen Alternativen entfällt, definiert die Gremienpräferenzordnung. Bei obigem Profil (R_1, R_2, R_3) ergibt sich die Stimmensumme $(2, 0, 1)$ für (a, b, c) und somit die kollektive Präferenzordnung $a \succ c \succ b$. Fällt die Alternative a aus irgendeinem Grunde aus, so bleibt die hieraus abzulesende Präferenz $c \succ b$ jedoch nicht erhalten. Das reduzierte Profil

R''_1	R''_2	R''_3
b	b	c
c	c	b

liefert nämlich eine Präferenz von b gegenüber c, da b jetzt 2 Stimmen und c nur eine Stimme bekommt.

Die Pluralitätsregel ist für den Fall, dass ein Gremienmitglied zwischen mehreren Spitzenreitern indifferent ist, nicht direkt implementierbar, es sei denn, man erzwingt (unter Missachtung der Indifferenz) ein eindeutiges Votum für einen dieser Spitzenreiter. Kritisch ist ferner anzumerken, dass die Pluralitätsregel nicht nur Forderung 3, sondern auch Forderung 2 (Pareto-Bedingung) verletzt. Letzteres ist eine Konsequenz der Tatsache, dass bei der Pluralitätsregel die Zweitpräferenz, Drittpräferenz usw. „unter den Tisch" fallen. Trotz dieser gra-

12 Andere Bezeichnungen sind: Einstimmen-Regel, Single-Vote-Kriterium.

vierenden Nachteile ist die Prozedur sehr populär, was primär mit der unbestrittenen Einfachheit zu tun haben dürfte.

Die **Zweistimmen-Regel** (Double-Vote-Regel) mildert die ausschießliche Berücksichtigung der Erstpräferenz dadurch ab, dass auch für die Zweitpräferenz ein Punkt vergeben wird. Die für die Pluralitätsregel aufgeführten Pro- und Contra-Argumente gelten jedoch analog. Eine individuell flexiblere Punktvergabe sieht die **Zustimmungsregel** (Approval Voting) vor, bei der jedes Gremienmitglied bis zu m Stimmen (allerdings ohne Stimmenhäufung) auf die m Alternativen verteilen darf. Diese Regel wird in der Literatur relativ positiv beurteilt.[13]

Die bislang erörterten einstufigen Regeln können im Prinzip dafür verwendet werden, eine vollständige und transitive Gremienpräferenzordnung zu erzeugen, sie sind also Aggregationsmechanismen. In der Alltagspraxis werden sie zumeist nur dafür benutzt, die Gremienentscheidung herbeizuführen, also den Spitzenreiter bezüglich der Gremienpräferenzordnung zu ermitteln. Mechanismen, die ausschließlich dem letzten Zweck dienen, wurden zu Beginn von Kapitel 8 bereits als kollektive Entscheidungsregeln bezeichnet. Die von Gremien verwendeten **mehrstufigen Vorgehensweisen** gehören zu diesem Typus. Auf zwei konkrete Beispiele, den sukzessiven Paarvergleich sowie die Hare-Regel, wird im Folgenden etwas detaillierter eingegangen. Der Einfachheit halber seien die zu Grunde gelegten Präferenzordnungsprofile derart, dass keine Indifferenzen zwischen Alternativen vorkommen.

Beim **sukzessiven Paarvergleich** werden die Alternativen paarweise zur Abstimmung gestellt; eine unentschiedene Abstimmung muss durch die Geschäftsordnung geeignet ausgeschlossen werden (etwa dadurch, dass die Stimme des Vorsitzenden das Patt beseitigt). Eine geschlagene Alternative kann nicht wieder zur Konkurrenz antreten. Das Gremium entscheidet sich für die schließlich übrig gebliebene Alternative. Wie jeder bestätigen kann, der den Gremienalltag aus eigener Erfahrung kennt, besteht der Hauptnachteil dieser Vorgehensweise darin, dass der Terminus „der Reihe nach" nicht befriedigend ausgelegt werden kann. So könnte man per Geschäftsordnung festlegen, dass der chronologische Eingang der Anträge relevant ist oder dass der Vorsitzende über die Reihenfolge entscheiden soll. Für den betriebswirtschaftlichen Bereich, wenn etwa über verschiedene Investitionsanträge oder Standorte entschieden werden soll, scheinen diese Reihenfolgen reichlich „gekünstelt" zu sein. Dass die Reihenfolge entscheidend sein kann, werde durch das (bereits beim Borda-Verfahren benutzte) Präferenzordnungsprofil (R_1', R_2', R_3') verdeutlicht:

- Stellt man erst a gegen b zur Abstimmung, so verliert b; tritt dann die siegreiche Alternative a gegen die Alternative c an, so gewinnt c.
- Stellt man zuerst a gegen c zur Abstimmung, so gewinnt letztlich b.
- Stellt man zuerst b gegen c zur Abstimmung, so gewinnt schließlich a.

Durch geeignete Gestaltung der Reihenfolge kann bei diesem Beispiel demnach jede gewünschte Gremienentscheidung erzeugt werden. Es gibt allerdings auch

---

13 Vgl. z. B. Schauenberg (1992b).

Situationen, bei denen das Ergebnis unabhängig von der Reihenfolge ist. Dies ist genau dann der Fall, wenn ein **Condorcet-Gewinner** existiert, das heißt eine Alternative, die im paarweisen Vergleich mit jeder anderen Alternative eine Stimmenmehrheit erzielt.

Bei der **Hare-Regel**[14] gibt jedes Gremienmitglied zunächst eine Stimme ab. Erreicht eine Alternative dabei die absolute Mehrheit, so ist die Entscheidung des Gremiums gefallen (nämlich für diese Majoritätsalternative). Andernfalls wird die Alternative (bzw. werden die Alternativen) mit der geringsten Stimmenzahl eliminiert und die Prozedur mit den verbleibenden Alternativen wiederholt. Wegen einer Diskussion der verschiedenen Varianten sowie des Pro und Contra dieser Regel, die übrigens vom Internationalen Olympischen Kommittee angewandt wird, sei auf Schauenberg (1992a); Eichner et al. (1996) oder Eisenführ et al. (2016) verwiesen.

8.5 Strategisches Verhalten

Die arrowschen Forderungen 1 bis 4 lassen sich sinngemäß auch auf kollektive Entscheidungsregeln übertragen. Darüber hinaus gibt es weitere wünschenswerte Eigenschaften, die man von kollektiven Entscheidungsregeln fordern könnte. Zwei dieser Forderungen sowie das wichtige Unmöglichkeitstheorem von Gibbard und Satterthwaite werden nachfolgend skizziert.

Forderung 5 (Condorcet-Kriterium): Existiert ein Condorcet-Gewinner, so sollte die kollektive Entscheidungsregel diesen als Gremienentscheidung auswählen.

Es lässt sich anhand von Beispielen leicht zeigen, dass die in Abschnitt 8.4 diskutierten einstufigen Regeln (Borda-Verfahren, Pluralitätsregel, Zweistimmen-Regel, Zustimmungsregel) sowie die mehrstufige Hare-Regel Forderung 5 verletzen.

Bislang wurde stillschweigend unterstellt, dass jedes Gremienmitglied seine individuellen Präferenzen **wahrheitsgemäß** in den jeweiligen Mechanismus einspeist. Diese Unterstellung ist dann problematisch, wenn ein Gremienmitglied durch Angabe einer falschen (das heißt von seiner wahren Präferenzordnung differierenden) Präferenzordnung ein für sich günstigeres Ergebnis erreichen kann. Sobald dies der Fall ist, muss die verfälschte Angabe der Präferenzordnung für die Eigennutzen maximierenden Gremienmitglieder als durchaus rational gelten. Am Beispiel des sukzessiven Paarvergleichs und dem zur Illustration benutzten Präferenzordnungsprofil (R'_1, R'_2, R'_3) aus Abschnitt 8.4 ist unmittelbar ersichtlich, dass dieser Fall in der Realität auftreten kann. Ist nämlich bereits festgelegt, dass zuerst a gegen b zur Abstimmung gestellt wird, und ist das erste Gremienmitglied über die Präferenzordnungen der beiden anderen Mitglieder informiert, so ist es für das erste Mitglied vorteilhafter, entgegen

[14] Benannt nach dem Engländer Thomas Hare, der Mitte des 19. Jahrhunderts eine Reihe von Artikeln über Wahlverfahren publiziert hat.

seiner eigentlichen Präferenzordnung R_1' für die Alternative b zu stimmen. Damit gewinnt b in der ersten Runde und danach auch in der zweiten Runde. Gremienmitglied Nr. 1 hat damit die Gremienentscheidung für b an Stelle der für ihn unangenehmeren Alternative c bewirkt.

Auch alle anderen bekannten kollektiven Entscheidungsregeln sind nicht gegen (abstimmungs)strategisches Verhalten gefeit. Als Jean-Charles de Borda auf diese Schwäche seines Verfahrens aufmerksam gemacht wurde, hat er (zitiert nach Satterthwaite, 1975, S. 188) verärgert erwidert: „My scheme is only intended for honest men". Man kann jedoch nicht davon ausgehen, dass ökonomisch handelnde Akteure der Wahrheit wegen persönliche Nachteile bewusst in Kauf nehmen. Deshalb müssen kollektive Entscheidungsregeln als problematisch gelten, wenn sie strategisches Verhalten provozieren. Handelt nicht nur ein Gremienmitglied strategisch, so wird die Entscheidungsfindung durch die kollektive Entscheidungsregel für alle Beteiligten sehr undurchsichtig. Deshalb ist des Erfülltsein folgender Forderung wünschenswert.

Forderung 6 (Manipulationsresistenz): Die kollektive Entscheidungsregel soll für kein Gremienmitglied (und kein Präferenzordnungsprofil) einen Anreiz bieten, von der wahrheitsgemäßen Information über seine Präferenzordnung abzuweichen.

Erfüllt eine kollektive Entscheidungsregel Forderung 6, so wird sie als **manipulationsresistent**, strategiesicher, wahrheitsinduzierend (bzw. in der englischsprachigen Literatur als strategy-proof, cheat-proof, strongly individually incentive compatible) bezeichnet.

Da alle bekannten und in der Praxis eingesetzten kollektiven Entscheidungsregeln nicht manipulationsresistent sind, lag die Vermutung lange in der Luft, dass keine manipulationsresistente kollektive Entscheidungsregel existieren kann. Gibbard (1973) und Satterthwaite (1975) konnten unabhängig voneinander zeigen, dass in der Tat ein entsprechendes Unmöglichkeitstheorem gilt. Ihr Resultat sagt im Wesentlichen aus, dass Forderung 6 nur erfüllt sein kann, wenn die kollektive Entscheidungsregel diktatorisch ist.

Satz 8.7: *Beträgt die Anzahl der Alternativen mindestens 3 und ist die kollektive Entscheidungsregel auf allen Profilen von strikten*[15] *Präferenzordnungen definiert, so ist die Regel genau dann manipulationsresistent, wenn sie diktatorisch ist.*

Mit anderen Worten: Stehen mindestens drei Alternativen zur Debatte, so sind die Forderungen universeller Definitionsbereich, Diktaturverbot und Manipulationsresistenz durch keine kollektive Entscheidungsregel gleichzeitig erfüllbar. Da eine diktatorische Entscheidungsregel die Etablierung des Entscheidungsgremiums sinnlos machen würde, muss man nolens volens akzeptieren, dass jede kollektive Entscheidungsregel Schwächen haben muss.

---

15 Das heißt, Indifferenzen zwischen Alternativen bleiben ausgeklammert. Der Satz lässt sich allerdings auch für allgemeine Profile (bei denen Indifferenzen erlaubt sind) formulieren. Er wird dann jedoch durch die Definition Patt-beseitigender Funktionen (tie-breaking functions) etwas technischer und schwerer lesbar.

Bei den beiden zentralen Unmöglichkeitstheoremen dieses Kapitels ging es um die Generierung einer kollektiven Präferenzordnung (Arrow) oder eines kollektiven Spitzenreiters (Gibbard/Satterthwaite). Die Zuhilfenahme eines Zufallsvorgangs war jeweils von der Problemstellung her ausgeklammert und dürfte auch bei den meisten Entscheidungsgremien verpönt sein. Dennoch sei abschließend ein Blick auf diese Möglichkeit geworfen, denn in etlichen Arbeiten (z. B. Zeckhauser, 1969; Fishburn, 1972) werden in Anlehnung an die gemischten Strategien der Spieltheorie auch **„gemischte Alternativen"** zugelassen.

Zeckhauser (1969) zeigt an folgendem Beispiel, dass gemischte Alternativen attraktiver als „reine Alternativen" sein können und dass Mehrheitsentscheidungen beim Verbot von gemischten Alternativen zu unbefriedigenden Resultaten führen können: Die 101 Mitglieder eines Clubs müssen sich auf ein gemeinsames Unterhaltungsprogramm einigen. Die drei Alternativen Fußball, Musical und Ballett stehen zur Debatte. Jeweils 50 Clubmitglieder sind Fußball- bzw. Ballett-Anhänger, nur einer präferiert das Musical. Der Musical-Freund ist zwischen Fußball und Ballett indifferent; er wird sich bei einer Wahl zwischen diesen beiden Alternativen der Stimme enthalten. Den Fußball- und den Ballett-Anhängern ist das Musical ein Greuel, für die Fußball-Anhänger (bzw. die Ballett-Anhänger) ist das Musical aber noch etwas attraktiver als Ballett (bzw. Fußball). Der Club will sich für diejenige Alternative entscheiden, die gegen jede andere Alternative die Mehrheit erhält. Welche ist dies?

Bei der Abstimmung über das Paar Fußball–Ballett ergibt sich (bei einer Stimmenthaltung) ein Stimmenverhältnis von 50 : 50 : 1; bei der Paarung Fußball–Musical ergibt sich 50 : 51 und bei Ballett–Musical ebenfalls 50 : 51. Die Entscheidung fällt zu Gunsten des Musicals, zugunsten einer Alternative also, die für 100 der 101 Mitglieder ein Greuel ist. Würde man als vierte Alternative zulassen, dass eine Münze geworfen wird und es von dem Wurfergebnis abhängt, ob entweder Fußball oder Ballett ausgewählt wird, so würde diese gemischte Alternative (also die Fifty-fifty-Chance für Fußball oder Ballett) gegen das Musical mit einer 100 : 1-Mehrheit gewinnen.

Das geschilderte Präferenzordnungsprofil genügt offensichtlich der Eingipfelbedingung; die Alternativen brauchen dazu nur bezüglich der künstlerischen Ausprägung in der Reihenfolge Fußball, Musical, Ballett angeordnet zu werden. Wie in diesem Beispiel ist auch bei anderen eingipfeligen Präferenzordnungsprofilen durch Mehrheitsentscheidungen stets die mittlere Alternative (Medianalternative) favorisiert. Zeckhauser (1969) bemerkt hierzu, dass das Verbot von gemischten Alternativen im politischen Bereich zu einer Stärkung der Mitte gegenüber dem rechten und linken Flügel führen kann. Entsprechend kann auch bei betriebswirtschaftlichen Entscheidungen, wenn eine Orientierung der Alternativen beispielsweise nach zunehmender Arbeitnehmerfreundlichkeit oder zunehmender Umweltfreundlichkeit die Eingipfelbedingung plausibel erscheinen lässt, das Verbot von gemischten Alternativen zu einer Favorisierung der Medianalternativen führen.

8.6 Aufgaben

Die nachfolgenden fünf Aufgaben dienen der Einübung der in Kapitel 8 behandelten Konzepte. Lösungen zu diesen Aufgaben findet der interessierte Leser im Anhang ab Seite 277. Weitere Übungsaufgaben, darunter sieben zu Entscheidungen durch Entscheidungsgremien, inklusive ausführlicher Lösungen, können beispielsweise Bamberg et al. (2012) entnommen werden.

Aufgabe 8.1

Die Mitglieder eines fünfköpfigen Entscheidungsgremiums haben bezüglich der vier Alternativen a, b, c, d folgende individuellen Präferenzordnungen:

R_1	R_2	R_3	R_4	R_5
a	a	b	c	d
b	b	c	d	a
d	c	d	b	bc
c	d	a	a	

a) Bestimmen Sie die Gremienpräferenzordnung gemäß dem Borda-Verfahren.

b) Infolge neu eingetretener Umstände falle die in a) am wenigsten präferierte Alternative aus der Konkurrenz heraus (wobei alle restlichen relativen Präferenzen erhalten bleiben). Wenden Sie das Borda-Verfahren auf die reduzierte Alternativenmenge an.

Aufgabe 8.2

Es werde wieder das fünfköpfiges Gremium mit dem Präferenzordnungsprofil von Aufgabe 8.1 betrachtet.

a) Welche Gremienpräferenzordnung liefert die Pluralitätsregel?

b) Gibt es in dieser Situation einen Condorcet-Gewinner?

Aufgabe 8.3

Ein dreiköpfiges Entscheidungsgremium verwendet die Pluralitätsregel. Bezüglich der vier Investitionsalternativen a, b, c, d haben die Gremienmitglieder die Präferenzen:

R_1	R_2	R_3
a	a	c
b	b	b
c	c	d
d	d	a

a) Welche Gremienpräferenzordnung resultiert hieraus?

b) Das Gremium erfährt, dass die zuständige Aufsichtsbehörde eine für a wesentliche Genehmigung versagt. Wie wirkt sich der Ausfall von a insbesondere für die Gremienpräferenz zwischen b und c aus?

✎ Aufgabe 8.4

Ein dreiköpfiges Entscheidungsgremium hat über die vier Alternativen a, b, c, d zu befinden und wendet das Borda-Verfahren an. Die wahren Präferenzordnungen sind

R_1	R_2	R_3
a	d	d
b	a	a
c	b	b
d	c	c

so dass die Gremienpräferenzordnung $a \succ d \succ b \succ c$ resultieren würde. Das Gremienmitglied Nr. 3 kennt auf Grund besonderer Umstände die Präferenzordnungen der Mitglieder Nr. 1 und Nr. 2 und ist sich sicher, dass diese auch wahrheitsgemäß in den Mechanismus eingespeist werden. Kann Mitglied Nr. 3 durch Angabe einer (von seiner wahren Präferenz ggf. abweichenden) Präferenzordnung $\tilde{R}_3$ erreichen, dass nicht seine zweite Wahl (nämlich a), sondern seine am höchsten präferierte Alternative (nämlich d) die Höchstpräferenz des Gremiums erreicht?

✎ Aufgabe 8.5

In einem dreizehnköpfigen Entscheidungsgremium haben die Mitglieder bezüglich der vier Alternativen a, b, c, d folgende Präferenzen

$R_1 = R_2$	$R_3 = R_4 = R_5$	$R_6 = \cdots = R_{11}$	$R_{12} = R_{13}$
c	a	b	d
a	b	a	c
b	c	d	a
d	d	c	b

Das Gremium hat sich auf Grund der Hare-Regel für eine der Alternativen zu entscheiden.

a) Nehmen Sie an, dass alle Mitglieder gemäß obigem Präferenzordnungsprofil abstimmen und rechnen Sie nach, dass a die siegreiche Alternative sein muss.

b) Nehmen Sie an, dass Gremienmitglied Nr. 11 das Präferenzordnungsprofil kennt und sich sicher ist, dass alle restlichen 12 Mitglieder demgemäß abstimmen. Kann Nr. 11 die Entscheidung für Alternative a vermeiden und seiner höchstpräferierten Alternative b zum Sieg dadurch verhelfen, dass er sich abstimmungsstrategisch verhält und zum Beispiel in allen Runden für seine schlechteste Alternative c votiert?

Aufgabe 8.6

Es werde wieder das dreizehnköpfige Entscheidungsgremium von Aufgabe 8.5 betrachtet mit der Abweichung, dass die Präferenzordnung R_{11} nun in

$$c \succ a \succ d \succ b$$

geändert sei. Kein Gremienmitglied stimme strategisch ab.

a) Prüfen Sie, ob ein Condorcet-Gewinner existiert.

b) Prüfen Sie, ob die Hare-Regel den (möglicherweise existierenden) Condorcet-Gewinner als Gremien-Spitzenreiter auswählt.

9. Mehrstufige Entscheidungen; Grundbegriffe der dynamischen Programmierung

9.1 Mehrstufige Entscheidungen

Wie in Abschnitt 2.5 erörtert, setzen die Konsequenzen von Entscheidungen oft Daten für zukünftige Entscheidungen voraus. Bindet man durch eine heutige Investitionsentscheidung beispielsweise Kapital in Höhe von 1 Mio. Euro, so steht das Kapital natürlich nicht mehr für die Nutzung zukünftiger Investitionschancen zur Verfügung. Andererseits können ebenso gut zukünftige Chancen dadurch vertan werden, dass heute eine beherzte Investition hinausgezögert wird. Interdependenzen zwischen heutigen und zukünftigen Entscheidungen treten beispielsweise auch bei Preisentscheidungen, Produktionsentscheidungen, Instandhaltungsentscheidungen, Lagerhaltungsentscheidungen usw. auf.

Entscheidungsmodelle, die solche Interdependenzen berücksichtigen, werden im Gegensatz zu den statischen Entscheidungsmodellen als **dynamische Entscheidungsmodelle** bezeichnet. Dynamische Entscheidungsmodelle dienen also der Ermittlung einer optimalen Folge von Entscheidungen. Bereits in den Kapiteln 6 und 7 war von der Festlegung einer optimalen Folge von Entscheidungen die Rede. In Abschnitt 6.5 ging es um die optimale Informationsbeschaffungspolitik; die betrachtete Folge von Entscheidungen bestand aus so genannten Fortsetzungs-Entscheidungen und einer Terminal-Entscheidung. Durch Einführung von (mehrstufigen) Entscheidungsfunktionen konnte der dynamische Charakter der Entscheidungssituation insofern eliminiert werden, als man sich nur noch für eine einzige Entscheidungsfunktion (die von sich aus eine Folge von Entscheidungen produziert) entscheiden musste. Ähnlich wurde in Abschnitt 7.2 der mehrstufige Prozess des Zug-um-Zug-Durchspielens eines Spiels durch die Einführung von Strategien auf eine einstufige Entscheidung zurückgeführt.

Rein formal ist es stets möglich, ein mehrstufiges Entscheidungsproblem durch Einführung geeigneter Begriffe (die meist Strategien, Politiken oder Entscheidungsfunktionen genannt werden) in ein einstufiges Entscheidungsproblem zu überführen. Aus rechentechnischen Erwägungen sind derartige Transformationen jedoch zumeist nicht zweckmäßig. Vielmehr bemüht man sich, die simultane Optimierung einer Folge von Entscheidungen in eine Folge von (einfacheren) Optimierungen der Einzelentscheidungen zu zerlegen. Eine solche Zerlegung wird durch das Verfahren der dynamischen Programmierung ermöglicht. Beträgt der Planungshorizont bei einem Lagerhaltungsproblem z. B. ein Jahr, so bedingt die simultane Optimierung der zwölf Monatsbestellungen $a_1, a_2, \ldots, a_{12}$ die Lösung eines zwölfdimensionalen Optimierungsproblems. Mithilfe des dynamischen Programmierens kann dieses zwölfdimensionale Optimierungsproblem in eine Schar eindimensionaler Optimierungsprobleme aufgespalten werden. Ein kleines Lagerhaltungsproblem wird in Abschnitt 9.3 noch eingehender behandelt. Wagner (1975, S. 255) spricht von 25 %igen Einsparungen an Lagerhaltungskosten (bei gleichbleibend gutem Service), den größere amerikanische Unternehmen durch den konsequenten Einsatz dynamischer Programmierungsmodelle erzielt haben.

In den vergangenen Kapiteln traten die rechentechnischen Probleme in den Hintergrund; primär wurde die allgemeine Problematik der in der Literatur vorgeschlagenen Entscheidungsregeln diskutiert. Die dynamische Programmierung fällt insofern etwas aus dem Rahmen der bisher behandelten Themen, als sie primär der rechentechnischen Erleichterung dient. Wird die dynamische Programmierung allerdings bei mehrfacher Zielsetzung, bei Risiko- oder Ungewissheitssituationen angewandt, so tritt die allgemeine Problematik auch hier zu Tage. Wir wollen in diesem Kapitel auf eine kritische Zusammenfassung verzichten, da sie im Wesentlichen aus der Wiederholung früher gebrachter Argumente bestünde.

9.2 Klassifikation und grundlegende Definitionen

Wir betrachten einen wirtschaftlichen Prozess, der für jede der untersuchten T Zeitperioden eine Entscheidung erforderlich macht. Die T Zeitperioden wollen wir mit $t = 1, 2, \ldots, T$ und die (sich gegenseitig beeinflussenden) Entscheidungen mit $a_1, a_2, \ldots, a_T$ bezeichnen. Der Prozess starte zu Beginn der ersten Periode mit einem Anfangszustand z_0. Die in der ersten Zeitperiode zu treffende Entscheidung $a_1 \in A_1$ habe (in Verbindung mit z_0) dreierlei Konsequenzen:

a) In der ersten Periode resultiert ein Ergebnis (Periodenergebnis, Stufenergebnis) in Höhe von $u_1(z_0, a_1)$.

b) Der Prozess geht am Ende der ersten (= Anfang der zweiten) Zeitperiode in einen Zustand z_1 über, der die relevanten Daten für die nachfolgende Entscheidung a_2 setzt. Die Funktion, die die Transformation von z_0 in z_1 beschreibt, wollen wir mit g_1 bezeichnen: $z_1 = g_1(z_0, a_1)$.

c) Der (durch z_0 und a_1 bestimmte) Zustand z_1 legt den Bereich $A_2(z_1)$ fest, innerhalb dessen die nachfolgende Entscheidung a_2 variieren kann.

Entsprechendes gilt auch für alle anderen Zeitperioden. Allgemein ist also die t-te Zeitperiode charakterisiert durch

- ihren **Anfangszustand** z_{t-1},
- den (im Allgemeinen von z_{t-1} abhängenden) Bereich A_t, in dem die **Entscheidung** a_t variieren kann; A_t wird Menge der (für die t-te Periode) zulässigen Entscheidungen, Menge der zulässigen Aktionen oder auch **Steuerbereich** genannt,
- ihr **Ergebnis** $u_t(z_{t-1}, a_t)$,
- ihren **Endzustand** z_t, der sich aus dem Anfangszustand z_{t-1} und der getroffenen Entscheidung a_t gemäß der **Transformation** $z_t = g_t(z_{t-1}, a_t)$ ergibt.

Wird z. B. ein Lagerhaltungsprozess betrachtet, so führt man zweckmäßigerweise den Lagerbestand als relevante Zustandsvariable ein. Die Entscheidung a_t ist dann mit der zu Beginn der Periode t bestellten Menge identisch. Der Steuerbereich A_t ist durch Budgetrestriktionen, Lagerkapazität usw. eingeschränkt. Das Ergebnis u_t ist durch die Bestell-, Lager- und Fehlmengenkosten, durch Einsparungen infolge von Rabatten usw. bestimmt. Die Transformation g_t ergibt sich aus der Nachfrage der t-ten Periode und der Lieferfrist. Den T-stufigen[1] Entscheidungsprozess veranschaulicht das Schema der Abbildung 9.1.

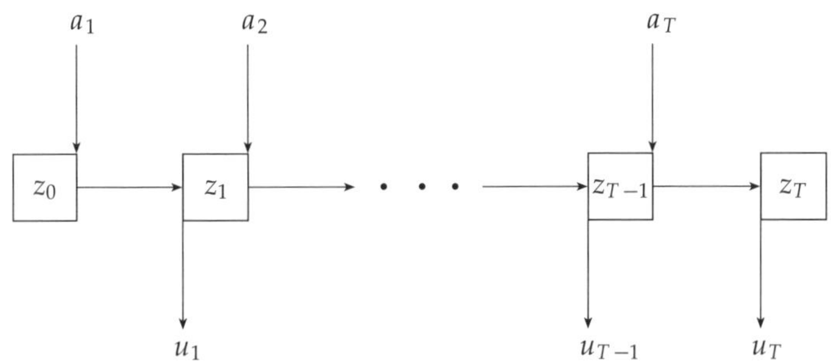

Abb. 9.1: T-stufiger Entscheidungsprozess

Das Ziel besteht darin, das aus den T Stufen resultierende Gesamtergebnis

$$U = \sum_{t=1}^{T} u_t$$

zu maximieren.[2] Ausführlicher geschrieben, lautet das Problem: Maximiere

$$U = \sum_{t=1}^{T} u_t(z_{t-1}, a_t)$$

bezüglich $a_1, \ldots, a_T$ (bei fest gegebenem z_0, u_t, g_t) unter den Nebenbedingungen

$$\left.\begin{aligned} z_t &= g_t(z_{t-1}, a_t) \\ a_t &\in A_t(z_{t-1}) \end{aligned}\right\} \quad \text{jeweils für} \quad t = 1, 2, \ldots, T\,.$$

Eine Lösung $(a_1^*, a_2^*, \ldots, a_T^*)$ dieses Maximierungsproblems wird **optimale Entscheidungsfolge**, **optimale Politik** oder auch **optimale Steuerung** genannt.

Das Maximierungsproblem kann auf vielfältige Weise modifiziert oder verallgemeinert werden. Des leichteren Verständnisses wegen hatten wir uns bisher auf den einfachsten Fall, nämlich den **endlichstufigen Entscheidungsprozess bei**

---

[1] Da der Index t nicht notwendigerweise die Zeit bedeuten muss, benutzt man in der Literatur bevorzugt die allgemeine Bezeichnung „T-stufig" an Stelle von „T-periodig".

[2] Misst u_t jedoch Schäden, Verluste, Kosten oder dergleichen, so ist U natürlich zu minimieren; ohne Einschränkung der Allgemeinheit können wir uns auf den Fall der Maximierung beschränken. Man beachte, dass hier und im Rest des Kapitels u_t eine monetäre Größe ist und keine subjektive (Stufen-)Risikonutzenfunktion.

Sicherheit, beschränkt. Sind in diesem Falle außerdem in jeder Stufe nur endlich viele Entscheidungen und endlich viele Zustände möglich, so kann der Prozess durch einen **Entscheidungsbaum** veranschaulicht werden, dessen Knoten die verschiedenen Zustände und dessen Kanten die verschiedenen Entscheidungen darstellen (vgl. Abbildung 9.2).

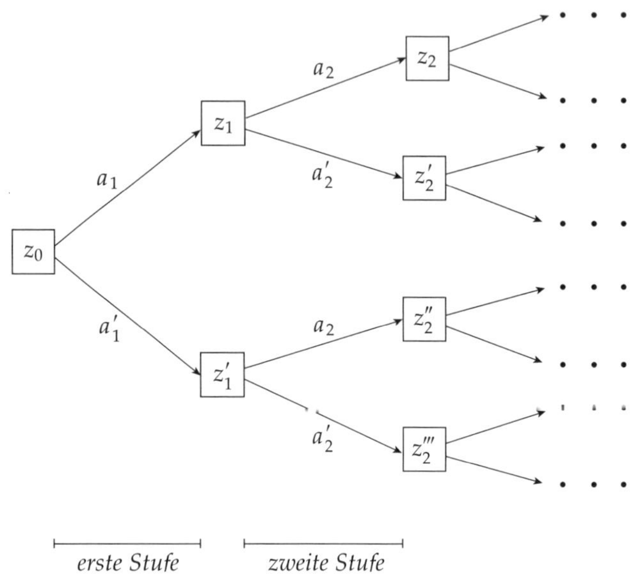

Abb. 9.2: Entscheidungsbaum eines Entscheidungsprozesses bei Sicherheit

Liegen einzelne Daten, beispielsweise das Periodenergebnis u_t, nicht deterministisch fest, sondern unterliegen sie einer (bekannten) Wahrscheinlichkeitsverteilung, so wird die Entscheidungssituation natürlich zur Risikosituation. Auch bei stochastischen Übergängen vom Zustand z_{t-1} in den Zustand z_t gelangt man zu einer Risikosituation. Hängen die Übergangswahrscheinlichkeiten nur vom unmittelbar vorangehenden Zustand ab (nicht aber den Zuständen, die in weiter zurückliegenden Stufen realisiert wurden), so bezeichnet man den Entscheidungsprozess als **markoffschen Entscheidungsprozess**.[3]

Ein markoffscher Entscheidungsprozess mit diskreten Übergangswahrscheinlichkeiten kann ebenfalls durch einen Entscheidungsbaum dargestellt werden. Zu diesem Zweck führt man zu den in Abbildung 9.2 benutzten (rechteckigen) Entscheidungsknoten zusätzlich noch (runde) Zufalls- bzw. Ereignisknoten ein, bei denen der Zufall am Zuge ist (wie bereits in Abschnitt 6.5); an die entsprechenden Kanten schreibt man die Übergangswahrscheinlichkeiten (vgl. Abbildung 9.3). In Abschnitt 9.4 sowie bei den Aufgaben (in Abschnitt 9.5) werden einige Beispiele markoffscher Entscheidungsprozesse behandelt.

---

[3] Wir hatten bisher angenommen, dass auch die Transformationsfunktionen g_t (außer von a_t) nur vom Zustand z_{t-1} abhängen; insofern hatten wir bisher spezielle markoffsche Entscheidungsprozesse, bei denen alle Übergangswahrscheinlichkeiten 1 sind, behandelt.

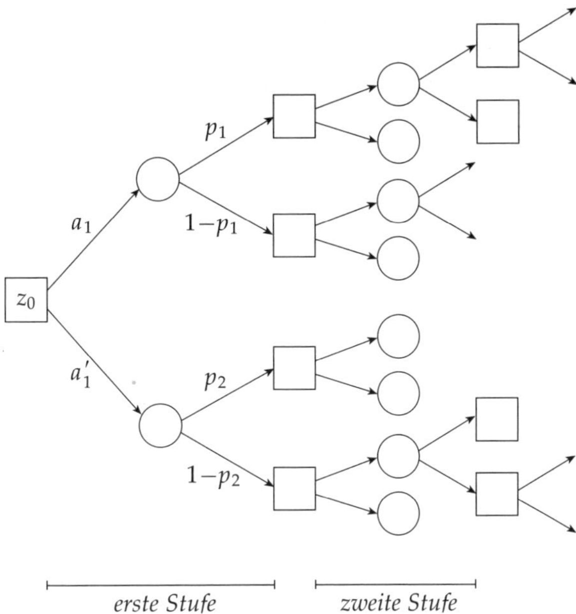

Abb. 9.3: Entscheidungsbaum eines markoffschen Entscheidungsprozesses

Sind einzelne Daten – beispielsweise das Periodenergebnis u_t oder der resultierende Zustand z_t – ungewiss, so liegt natürlich eine Ungewissheitssituation (mit ihrer ganzen Problematik, die in Kapitel 5 anhand des einstufigen Modells bereits diskutiert wurde) vor.

Neben der Unterscheidung in Sicherheits-, Risiko- und Ungewissheitssituationen sind einige andere Klassifikationsgesichtspunkte zu erwähnen:

a) Je nach Wahl von T lassen sich Entscheidungsprozesse mit endlichem oder unendlichem Planungshorizont unterscheiden. Modelle mit einem unendlichen Planungshorizont werden dann verwendet, wenn der reale Planungszeitraum sehr groß ist oder nicht ohne Willkür abgegrenzt werden kann. Bei Entscheidungsprozessen mit unendlichem Planungshorizont ergeben sich Folgen $(u_1, u_2, \ldots)$ von Stufenergebnissen. Die bisher benutzte Zielfunktion

$$\sum_{t=1}^{T} u_t$$

wird dabei im Allgemeinen sinnlos. Die adäquate Bewertung solcher Ergebnisfolgen $(u_1, u_2, \ldots)$ wirft zusätzliche Probleme auf. Die beiden Ansätze, die am häufigsten benutzt werden, beruhen auf der Maximierung der diskontierten Summe

$$\sum_{t=1}^{\infty} u_t \lambda^{t-1}$$

der Stufenergebnisse u_t bzw. auf der Maximierung des langfristigen Durchschnittsergebnisses[4]

$$\lim_{T\to\infty} \frac{1}{T} \sum_{t=1}^{T} u_t \, .$$

Wir wollen uns hier auf Prozesse mit endlichem Planungshorizont beschränken und verweisen den an Prozessen mit unendlichem Planungshorizont interessierten Leser auf die einschlägige Literatur.[5]

b) Je nach der Größe der Zeitperioden unterscheidet man die bisher ausschließlich betrachteten Entscheidungsprozesse mit **diskreten Stufen** und die Entscheidungsprozesse mit einem **Kontinuum von Stufen**. Im letzteren Fall ist t ein kontinuierlich variierender Parameter; jede Stufe ist „infinitesimal klein". Solche Entscheidungsprozesse kommen vorwiegend in technischen Anwendungen vor. Die Transformation der Zustände wird in der Regel durch Differenzialgleichungen beschrieben; bei der Zielfunktion tritt an die Stelle der Summe ein Integral. Entscheidungsprozesse mit einem Kontinuum von Stufen führen in das Gebiet der Variationsrechnung und der Kontrolltheorie; eine umfassende Darstellung (mit ökonomischen Beispielen) ist in Feichtinger/Hartl (1986) und Kosmol (2010) zu finden.

c) Auch bei mehrstufigen Entscheidungsprozessen lässt sich eine Unterscheidung bezüglich einfacher und mehrfacher Zielsetzung vornehmen. Es versteht sich von selbst, dass wir uns auf den elementarsten Fall, nämlich den der einfachen Zielsetzung, beschränken müssen.

Exemplarisch für die vielfältigen Problemstellungen des dynamischen Programmierens werden wir in Abschnitt 9.3 mehrstufige Entscheidungen bei Sicherheit (einfacher Zielsetzung, diskreten Stufen und endlichem Planungshorizont) behandeln sowie in Abschnitt 9.4 mehrstufige Entscheidungen bei Risiko (und ebenfalls wieder einfacher Zielsetzung, diskreten Stufen und endlichem Planungshorizont).

9.3 Mehrstufige Entscheidungen bei Sicherheit

Wir greifen das Maximierungsproblem des vorangehenden Abschnitts wieder auf. Zunächst wird das Optimalitätsprinzip von R. E. Bellman erläutert; anschließend wird das Optimalitätsprinzip auf ein Lagerhaltungsproblem angewandt.

---

[4] Da die Folge $\frac{1}{T}(u_1 + u_2 + \cdots + u_T)$ im Allgemeinen mehrere Häufungspunkte besitzt, muss streng genommen an Stelle dieses Limes (der im Allgemeinen nicht existiert) der Limes inferior genommen werden.

[5] Bellman (1957); Schneeweiß (1974); Neumann/Morlock (2002).

9.3.1 Das Optimalitätsprinzip

Bellman (1957, S. 83) drückt das nach ihm benannte Optimalitätsprinzip etwa folgendermaßen aus: Eine optimale Politik $(a_1^*, a_2^*, \ldots, a_T^*)$ eines T-stufigen Entscheidungsprozesses besitzt die Eigenschaft, dass unabhängig vom Anfangszustand z_0 und der ersten Entscheidung a_1^* die restlichen $T-1$ Entscheidungen $(a_2^*, a_3^*, \ldots, a_T^*)$ eine optimale Politik bezüglich des aus der ersten Entscheidung resultierenden Zustands bilden.

Das Optimalitätsprinzip ermöglicht die Zurückführung der Lösung des T-stufigen Entscheidungsproblems auf die Lösung eines einstufigen Entscheidungsproblems (Bestimmung von a_1^*) und die Lösung einer Schar[6] von $(T-1)$-stufigen Entscheidungsproblemen. Durch Anwendung des Optimalitätsprinzips kann die Lösung der $(T-1)$-stufigen Entscheidungsprobleme ihrerseits auf die Lösung eines einstufigen Entscheidungsproblems und die Lösung einer Schar von $(T-2)$-stufigen Entscheidungsproblemen zurückgeführt werden. Fährt man in dieser Weise fort, so kann man die Lösung des T-stufigen Entscheidungsproblems völlig auf die Lösung von einstufigen Entscheidungsproblemen zurückführen.

Üblicherweise beginnt man bei der Lösung dieser einstufigen Entscheidungsprobleme mit der letzten Stufe und arbeitet sich dann in einer so genannten Rückwärtsrechnung Stufe um Stufe bis zur ersten Stufe vor. Diese **Rückwärtsrechnung**, die auch **Roll-Back-Verfahren** genannt wird, verläuft nach dem folgenden Schema: Im ersten Schritt wird die Entscheidung a_T so (in Abhängigkeit vom Zustand z_{T-1}) aus A_T ausgewählt, dass das Stufenergebnis

$$u_T(z_{T-1}, a_T)$$

maximiert wird[7]. Diese Maximalstelle (bzw., falls mehrere Maximalstellen existieren, eine willkürlich ausgewählte) bezeichnen wir mit

$$a_T(z_{T-1}) .$$

Das vom Zustand z_{T-1} aus in der T-ten Stufe maximal erzielbare Ergebnis beträgt demnach

$$u_T(z_{T-1}, a_T(z_{T-1})) .$$

Im zweiten Schritt wird die Entscheidung a_{T-1} so (in Abhängigkeit vom Zustand z_{T-2}) aus A_{T-1} ausgewählt, dass die Summe aus dem Stufenergebnis u_{T-1} und des im Falle der (von z_{T-1} aus) optimalen Fortführung des Prozesses erzielbaren Ergebnisses, also die Summe

$$u_{T-1}(z_{T-2}, a_{T-1}) + u_T(z_{T-1}, a_T(z_{T-1}))$$

---

[6] Jeder Zustand z_1, der aus der (noch unbekannten) ersten Entscheidung a_1^* resultieren kann (das sind in der Regel alle überhaupt möglichen Zustände z_1), liefert ein $(T-1)$-stufiges Entscheidungsproblem.

[7] Fallen am Planungshorizont T Veräußerungsgewinne, Entsorgungskosten oder dergleichen an, so sind diese in u_T zu berücksichtigen.

maximal wird; dabei ist in dem rechten Summanden der Zustand z_{T-1} gemäß der Transformation

$$z_{T-1} = g_{T-1}(z_{T-2}, a_{T-1})$$

durch z_{T-2} und a_{T-1} auszudrücken. Die Maximalstelle (bzw. eine ausgewählte der Maximalstellen) bezeichnen wir mit

$$a_{T-1}(z_{T-2}) .$$

Im dritten Schritt wird analog die Entscheidung a_{T-2} so (in Abhängigkeit von z_{T-3}) ausgewählt, dass die Summe aus dem Stufenergebnis u_{T-2} und dem Ergebnis, das im Falle der optimalen Fortführung des Prozesses erzielt werden kann, maximal wird; damit kennen wir auch

$$a_{T-2}(z_{T-3}) .$$

Entsprechend verlaufen die weiteren Schritte. So wird im vorletzten Schritt $a_2(z_1)$ und im letzten Schritt schließlich $a_1(z_0)$ ermittelt.

Damit sind – allerdings nicht explizit, sondern noch in Abhängigkeit vom jeweiligen Anfangszustand – alle Entscheidungen einer optimalen Politik bestimmt. Die expliziten Entscheidungen ermittelt man in einer **Vorwärtsrechnung**, die nur aus Einsetzen besteht. Sie verläuft nach folgendem Schema: Der Zustand z_0 ist annahmegemäß bekannt; wird der bekannte Wert z_0 in $a_1(z_0)$ eingesetzt, so ergibt sich die Startentscheidung a_1^* einer optimalen Politik:

$$a_1^* = a_1(z_0) .$$

Der durch diese Entscheidung realisierte Zustand z_1^* ist

$$z_1^* = g_1(z_0, a_1^*) .$$

Aus diesem Zustand ergibt sich die zweite Entscheidung a_2^* einer optimalen Politik gemäß

$$a_2^* = a_2(z_1^*) .$$

Entsprechend wird nun

$$z_2^* = g_2(z_1^*, a_2^*)$$

und

$$a_3^* = a_3(z_2^*)$$

ermittelt usw.

Den schematischen Ablauf dieser Rechnungen kann man sich anhand eines Entscheidungsbaumes verdeutlichen. Abbildung 9.4 zeigt den Entscheidungsbaum[8] eines einfachen 3-stufigen Entscheidungsproblems. Die Zahlen an den Kanten geben das jeweilige Stufenergebnis an. Es ist nicht schwer, die oben geschilderten Rückwärts- und Vorwärtsrechnungen daran nachzuvollziehen. Bei der Rückwärtsrechnung empfiehlt es sich, das Ergebnis, das im Falle der optimalen Fortführung zu erzielen ist, jeweils an den Knoten zu notieren (dies

---

[8] Dass dies keinen „Baum" im grafentheoretischen Sinne darstellt, ist für unsere Zwecke belanglos; durch geeignete Definition der Zustände kann die Baumeigenschaft übrigens stets erreicht werden.

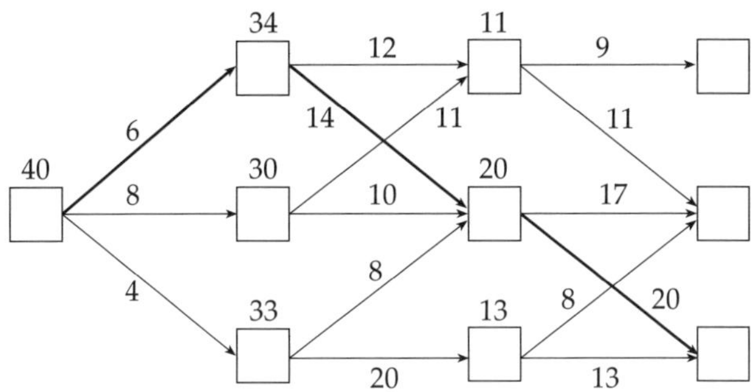

Abb. 9.4: Entscheidungsbaum und optimale Politik eines 3-stufigen Entscheidungsproblems

ist auch in Abbildung 9.4 geschehen). Der dick eingezeichnete Weg entspricht einer optimalen Politik; der damit realisierte Maximalwert der Zielfunktion ist 40.

Dem Leser, der etwas mit der Netzplantechnik vertraut ist, wird dies sehr bekannt vorkommen. In der Tat bestehen enge Parallelen: Deutet man den Entscheidungsbaum als Netzplan eines Projekts und die Stufenergebnisse als Vorgangsdauern, so entspricht der längste, also kritische Weg, gerade einer optimalen Politik; der frühestmögliche Projektabschluss entspricht dem maximalen Gesamtergebnis.

9.3.2 Ein Beispiel aus der Lagerhaltung

Ein Kaufhaus bestellt einen bestimmten Artikel jeweils zu Beginn eines Quartals, das heißt am 1. Januar, 1. April, 1. Juli und am 1. Oktober. Wir bezeichnen die zu Beginn des t-ten Quartals bestellte Stückzahl mit a_t und den Quartalsbedarf (in Stück) mit b_t ($t = 1, \ldots, 4$). Die Bedarfsmenge b_t ist saisonabhängig und verteilt sich gleichmäßig innerhalb des jeweiligen Quartals:

t	1	2	3	4
b_t	3 000	4 500	6 000	3 000

Das Kaufhaus will Fehlmengen unter allen Umständen vermeiden, das heißt, es will die bestellten Stückzahlen $a_1, \ldots, a_4$ so groß wählen, dass der Bedarf jederzeit befriedigt werden kann. Die Lagerkapazität betrage 7 000 Stück, die Lagerkosten betragen 3 Euro pro Stück und Quartal; die Lieferfrist sei vernachlässigbar klein.

Der Lieferant ist bestrebt, seine Produktion möglichst gut zu glätten und räumt deshalb saisonabhängige Rabatte ein. Die Rabattfunktion $r_t(x)$ besitze die Form[9]

$$r_t(x) = \begin{cases} \beta_t \cdot \frac{x}{10\,000}, & \text{für} \quad 0 \leqq x \leqq 10\,000 \\ \beta_t, & \text{für} \quad x > 10\,000\,. \end{cases}$$

[9] Um bei der Rechnung lästige Fallunterscheidungen zu vermeiden, wird die Rabattfunktion als stetig, und nicht wie meist in der Praxis treppenförmig, angenommen.

$r_t(x)$ ist der im Quartal t bei Bestellung von x Stück eingeräumte Rabatt (in Euro pro Stück). Es gelte:

$$\beta_1 = 6, \quad \beta_2 = 2, \quad \beta_3 = 1 \quad \text{und} \quad \beta_4 = 4\,.$$

Zu Beginn des betrachteten Jahres sei das Lager leer, zum Jahresende soll es ebenfalls wieder leer sein. Welches ist unter diesen Umständen die optimale Lagerhaltungspolitik $(a_1^*, a_2^*, a_3^*, a_4^*)$?

Zuerst wollen wir uns überlegen, wie die in Abschnitt 9.2 allgemein eingeführten Begriffe (Zustände z_t, Transformationsfunktionen g_t, Steuerbereiche A_t, Periodenergebnisse u_t, Zielfunktion U) in diesem speziellen Beispiel aussehen. Damit die Begriffe vertrauter werden, ist dieser Teil bewusst etwas ausführlicher gehalten als es für die Rechnung erforderlich wäre.

Der Zustand z_{t-1} ist der zu Beginn der Zeitperiode t vorhandene Lagerbestand. Es ist

$$\begin{aligned} z_0 &= 0\,, \\ z_t &= z_{t-1} + a_t - b_t \qquad \text{für} \quad t = 1, 2, 3 \\ \text{und} \quad z_4 &= z_3 + a_4 - b_4 = 0\,. \end{aligned}$$

Damit sind die Transformationsfunktionen g_t bekannt. Auch die Steuerbereiche A_t sind leicht anzugeben. Auf Grund der Kapazitätsrestriktion muss für alle Quartale $z_{t-1} + a_t \leqq 7\,000$, also

$$a_t \leqq 7\,000 - z_{t-1}$$

gelten. Da außerdem der Bedarf gedeckt werden soll, muss auch $z_{t-1} + a_t \geqq b_t$, also

$$a_t \geqq b_t - z_{t-1}$$

gelten. Damit ist für $t = 1, 2, 3$ der Steuerbereich $A_t(z_{t-1})$ das Intervall

$$[b_t - z_{t-1}; 7\,000 - z_{t-1}]\,.$$

Eine Ausnahme bildet A_4; da das Lager am Jahresende leer sein soll, besteht A_4 nur aus einer einzigen Entscheidung, nämlich

$$a_4 = b_4 - z_3 = 3\,000 - z_3\,.$$

Abbildung 9.5 veranschaulicht die Situation grafisch.

Nun müssen wir uns noch mit dem Periodenergebnis u_t bzw. mit der Zielfunktion U beschäftigen. Für die Zielfunktion U sind nur diejenigen Konsequenzen relevant, die durch die Lagerhaltungspolitik (a_1, a_2, a_3, a_4) beeinflussbar sind. Auf Grund der Nebenbedingungen (Lagerkapazität und Bedarf) muss in jeder Zeitperiode eine Bestellung getätigt werden, so dass wir die Bestellkosten (die auch gar nicht angegeben wurden) außer Acht lassen können. Auch Fehlmengenkosten können vernachlässigt werden, da Fehlmengen ausgeschlossen werden. Schließlich können auch die (Brutto-)Verkaufsgewinne unberücksichtigt bleiben, da – unabhängig von der Lagerhaltungspolitik – im Jahr genau 16 500 Stück verkauft werden. Es bleiben die Lagerkosten und die eingesparten Rabatte übrig. Da wir maximieren wollen, müssen wir die eingesparten

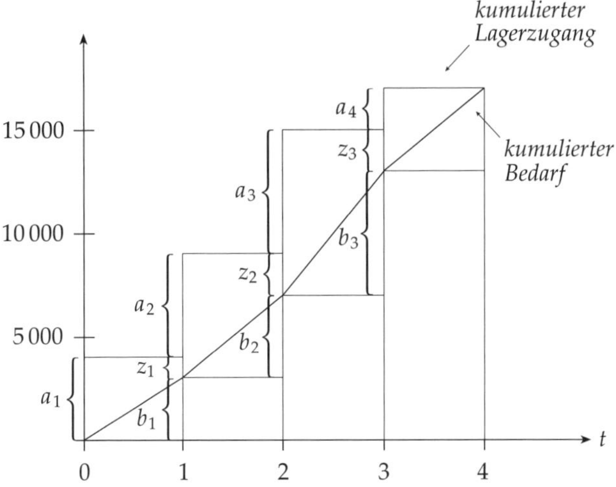

Abb. 9.5: Kurve des kumulierten Bedarfs und des kumulierten Lagerzugangs

Rabatte, vermindert um die Lagerkosten, als Periodenergebnis betrachten:

$$u_t(z_{t-1}, a_t) = a_t r_t(a_t) - \ell_t(z_{t-1}, a_t) ;$$

dabei sind ℓ_t die in der Periode t anfallenden Lagerkosten. Zur Berechnung von ℓ_t müssen wir uns überlegen, dass der Lagerbestand zu Beginn der Periode t

$$z_{t-1} + a_t$$

und zu Ende der Periode t

$$z_{t-1} + a_t - b_t$$

beträgt. Da der durchschnittliche Lagerbestand der Periode t also

$$z_{t-1} + a_t - \tfrac{1}{2} b_t$$

ist, betragen die Lagerkosten für die Periode t gerade

$$\ell_t(z_{t-1}, a_t) = 3 \cdot \left(z_{t-1} + a_t - \tfrac{1}{2} b_t\right) .$$

Setzen wir noch die gegebene Rabattfunktion r_t ein, so ergibt sich für das Periodenergebnis

$$u_t(z_{t-1}, a_t) = \beta_t \cdot \frac{a_t^2}{10\,000} - 3 \cdot \left(z_{t-1} + a_t - \tfrac{1}{2} b_t\right) .$$

Die Zielfunktion U sei wie bisher die Summe der Periodenergebnisse:[10]

$$U = \sum_{t=1}^{4} u_t(z_{t-1}, a_t) .$$

[10] Der prinzipielle Verlauf des Rechengangs bliebe unverändert, wenn noch eine Diskontierung eingeführt, also u_t durch $u_t \lambda^{t-1}$ ersetzt würde.

Beginnen wir nun mit der Rückwärtsrechnung. Der erste Schritt ist noch trivial: Da A_4 einelementig ist, muss

$$a_4(z_3) = 3\,000 - z_3$$

gelten. Mit dieser Entscheidung entsteht für die vierte Periode ein Ergebnis von

$$\frac{4}{10\,000} \cdot (3\,000 - z_3)^2 - 3 \cdot 1\,500 \,.$$

Im zweiten Schritt muss hierzu das Ergebnis der dritten Periode addiert und $a_3(z_2)$ als Maximalstelle dieser Summe berechnet werden. Drückt man z_3 durch z_2 und a_3 aus, so lautet die zu maximierende Funktion:

$$\frac{1}{10\,000} \cdot a_3^2 - 3 \cdot (z_2 + a_3 - 3\,000) + \frac{4}{10\,000} \cdot (9\,000 - z_2 - a_3)^2 - 4\,500 \,.$$

Dies ist eine konvexe Parabel, so dass nur ein Randmaximum infrage kommt. Durch Ableiten und Nullsetzen erkennt man,[11] dass das (globale) Minimum dieser Parabel rechts vom Steuerbereich A_3 liegt (vgl. Abbildung 9.6).

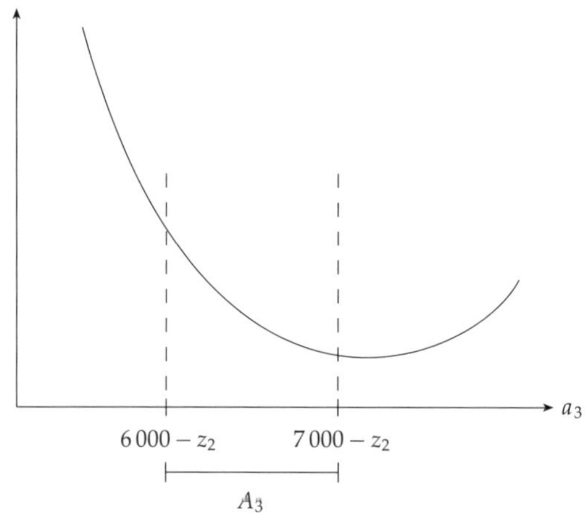

Abb. 9.6: Steuerbereich A_3 und zu maximierende Funktion

Demnach liegt das Maximum am linken Rand von A_3, und die Maximalstelle ist

$$a_3(z_2) = 6\,000 - z_2 \,;$$

der Maximalwert beträgt

$$\frac{1}{10\,000} \cdot (6\,000 - z_2)^2 - 3 \cdot 3\,000 + \frac{4}{10\,000} \cdot 3\,000^2 - 4\,500 \,.$$

Im dritten Schritt muss hierzu das Ergebnis der zweiten Periode addiert und $a_2(z_1)$ als Maximalstelle der Summe bestimmt werden. Drücken wir z_2 durch

[11] Die Nullstelle der Ableitung ist $a_3 = 10\,200 - 0{,}8 \cdot z_2$; sie ist damit größer als der rechte Randpunkt ($= 7\,000 - z_2$) von A_3.

z_1 und a_2 aus und lassen wir die für die Maximalstelle irrelevanten konstanten Summanden weg, so lautet die zu maximierende Funktion:

$$\frac{2}{10\,000} \cdot a_2^2 - 3 \cdot (z_1 + a_2 - 2\,250) + \frac{1}{10\,000} \cdot (10\,500 - z_1 - a_2)^2 \,.$$

Analog zum zweiten Schritt erkennt man, dass das Maximum am linken Rand des Steuerbereichs A_2 liegen muss. Demnach ist die Maximalstelle dieser Funktion durch

$$a_2(z_1) = 4\,500 - z_1$$

und der Maximalwert durch

$$\frac{1}{10\,000} \cdot 6000^2 + \frac{2}{10\,000} \cdot (4\,500 - z_1)^2 - 3 \cdot 2\,250$$

gegeben. Im letzten Schritt ist (wenn wir irrelevante Summanden wieder weglassen) a_1 als Maximalstelle von

$$\frac{6}{10\,000} \cdot a_1^2 - 3 \cdot (a_1 - 1\,500) + \frac{2}{10\,000} \cdot (7\,500 - a_1)^2$$

zu bestimmen. Diesmal liegt das Randmaximum am rechten Rand des Steuerbereichs A_1; deshalb ist schließlich

$$a_1^* = 7\,000 \,.$$

Nun können wir durch die Vorwärtsrechnung alle Entscheidungen $a_1^*, \ldots, a_4^*$ der optimalen Politik sowie alle dabei zu durchlaufenden Zustände $z_1^*, \ldots, z_4^*$ explizit bestimmen: Durch schlichtes Einsetzen ergeben sich der Reihe nach

$$\begin{aligned}
z_1^* &= z_0 + a_1^* - b_1 &&= 0 + 7\,000 - 3\,000 &&= 4\,000\,,\\
a_2^* &= a_2(z_1^*) &&= 4\,500 - 4\,000 &&= 500\,,\\
z_2^* &= z_1^* + a_2^* - b_2 &&= 4\,000 + 500 - 4\,500 &&= 0\,,\\
a_3^* &= a_3(z_2^*) &&= 6\,000 - 0 &&= 6\,000\,,\\
z_3^* &= z_2^* + a_3^* - b_3 &&= 0 + 6\,000 - 6\,000 &&= 0\,,\\
a_4^* &= 3\,000\,, \\
z_4^* &= 0\,.
\end{aligned}$$

Die optimale Lagerhaltungspolitik lautet demnach

$$(a_1^*, a_2^*, a_3^*, a_4^*) = (7\,000, 500, 6\,000, 3\,000)\,.$$

Das heißt, es sind am 1. Januar 7 000 Stück, am 1. April 500 Stück, am 1. Juli 6 000 Stück und am 1. Oktober 3 000 Stück zu bestellen.

9.4 Mehrstufige Entscheidungen bei Risiko

Bisher hatten wir angenommen, dass in jeder Zeitperiode t sowohl der resultierende Endzustand z_t als auch das resultierende Periodenergebnis u_t eindeutig durch den Anfangszustand z_{t-1} und die getroffene Entscheidung a_t bestimmt sind. Diese Annahme trifft nicht für alle Anwendungsfälle zu. So gibt es Lagerhaltungsprobleme, die durch eine stark streuende Nachfrage gekennzeichnet sind und bei denen aus Vergangenheitsdaten allenfalls die Wahrscheinlichkeitsverteilung der Nachfrage geschätzt werden kann; infolgedessen unterliegt der Endzustand z_t (und auch das Ergebnis u_t) einer Wahrscheinlichkeitsverteilung. Ähnlich ist die Lage bei mehrstufigen Werbeentscheidungen; auch hier sind der resultierende Marktzustand z_t und das resultierende Periodenergebnis u_t durch z_{t-1} und a_t meist nicht eindeutig bestimmt. Weitere Beispiele liefern die Instandhaltungsprobleme. Die vielfältigen Entscheidungen, die bei der Instandhaltung eines Maschinenparks getroffen werden können,[12] sind ebenfalls von sequenzieller Natur; der resultierende Endzustand z_t und das resultierende Periodenergebnis u_t hängen von der (stochastischen) Lebensdauer der Maschinen bzw. der Maschinenteile, von der Wahrscheinlichkeitsverteilung der Reparaturdauer usw. ab.

Sobald aber z_t oder u_t nicht eindeutig bestimmt sind, sondern einer (als bekannt vorausgesetzten) Wahrscheinlichkeitsverteilung unterliegen, haben wir es mit Risikosituationen zu tun. Naturgemäß sind die Beschreibung und die Lösung der Entscheidungssituationen dann komplizierter als bei den in Abschnitt 9.3 betrachteten Sicherheitssituationen.

Wir beschränken uns hier auf markoffsche Entscheidungsprozesse, bei denen in jeder Stufe nur endlich viele Zustände und endlich viele Entscheidungen möglich sind. Aber auch bei der Beschränkung auf diese relativ einfachen Fälle erfordert eine formelmäßige Präzisierung des Problems und des Lösungsweges einen Aufwand, der für unsere Zwecke zu groß ist; beispielsweise müssten Übergangswahrscheinlichkeiten eingeführt werden, die von der Stufennummer t, vom Anfangszustand z_{t-1}, von der Entscheidung a_t und vom Endzustand z_t abhängen. Wir wollen deshalb für die Erläuterungen auf die anschaulichere Baumdarstellung zurückgreifen und in erster Linie die Analogie zu dem in Abschnitt 9.3 besprochenen Lösungsweg herausarbeiten.

9.4.1 Entscheidungsbaumanalyse bei Risikoneutralität

Abbildung 9.7 zeigt den Entscheidungsbaum eines markoffschen Entscheidungsprozesses. Man sieht, dass zwei Zustände z_{t-1} und z_t nicht wie bei der Sicherheitssituation jeweils durch eine einzige Kante (vgl. Abbildung 9.2), sondern vielmehr durch zwei Kanten verbunden sind; die erste Kante entspricht der getroffenen Entscheidung a_t, die zweite Kante entspricht dem zufallsbedingten Übergang zum Zustand z_t. An der letzteren Kante wurde in Abbildung 9.7 die Übergangswahrscheinlichkeit notiert. Für die Zwecke der Rückwärtsrechnung müssen wir an dieser Kante zusätzlich noch das Periodenergebnis u_t notieren. Wir tragen deshalb jeweils oberhalb der Kante die Übergangswahrscheinlichkeit und unterhalb der Kante das Periodenergebnis ein.

[12] Wie beispielsweise Überholung einer Maschine erst nach einem Defekt, Überholung einer Maschine nach zehn Zeitperioden, präventive Überholung nach jeder Zeitperiode usw.

Beispielsweise kann aus Abbildung 9.7 abgelesen werden, dass infolge der Entscheidung a_1 mit der Wahrscheinlichkeit 0,3 ein Übergang vom Zustand z_0 in den Zustand z_1 erfolgt und dass damit ein Periodenergebnis von $u_1 = 180$ verknüpft ist. Weiterhin liest man ab, dass mit der Wahrscheinlichkeit 0,7 auch ein Übergang in den Zustand z_1' möglich ist und dass das Periodenergebnis dann nur 140 beträgt. Hierbei wurde also einerseits angenommen, dass die Übergänge (von z_0 nach z_1 bzw. von z_0 nach z_1') stochastisch sind und mit den Wahrscheinlichkeiten 0,3 bzw. 0,7 erfolgen, dass aber andererseits mit jedem der Übergänge ein eindeutig bestimmtes Periodenergebnis von 180 bzw. 140 verknüpft ist. Im allgemeinen Fall kann auch das mit einem festen Übergang verknüpfte Periodenergebnis stochastisch sein.

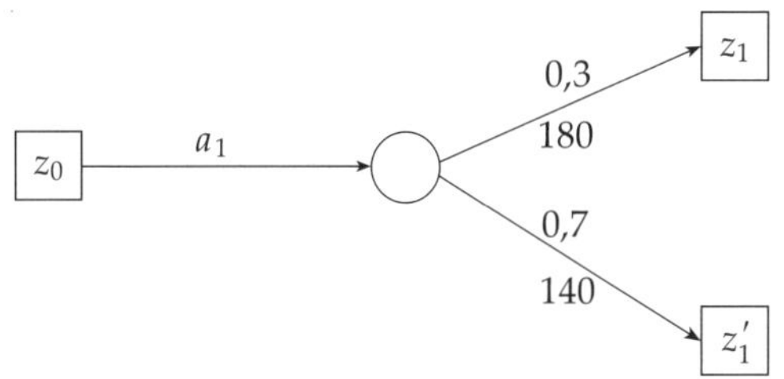

Abb. 9.7: Beschriftung des Entscheidungsbaumes eines markoffschen Entscheidungsprozesses

Aus zweierlei Gründen können wir uns aber auf eindeutig bestimmte Periodenergebnisse beschränken. Erstens suchen wir nur Politiken, deren zu erwartendes Gesamtergebnis maximal ist; in die Berechnungen gehen deshalb nur die Erwartungswerte der Periodenergebnisse ein. Diese Erwartungswerte sind aber eindeutig bestimmte Zahlen, die unterhalb der jeweiligen Kante notiert werden können. Zweitens ist es, wie in Abschnitt 2.4 ausgeführt, durch die Einführung zusätzlicher Knoten und Kanten möglich, ein eindeutig bestimmtes Periodenergebnis zu erreichen. Wäre beispielsweise in Abbildung 9.7 mit dem Übergang $z_0 \to z_1'$ nicht das eindeutig bestimmte Ergebnis von 140, sondern ein stochastisches Ergebnis verknüpft, das jeweils mit der Wahrscheinlichkeit $\frac{1}{2}$ die Werte 120 und 160 annimmt, so könnten wir durch die Aufspaltung des Zustands z_1' in die beiden Zustände z_1' und z_1'' ein eindeutig bestimmtes Ergebnis erreichen (vgl. Abbildung 9.8).

Wie eben erwähnt, tritt bei Risikosituationen an die Stelle der in Abschnitt 9.3 angestrebten Maximierung der Summe $u_1 + u_2 + \cdots + u_T$ der Periodenergebnisse die Maximierung des Erwartungswertes

$$\mathrm{E}\left(\sum_{t=1}^{T} u_t\right)$$

der summierten Periodenergebnisse. Der Begriff der optimalen Politik muss ebenfalls gegenüber dem des Abschnitts 9.3 modifiziert werden. Nur bei deterministischen Übergängen ist gewährleistet, dass eine vorgegebene (zulässige) Entscheidungsfolge $(a_1, a_2, \ldots, a_T)$ auch mit Sicherheit realisiert werden kann;

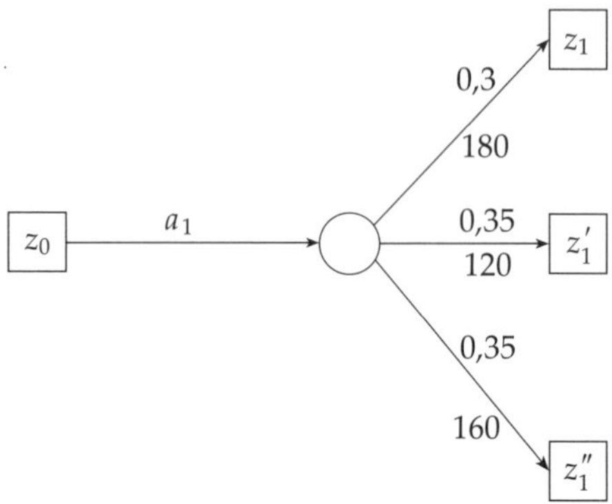

Abb. 9.8: Reduzierung auf eindeutig bestimmte Periodenergebnisse

deshalb ist es auch nur hierbei sinnvoll, nach einer Politik $(a_1^*, \ldots, a_T^*)$ zu fragen, die die Summe $u_1 + u_2 + \cdots + u_T$ bzw. (bei stochastischen Periodenergebnissen) den Erwartungswert $\mathrm{E}(u_1 + u_2 + \cdots + u_T)$ maximiert. Bei stochastischen Übergängen ist die Wahrscheinlichkeit gering, dass eine vorgegebene Folge $(a_1^*, a_2^*, \ldots, a_T^*)$ von Entscheidungen realisiert werden kann.

Nehmen wir als Beispiel wieder ein Lagerhaltungsproblem: Nachdem der Entscheidungsträger die Aktion a_1^* ergriffen hat (das heißt eine bestimmte Stückzahl bestellt hat), ist der Zufall am Zuge und führt einen Zustand (das heißt einen Lagerbestand) z_1^* herbei. Möglicherweise lässt der realisierte Zustand z_1^* die eingeplante Entscheidung a_2^* gar nicht zu, etwa dann, wenn a_2^* wegen günstiger Konditionen die Bestellung einer großen Stückzahl vorsieht, der Lagerbestand z_1^* aber wegen einer schwachen Nachfrage in der ersten Zeitperiode noch so groß ist, dass $z_1^* + a_2^*$ die Lagerkapazität überschreitet. Das Entsprechende gilt auch für die restlichen Entscheidungen $a_3^*, a_4^*, \ldots, a_T^*$.

Bei stochastischen Übergängen darf eine Politik demnach nicht als eine starre Folge von Entscheidungen eingeführt werden. Damit die erforderliche Flexibilität gewährleistet ist, muss eine Politik vielmehr (wie in Abschnitt 7.2) als eine Folge $(\delta_1, \delta_2, \ldots, \delta_T)$ von bedingten Anweisungen eingeführt werden. Die bedingte Anweisung δ_t ordnet jedem möglichen Zustand z_{t-1} eine der zugelassenen Entscheidungen zu:

$$\delta_t(z_{t-1}) = a_t \in A_t \,.$$

Eine optimale Politik $(\delta_1^*, \delta_2^*, \ldots, \delta_T^*)$ ist daher eine Folge von bedingten Anweisungen, die den Erwartungswert

$$\mathrm{E}\left(\sum_{t=1}^{T} u_t\big(z_{t-1}, \delta_t(z_{t-1})\big)\right)$$

maximiert. Die Ermittlung einer optimalen Politik geschieht wieder mit dem Roll-Back-Verfahren; die einzige Änderung gegenüber Abschnitt 9.3 besteht darin, dass bei jedem Schritt an Stelle eines Ergebnisses ein Ergebniserwartungswert zu maximieren ist.

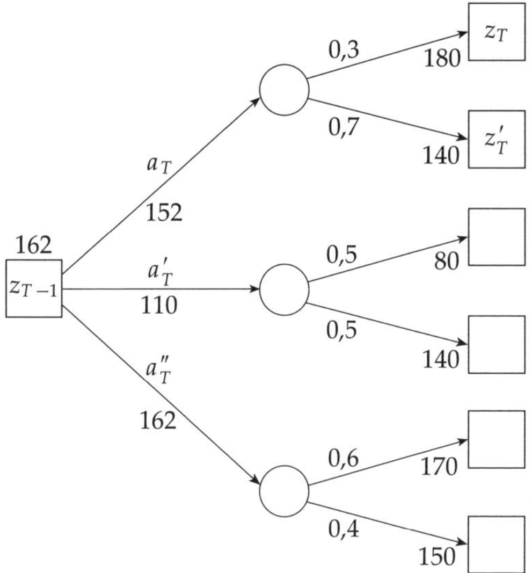

Abb. 9.9: Erster Schritt der Rückwärtsrechnung

Abbildung 9.9 erläutert den ersten Schritt der Rückwärtsrechnung. Der speziell betrachtete Zustand z_{T-1} lässt die drei Entscheidungen a_T, a'_T und a''_T zu. Für jede dieser Entscheidungen ist das zu erwartende Periodenergebnis zu berechnen; der Erwartungswert ist unterhalb der Kante notiert. Das Maximum der drei Erwartungswerte wird für die Zwecke des nächsten Schrittes am Knoten z_{T-1} notiert; das Maximum ist das Ergebnis, das im Falle der günstigsten Entscheidung (in unserem Falle a''_T) zu erwarten ist. Damit haben wir einen speziellen Funktionswert der bedingten Anweisung δ^*_T einer optimalen Politik $(\delta^*_1, \delta^*_2, \ldots, \delta^*_T)$ berechnet; es ist nämlich

$$\delta^*_T(z_{T-1}) = a''_T \,.$$

Führt man diesen Schritt auch für die restlichen Zustände $z'_{T-1}, z''_{T-1}, \ldots$ aus, so ist δ^*_T völlig berechnet.

Der nächste Schritt verläuft entsprechend und sei durch Abbildung 9.10 erläutert. Hier wurde ein spezieller Zustand z_{T-2} betrachtet, der die beiden Entscheidungen a_{T-1} und a'_{T-1} zulässt; diese führen zu den vier Zuständen z_{T-1}, z'_{T-1}, z''_{T-1}, z'''_{T-1}, an denen die im ersten Schritt berechneten maximalen Erwartungswerte notiert sind. Addiert man diese maximalen Erwartungswerte zu dem Stufenergebnis und bildet man hieraus wiederum den Erwartungswert, so kommt man zu den in Abbildung 9.10 eingetragenen Zahlen. Damit ist ein Funktionswert von δ^*_{T-1} berechnet, nämlich

$$\delta^*_{T-1}(z_{T-2}) = a'_{T-1} \,.$$

Diese Rechnung muss dann für alle restlichen Anfangszustände $z'_{T-2}, z''_{T-2}, \ldots$ der $(T-1)$-ten Zeitperiode durchgeführt werden. Danach berechnet man in den weiteren Schritten sukzessive $\delta^*_{T-2}, \delta^*_{T-3}, \ldots, \delta^*_2, \delta^*_1$.

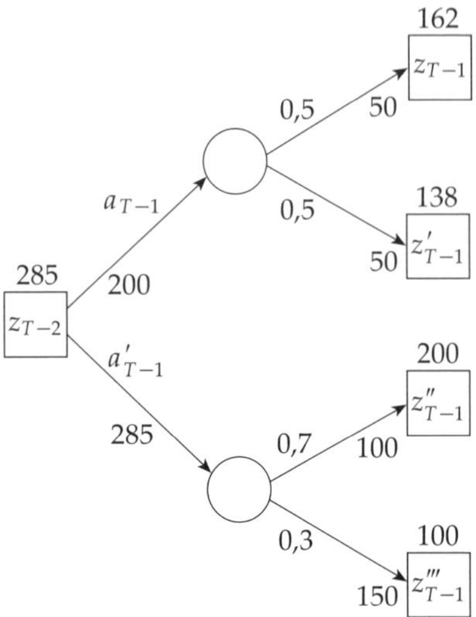

Abb. 9.10: Zweiter Schritt der Rückwärtsrechnung

In Abschnitt 9.3 hatten wir der Rückwärtsrechnung eine Vorwärtsrechnung angefügt. Letztere diente dazu, aus den in der Rückwärtsrechnung ermittelten bedingten Anweisungen den tatsächlichen Prozessverlauf und die optimalen Entscheidungen (also die unbedingten Anweisungen) $a_1^*, a_2^*, \ldots, a_T^*$ zu berechnen. Infolge der stochastischen Übergänge ist eine Politik $(\delta_1, \delta_2, \ldots, \delta_T)$ mit vielen potenziell möglichen Prozessverläufen verträglich; der tatsächlich realisierte Verlauf ist durch eine Politik, also auch durch eine optimale Politik $(\delta_1^*, \ldots, \delta_T^*)$, nicht determiniert. Deshalb erübrigt sich bei der Einbeziehung von stochastischen Übergängen eine Vorwärtsrechnung.

In der Praxis kommt es gelegentlich vor, z. B. bei der Vermögensendwertmaximierung, dass zwar dem gesamten Prozessverlauf, nicht aber den einzelnen Zeitperioden, ein Ergebnis zugeordnet werden kann. Aber auch bei primär gegebenen Periodenergebnissen ist es (durch Addition und ggf. Aufzinsung) problemlos möglich, dem jeweiligen Prozessverlauf ein Ergebnis zuzuordnen. Notiert man das jeweilige Ergebnis an den (den Prozessverläufen entsprechenden) Baumenden und setzt man die (evtl. primär gegebenen) Periodenergebnisse auf null, so ist ein gleichwertiger Entscheidungsbaum entstanden. Die Baumenden müssen natürlich wie jeder andere Knoten behandelt werden. Man spricht dann von einem **Entscheidungsbaum mit Endbewertung** bzw. von einer **Optimierung im Endpunkt**. Ein Beispiel ist uns bereits im Rahmen von Aufgabe 6.7 begegnet; dabei war sogar ein risikoaverser Entscheidungsträger involviert. Ein weiteres Beispiel (diesmal mit Risikoneutralität) ist in Aufgabe 9.3 zu finden.

Bei einem Entscheidungsbaum mit Endbewertung lässt sich das Rezept zur Durchführung des Roll-Back-Verfahrens besonders einfach formulieren: Ausgehend von den Baumenden (an denen noch keine Rechen- oder Vergleichsoperation erforderlich ist) wird an jedem Ereignisknoten der Erwartungswert berechnet und an jedem Entscheidungsknoten das Maximum der unmittelbar nachfolgenden Erwartungswerte festgestellt. Dieser Maximalwert wird am Entscheidungsknoten notiert.

Der sich im Zuge der Rückwärtsrechnung an der Baumwurzel ergebende Wert ist der Ergebniserwartungswert einer optimalen Politik. Um diese (bzw. eine) optimale Politik selbst zu bestimmen, muss man jeweils noch registriert haben, welche Periodenentscheidung (bzw. grafentheoretisch: welcher Pfeil oder welche Kante) das Maximum lieferte, denn diese Periodenentscheidung schreibt die optimale Politik vor. Eine optimale Politik besteht demnach aus einer **unbedingten** Anweisung (an der Baumwurzel), gefolgt von einer Reihe von **bedingten** Anweisungen: **Wenn** ein bestimmter Entscheidungsknoten beim realisierten Prozessverlauf passiert wird, so ist diejenige Entscheidung, die bei diesem Knoten das Maximum geliefert hat, zu treffen.

9.4.2 Entscheidungsbaumanalyse bei beliebiger Risikonutzenfunktion

Wegen der Nichtlinearität der Risikonutzenfunktion ist es nicht möglich, in den einzelnen Schritten der Rückwärtsrechnung die Periodenergebnisse (oder ihre entsprechenden Nutzenwerte) additiv zu berücksichtigen. Deshalb muss zunächst ein Entscheidungsbaum mit Endbewertung hergestellt werden. Die an den Baumenden vermerkten Ergebnisse (des jeweiligen Prozessverlaufs) müssen anschließend durch Einsetzen in die gegebene Risikonutzenfunktion in Nutzenwerte umgerechnet werden. Auf dem so erhaltenen Entscheidungsbaum wird obiges Rezept angewandt. Als Beispiel sei wiederum auf Aufgabe 6.7 verwiesen.

Man kann sich natürlich fragen, ob dieses Rezept nur beim Bernoulli-Prinzip funktioniert. Orientiert man sich nicht am Erwartungswert oder Nutzenerwartungswert, sondern stattdessen am Modalwert, so lassen sich Beispiele konstruieren, bei denen das (sinngemäß übertragene) Rezept keine optimale Politik liefert. Das heißt, das Roll-Back-Verfahren ist nicht bei beliebigen Entscheidungskriterien verwendbar. Es lässt sich allgemein zeigen (vgl. LaValle/Wapman, 1986), dass das Roll-Back-Verfahren bei allen Entscheidungskriterien, die das (für das Bernoulli-Prinzip gültige) Substitutionsaxiom verletzen, nicht mehr anwendbar ist.

Darüber hinaus können auch im Rahmen des Bernoulli-Prinzips Probleme auftreten, etwa wenn die zur Bewertung herangezogenen Ergebnisse finanzmathematisch durch Auf- bzw. Abzinsung der jeweiligen Ein- und Auszahlungen erzeugt werden. In solchen Fällen kann es zu einer **Zeitinkonsistenz** kommen. Das heißt, dass in späteren Entscheidungszeitpunkten anders entschieden wird als es zu Beginn des Entscheidungsprozessses vorgesehen war. Während bei Risikoneutralität derlei Probleme nicht zu befürchten sind, lässt sich sonst Zeitkonsistenz nur im Fall von CARA-Risikonutzenfunktionen und Orientierung an Vermögensendwerten garantieren. Denn nur dann können frühere Ein- und Auszahlungen als sunk costs aufgefasst werden, die für die jeweilige Entscheidung irrelevant sind. Orientiert sich der Entscheidungsträger hingegen am Kapitalwert und treten Zahlungen zu mehreren möglichen Zeitpunkten auf, so sind Zeitkonsistenz und nicht-risikoneutrales Entscheidungsverhalten im Allgemeinen unvereinbar (vgl. Bamberg/Krapp, 2016).

9.5 Aufgaben

Die nachfolgenden vier Aufgaben dienen der Einübung der in Kapitel 9 behandelten Konzepte. Lösungen zu diesen Aufgaben findet der interessierte Leser im Anhang ab Seite 279. Weitere Übungsaufgaben, darunter 16 zu mehrstufigen Entscheidungen, inklusive ausführlicher Lösungen, können beispielsweise Bamberg et al. (2012) entnommen werden.

✎ **Aufgabe 9.1**

In dem Lagerhaltungsbeispiel aus Abschnitt 9.3 wurden die Lagerkosten mit 3 Euro pro Stück und Quartal angesetzt. Welches ist die optimale Lagerhaltungspolitik, wenn die Lagerkosten 6 Euro pro Stück und Quartal betragen und alle übrigen Annahmen unverändert gelten?

✎ **Aufgabe 9.2**

Eine risikoneutrale Firma stellt elektronische Bausteine her.[13] Sie hat vier halbautomatische Montageanlagen in Betrieb, die mit der Produktion völlig ausgelastet sind. Deshalb stellt sich die Frage, ob eine weitere Anlage angeschafft oder Überstundenarbeit eingeführt werden soll. In der nächsten Zeitperiode stehen dann (je nach Absatzlage und Anfangsentscheidung) die in der nachfolgenden Abbildung eingetragenen Folgeentscheidungen zur Debatte. Die von Vertriebsleiter und Finanzdirektor gemeinsam erarbeiteten Schätzungen der Übergangswahrscheinlichkeiten sind ebenfalls im Entscheidungsbaum eingetragen; im ersten Jahr wird sowohl eine Absatzsteigerung wie eine Absatzverringerung für möglich gehalten, im zweiten Jahr kommt nach den Schätzungen nur eine Absatzsteigerung (um 10 % bzw. 20 %) in Betracht. Die Ergebnisse sind nicht den einzelnen Zeitperioden, sondern dem jeweiligen Prozessverlauf zugerechnet worden (Eintragungen an den Baumenden). Welches ist die optimale Politik?

[13] Diese Aufgabe stammt ebenfalls (wie Aufgabe 9.2) aus der Fülle der in der Literatur benutzten Demonstrationsbeispiele für die Konstruktion eines Entscheidungsbaumes (vgl. McCreary, 1967).

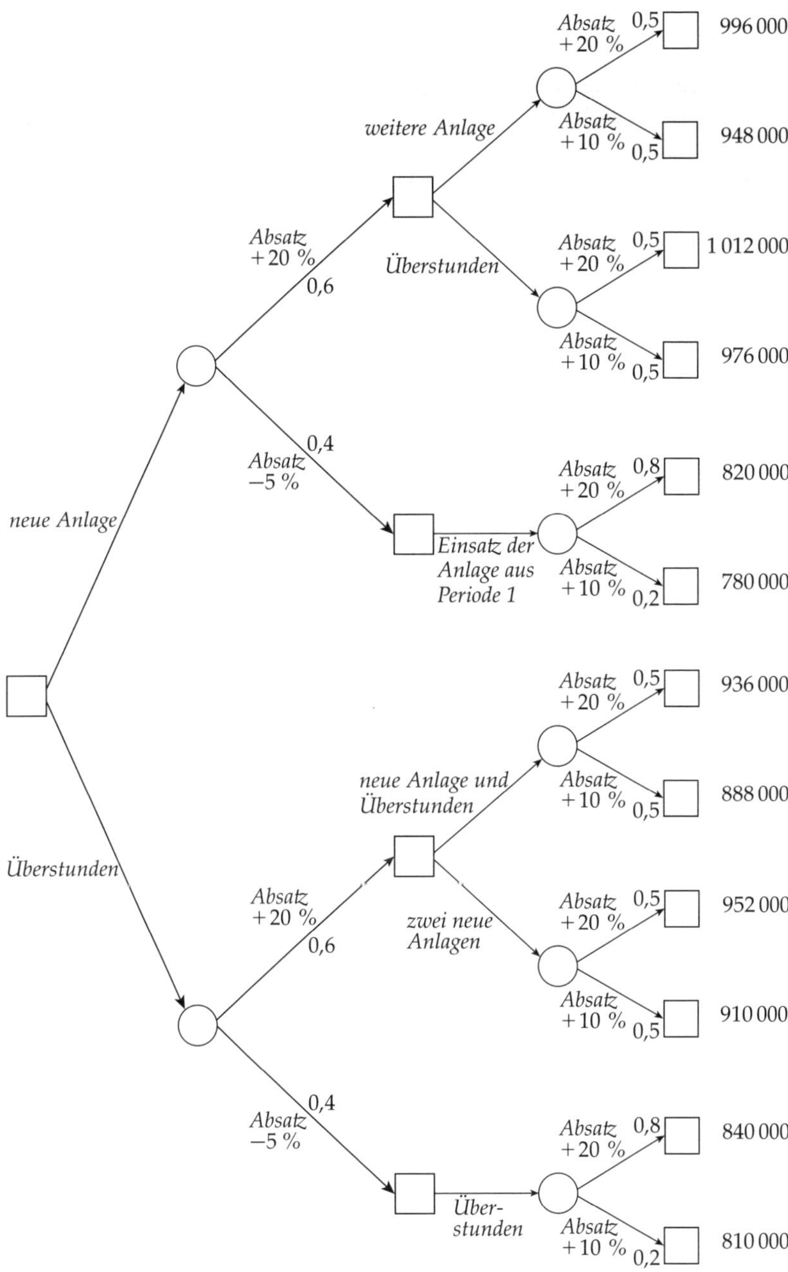

neue Anlage
Überstunden
Absatz +20 %
0,6
Absatz −5 %
0,4
weitere Anlage
Überstunden
Einsatz der Anlage aus Periode 1
neue Anlage und Überstunden
zwei neue Anlagen
Über-stunden
Absatz +20 %
Absatz +10 %
0,5
0,8
0,2
996 000
948 000
1 012 000
976 000
820 000
780 000
936 000
888 000
952 000
910 000
840 000
810 000

✎ Aufgabe 9.3

Der risikoneutrale Eigentümer einer in Kürze auslaufenden Bohrkonzession hat gerade noch genügend Zeit, um eine größere Bohrung vornehmen und vor der Bohrung (eventuell) noch einen seismischen Test durchführen zu lassen.[14] Die Ergebnisse und die von Geologen geschätzten Wahrscheinlichkeiten sind an den Kanten des unten stehenden Entscheidungsbaumes notiert. Man bestimme die optimale Politik.

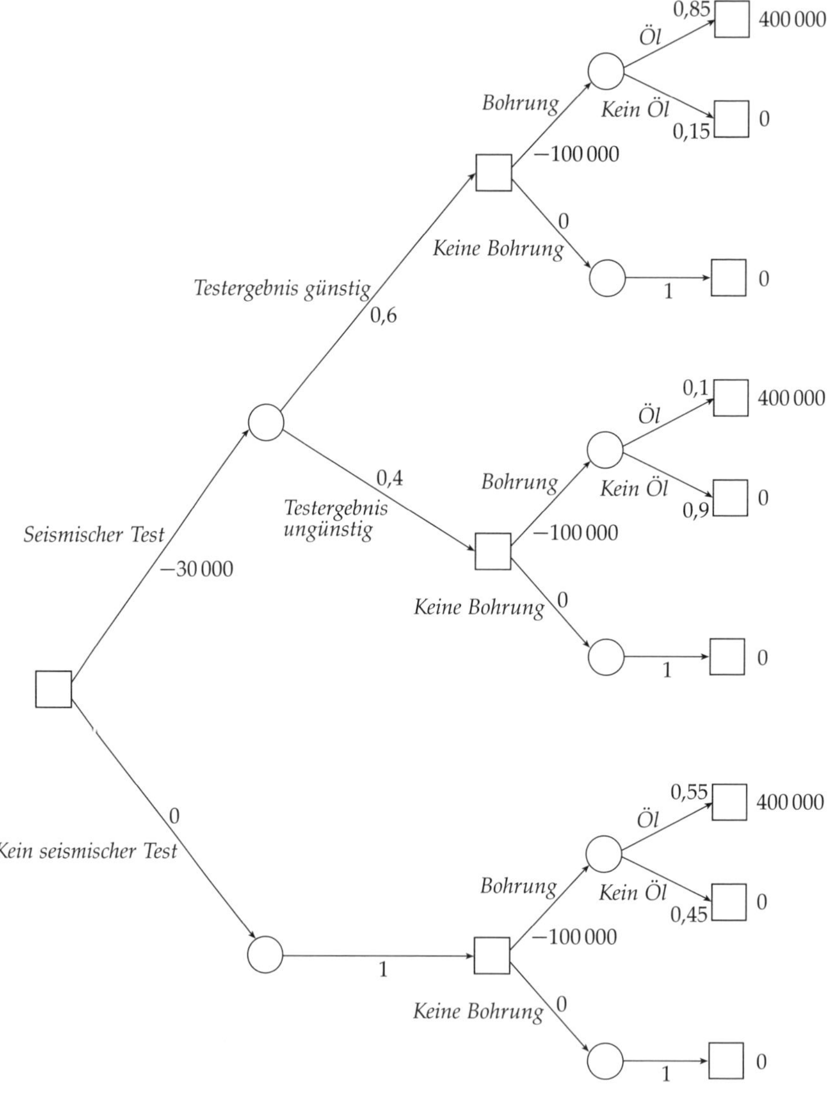

[14] An diesem Beispiel erläutert Hammond (1967) die Konstruktion eines Entscheidungsbaumes; vgl. auch Aufgabe 6.7.

Aufteilungsprobleme

Die nächste Aufgabe stellt ein spezielles Aufteilungsproblem dar. Ihr seien folgende Hinweise vorangestellt: Aufteilungsprobleme treten in der betrieblichen Praxis dort auf, wo eine beschränkte Anzahl von K Einheiten eines Produktionsmittels auf n Verwendungsmöglichkeiten so aufgeteilt werden soll, dass der Gesamtertrag maximal wird. Einige Beispiele:

- Aufteilung eines Budgets K auf n verschiedene Entwicklungs- oder Investitionsprojekte.
- Einsatzplanung im Marketing; wie sollen die verfügbaren K Firmenvertreter optimal auf die n Teilgebiete des Gesamtmarktes aufgeteilt werden?
- Produktionsplanung einer Molkerei; wie sollen die verfügbaren K Hektoliter Rohmilch auf die n verschiedenen Verwendungszwecke (Trinkmilch, Jogurt, Quark, Käse usw.) aufgeteilt werden?
- Ein anderes häufig zitiertes Aufteilungsproblem ist das so genannte Rucksackproblem; welche Gegenstände sollen in einen Rucksack gepackt werden, so dass der Gesamtnutzen maximal ist und ein vorgegebenes Gewicht von $K = 20$ Kilogramm nicht überschritten wird?

Bezeichnen wir mit a_i bzw. $u_i(a_i)$ die Anzahl der Einheiten, die der i-ten Verwendungsmöglichkeit zugeteilt werden bzw. das daraus resultierende Ergebnis, so besteht das Aufteilungsproblem darin, das Gesamtergebnis

$$u_1(a_1) + u_2(a_2) + \cdots + u_n(a_n)$$

unter den Nebenbedingungen

$$a_1 \geqq 0,\ a_2 \geqq 0, \ldots,\ a_n \geqq 0 \quad \text{und} \quad a_1 + a_2 + \cdots + a_n \leqq \bar{K}$$

zu maximieren.[15] Dies ist zunächst noch ein einstufiges Entscheidungsproblem. Man kann jedoch künstlich die n Stufen „Zuteilung zur Verwendungsmöglichkeit 1“, „Zuteilung zur Verwendungsmöglichkeit 2“ usw. definieren und eine optimale Aufteilung $(a_1, a_2, \ldots, a_n)$ schrittweise ermitteln. Zuerst wird eine Rückwärtsrechnung nach folgendem Schema durchgeführt:

1. Schritt: $u_n(a_n)$ wird unter Beachtung der Nebenbedingung $0 \leqq a_n \leqq K$ maximiert; die (bzw. eine) Maximalstelle wird mit $a_n(K)$, der Maximalwert $u_n(a_n(K))$ wird mit $U_n(K)$ bezeichnet.

2. Schritt: $u_{n-1}(a_{n-1}) + U_n(K - a_{n-1})$ wird unter Beachtung der Nebenbedingung $0 \leqq a_{n-1} \leqq K$ maximiert;[16] die (bzw. eine) Maximalstelle wird mit $a_{n-1}(K)$, der Maximalwert wird mit $U_{n-1}(K)$ bezeichnet.

---

15 Es ist zweckmäßig, die gegebene Schranke der besseren Unterscheidung wegen mit $\bar{K}$ zu bezeichnen, da in der schrittweisen Berechnung Teilprobleme mit variablem K auftreten.

16 $u_{n-1}(a_{n-1}) + U_n(K - a_{n-1})$ gibt das Ergebnis an, das beim Einsatz von a_{n-1} Einheiten für den Verwendungszweck $n - 1$ und dem optimalen Einsatz der restlichen $K - a_{n-1}$ Einheiten für den Verwendungszweck n entsteht.

3. Schritt: $u_{n-2}(a_{n-2}) + U_{n-1}(K - a_{n-2})$ wird unter Beachtung der Nebenbedingung $0 \leqq a_{n-2} \leqq K$ maximiert; wieder wird die Maximalstelle mit $a_{n-2}(K)$ und der Maximalwert mit $U_{n-2}(K)$ bezeichnet.

Führt man analog die Schritte $4, 5, \ldots, n$ durch, so erhält man die restlichen Maximalstellen $a_{n-3}(K), \ldots, a_2(K), a_1(K)$ und die jeweiligen Maximalwerte $U_{n-3}(K), \ldots, U_2(K), U_1(K)$. Mithilfe dieser $a_i(K)$ und des gegebenen Wertes $\bar{K}$ ergibt sich eine optimale Aufteilung durch die Vorwärtsrechnung (die wie in Abschnitt 9.3 nur aus Einsetzungen besteht):

$$\begin{aligned} a_1^* &= a_1(\bar{K})\,, \\ a_2^* &= a_2(\bar{K} - a_1^*)\,, \\ a_3^* &= a_3(\bar{K} - a_1^* - a_2^*)\,, \\ &\vdots \\ a_n^* &= a_n(\bar{K} - a_1^* - \cdots - a_{n-1}^*)\,. \end{aligned}$$

Das maximale Gesamtergebnis ist $U_1(\bar{K})$.

✎ **Aufgabe 9.4**

Eine Unternehmung ist in der Lage, insgesamt $\bar{K} = 1\,000\,000$ Euro in drei zur Debatte stehende Projekte P_1, P_2 sowie P_3 zu investieren. Die Ergebnisfunktionen (= Nettogewinne) seien durch

$$u_1(a_1) = 100\sqrt{a_1}, \quad u_2(a_2) = 120\sqrt{a_2} \quad \text{sowie} \quad u_3(a_3) = 80\sqrt{a_3}$$

gegeben. Welches ist die optimale Aufteilung für den Fall, dass

a) nur in die drei Projekte investiert werden kann (und der nicht investierte Teil von $\bar{K}$ kein Ergebnis erbringt),

b) als vierte Alternative eine Anlage (in unbegrenzter Höhe) zum festen Zinssatz von 10 % möglich ist?

Lösungen zu den Aufgaben

Lösung zu Aufgabe 3.1

Es liegen zwei Zielsetzungen k_1 (Gewinnmaximierung) und k_2 (Umsatzmaximierung) vor. Die verfügbaren Aktionen bestehen in den alternativ möglichen Angebotspreisen p. Setzt man Nutzeneinheit und Geldeinheit gleich, dann werden die den individuellen Zielkriterien k_1, k_2 zugehörigen Nutzenwerte u_1, u_2 der Aktionen wie folgt bestimmt:

$$\begin{aligned} u_1(p) &= px - K = 50p - p^2 - 500 \\ u_2(p) &= px \qquad\;\; = 40p - p^2 \,. \end{aligned}$$

Bei ausschließlicher Gewinnmaximierung ergibt sich ein optimaler Angebotspreis von 25, bei ausschließlicher Umsatzmaximierung ein Preis von 20. Beide Ziele widersprechen sich also. Es ist eine Zielgewichtung im Verhältnis 4 : 1 vorzunehmen. Nach Normierung der Zielgewichte ergibt sich folgende Bewertungsfunktion:

$$\Phi(p) = 0{,}8 \cdot (50p - p^2 - 500) + 0{,}2 \cdot (40p - p^2)\,.$$

Der bei dieser Zielgewichtung optimale Angebotspreis ist $p^* = 24$. Die Zielwerte betragen $u_1(p^*) = 124$ und $u_2(p^*) = 384$.

Lösung zu Aufgabe 3.2

Die Aktionen bestehen in den zulässigen Produktionsplänen (x, y). Die anzuwendende Bewertungsfunktion Φ ergibt sich durch Gewichtung der Nutzenwerte

$$u_1(x, y) = 5x + 10y \quad \text{und} \quad u_2(x, y) = x$$

der beiden Zielsetzungen k_1 (Deckungsbeitragsmaximierung) und k_2 (Absatzmaximierung des Produktes I) mit

$$\Phi(x, y) = 0{,}2 \cdot (5x + 10y) + 0{,}8x\,.$$

Φ ist zu maximieren unter den Nebenbedingungen

$$5x + 8y \leqq 740, \quad 9x + 8y \leqq 980, \quad x \leqq 100, \quad y \leqq 80, \quad \text{und} \quad x, y \geqq 0\,.$$

Die Lösung lautet:

$$x^* = 60, \quad y^* = 55, \quad u_1(x^*, y^*) = 850 \quad \text{sowie} \quad u_2(x^*, y^*) = 60\,.$$

Lösung zu Aufgabe 3.3

Die Aktionsmenge entspricht wiederum der Menge der zulässigen Produktionspläne (x, y). Für die Bestimmung des optimalen Produktionsplans sind zwei Ziele k_1 (Deckungsbeitragsmaximierung) und k_2 (Umsatzmaximierung) relevant. Die zugehörigen Nutzenfunktionen lauten:

$$u_1(x, y) = 7x + 5y \quad \text{und} \quad u_2(x, y) = 11x + 49y\,.$$

Für die Produktionsplanung sind folgende Nebenbedingungen zu beachten:

$$x + 3y \leqq 160, \quad y \leqq 40, \quad x \leqq 100 \quad \text{und} \quad x, y \geqq 0\,.$$

Die Durchrechnung des Modells unter den zwei verschiedenen Zielsetzungen zeigt, dass ein Zielkonflikt vorliegt. Bezüglich k_1 lautet die optimale Lösung:

$$x_1^* = 100, \quad y_1^* = 20, \quad u_1(x_1^*, y_1^*) = 800 \quad \text{sowie} \quad u_2(x_1^*, y_1^*) = 2\,080\,.$$

Bezüglich k_2 lautet die optimale Lösung:

$$x_2^* = 40, \quad y_2^* = 40, \quad u_1(x_2^*, y_2^*) = 480 \quad \text{sowie} \quad u_2(x_2^*, y_2^*) = 2\,400\,.$$

Laut Aufgabenstellung soll der Zielkonflikt dadurch gelöst werden, dass dasjenige Produktionsprogramm gewählt wird, bei dem alle individuell optimalen Zielwerte zu einem maximalen Prozentsatz $100 \cdot w$ erreicht werden (Körth-Regel). Zu lösen ist also folgendes Problem: Maximiere w unter den Nebenbedingungen

$$7x + 5y \geqq 800w, \quad 11x + 49y \geqq 2\,400w, \quad x + 3y \leqq 160, \quad x \leqq 100, \quad y \leqq 40$$

und $x, y \geqq 0$. Die Lösung lautet:

$$x^* = 85, \quad y^* = 25, \quad u_1(x^*, y^*) = 720, \quad u_2(x^*, y^*) = 2\,160$$

sowie $w^* = 0{,}9$. Der Zielerreichungsgrad beträgt also in Bezug auf beide Ziele wenigstens 90 %.

Lösung zu Aufgabe 3.4

Die Produktionsplanung steht hier unter den beiden Zielen k_1 (Kapazitätsauslastung) und k_2 (Verbrauch des Vorproduktes), für die bestimmte nummerische Planvorgaben $\hat{u}_1 = 160$ und $\hat{u}_2 = 240$ bestehen. Die tatsächliche Kapazitätsauslastung und der tatsächliche Verbrauch ergeben sich mit

$$u_1 = x + 2y \quad \text{und} \quad u_2 = 3x + y\,.$$

Die Summe der a) ungewichteten und b) gewichteten absoluten Abweichungen $\alpha_j = |u_j - \hat{u}_j|$ ist zu minimieren. Der Absolutbetrag einer Über- bzw. Unterschreitung der Zielvorgabe $\hat{u}_j$ sei mit α_j^+ bzw. α_j^- bezeichnet.

a) Ohne Gewichtung ergibt sich unter Berücksichtigung der Absatzrestriktion:

$$\alpha_1^+ + \alpha_1^- + \alpha_2^+ + \alpha_2^- \to \min!$$

Dabei sind folgende Nebenbedingungen zu beachten:

$$\begin{aligned} x + 2y + \alpha_1^- - \alpha_1^+ &= 160 \\ 3x + \ y + \alpha_2^- - \alpha_2^+ &= 240 \\ x + y &\leqq 100 \\ x, y, \alpha_1^+, \alpha_1^-, \alpha_2^+, \alpha_2^- &\geqq 0 \,. \end{aligned}$$

Die optimale Lösung ist:

$$x^* = 70, \quad y^* = 30, \quad \alpha_1^- = 30 \quad \text{sowie} \quad \alpha_1^+, \alpha_2^+, \alpha_2^- = 0 \,.$$

b) Mit Gewichtung ändert sich die Zielfunktion des Problems zu a) wie folgt:

$$\tfrac{3}{4} \cdot (\alpha_1^+ + \alpha_1^-) + \tfrac{1}{4} \cdot (\alpha_2^+ + \alpha_2^-) \to \min!$$

Die optimale Lösung lautet dann:

$$x^* = 40, \quad y^* = 60, \quad \alpha_2^- = 60 \quad \text{sowie} \quad \alpha_1^+, \alpha_1^-, \alpha_2^+ = 0 \,.$$

Lösung zu Aufgabe 3.5

Für die Zielsetzung k_1 (Outputmaximierung) lautet die Nutzenfunktion

$$u_1(x, y) = x + y$$

und für die Zielsetzung k_2 (Minimierung der Stillstandszeiten)

$$u_2(x, y) = (240 - 2x - 5y) + (180 - x - 4y) = 420 - 3x - 9y \,.$$

Begrenzte Maschinenkapazität und begrenzte Materialverfügbarkeit führen zu folgenden Beschränkungen:

$$2x + 5y \leqq 240, \quad x + 4y \leqq 180, \quad 2x + y \leqq 140 \quad \text{und} \quad 2x + 3y \leqq 180 \,.$$

Die Outputmaximierung unter diesen Restriktionen ergibt folgende Lösung:

$$x_1^* = 60, \quad y_1^* = 20, \quad u_1(x_1^*, y_1^*) = 80 \quad \text{sowie} \quad u_2(x_1^*, y_1^*) = 60 \,.$$

Bei ausschließlicher Minimierung der Stillstandszeiten ergibt sich dagegen:

$$x_2^* = 20, \quad y_2^* = 40, \quad u_1(x_2^*, y_2^*) = 60 \quad \text{sowie} \quad u_2(x_2^*, y_2^*) = 0 \,.$$

Die individuell optimalen Zielwerte gelten als Zielvorgaben:

$$\hat{u}_1 = u_1(x_1^*, y_1^*) = 80 \quad \text{bzw.} \quad \hat{u}_2 = u_2(x_2^*, y_2^*) = 0\,.$$

Die gewichtete Summe der absoluten Abweichungen von diesen Zielvorgaben ist zu minimieren:

$$0{,}6\alpha_1^- + 0{,}4\alpha_2^- \to \min!$$

Dabei sind folgende Nebenbedingungen zu beachten:

$$\begin{aligned} x + \ y + \alpha_1^- \ &= 80 \\ 420 - 3x - 9y - \alpha_2^- \ &= 0 \\ 2x + \ 5y &\leqq 240 \\ x + \ 4y &\leqq 180 \\ 2x + \ \ y &\leqq 140 \\ 2x + \ 3y &\leqq 180 \\ x, y, \alpha_1^-, \alpha_2^- &\geqq 0\,. \end{aligned}$$

In diesem Zielansatz sind nur Zielunterschreitungen berücksichtigt. Zielüberfüllungen können nicht auftreten, da 80 bzw. 0 den maximalen Output bzw. die minimale Stillstandszeit darstellen. Die Lösung lautet:

$$x^* = 45, \quad y^* = 30, \quad u_1(x^*, y^*) = 75, \quad u_2(x^*, y^*) = 15$$
$$\text{sowie} \quad \alpha_1^- = 5 \quad \text{und} \quad \alpha_2^- = 15\,.$$

Lösung zu Aufgabe 4.1

Da die Nutzenfunktion linear ist, stimmt das Sicherheitsäquivalent mit dem Erwartungswert

$$500p + 100 \cdot (1 - p)$$

überein. Aus der Gleichung

$$400 = 500p + 100 \cdot (1 - p)$$

ergibt sich die gesuchte Wahrscheinlichkeit $p = \frac{3}{4}$.

Lösung zu Aufgabe 4.2

Es gibt zwei Aktionen und zwei Zustände:

a_1 Durchführung einer Abweichungsanalyse,

a_2 Keine Durchführung einer Abweichungsanalyse,

z_1 Unwirtschaftlichkeit entfällt,

z_2 Unwirtschaftlichkeit bleibt bestehen.

Die Lösung ergibt sich aus folgendem Entscheidungsbaum:

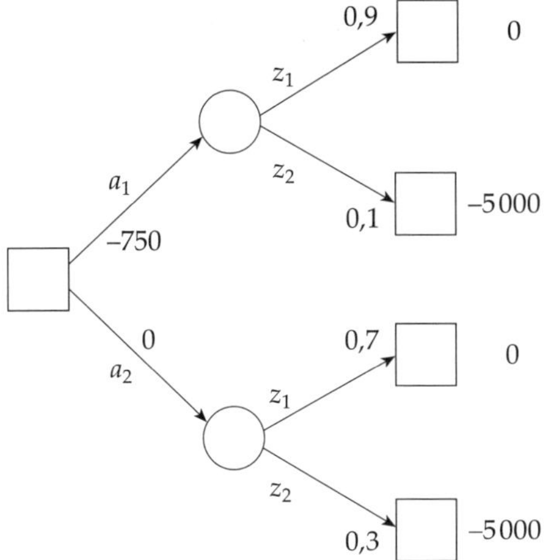

Die zu vergleichenden Erwartungswerte sind:

$$\begin{aligned} \text{bei } a_1: \quad & 0{,}1 \cdot (-5\,000) - 750 = -1\,250\,, \\ \text{bei } a_2: \quad & 0{,}3 \cdot (-5\,000) = -1\,500\,, \end{aligned}$$

die Abweichungsanalyse ist also durchzuführen.

Lösung zu Aufgabe 4.3

Für den Unternehmer I beträgt der zu erwartende Gewinn

$$10\,000 \cdot \frac{20}{100} + 1\,000 \cdot \frac{80}{100} = 2\,800\,.$$

Da das Sicherheitsäquivalent größer ist als dieser Erwartungswert, muss der Unternehmer I als risikofreudig bezeichnet werden.[1]

Für den Unternehmer II beträgt der zu erwartende Gewinn

$$10\,000 \cdot \frac{70}{100} + 1\,000 \cdot \frac{30}{100} = 7\,300\,.$$

Da das Sicherheitsäquivalent kleiner als dieser Erwartungswert ist, muss der Unternehmer II als risikoscheu bezeichnet werden.

[1] Falls angenommen werden kann, dass $u(x)$ zu einer der drei charakteristischen Kategorien (linear, konvex, konkav) gehört. Ansonsten kann aus der für ein spezielles X gültigen Relation $\mathrm{E}(X) < s$ noch nicht auf die Konvexität von u geschlossen werden.

Lösung zu Aufgabe 4.4

Im Falle des Nichtversicherns ist Herr Huber (wenn Wertveränderungen des Bildes ausgeklammert bleiben) mit einer Wahrscheinlichkeitsverteilung konfrontiert, deren Erwartungswert

$$-100\,000 \cdot \frac{1}{100} + 0 \cdot \frac{99}{100} = -1\,000$$

beträgt. Da Herr Huber risikoscheu ist, liegt sein Sicherheitsäquivalent unterhalb des Erwartungswertes von $-1\,000$ Euro; er wird deshalb bereit sein, die Prämie in Höhe von 1 000 Euro zu bezahlen.

Lösung zu Aufgabe 4.5

Das erste Projekt führt auf den Nutzenerwartungswert

$$\frac{1}{2} \cdot u(20\,000) + \frac{1}{2} \cdot u(40\,000) = \frac{1}{2} \cdot 36\,000 + \frac{1}{2} \cdot 64\,000 = 50\,000\,.$$

Das zweite Projekt führt auf den Nutzenerwartungswert

$$\frac{1}{2} \cdot u(y) + \frac{1}{2} \cdot u(0) = \frac{1}{2} \cdot \left(-\frac{y^2}{100\,000} + 2y\right)\,.$$

Durch Gleichsetzen der Nutzenerwartungswerte ergibt sich

$$\begin{aligned} -\frac{y^2}{100\,000} + 2y = 100\,000 &\iff y^2 - 200\,000y + 100\,000^2 = 0 \\ &\iff (y - 100\,000)^2 = 0 \end{aligned}$$

und somit $y = 100\,000$.

Lösung zu Aufgabe 4.6

a) $u_H(10) = 205$, $u_H(0) = 5$. Es ist das sichere Ergebnis s gesucht, dessen Nutzen dem Nutzen des Spiels als äquivalent betrachtet wird:

$$u_H(s) = 2s^2 + 5 = 205 \cdot 0{,}64 + 5 \cdot 0{,}36 = 133 \Rightarrow s = 8\,.$$

b) $u_M(10) = 412$, $u_M(0) = 12$.

$$u_M(s) = 4s^2 + 12 = 412 \cdot 0{,}64 + 12 \cdot 0{,}36 = 268 \Rightarrow s = 8$$

c) Da u_M durch die wachsende lineare Transformation

$$u_M = 2u_H + 2$$

aus u_H entsteht, müssen die Ergebnisse zwangsläufig gleich sein.

Lösung zu Aufgabe 4.7

Für die Nutzenfunktion u des Unternehmers gilt annahmegemäß

$$\tfrac{1}{2} \cdot u(0) + \tfrac{1}{2} \cdot u(x) = u(\tfrac{1}{4} \cdot x) .$$

Es sei die Normierung $u(0) = 0$ und $u(1\,000\,000) = 1$ gewählt. Setzt man $x = 1\,000\,000$ in obige Gleichung ein, so ergibt sich (wegen der Normierung) $u(250\,000) = 0{,}5$; setzt man hingegen den Wert $x = 4\,000\,000$ ein, so ergibt sich $u(4\,000\,000) = 2$. Im Folgenden benötigen wir nur diese beiden Nutzenwerte.[2] Das alte Projekt erbringt einen Gewinn von

$$y = 1\,200\,000 \cdot (3 - 2) - 200\,000 = 1\,000\,000 .$$

Somit besitzt das alte Projekt den Nutzen(erwartungswert)

$$u(y) = u(1\,000\,000) = 1 .$$

Das neue Projekt erbringt einen Gewinn X, der entweder mit der Wahrscheinlichkeit von 25 % den Wert

$$1\,700\,000 \cdot (3{,}50 - 1) - 250\,000 = 4\,000\,000$$

oder mit der Wahrscheinlichkeit von 75 % den Wert

$$200\,000 \cdot (3{,}50 - 1) - 250\,000 = 250\,000$$

annimmt. Für den Nutzenerwartungswert ergibt sich

$$\mathrm{E}u(X) = \tfrac{1}{4} \cdot u(4\,000\,000) + \tfrac{3}{4} \cdot u(250\,000) = \tfrac{1}{4} \cdot 2 + \tfrac{3}{4} \cdot 0{,}5 = 0{,}875 .$$

Wegen $\mathrm{E}u(X) < u(y)$ kann damit gerechnet werden, dass von der Einführung des neuen Produkts abgesehen wird.

---

[2] Eine Nutzenfunktion, die der obigen Bedingungsgleichung sowie den Normierungsbedingungen genügt, ist übrigens durch $u(x) = \sqrt{x}/1\,000$ gegeben, wie man durch Einsetzen leicht verifiziert. Es gibt allerdings noch andere Funktionen, die diese Bedingungen erfüllen.

Lösung zu Aufgabe 4.8

a) Müller ist risikoneutral. Schulze ist für $0 \leqq x \leqq 50\,000$ risikofreudig und für $50\,000 < x \leqq 100\,000$ risikoscheu.

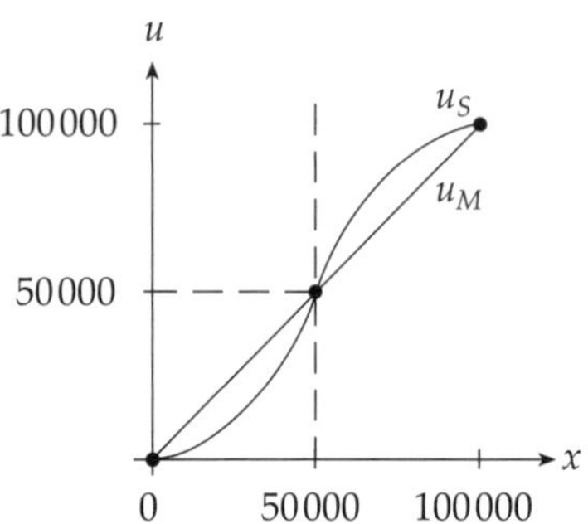

b) Die Entscheidungsmatrizen lauten:

		$p_1 = 0{,}3$ z_1	$p_2 = 0{,}5$ z_2	$p_3 = 0{,}2$ z_3	$\mathrm{E}u(X)$
Müller:	1	50 000	90 000	100 000	80 000
	2	80 000	80 000	80 000	80 000
Schulze:	1	50 000	98 000	100 000	84 000
	2	92 000	92 000	92 000	92 000

Müller ist gegenüber beiden Produkten indifferent. Schulze zieht das sichere Produkt 2 vor.

c) Die Entscheidungsmatrizen lauten nun:

		$p_1 = 0{,}3$ z_1	$p_2 = 0{,}5$ z_2	$p_3 = 0{,}2$ z_3	$\mathrm{E}u(X)$
Müller:	1	0	40 000	50 000	30 000
	2	30 000	30 000	30 000	30 000
Schulze:	1	0	32 000	50 000	84 000
	2	18 000	18 000	18 000	18 000

Bei Schulze ändert sich die Entscheidung.

d) Durch die Berücksichtigung der zusätzlichen Fixkosten fallen die Ergebnisse in den risikofreudigen Bereich der Nutzenfunktion Schulzes. Dementsprechend zieht er nun das unsichere Produkt 1 vor.[3]

[3] Solche Entscheidungseffekte von Fixkosten bei Risikosituationen haben zu der erneuten Diskussion um die Entscheidungsrelevanz von Fixkosten geführt. Man vergleiche hierzu z. B. Schneider (1984); Siegel (1985, 1991, 1992); Maltry (1990); Burger (1991); Nitzsch (1992) sowie Schirmeister/ThenBergh (1995); Ewert/Wagenhofer (2014) und die dort zitierte Literatur.

Lösung zu Aufgabe 5.1

	Wald-Regel	Maximax-Regel	Hurwicz-Regel	Laplace-Regel	Savage-Niehans-Regel	Krelle-Regel
$\Phi(a_1)$	20	90	41*	140	40	326
$\Phi(a_2)$	0	120*	36	170*	30*	341*
$\Phi(a_3)$	30*	60	39	120	90	306

Lösung zu Aufgabe 5.2

$$p_1 = 0{,}3; \quad p_2 = 0{,}2; \quad p_3 = 0{,}5; \quad \mu_1 = \mu_2 = \mu_3 = 39$$

Lösung zu Aufgabe 5.3

Der Gewinn

$$u(x, y; p) = (p - 160)x + (300 - 200)y - 15\,000$$

ist unter den Nebenbedingungen

$$x + 2y \leqq 1\,500, \quad x + 6y \leqq 2\,100 \quad \text{und} \quad x, y \geqq 0$$

für $160 \leqq p \leqq 220$ zu analysieren. Es ist

$$\min_p u(x, y; p) = 100y - 15\,000$$

sowie

$$\max_{x,y} \min_p u(x, y; p) = 100 \cdot \max_{x,y} y - 15\,000\,.$$

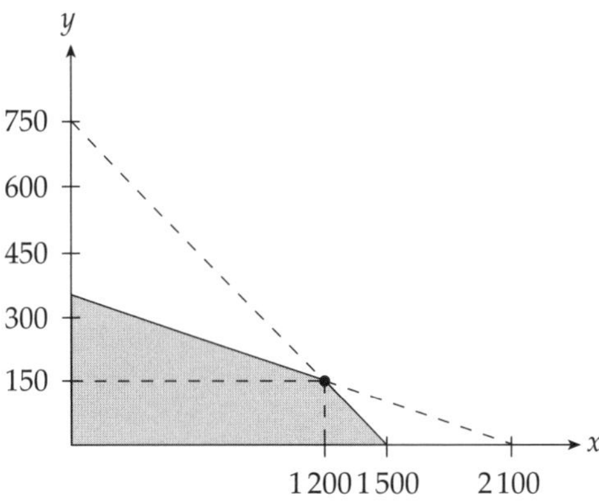

Aus obiger Abbildung wird ersichtlich, dass

$$\max_{x,y} y = 350$$

gilt. Infolgedessen ist $(x^*, y^*) = (0, 350)$ ein Maximin-Produktionsplan. Geht die Unternehmung in dieser Ungewissheitssituation „auf Nummer sicher", das heißt orientiert sie sich an der Maximin-Regel, so darf sie also nur das Produkt II (und zwar in 350 Mengeneinheiten) herstellen. Damit ist garantiert, dass der Gewinn mindestens

$$100 \cdot 350 - 15\,000 = 20\,000$$

beträgt.

Lösung zu Aufgabe 5.4

a) Die Aktionen bestehen im Kauf von 0, 1, 2, 3, 4 Einheiten, die relevanten Zustände bestehen in den alternativen Nachfrageniveaus von 0, 1, 2, 3, 4 Einheiten pro Tag. Die Nutzenmatrix U und die Opportunitätskostenmatrix S lauten:

$$U = \begin{pmatrix} 0 & 0 & 0 & 0 & 0 \\ -5 & 5 & 5 & 5 & 5 \\ -10 & 0 & 10 & 10 & 10 \\ -15 & -5 & 5 & 15 & 15 \\ -20 & -10 & 0 & 10 & 20 \end{pmatrix}, \quad S = \begin{pmatrix} 0 & 5 & 10 & 15 & 20 \\ 5 & 0 & 5 & 10 & 15 \\ 10 & 5 & 0 & 5 & 10 \\ 15 & 10 & 5 & 0 & 5 \\ 20 & 15 & 10 & 5 & 0 \end{pmatrix}$$

Die Bewertung der Aktionen nach den verschiedenen Entscheidungsregeln ergibt:

	Wald-Regel	Maximax-Regel	Hurwicz-Regel	Laplace-Regel	Savage-Niehans-Regel	Krelle-Regel
$\Phi(a_1)$	0^*	0	0^*	0	20	0
$\Phi(a_2)$	-5	5	0^*	15	15	13,75
$\Phi(a_3)$	-10	10	0^*	20^*	10^*	16^*
$\Phi(a_4)$	-15	15	0^*	15	15	7,75
$\Phi(a_5)$	-20	20^*	0^*	0	20	-10

b) Es ergeben sich folgende Erwartungswerte $\mathrm{E}u_i$ der Aktionen a_i:

$$\mathrm{E}u_1 = 0, \quad \mathrm{E}u_2 = \mathrm{E}u_3 = \mathrm{E}u_4 = 3, \quad \mathrm{E}u_5 = 1\,.$$

a_3 (Kauf von zwei Einheiten) ist (neben a_2 und a_4) also optimal, obwohl genau zwei Einheiten mit Sicherheit nicht abgesetzt werden können.

Lösung zu Aufgabe 6.1

Die a-priori-Verteilung ist

$$\varphi = (p_1, p_2, p_3, p_4) = \left(\tfrac{1}{4}, \tfrac{1}{4}, \tfrac{1}{4}, \tfrac{1}{4}\right);$$

die Opportunitätskostenmatrix ist

$$S = \begin{pmatrix} 10\,000 & 8\,000 & 0 & 13\,000 \\ 0 & 7\,000 & 18\,000 & 11\,000 \\ 5\,000 & 11\,000 & 12\,000 & 0 \\ 11\,000 & 0 & 10\,000 & 10\,000 \end{pmatrix};$$

der erwartete Wert der vollkommenen Information ist nach Abschnitt 6.2 durch

$$EWVI = \min\left\{\frac{31\,000}{4}, \frac{36\,000}{4}, \frac{28\,000}{4}, \frac{31\,000}{4}\right\} = 7\,000$$

gegeben. Die Unternehmung sollte nicht mehr als 7 000 Euro für die Gewinnung vollkommener Information aufwenden.

Lösung zu Aufgabe 6.2

Im Abschnitt 6.1 wurden bereits die fünf relevanten Eckpunktverteilungen p berechnet. Die zu vergleichenden Werte ergeben sich als Produkt des jeweiligen Zeilenvektors der Entscheidungsmatrix mit dem Spaltenvektor der Eckpunktverteilung. Dies liefert:

$$\begin{aligned}\min_p g(a_1, p) &= \min\{100, 200, 100, 90, 120\} = 90\\ \min_p g(a_2, p) &= \min\{150, 150, \ 50, 50, 170\} = 50\\ \min_p g(a_3, p) &= \min\{120, 150, 100, 60, 130\} = 60\,.\end{aligned}$$

Die optimale Aktion ist demnach a_1.

Lösung zu Aufgabe 6.3

a) Für die Aktion a_1 gilt

$$\mathrm{E}u_1 = \mathrm{E}[z \cdot (2{,}5 - 1) - 15\,000] = 13\,000 \cdot 1{,}5 - 15\,000 = 4\,500\,.$$

Für die Aktion a_2 gilt

$$\mathrm{E}u_2 = \mathrm{E}[z \cdot (2{,}4 - 0{,}4) - 28\,000] = 16\,250 \cdot 2 - 28\,000 = 4\,500\,.$$

Demnach sind nach der Bayes-Regel beide Aktionen gleichwertig.

b) Bezeichnet $\hat{z}$ den Break-even-Punkt, so gilt für das erste Produkt

$$\hat{z} = 10\,000 \quad \text{sowie} \quad P(z \geqq 10\,000) = 0{,}7486$$

(wie man aus der Tabelle der Normalverteilung ablesen kann) und für das zweite Produkt

$$\hat{z} = 14\,000 \quad \text{sowie} \quad P(z \geqq 14\,000) = 0{,}8413\,.$$

Lösung zu Aufgabe 6.4

Der maximal zahlbare Preis für die Gewinnung vollkommener Information ist durch den in Abschnitt 6.2 eingeführten *EWVI* gegeben. Auf Grund der Angaben kann von folgenden Opportunitätskosten ausgegangen werden:

		für $z < \hat{z}$	für $z \geqq \hat{z}$
a_1	(Produkteinführung)	$p \cdot (\hat{z} - z)$	0
a_2	(Nichteinführung)	0	$p \cdot (z - \hat{z})$

Dabei bezeichnet p den Deckungsbeitrag je Produkteinheit. Wie aus der folgenden Skizze ersichtlich, bilden wegen $\hat{z} < \mathrm{E}(z)$ die erwarteten Opportunitätskosten von a_1 den *EWVI*.

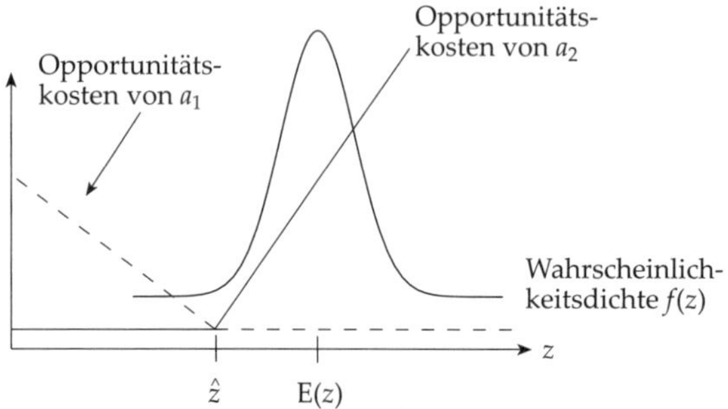

Damit ergibt sich

$$EWVI = \int_{-\infty}^{\hat{z}} p \cdot (\hat{z} - z) f(z)\, \mathrm{d}z\,,$$

wobei $f(z)$ die Dichtefunktion der (für z unterstellten) Normalverteilung ist. Für eine nummerische Auswertung dieses Integrals muss auf Tabellen zurückgegriffen werden. Es ist

$$EWVI = p \cdot \sigma \cdot L(\zeta)\,.$$

Dabei entspricht der tabellierte[4] Ausdruck $L(\zeta)$ dem Wert des Schadensintegrals bis zur Obergrenze $\zeta = \frac{\hat{z} - \mathrm{E}(z)}{\sigma}$ bei linearer Schadensfunktion und Standardnormalverteilung. Für den Fall $\hat{z} < \mathrm{E}(z)$, der hier vorliegt, wächst $L(\zeta)$ monoton mit ζ. Die Informationsbeschaffung lohnt sich also umso mehr, je größer der Deckungsbeitrag p und die Standardabweichung σ sind und je geringer der erwartete Absatz $\mathrm{E}(z)$ über dem Break-even-Punkt $\hat{z}$ liegt.

a) Bezüglich Produkt 1 beträgt der erwartete Wert vollkommener Information:

$$EWVI = 1{,}5 \cdot 4\,500 \cdot L\left(\frac{10\,000 - 13\,000}{4\,500}\right) = 1{,}5 \cdot 4\,500 \cdot 0{,}1503 = 1014{,}50\,.$$

b) Für Produkt 2 ergibt sich:

$$EWVI = 2 \cdot 2\,250 \cdot L\left(\frac{14\,000 - 16\,250}{2\,250}\right) = 2 \cdot 2\,250 \cdot 0{,}08332 = 374{,}90\,.$$

Lösung zu Aufgabe 6.5

Die Gewinnfunktion lautet

$$\begin{aligned} u(z, a_1) &= 5z - 4\,000\,000 = \begin{cases} 6\,000\,000, & \text{für } z = z_1 \\ 1\,000\,000, & \text{für } z = z_2 \\ -3\,000\,000, & \text{für } z = z_3 \end{cases} \\ u(z, a_2) &= 500\,000 \quad \text{für} \quad z = z_1, z_2, z_3\,. \end{aligned}$$

[4] Vgl. z. B. Raiffa/Schlaifer (2000, S. 356).

a) Die zu a_1 und a_2 gehörenden Nutzenerwartungswerte sind

$$\mathrm{E}u(z, a_1) = -500\,000 \quad \text{und} \quad \mathrm{E}u(z, a_2) = 500\,000\,.$$

Deshalb sollte beim gegenwärtigen Informationsstand auf die Einführung des neuen Produktes verzichtet werden.

b) Aus der Gewinnfunktion ergibt sich

$$S = \begin{pmatrix} 0 & 0 & 3\,500\,000 \\ 5\,500\,000 & 500\,000 & 0 \end{pmatrix}$$

als Opportunitätskostenmatrix. Nach Abschnitt 6.2 ist

$$EWVI = \min\left\{\frac{5}{10}\cdot 3\,500\,000,\ \frac{1}{10}\cdot 5\,500\,000 + \frac{4}{10}\cdot 500\,000\right\} = 750\,000\,.$$

Die breit angelegte Marktanalyse lohnt sich nicht, da ihre Kosten den erwarteten Wert der vollkommenen Information übersteigen.

Lösung zu Aufgabe 6.6

a) Eine Strategie δ ordnet jeder Nachricht $y \in \{y_1, y_2, y_3\}$ eine Aktion $a \in \{a_1, a_2\}$ zu; δ ist also durch das Tripel

$$(\delta(y_1), \delta(y_2), \delta(y_3))$$

vollständig beschrieben. Die Strategienmenge Δ der Unternehmung besteht also aus $2^3 = 8$ Strategien, die den 8 Tripeln

$$(a_1, a_1, a_1)\,,\quad (a_2, a_1, a_1)\,,\quad (a_1, a_2, a_1)\,,\quad (a_1, a_1, a_2)\,,$$
$$(a_2, a_2, a_2)\,,\quad (a_1, a_2, a_2)\,,\quad (a_2, a_1, a_2)\,,\quad (a_2, a_2, a_1)$$

entsprechen.

b) Nach der in Abschnitt 6.4 geschilderten Berechnungsmethode ist zuerst für jedes $y \in \{y_1, y_2, y_3\}$ die a-posteriori-Verteilung $\psi(z|y)$ zu berechnen und dann jeweils diejenige Aktion a^* zu bestimmen, die den a-posteriori-Schadenserwartungswert $\mathrm{E}_{\psi(z|y)}s(z, a)$ minimiert. Die a-posteriori-Wahrscheinlichkeiten $\psi(z|y)$, die man gemäß der Formel

$$\psi(z|y) = \frac{f(y|z)\varphi(z)}{\sum\limits_{z\in Z} f(y|z)\varphi(z)}$$

ermittelt, ergeben (nach Rundung) folgende Tabelle:

	y_1	y_2	y_3
z_1	0,26	0,09	0,02
z_2	0,52	0,61	0,18
z_3	0,22	0,30	0,80
Σ	1	1	1

Der bei der Rechnung auftretende Nenner ist die (totale) Wahrscheinlichkeit $P(y)$, die in Teil c) benötigt wird:

$$P(y_1) = 0{,}23, \quad P(y_2) = 0{,}33 \quad \text{und} \quad P(y_3) = 0{,}44\,.$$

Mittels der a-posteriori-Wahrscheinlichkeiten sind nun folgende a-posteriori-Schadenserwartungswerte zu berechnen und zu vergleichen. Für y_1:

$$\mathrm{E}_{\psi} s(z, a_1) = 0{,}22 \cdot 3\,500\,000 = 770\,000$$

und

$$\mathrm{E}_{\psi} s(z, a_2) = 0{,}26 \cdot 5\,500\,000 + 0{,}52 \cdot 500\,000 = 1\,690\,000\,,$$

für y_2:

$$\mathrm{E}_{\psi} s(z, a_1) = 1\,050\,000 \quad \text{und} \quad \mathrm{E}_{\psi} s(z, a_2) = 800\,000\,,$$

für y_3:

$$\mathrm{E}_{\psi} s(z, a_1) = 2\,800\,000 \quad \text{und} \quad \mathrm{E}_{\psi} s(z, a_2) = 200\,000\,.$$

Also ist δ^* mit

$$\delta^*(y_1) = a_1, \quad \delta^*(y_2) = a_2 \quad \text{und} \quad \delta^*(y_3) = a_2$$

eine Bayes-Strategie bezüglich der a-priori-Verteilung φ.

c) Nach Abschnitt 6.4 berechnet man den erwarteten Wert der Stichprobeninformation (*EWSI*) als Differenz des *EWVI* und des Risikoerwartungswertes $\mathrm{E}_{\varphi} r(z, \delta^*)$ einer Bayes-Strategie δ^* bezüglich φ. In der Lösung zu Aufgabe 6.5 wurde bereits

$$EWVI = 750\,000$$

berechnet. Die in Teil b) ermittelte Bayes-Strategie δ^* besitzt den Risikoerwartungswert

$$\begin{aligned} \mathrm{E}_{\varphi} r(z, \delta^*) &= \sum_{z \in Z} \varphi(z) r(z, \delta^*) \\ &= \sum_{z \in Z} \varphi(z) \cdot \sum_{y \in Y} f(y|z) s(z, \delta^*(y)) \\ &= \sum_{y \in Y} P(y) \cdot \sum_{z \in Z} \psi(z|y) s(z, \delta^*(y)) \\ &= 0{,}23 \cdot 770\,000 + 0{,}33 \cdot 800\,000 + 0{,}44 \cdot 200\,000 \\ &= 529\,100\,. \end{aligned}$$

Damit sind der erwartete Wert der Testmarktuntersuchung

$$EWSI = 750\,000 - 529\,100 = 220\,900$$

und der erwartete Nettogewinn der Testmarktuntersuchung

$$ENGS = EWSI - 60\,000 = 160\,900\,.$$

Insbesondere ergibt sich aus diesen Daten, dass die Testmarktuntersuchung durchgeführt werden sollte.

Lösung zu Aufgabe 6.7

Die Lösung ergibt sich aus dem folgenden Entscheidungsbaum, in dem die Ergebnisse der verschiedenen Prozessverläufe an den Baumenden in Tausend

Euro, die Nutzenwerte bzw. Nutzenerwartungswerte in Klammern und die jeweiligen Eintrittswahrscheinlichkeiten unterstrichen vermerkt sind. Details zum verwendeten Lösungsverfahren können in Kapitel 9 gefunden werden. Der maximale Nutzenerwartungswert von 0,527 ergibt sich bei Durchführung des seismischen Experiments. Erbringt das Experiment y_1, so sollte keine Bohrung vorgenommen werden, erbringt es y_2 oder y_3, so ist eine Bohrung durchzuführen. Das dieser Strategie zugehörige Sicherheitsäquivalent beträgt übrigens $u^{-1}(0{,}527) = 5{,}78$ Tausend Euro.

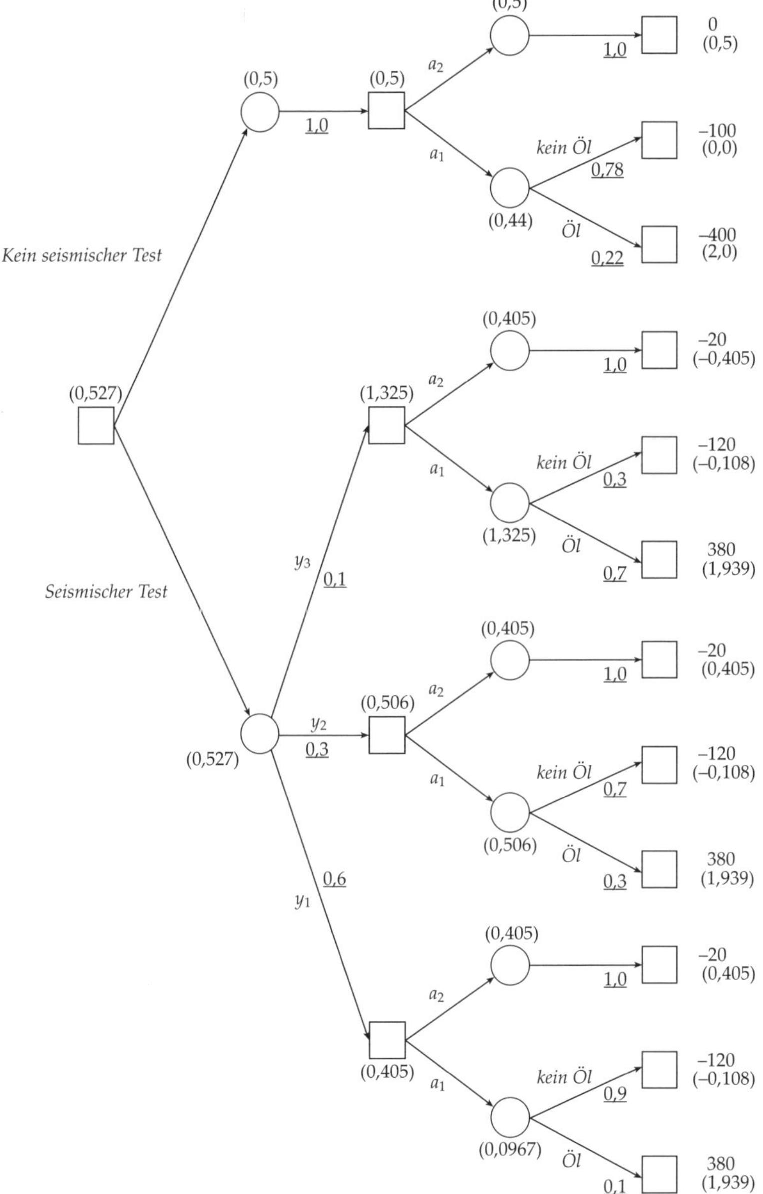

Lösung zu Aufgabe 7.1

Das Spiel (in reinen Strategien) ist determiniert, (a_3, b_3) ist der einzige Gleichgewichtspunkt, $v = 5$ ist der Spielwert. Es ist daher für die Unternehmung 1 optimal, die Gleichgewichts- (und Maximin-)Strategie a_3 einzusetzen, also dem Bewerber die Gehaltsstufe III anzubieten. Der Einsatz einer gemischten Strategie lohnt sich nicht, da die gemischte Erweiterung denselben Spielwert $v = 5$ besitzt wie das Spiel in reinen Strategien.

Lösung zu Aufgabe 7.2

a) Nein.

b) Es ist

$$-1 = \max_i \min_j u_{ij} \neq \min_j \max_i u_{ij} = 1\,,$$

also kann kein Gleichgewichtspunkt (in reinen Strategien) existieren. Wie jedes Matrixspiel besitzt auch dieses einen Gleichgewichtspunkt in gemischten Strategien; er wird bei d) berechnet.

c) Auf Grund der Indeterminiertheit des Spiels in reinen Strategien ist es aus den in Abschnitt 7.3 geschilderten Gründen vorteilhafter, eine gemischte (Maximin-)Strategie zu verfolgen.

d) Der Auszahlungsmatrix sieht man nicht unmittelbar an, ob der Spielwert v der gemischten Erweiterung positiv ist. Addiert man zu jedem Element der Auszahlungsmatrix zwei Einheiten, so wird u_* – und damit auch v – positiv. Es genügt aber bereits – und macht die Zahlen handlicher – jeweils lediglich eine Einheit hinzuzuaddieren. Es entsteht dann die Auszahlungsmatrix

$$\begin{pmatrix} 3 & 0 & 2 \\ 0 & 2 & 0 \\ 2 & -1 & 4 \end{pmatrix},$$

die sicherlich einen positiven Spielwert der gemischten Erweiterung besitzt, denn z. B. die Strategie $\tilde{p} = \left(\frac{1}{2}, \frac{1}{2}, 0\right)$ führt zum Auszahlungsvektor $\left(\frac{3}{2}, 1, 1\right)$, so dass wegen

$$u_* = \max_p \min_q u(p, q) = \max_p \min_j u(p, b_j) \geqq \min_j u(\tilde{p}, b_j) = \min\{\tfrac{3}{2}, 1\} = 1$$

der Spielwert v mindestens 1 betragen muss.

Nach dem linearen Programmierungsansatz (vgl. Ende von Abschnitt 7.3) lautet beispielsweise für Spieler 2 das zu lösende Problem: Maximiere $y_1 + y_2 + y_3$ unter Beachtung der Nebenbedingungen

$$3y_1 + 2y_3 \leqq 1, \quad 2y_2 \leqq 1, \quad 2y_1 - y_2 + 4y_3 \leqq 1 \quad \text{und} \quad y_1, y_2, y_3 \geqq 0\,.$$

Man berechnet nach Einführung der 3 Schlupfvariablen $\alpha_1, \alpha_2, \alpha_3$ die im nachfolgenden Tableau abzulesenden Simplex-Schritte. Aus dem Endtableau entnimmt man, dass der Maximalwert $\frac{15}{16}$ beträgt. Mithin ist der

Spielwert der (durch Addition von +1) veränderten Spielmatrix gleich $\frac{16}{15}$, so dass der Spielwert des Ausgangsspiels

$$v = \tfrac{16}{15} - 1 = \tfrac{1}{15}$$

beträgt. Weiter liest man aus dem Endtableau ab, dass

$$p^* = \tfrac{16}{15} \cdot \left(\tfrac{1}{4}, \tfrac{9}{16}, \tfrac{1}{8}\right) = \left(\tfrac{4}{15}, \tfrac{9}{15}, \tfrac{2}{15}\right)$$

eine Maximin-Strategie des Spielers 1 und

$$q^* = \tfrac{16}{15} \cdot \left(\tfrac{2}{16}, \tfrac{8}{16}, \tfrac{5}{16}\right) = \left(\tfrac{2}{15}, \tfrac{8}{15}, \tfrac{5}{15}\right)$$

eine Maximin-Strategie des Spielers 2 ist.

y_1	y_2	y_3	α_1	α_2	α_3	
3	0	2	1	0	0	1
0	$\textcircled{2}$	0	0	1	0	1
2	−1	4	0	0	1	1
−1	−1	−1	0	0	0	0
$\textcircled{3}$	0	2	1	0	0	1
0	1	0	0	$\frac{1}{2}$	0	$\frac{1}{2}$
2	0	4	0	$\frac{1}{2}$	1	$\frac{3}{2}$
−1	0	−1	0	$\frac{1}{2}$	0	$\frac{1}{2}$
1	0	$\frac{2}{3}$	$\frac{1}{3}$	0	0	$\frac{1}{3}$
0	1	0	0	$\frac{1}{2}$	0	$\frac{1}{2}$
0	0	$\left(\frac{8}{3}\right)$	$-\frac{2}{3}$	$\frac{1}{2}$	1	$\frac{5}{6}$
0	0	$-\frac{1}{3}$	$\frac{1}{3}$	$\frac{1}{2}$	0	$\frac{5}{6}$
1	0	0	$\frac{1}{2}$	$-\frac{1}{8}$	$-\frac{1}{4}$	$\frac{2}{16}$
0	1	0	0	$\frac{1}{2}$	0	$\frac{1}{2}$
0	0	1	$-\frac{1}{4}$	$\frac{3}{16}$	$\frac{3}{8}$	$\frac{5}{16}$
0	0	0	$\frac{1}{4}$	$\frac{9}{16}$	$\frac{1}{8}$	$\frac{15}{16}$

e) Da der Spielwert positiv ist, gewinnt der Supermarkt 1 mit jeder Partie einen um $\frac{1}{15}$ Prozent höheren Marktanteil. Langfristig muss daher der Supermarkt 2 seine Anzeigengestaltung verändern.

Lösung zu Aufgabe 7.3

a) Das Spiel in reinen Strategien ist wegen

$$-2 = \max_i \min_j u_{ij} \neq \min_j \max_i u_{ij} = 2$$

indeterminiert.

b) Die Strategie b_2 wird von b_1 dominiert.

c) Streicht man die dominierte Strategie b_2, so ergibt sich die reduzierte Spielmatrix

$$\begin{pmatrix} -4 & 4 \\ 2 & -2 \\ -2 & -1 \end{pmatrix}.$$

Setzt man hierfür eine gemischte Strategie der Firma 2 in der Form $(q_1, 1-q_1)$ an, so liefern die Strategien a_1, a_2, a_3 in Abhängigkeit von q_1 die in der Skizze gezeigten Auszahlungsverläufe. Die dick eingezeichnete Kurve, die wir im Folgenden mit $\varphi(q_1)$ bezeichnen, stellt für jedes q_1 das Maximum dieser Verläufe dar. Das Minimum von $\varphi(q_1)$ gibt den Spielwert v an und die Minimalstelle q_1^* liefert eine Maximin-Strategie $q^* = (q_1^*, 0, 1 - q_1^*)$ der Firma 2 (bezogen auf die dreispaltige Spielmatrix vor der Reduktion und gewonnen nach der Minimax-Regel, da die u_{ij} Verluste des Spielers 2 darstellen). Es gilt also $v = 0$ und $q^* = \left(\frac{1}{2}, 0, \frac{1}{2}\right)$.

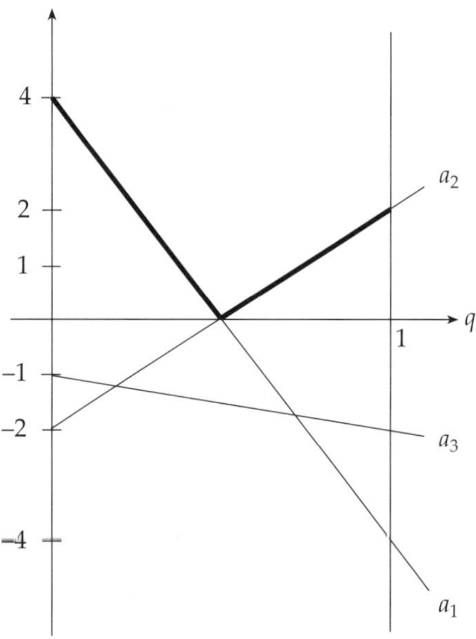

Da das Minimum von $\varphi(q_1)$ im Schnittpunkt der beiden zu a_1 und a_2 gehörenden Geraden liegt, kann eine Maximin-Strategie der Firma 1 gemäß $p^* = (p_1^*, 1 - p_1^*, 0)$ angesetzt werden. Dabei erhält man p^* aus der Gleichung

$$u(p^*, b_1) = -4p_1^* + 2 \cdot (1 - p_1^*) = v = 0$$

(alternativ kann man auch $u(p^*, b_3) = v$ verwenden), woraus sich

$$p_1^* = \tfrac{1}{3} \quad \text{und} \quad p^*\left(\tfrac{1}{3}, \tfrac{2}{3}, 0\right)$$

ergibt. Begründet ist diese Vorgehensweise dadurch, dass das Minimum der beiden Geraden $u(p, b_1)$ und $u(p, b_3)$ sein Maximum – welches in der Höhe v liegt – genau in deren Schnittpunkt annimmt.

d) Setzt die Firma 2 die gemischte Strategie $q = \left(\frac{1}{3}, \frac{1}{3}, \frac{1}{3}\right)$ ein, so ergeben die Strategien a_1, a_2, a_3 die folgenden Auszahlungen:

$$\begin{aligned} u(a_1, q) &= \tfrac{1}{3} \cdot (-4 - 3 + 4) = -1\,, \\ u(a_2, q) &= \tfrac{1}{3} \cdot (\ \ 2 + 3 - 2) = \ \ 1\,, \\ u(a_3, q) &= \tfrac{1}{3} \cdot (-2 + 4 - 1) = \ \ \tfrac{1}{3}\,. \end{aligned}$$

Also ist a_2 eine Bayes-Strategie der Firma 1 bezüglich der Strategie q.

Lösung zu Aufgabe 7.4

Die Auszahlungsfunktionen errechnen sich als

$$\begin{aligned} u_1(a, b) &= a \cdot (-5a - b + 100) - 120 - 2 \cdot (-5a - b + 100) \\ &= (a - 2) \cdot (-5a - b + 100) - 120 \\ u_2(a, b) &= b \cdot (-a - 5b + 100) - 120 - 2 \cdot (-a - 5b + 100) \\ &= (b - 2) \cdot (-a - 5b + 100) - 120\,. \end{aligned}$$

a) Es muss lediglich nachgewiesen werden, dass $u_1(a, 10)$ für $a = 10$ und dass $u_2(10, b)$ für $b = 10$ maximal wird. Aus

$$u_1(a, 10) = -5a^2 + 100a - 300$$

erkennt man durch Differenziation, dass das Maximum tatsächlich an der Stelle $a = a^* = 10$ erreicht wird. Analog verfährt man mit $u_2(10, b)$.

b) Nun ist die Maximalstelle (a_0, b_0) von

$$\begin{aligned} u_1(a, b) + u_2(a, b) = \ &(a - 2) \cdot (-5a - b + 100) + \\ &(b - 2) \cdot (-a - 5b + 100) - 240 \end{aligned}$$

zu bestimmen. Die partiellen Ableitungen nach a bzw. b sind

$$-10a - 2b + 112$$

bzw.

$$-2a - 10b + 112\,.$$

Durch Nullsetzen ergibt sich $a_0 = \frac{28}{3}$ und $b_0 = \frac{28}{3}$. Da die zweiten Ableitungen negativ $(= -10)$ sind und die aus den zweiten (gemischten) Ableitungen gebildete Determinante

$$\begin{vmatrix} -10 & -2 \\ -2 & -10 \end{vmatrix} = 96$$

positiv ist, handelt es sich bei (a_0, b_0) tatsächlich um eine Maximalstelle. Es ist

$$\begin{aligned} u_1(10, 10) &= u_2(10, 10) = 200 \\ u_1\left(\tfrac{28}{3}, \tfrac{28}{3}\right) &= u_2\left(\tfrac{28}{3}, \tfrac{28}{3}\right) = 202{,}67\,. \end{aligned}$$

Man sieht, dass die Gleichgewichtspreise jeweils größer sind als die Preise, die bei Kooperation realisiert würden, und dass der jeweilige Gewinn bei Kooperation größer ist als im Gleichgewicht.

Bemerkung zur Aufgabe 7.4

Dieses Beispiel stammt aus einer Arbeit von Eichhorn (1971); dort wurde ebenfalls nachgewiesen, dass (a^*, b^*) der einzige Gleichgewichtspunkt ist. Eichhorn (1971) demonstrierte mit diesem Beispiel folgendes interessante Resultat: Paradoxerweise kann bei Komplementarität der Güternachfrage eine den gemeinsamen Gesamtgewinn maximierende Preisabsprache zwischen den Anbietern für alle Marktteilnehmer vorteilhafter sein als eine auf ein Gleichgewicht führende Preiskonkurrenz.

Eine derartige Aussage erhält auch Selten (1970, S. 188) bezüglich einem ähnlichen Marktmodell. Im Falle der Substitutionalität der Nachfrage kann ein derartiges paradoxes Resultat übrigens nicht erzielt werden; Eichhorn (1971) zeigte in seinem Oligopolmodell, dass dann der aus einer Preisabsprache resultierende Preisvektor in allen Komponenten mindestens so groß sein muss wie der (immer noch eindeutig bestimmte) gleichgewichtige Preisvektor.

Lösung zu Aufgabe 7.5

Wir betrachten eine beliebige Imputation $(x_1, x_2, \ldots, x_N)$ aus dem Kern. Für jede Koalition K muss dann

$$\sum_{i \in K} x_i \geqq v(K) \tag{1}$$

gelten. Für die Gegenkoalition $S \setminus K$ muss entsprechend

$$\sum_{i \in S \setminus K} x_i \geqq v(S \setminus K) \tag{2}$$

gelten. Addiert man (1) und (2), so erhält man

$$\sum_{i=1}^{N} x_i \geqq v(K) + v(S \setminus K)\,. \tag{3}$$

Da die rechte Seite von (3) wegen $(**)$ mit $v(S)$ identisch ist und die linke Seite wegen der Pareto-Optimalität der Imputation ebenfalls mit $v(S)$ identisch ist, gilt in (3) das Gleichheitszeichen. Insbesondere muss auch in (1) das Gleichheitszeichen gelten. Setzt man speziell $K = \{i\}$, so folgt $x_i = v(\{i\})$. Deshalb ergibt sich

$$v(S) = \sum_{i=1}^{N} x_i = \sum_{i=1}^{N} v(\{i\})\,,$$

was im Widerspruch zu $(*)$ steht. Der Kern von Γ muss demnach leer sein.

Lösung zu Aufgabe 8.1

a) Die Punktsummen sind

$$\begin{aligned} \text{für } a&: \quad 4 + 4 + 1 + 1 + 3 \quad = 13\,, \\ \text{für } b&: \quad 3 + 3 + 4 + 2 + 1{,}5 = 13{,}5\,, \\ \text{für } c&: \quad 1 + 2 + 3 + 4 + 1{,}5 = 11{,}5\,, \\ \text{für } d&: \quad 2 + 1 + 2 + 3 + 4 \quad = 12\,. \end{aligned}$$

Gemäß dem Borda-Verfahren ergibt sich die Gremienpräferenzordnung

$$b \succ a \succ d \succ c\,.$$

b) Nach Wegfall von c sind die neuen Punktsummen

$$\begin{aligned} \text{für } a&: \quad 3 + 3 + 1 + 1 + 2 = 10\,, \\ \text{für } b&: \quad 2 + 2 + 3 + 2 + 1 = 10\,, \\ \text{für } d&: \quad 1 + 1 + 2 + 3 + 3 = 10\,. \end{aligned}$$

Alle drei Alternativen a, b, d sind infolge des Wegfalls der (nur scheinbar irrelevanten) Alternative c gleichwertig geworden. Die Gremienpräferenzordnung bezüglich der reduzierten Alternativenmenge $\{a; b; d\}$ ist

$$a \sim b \sim d\,.$$

Lösung zu Aufgabe 8.2

a) Von den Erstpräferenzen entfallen zwei auf a und jeweils eine auf b, c, d. Die Gremienpräferenzordnung ist demnach

$$a \succ b \sim c \sim d\,.$$

b) Es gibt $\binom{4}{2} = 6$ denkbare Paarvergleiche. Dabei entnimmt man dem gegebenen Präferenzordnungsprofil bezüglich a die Paarvergleiche

$$\begin{aligned} a &\succ b \quad \text{(mit 3 : 2 Stimmen)}\,, \\ a &\succ c \quad \text{(mit 3 : 2 Stimmen)}\,, \\ d &\succ a \quad \text{(mit 3 : 2 Stimmen)}\,. \end{aligned}$$

Wegen des letzten Paarvergleichs kann a kein Condorcet-Gewinner sein. Auch b und c können wegen der ersten beiden Paarvergleiche keine Condorcet-Gewinner sein. Es bleibt noch die weitere Überprüfung von d. Wegen

$$b \succ d \quad \text{(mit 3 : 2 Stimmen)}$$

kann schließlich auch d kein Condorcet-Gewinner sein.

Lösung zu Aufgabe 8.3

a) Die Pluralitätsregel liefert die Gremienpräferenzordnung

$$a \succ c \succ b \sim d\,.$$

b) Das Präferenzordnungsprofil nach Wegfall von a ist

R_1	R_2	R_3
b	b	c
c	c	b
d	d	d

Die Gremienpräferenz ist $b \succ c \succ d$. Insbesondere ist die bei a) festgestellte Präferenz $c \succ b$ durch den Wegfall von a gerade umgedreht.

Lösung zu Aufgabe 8.4

Mitglied Nr. 3 kann sein Ziel erreichen, indem es vorgibt,

$$\tilde{R}_3: \quad d \succ b \succ c \succ a$$

als wahre Präferenzordnung zu haben. Der bei ehrlichem Input resultierende Spitzenreiter a wird von ihm demnach vom zweiten auf den letzten Platz zurückgestuft. Gemäß Borda-Verfahren wird aus $(R_1, R_2, \tilde{R}_3)$ die Gremienpräferenzordnung $d \succ a \sim b \succ c$ erzeugt mit dem vom Gremienmitglied Nr. 3 gewünschten neuen Spitzenreiter d.

Bemerkungen

- Mit diesem Beispiel illustriert Gibbard (1973) die Manipulationsanfälligkeit des Borda-Verfahrens.
- Die Präferenzordnung

$$\tilde{R}_3: \quad d \succ c \succ b \succ a$$

bewirkt ebenfalls, dass Alternative d die Höchstpräferenz des Gremiums erreicht. Die Gremienpräferenzordnung ist dann $d \succ a \succ b \succ c$.

Lösung zu Aufgabe 8.5

a) Es gibt nur zwei Durchgänge, wobei auf a, b, c, d die folgenden Stimmenzahlen entfallen

	Durchgang	
	Nr. 1	Nr. 2
a	3	7
b	6	6
c	2	–
d	2	–

Damit ist a beim zweiten Durchgang mit der erforderlichen absoluten Mehrheit als siegreiche Alternative ermittelt.

b) Stimmt Gremienmitglied Nr. 11 entgegen seiner wahren Präferenz in allen Durchgängen jeweils für c, so resultieren folgende Ergebnisse

	Durchgang		
	Nr. 1	Nr. 2	Nr. 3
a	3	3	–
b	5	5	8
c	3	5	5
d	2	–	–

Man sieht, dass Gremienmitglied Nr. 11 durch diese Manipulation sein Ziel erreicht. (Um dieses Ziel zu erreichen, genügt es übrigens, dass Gremienmitglied Nr. 11 seine Präferenz im ersten Durchgang verfälscht; eine Manipulation auch der nachfolgenden Durchgänge ist hier nicht zwingend erforderlich.)

Lösung zu Aufgabe 8.6

a) Es votieren 8 Mitglieder für $a \succ b$,
8 Mitglieder für $a \succ c$ und
11 Mitglieder für $a \succ d$,
also ist Alternative a Condorcet-Gewinner.

b) Die Hare-Regel erfordert drei Runden; die Ergebnisse stimmen mit denen von Aufgabe 8.5 b) überein:

	Durchgang		
	Nr. 1	Nr. 2	Nr. 3
a	3	3	–
b	5	5	8
c	3	5	5
d	2	–	–

Man erkennt, dass b gemäß Hare gewinnt und der Condorcet-Gewinner a verliert.

Lösung zu Aufgabe 9.1

Die Rückwärtsrechnung ergibt:

$$\begin{aligned} a_4(z_3) &= 3\,000 - z_3 , \\ a_3(z_2) &= 6\,000 - z_2 , \\ a_2(z_1) &= 4\,500 - z_1 , \\ a_1(0) &= a_1^* = 3\,000 . \end{aligned}$$

Die Vorwärtsrechnung ergibt:

$$\begin{aligned} z_1^* &= 0 , & z_2^* &= 0 , & z_3^* &= 0 , \\ a_2^* &= 4\,500 , & a_3^* &= 6\,000 , & a_4^* &= 3\,000 . \end{aligned}$$

Damit lautet die optimale Lagerhaltungspolitik

$$(a_1^*, a_2^*, a_3^*, a_4^*) = (3\,000, 4\,500, 6\,000, 3\,000) .$$

Infolge der erhöhten Lagerkosten ist es also optimal, zu Beginn jedes Quartals genau den Bedarf des Quartals zu bestellen.

Lösung zu Aufgabe 9.2

Die optimale Politik (δ_1^*, δ_2^*) schreibt Folgendes vor: Zu Beginn der ersten Periode ist eine neue Anlage zu beschaffen und zu Beginn der zweiten Periode ist

- Überstundenarbeit einzuführen, falls der Absatz gestiegen ist,
- die in der ersten Periode beschaffte Anlage einzusetzen, falls der Absatz gesunken ist.

Lösung zu Aufgabe 9.3

Die optimale Politik besteht darin, keinen seismischen Test durchführen zu lassen, sondern sofort bohren zu lassen; das erwartete Ergebnis ist dann 120 000.

Lösung zu Aufgabe 9.4

a) Da die Ergebnisfunktionen monoton wachsend sind, wird der gesamte Betrag $\bar{K}$ auf die Projekte aufgeteilt. Deshalb könnte die Lösung natürlich auch mithilfe der Lagrange-Methode ermittelt werden. Wir wollen hier der Übung halber den auf Seite 255 geschilderten dynamischen Programmierungsansatz verwenden. Die Rückwärtsrechnung ergibt

$$\begin{aligned} a_3(K) &= K\,, & a_2(K) &= \tfrac{9}{13}K\,, & a_1(K) &= \tfrac{25}{77}K\,, \\ U_3(K) &= 80\sqrt{K}\,, & U_2(K) &= 520\sqrt{\tfrac{K}{13}}\,, & U_1(K) &= 1\,540\sqrt{\tfrac{K}{77}}\,. \end{aligned}$$

Setzt man $\bar{K} = 1\,000\,000$ ein, so liefert die Vorwärtsrechnung

$$\begin{aligned} a_1^* &= \tfrac{25}{77} \cdot 1\,000\,000 = 324\,675\,, \\ a_2^* &= (1 - \tfrac{25}{77}) \cdot \tfrac{9}{13} \cdot 1\,000\,000 = 467\,533\,, \\ a_3^* &= (1 - \tfrac{9}{13} \cdot \tfrac{52}{77} - \tfrac{25}{77}) \cdot 1\,000\,000 = 207\,792\,. \end{aligned}$$

Das damit erzielte Gesamtergebnis ist $U_1(\bar{K}) = 175\,499$ Euro.

b) Man könnte $u_4(a_4) = \frac{a_4}{10}$ als vierte Ergebnisfunktion einführen und die Berechnung analog zum Teil a) durchführen. Vertrauter dürfte allerdings der bekannte Lösungsweg sein: Investiere in jedes der drei Projekte soviel, bis das Grenzergebnis 10 % unterschreitet; reicht $\bar{K}$ hierfür aus, so ist das Maximum gefunden, anderenfalls liegt ein Randmaximum vor. Diese Devise liefert

$$a_1^* = 250\,000, \quad a_2^* = 360\,000 \quad \text{und} \quad a_3^* = 160\,000\,.$$

Der Restbetrag von 230 000 Euro muss auf dem Kapitalmarkt zu 10 % angelegt werden.

Literaturverzeichnis

Adam, D. (1996): Planung und Entscheidung, Gabler, Wiesbaden, 4. Auflage.

Adam-Müller, A.; PongWong, K. (2006): Restricted export flexibility and risk management with options and futures, Kred Kap 39, 211–232.

Albers, S. (1980): Außendienststeuerung mit Hilfe von Lohnanreizsystemen, Z Betriebswirtsch 50, 713–736.

Albers, S. (1996): Dezentralisierte Führung von Unternehmen, Betriebswirtsch 56, 305–317.

Albers, W. (1973): Ein Wert für extensive Zweipersonenspiele, Oper Res Verfahr 16, 1–14.

Albers, W.; Bamberg, G.; Selten, R. (Hrsg.) (1979): Entscheidungen in kleinen Gruppen, Hain, Königstein/Ts.

Albrecht, P. (1982): Einige Bemerkungen zur Kritik am Bernoulli-Prinzip, Z Betriebswirtsch 52, 641–665.

Albrecht, P. (1983): Erwiderung auf Schildbachs und Ewerts Kritik an den Bemerkungen zur Kritik am Bernoulli-Prinzip, Z Betriebswirtsch 53, 591–596.

Albrecht, P. (1984): Welche Risiko-Präferenzen berücksichtigt das Bernoulli-Prinzip? – Stellungnahme zum Beitrag von Rudolf Vetschera, Z Betriebswirtsch 54, 408–411.

Albrecht, P.; Maurer, R. (2016): Investment- und Risikomanagement, Schäffer-Poeschel, Stuttgart, 4. Auflage.

Albrecht, P.; Maurer, R.; Möller, M. (1998): Shortfall-Risiko/Excess-Chance-Entscheidungskalküle. Grundlagen und Beziehungen zum Bernoulli-Prinzip, Z Wirtsch Soz Wiss 118, 249–274.

Albrecht, P.; Maurer, R.; Schradin, H. R. (1999): Die Kapitalanlageperformance der Lebensversicherer im Vergleich zur Fondsanlage unter Rendite- und Risikoaspekten, Verlag Versicherungswirtschaft, Karlsruhe.

Allais, M. (1953): Le comportement de l'homme rationnel devant le risque: Critique des postulates et axiomes de l'école Américaine, Econometrica 21, 503–543.

Altrogge, G. (1975): Möglichkeiten und Problematik der Bewertung von (Zusatz)informationen mit Hilfe der Bayes-Analyse, Z Betriebswirtsch 45, 821–846.

Altrogge, G. (1996): Investition, Oldenbourg, München–Wien, 4. Auflage, Nachdruck 2018, De Gruyter Oldenbourg, Berlin–Boston.

Argote, L.; Greve, H. R. (2007): A behavioral theory of the firm – 40 years and counting: Introduction and impact, Organ Sci 18, 337–349.

Argote, L.; Ophir, R. (2002): Intraorganizational learning, in *Baum, J. A. C.* (Hrsg.), Companion to Organizations, Blackwell, Malden, MA, 181–207.

Arrow, K. J. (1951): Social choice and individual values, John Wiley & Sons, New York, NY, 3. Auflage 2012, Yale University Press, New Haven, CT–London.

Arrow, K. J. (1971): Essays in the theory of risk-bearing, Markham, Chicago, IL.

Augier, M.; March, J. G. (2008): A retrospective look at a behavioral theory of the firm, J Econ Behav Organ 66, 1–6.

Aumann, R. J.; Maschler, M. (1964): The bargaining set of cooperative games, Ann Math Stud 52, 443–476.

AWV (1985): Sequentialtest für die Inventur mit Stichproben bei ordnungsmäßiger Lagerbuchführung, Arbeitsgemeinschaft für wirtschaftliche Verwaltung e. V., Eschborn.

Backes-Gellner, U.; Werner, A. (2007): Entrepreneurial signaling via education: A success factor for innovative start-ups, Small Bus Econ 29, 173–190.

Ballwieser, W. (1985): Informationsökonomie, Rechnungslegungstheorie und Bilanzrichtlinie-Gesetz, Z betriebswirtsch Forsch 37, 47–66.

Ballwieser, W.; Hachmeister, D. (2016): Unternehmensbewertung – Prozess, Methoden und Probleme, Schäffer-Poeschel, Stuttgart, 5. Auflage.

Bamberg, G. (1969): Über das Garantieprinzip bei allgemeinen Zweipersonenspielen, Oper Res Verfahr 6, 17–37.

Bamberg, G. (1970): Zweipersonenspiele mit undominiertem Garantiepunkt, Oper Res Verfahr 7, 16–53.

Bamberg, G. (1972): Statistische Entscheidungstheorie, Physica, Würzburg–Wien.

Bamberg, G. (1991): Extended Contractual Incentives to Reduce Project Cost, Oper Res Spectr 13, 95–98.

Bamberg, G.; Baur, F.; Krapp, M. (2012): Arbeitsbuch zur betriebswirtschaftlichen Entscheidungslehre, Vahlen, München, 3. Auflage.

Bamberg, G.; Baur, F.; Krapp, M. (2017): Statistik, De Gruyter Oldenbourg, Berlin–Boston, 18. Auflage.

Bamberg, G.; Coenenberg, A. G.; Kleine-Doepke, R. (1976): Zur entscheidungsorientierten Bewertung von Informationen, Z betriebswirtsch Forsch 28, 30–42.

Bamberg, G.; Dorfleitner, G.; Krapp, M. (2004): Zur Bewertung risikobehafteter Zahlungsströme mit intertemporaler Abhängigkeitsstruktur, Betriebswirtsch Forsch Prax 56, 101–118.

Bamberg, G.; Dorfleitner, G.; Krapp, M. (2006): Treffen Investoren mit konstanter relativer Risikoaversion auch im Buy-and-Hold-Kontext myopische Portfolioentscheidungen?, in *Kürsten, W.; Nietert, B.* (Hrsg.), Kapitalmarkt, Unternehmensfinanzierung und rationale Entscheidungen, Springer, Berlin–Heidelberg, 3–14.

Bamberg, G.; Dorfleitner, G.; Lasch, R. (1999): Does the Planning Horizon Affect the Portfolio Structure?, in *Gaul, W.; Locarek-Junge, H.* (Hrsg.), Classification in the Information Age, Springer, Berlin et al., 100–114.

Bamberg, G.; Krapp, M. (2016): Is time consistency compatible with risk aversion?, Rev Manag Sci 10, 195–211.

Bamberg, G.; Locarek, H. (1992): Groves-Schemata zur Lösung von Anreizproblemen bei der Budgetierung, in *Spremann, K.; Zur, E.* (Hrsg.), Controlling. Grundlagen – Informationssysteme – Anwendungen, Gabler, Wiesbaden, 657–670.

Bamberg, G.; Richter, W. F. (1984): The effects of progressive taxation on risk-taking, Z Natl Ökon 44, 93–102.

Bamberg, G.; Spremann, K. (1981): Implications of constant risk aversion, Z Oper Res 25, 205–224.

Bamberg, G.; Spremann, K. (Hrsg.) (1986): Capital Market Equilibria, Springer, Berlin et al.

Bamberg, G.; Spremann, K. (Hrsg.) (1987): Agency Theory, Information, and Incentives, Springer, Berlin et al., Nachdruck 1989.

Bamberg, G.; Trost, R. (1996): Entscheidungen unter Risiko: Empirische Evidenz und Praktikabilität, Betriebswirtsch Forsch Prax 48, 640–662.

Bamberg, G.; Trost, R. (1998): Anreizsysteme und kapitalmarktorientierte Unternehmenssteuerung, in *Möller, H. P.; Schmidt, F.* (Hrsg.), Rechnungswesen als Instrument für Führungsentscheidungen, Schäffer-Poeschel, Stuttgart, 91–109.

Bamberg, G.: siehe Albers, W.; Bamberg, G.; Selten, R.

Bankhofer, U. (2000): Industrielles Standortmanagement, Z Plan Unternehm Steuer 11, 329–352.

Bankhofer, U.; Hilbert, A. (1998): Die Beurteilung von Finanzinvestitionen in der betrieblichen Praxis, Z Betriebswirtsch 68, 363–371.

Baur, F.: siehe Bamberg, G.; Baur, F.; Krapp, M.

Bellman, R. E. (1957): Dynamic programming, Princeton University Press, Princeton, NJ, Nachdruck 2010.

Berens, W.; Delfmann, W.; Schmitting, W. (2014): Quantitative Planung, Schäffer-Poeschel, Stuttgart, 5. Auflage.

Berger, J.O. (1985): Statistical Decision Theory and Bayesian Analysis, Springer, New York, NY, 2. Auflage.

Berninghaus, S. K.; Ehrhart, K.-M.; Güth, W. (2010): Strategische Spiele: Eine Einführung in die Spieltheorie, Springer, Berlin–Heidelberg, 3. Auflage.

Bernoulli, D. (1738): Specimen theoriae novae de mensura sortis, Commentarii Academiae Scientiarum Imperialis Petropolitanae 5, 175–192, englische Übersetzung in Econometrica 22, S. 23-36, 1954; deutsche Übersetzung. von Kruschwitz, L.; Kruschwitz, P.: Entwurf einer neuen Theorie zur Bewertung von Lotterien, Betriebswirtsch 56, S. 733–742, 1996.

Beuermann, G.: siehe Ellinger, T.; Beuermann, G.; Leisten, R.

Bienert, H.: siehe Gerke, W.; Bienert, H.

Bitz, M. (1981): Entscheidungstheorie, Vahlen, München.

Bitz, M. (1984): Zur Diskussion um die präferenzentheoretischen Implikationen des Bernoulli-Prinzips, Z Betriebswirtsch 54, 1077–1089.

Bitz, M. (1998): Bernoulli-Prinzip und Risikoeinstellung, Z betriebswirtsch Forsch 50, 916–932.

Bitz, M. (1999): Erwiderung zur Stellungnahme von Thomas Schildbach zu dem Aufsatz „Bernoulli-Prinzip und Risikoeinstellung", Z betriebswirtsch Forsch 51, 484–487.

Bitz, M.; Rogusch, M. (1976): Risiko-Nutzen, Geld-Nutzen und Risikoeinstellung. Zur Diskussion um das Bernoulli-Prinzip, Z Betriebswirtsch 46, 1077–1089.

Bitz, M.; Wenzel, F. (1974): Zur Preisbildung bei Informationen, Z betriebswirtsch Forsch 26, 451–472.

Black, D. (1948a): The decision of a committee using a special majority, Econometrica 16, 245–261.

Black, D. (1948b): The elasticity of committee decisions with an altering size of majority, Econometrica 16, 262–272.

Black, D. (1948c): On the rationale of group decision making, J Political Econ 56, 23–24.

Blau, J. H. (1957): The existence of social welfare functions, Econometrica 25, 302–313.

Blau, J. H. (1972): A direct proof of Arrow's theorem, Econometrica 40, 61–67.

Bloech, J.; Bogaschewsky, R.; Buscher, U.; Daub, A.; Götze, U.; Roland, F. (2014): Einführung in die Produktion, Springer, Berlin–Heidelberg, 7. Auflage.

Bogaschewsky, R.: siehe Bloech, J.; Bogaschewsky, R.; Buscher, U.; Daub, A.; Götze, U.; Roland, F.

Bohr, K. (1985): Betriebswirtschaftlicher Wertbegriff und seine Anwendungen, in *Stöppler, S.* (Hrsg.), Information und Produktion, Poeschel, Stuttgart, 59–81.

Borch, K. H. (1969): Wirtschaftliches Verhalten bei Unsicherheit, Oldenbourg, München.

Bossert, W.; Stehling, F. (1990): Theorie kollektiver Entscheidungen, Springer, Berlin et al.

Boysen, N.; Jaehn, F.; Pesch, E. (2012): New bounds and algorithms for the transshipment yard scheduling problem, J Sched 15, 499–511.

Brachinger, H. W. (1982): Robuste Entscheidungen, Springer, Berlin et al.

Brachinger, H. W. (1991): Das Erwartungsnutzenmodell: Sein Anomaliebegriff und die Vernünftigkeit seiner Prämissen, Jahrb Natl Ökon Stat 208, 81–93.

Brachinger, H. W.; Weber, M. (1997): Risk as a primitve: a survey of measures of perceived risk, Oper Res Spectr 19, 235–250.

Branger, N.; Mahayni, A. (2006): Tractable hedging: An implementation of robust hedging strategies, J Econ Dyn Control 30, 1937–1962.

Branger, N.; Schlag, C. (2004): Zinsderivate, Springer, Berlin et al.

Braun, T. (1995): Stop Loss und Constant Proportion Portfolio im Vergleich, Z Betriebswirtsch 65, 857–884.

Breuer, W. (1998): Finanzierungstheorie, Gabler, Wiesbaden.

Broll, U.: siehe Wahl, J.; Broll, U.

Bruns, C.: siehe Steiner, M.; Bruns, C.

Budde, J.; Göx, R. F.; Luhmer, A. (1998): Absprachen beim Groves-Mechanismus. Eine spieltheoretische Untersuchung, Z betriebswirtsch Forsch 50, 3–20.

Bühler, W. (1975): Characterization of the extreme points of a class of special polyhedra, Z Oper Res 19, 131–137.

Bühler, W.; Gehring, H.; Glaser, H. (1979): Kurzfristige Finanzplanung unter Sicherheit, Risiko und Ungewißheit, Gabler, Wiesbaden.

Bühler, W.; Kempf, A. (1995): DAX Index Futures: Mispricing and Arbitrage in German Markets, J Futur Mark 15, 833–859.

Bühner, R. (1984): Rendite-Risiko-Effekte der Trennung von Eigentum und Leitung im diversifizierten Großunternehmen, Z betriebswirtsch Forsch 36, 812–824.

Buhl, H.-U.; Erhard, N. (1991): Steuerlich linearisiertes Leasing, Kalkulation und Steuerparadoxon, Z Betriebswirtsch 61, 1355–1375.

Burger, A. (1991): Die Entscheidungsrelevanz von Fixkosten, Fixleistungen und Deckungsvorgaben, Betriebswirtsch 51, 649–656.

Burger, E. (1966): Einführung in die Theorie der Spiele, de Gruyter, Berlin, 2. Auflage.

Burkhardt, T. (2000): Wachstumsorientierte Portfolioselektion auf der Grundlage von Zielerreichungszeiten, Oper Res Spectr 22, 203–237.

Buscher, U.: siehe Bloech, J.; Bogaschewsky, R.; Buscher, U.; Daub, A.; Götze, U.; Roland, F.

Camerer, C.: siehe Weber, M.; Camerer, C.

Chammah, A. M.: siehe Rapoport, A.; Chammah, A. M.

Charnes, A.; Cooper, W. W. (1962): Management models and industrial applications of linear programming, John Wiley & Sons, New York, NY.

Charnes, A.; Davidson, H. J.; Kortanek, K. (1964): On a mixed-sequential estimating procedure with application to audit tests in accounting, Account Rev 39, 241–250.

Chernoff, H. (1954): Rational selection of decision functions, Econometrica 22, 422–443.

Chernoff, H.; Moses, L. E. (1959): Elementary decision theory, John Wiley & Sons, New York, NY.

Chwolka, A.: siehe Jahnke, H.; Chwolka, A.

Coenen, D.: siehe Krelle, W.; Coenen, D.

Coenenberg, A. G. (1967): Die Berücksichtigung des Absatzrisikos im Break-even-Modell, Betriebswirtsch Forsch Prax 20, 343–355.

Coenenberg, A. G. (1969): Entscheidungskriterien im Gewinnschwellenkalkül, in *Busse von Colbe, W.; Sieben, G.* (Hrsg.), Betriebswirtschaftliche Information, Entscheidung und Kontrolle, Gabler, Wiesbaden, 171–194.

Coenenberg, A. G. (1970): Unternehmungsbewertung mit Hilfe der Monte-Carlo-Simulation, Z Betriebswirtsch 40, 793–804.

Coenenberg, A. G. (1971): Das Informationsproblem in der entscheidungsorientierten Unternehmensbewertung, Z Interne Revis 6, 57–76.

Coenenberg, A. G.; Kleine-Doepke, R. (1975): Zur Abbildung der Risikopräferenz durch Nutzenfunktionen. Stellungnahme zur Kritik Jacobs und Lebers am Bernoulli-Prinzip, Z Betriebswirtsch 45, 663–665.

Coenenberg, A. G.: siehe Bamberg, G.; Coenenberg, A. G.; Kleine-Doepke, R.

Cole, T. D. (1970): How to obtain probability estimates in capital expenditure evaluations: A practical approach, Manag Account 52, 61–64.

Condorcet, M. d. (1785): Essai sur l'application de l'analyse à la probabilité des décisions rendues à la pluralité des voix, L'imprimerie royale, Paris.

Cooper, W. W.: siehe Charnes, A.; Cooper, W. W.

Coreless, J. C. (1972): Assessing prior distributions for applying Bayesian statistics in auditing, Account Rev 47, 556–566.

Crama, Y.; Hansen, P. (1983): An Introduction to the Electre Research Programme, in *Hansen, P.* (Hrsg.), Essays and Surveys on Multiple Criteria Decision Making, Springer, Berlin et al., 315–342.

Cyert, R. M.; DeGroot, M. H. (1973): An analysis of cooperation and learning in a duopoly game, Am Econ Rev 63, 24–37.

Cyert, R. M.; March, J. G. (2001): A behavioral theory of the firm, Blackwell, Malden, MA.

Damme, E. v. (1991): Stability and Perfection of Nash Equilibria, Springer, Berlin et al., 2. Auflage.

Daub, A.: siehe Bloech, J.; Bogaschewsky, R.; Buscher, U.; Daub, A.; Götze, U.; Roland, F.

Davidson, H. J.: siehe Charnes, A.; Davidson, H. J.; Kortanek, K.

Debreu, G. (1954): Representation of a preference ordering by a numerical function, in *Thrall, R. M.; Coombs, C. H.; Davis, R. L.* (Hrsg.), Decision processes, John Wiley & Sons, New York, NY, 159–165.

DeGroot, M. H. (1970): Optimal statistical decisions, John Wiley & Sons, New York, NY, Nachdruck 2004.

DeGroot, M. H.: siehe Cyert, R. M.; DeGroot, M. H.

Delfmann, W.: siehe Berens, W.; Delfmann, W.; Schmitting, W.

Diederich, H. (1992): Allgemeine Betriebswirtschaftslehre, Kohlhammer, Stuttgart et al., 7. Auflage.

Dietrich, M.; Kiesewetter, D. (2007): Auswirkungen einer Common Consolidated Tax Base auf Investitionsentscheidungen der Multinationalen Unternehmung, Betriebswirtsch Forsch Prax 59, 498–516.

Dinkelbach, W. (1973): Modell – ein isomorphes Abbild der Wirklichkeit, in *Grochla, E.; Szyperski, N.* (Hrsg.), Modell- und Computergestützte Unternehmensplanung, Gabler, Wiesbaden, 151–162.

Dinkelbach, W. (1982): Entscheidungsmodelle, de Gruyter, Berlin–New York, NY.

Dinkelbach, W.; Kleine, A. (1996): Elemente einer betriebswirtschaftlichen Entscheidungslehre, Springer, Berlin et al.

Dinkelbach, W.; Lorscheider, U. (1994): Übungsbuch zur Betriebswirtschaftslehre, Oldenbourg, München–Wien, 3. Auflage.

Dinkelbach, W.; Rosenberg, O. (2004): Erfolgs- und umweltorientierte Produktionstheorie, Springer, Berlin et al., 5. Auflage.

Diruf, G. (1972): Die quantitative Risikoanalyse. Ein OR-Verfahren zur Beurteilung von Investitionsprojekten, Z Betriebswirtsch 42, 821–832.

Dolbear, T. F. (1963): Individual choice under uncertainty: An experimental study, Yale Econ Essays 3, 419–469.

Domschke, W. (2007): Logistik: Transport, Oldenbourg, München–Wien, 5. Auflage.

Domschke, W. (2010): Logistik: Rundreisen und Touren, Oldenbourg, München, 5. Auflage.

Domschke, W.; Drexl, A. (1996): Logistik: Standorte, Oldenbourg, München–Wien, 4. Auflage.

Domschke, W.; Drexl, A.; Klein, R.; Scholl, A. (2015): Einführung in Operations Research, Springer, Berlin–Heidelberg, 9. Auflage.

Domschke, W.; Scholl, A. (2008): Grundlagen der Betriebswirtschaftslehre, Springer, Berlin–Heidelberg, 4. Auflage.

Dorfleitner, G.: siehe Bamberg, G.; Dorfleitner, G.; Krapp, M.

Dorfleitner, G.: siehe Bamberg, G.; Dorfleitner, G.; Lasch, R.

Döring, U.: siehe Wöhe, G.; Döring, U.

Dosi, G.; Nelson, R. R.; Winter, S. G. (2006): The Nature and Dynamics of Organizational Capabilities, Oxford University Press, Oxford.

Drexl, A. (1990): Nutzungsdauerentscheidungen bei Sicherheit und Risiko, Z betriebswirtsch Forsch 42, 50–66.

Drexl, A.: siehe Domschke, W.; Drexl, A.; Klein, R.; Scholl, A.

Dyckhoff, H. (1988): Zeitpräferenz, Z betriebswirtsch Forsch 40, 990–1008.

Dyckhoff, H. (1993): Ordinale versus kardinale Messung beim Bernoulli-Prinzip. Eine Analogiebetrachtung von Risiko- und Zeitpräferenz, Oper Res Spectr 15, 139–146.

Dyckhoff, H. (2003): Grundzüge der Produktionswirtschaft, Springer, Berlin et al., 4. Auflage.

Dyer, J. S.; Sarin, R. K. (1982): Relative Risk Aversion, Manag Sci 28, 875–886.

Egle, K.; Trautmann, S. (1982): On Preference-Dependent Pricing of Contingent Claims, in *Göppl, H.; Henn, R.* (Hrsg.), Geld, Banken und Versicherungen, Athenäum, Königstein/Ts., 400–416.

Ehrhart, K.-M.: siehe Berninghaus, S. K.; Ehrhart, K.-M.; Güth, W.

Eichhorn, W. (1971): Zur statischen Theorie des Mehrproduktenoligopols, Oper Res Verfahr 10, 16–33.

Eichner, T.; Pfingsten, A.; Wagener, A. (1996): Strategisches Abstimmungsverhalten bei Verwendung der Hare-Regel, Z betriebswirtsch Forsch 48, 466–474.

Eickemeier, S.: siehe Rommelfanger, H.; Eickemeier, S.

Eisenführ, F.; Weber, M.; Langer, T. (2016): Rationales Entscheiden, Springer, Berlin, 6. Auflage

Ellinger, T.; Beuermann, G.; Leisten, R. (2003): Operations Research, Springer, Berlin et al., 6. Auflage.

Ellsberg, D. (1961): Risk, ambiguity and the Savage axioms, Q J Econ 75, 643–669.

Elmendorff, K. (1963): Anwendbarkeit von Zufallsstichproben bei der Abschlußprüfung, Verlagsbuchhandlung des Instituts der Wirtschaftsprüfer, Düsseldorf.

Erhard, N.: siehe Buhl, H.-U.; Erhard, N.

Ewert, R.; Wagenhofer, A. (2014): Interne Unternehmensrechnung, Springer Gabler, Berlin, 8. Auflage.

Ewert, R.: siehe Schildbach, T.; Ewert, R.

Ewert, R.: siehe Wagenhofer, A.; Ewert, R.

Fandel, G. (1972): Optimale Entscheidungen bei mehrfacher Zielsetzung, Springer, Berlin et al.

Fandel, G. (1979a): Optimale Entscheidungen in Organisationen, Springer, Berlin et al.

Fandel, G. (1979b): Zur Theorie der Optimierung bei mehrfachen Zielsetzungen, Z Betriebswirtsch 49, 535–541.

Fandel, G.; Gal, T. (Hrsg.) (1997): Multiple criteria decision making, Springer, Berlin et al.

Feichtinger, G. (1972): Zur Bayes-Analyse statistischer Entscheidungsprobleme, Z Betriebswirtsch 42, 449–470.

Feichtinger, G.; Hartl, R. F. (1986): Optimale Kontrolle ökonomischer Prozesse: Anwendungen des Maximumprinzips in den Wirtschaftswissenschaften, de Gruyter, Berlin–New York, NY.

Finetti, B. de (1934): La prévision: Ses lois logiques, ses sources subjectives, Ann Inst Henri Poincaré 7, 1–68.

Finsinger, J. (1986): Der Submissionswettbewerb, Haupt, Bern–Stuttgart.

Firchau, V. (1980): Wert und maximaler Wert von Informationen für statistische Entscheidungsprobleme, Athenäum, Königstein/Ts.

Fischer, E.O.: siehe Stepan, A.; Fischer, E. O.

Fischer, S.; Güth, W.; Pull, K. (2007): Is there as-if-bargaining?, J Socio Econ 36, 546–560.

Fischer, T. M. (2002): Value Reporting, Z Plan Unternehm Steuer 13, 211–216.

Fishburn, P. C. (1964): Decision and value theory, John Wiley & Sons, New York, NY.

Fishburn, P. C. (1967): Bounded expected utility, Ann Math Stat 38, 1054–1060.

Fishburn, P. C. (1970a): Should social choice be based on binary comparisons?, J Math Sociol 1, 133–142.

Fishburn, P. C. (1970b): The irrationality of transitivity in social choice, Behav Sci 15, 119–123.

Fishburn, P. C. (1970c): Arrows impossibility theorem: Concise proof and infinite voters, J Econ Theory 2, 103–106.

Fishburn, P. C. (1972): Lotteries and social choices, J Econ Theory 5, 189–207.

Fleischmann, B. (1975): Produktionsablaufplanung. Probleme, Modelle, Methoden, Proc Oper Res 5, 335–347.

Franke, G.; Hax, H. (2009): Finanzwirtschaft des Unternehmens und Kapitalmarkt, Springer, Berlin et al., 6. Auflage.

French, S. (1986): Decision Theory, Ellis Horwood, Chichester.

Friedl, G.: siehe Küpper, H.-U.; Friedl, G.; Hofmann, C.; Hofmann; Y., Pedell, B.

Friedman, M.; Savage, L. J. (1948): The utility analysis of choices involving risk, J Political Econ 56, 279–304.

Friedman, M.; Savage, L. J. (1952): The expected-utility hypothesis and the measurability of utility, J Political Econ 60, 463–474.

Frisch, W.; Taudes, A. (Hrsg.) (1993): Informationswirtschaft, Physica, Heidelberg.

Gahm, C.; Kanet, J. J.; Tuma, A. (2019): On the flexibility of a decision theory-based heuristic for single machine scheduling, Comput Oper Res 101, 103–115.

Gal, T.: siehe Fandel, G.; Gal, T.

Gaul, W.; Schader, M. (Hrsg.) (1988): Data, Expert Knowledge and Decisions, Springer, Berlin et al.

Gebhardt, G. (1980): Insolvenzprognosen aus aktienrechtlichen Jahresabschlüssen, Gabler, Wiesbaden.

Gehring, H.: siehe Bühler, W.; Gehring, H.; Glaser, H.

Geldermann, J.; Schöbel, A. (2011): On the similarities of some multi-criteria decision analysis methods, J Multi Criteria Decis Anal 18, 219–230.

Gerke, W.; Bienert, H. (1993): Überprüfung des Dispositionseffektes in computerisierten Börsenexperimenten, Z betriebswirtsch Forsch Sonderh 31, 169–194.

Geyer-Schulz, A. (1997): Fuzzy Rule-Based Expert Systems and Machine Learning, Physica, Heidelberg, 2. Auflage.

Gibbard, A. (1973): Manipulation of voting schemes: A general result, Econometrica 41, 587–601.

Gierl, H. (1995): Marketing, Kohlhammer, Stuttgart et al.

Gillenkirch, R. M.: siehe Laux, H.; Gillenkirch, R. M.; Schenk-Mathes, H. Y.

Gillies, D. B. (1959): Solutions to general non-zero-sum games, Ann Math Stud 40, 47–85.

Glaser, H.: siehe Bühler, W.; Gehring, H.; Glaser, H.

Glazebrook, K. D.: siehe Wetherill, G. B.; Glazebrook, K. D.

Gönsch, J.: siehe Koch, S.; Gönsch, J.; Steinhardt, C.

Göppl, H. (1980): Neuere Entwicklungen in der betriebswirtschaftlichen Kapitaltheorie, in *Henn, R.; Schips, B.; Stähly, P.* (Hrsg.), Quantitative Wirtschafts- und Unternehmensforschung, Springer, Berlin et al., 363–377.

Götze, U.: siehe Bloech, J.; Bogaschewsky, R.; Buscher, U.; Daub, A.; Götze, U.; Roland, F.

Gohout, W. (2009): Operations Research, Oldenbourg, München, 4. Auflage.

Göx, R. F.: siehe Budde, J.; Göx, R. F.; Luhmer, A.

Grauer, F. L. A.; Litzenberger, R. H.; Stehle, R. E. (1976): Sharing Rules and Equilibrium in an International Capital Market under Uncertainty, J Financial Econ 4, 233–256.

Grayson, C. (1960): Decisions under uncertainty, Harvard University, Boston, MA.

Greve, H. R.: siehe Argote, L.; Greve, H. R.

Groves, T.; Loeb, M. (1979): Incentives in a Divisionalized Firm, Manag Sci 25, 221–230.

Grünbichler, A. (1991): Betriebliche Altersvorsorge als Principal-Agent-Problem, Gabler, Wiesbaden.

Gründl, H. (1995): Marktzinsmethode und das Konzept effizienter Konsumpläne, Z Betriebswirtsch 65, 905–917.

Gründl, H.; Schmeiser, H. (2002): Marktwertorientierte Unternehmens- und Geschäftsbereichsteuerung in Finanzdienstleistungsunternehmen, Z Betriebswirtsch 72, 797–822.

Günther, H.-O.; Tempelmeier, H. (2012): Produktion und Logistik, Springer, Berlin–Heidelberg, 9. Auflage.

Günther, T. (1994): Ergebnisanalyse auf Basis einer flexiblen Plankostenrechnung, Wirtsch Wiss Stud 23, 828–840.

Güth, W. (1999): Spieltheorie und ökonomische (Bei)Spiele, Springer, Berlin et al., 2. Auflage.

Güth, W.: siehe Berninghaus, S. K.; Ehrhart, K.-M.; Güth, W.

Güth, W.: siehe Fischer, S.; Güth, W.; Pull, K.

Guthoff, A.; Pfingsten, A.; Wolf, J. (1998): Der Einfluß einer Begrenzung des Value at Risk oder des Lower Partial Moment One auf die Risikoübernahme, in *Oehler, A.* (Hrsg.), Credit Risk und Value at Risk Alternativen, Schäffer-Poeschel, Stuttgart, 111–153.

Haasis, H.-D. (1994): Planung und Steuerung emissionsarm zu betreibender industrieller Produktionssysteme, Physica, Heidelberg.

Habenicht, W. (1984): Interaktive Lösungsverfahren für diskrete Vektoroptimierungsprobleme unter besonderer Berücksichtigung von Wegeproblemen in Graphen, Athenäum, Königstein/Ts.

Hachmeister, D.: siehe Ballwieser, W.; Hachmeister, D.

Haegert, L. (1971): Der Einfluß der Steuern auf das optimale Investitions- und Finanzierungsprogramm, Gabler, Wiesbaden.

Hammond, J. S. (1967): Better decisions with preference theory, Harv Bus Rev 45, 123–141.

Hanf, C.-H. (1991): Entscheidungslehre, Oldenbourg, München–Wien, 2. Auflage.

Hänle, M.: siehe Hansohm, J.; Hänle, M.

Hansen, K.: siehe Meyer, M.; Hansen, K.

Hansen, P.: siehe Crama, Y.; Hansen, P.

Hansohm, J.; Hänle, M. (1993): Unterstützung von Gruppenentscheidungsprozessen durch die Negotiationsware VNSS, in *Frisch, W.; Taudes, A.* (Hrsg.), Informationswirtschaft, Physica, Heidelberg, 99–111.

Harsanyi, J. (1967): Games with incomplete information played by bayesian players, Manag Sci 14, 159–182.

Hartl, R. F.: siehe Feichtinger, G.; Hartl, R. F.

Hartmann-Wendels, T. (1989): Prinzipal-Agent-Theorie und asymmetrische Informationsverteilung, Z Betriebswirtsch 59, 714–734.

Hartmann-Wendels, T. (1991): Rechnungslegung der Unternehmen und Kapitalmarkt aus informationsökonomischer Sicht, Physica, Heidelberg.

Hartmann-Wendels, T.; Pfingsten, A.; Weber, M. (2019): Bankbetriebslehre, Springer, Berlin, 7. Auflage.

Hauke, W.; Opitz, O. (2003): Mathematische Unternehmensplanung, Kube, Dietramszell, 2. Auflage.

Hauschildt, J. (1977): Entscheidungsziele: Zielbildung in innovativen Entscheidungsprozessen. Theoretische Ansätze und empirische Prüfung, Mohr Siebeck, Tübingen.

Hauschildt, J. (1989): Informationsverhalten bei innovativen Problemstellungen, Z Betriebswirtsch 59, 377–396.

Hax, H. (1993): Investitionstheorie, Physica, Heidelberg, 5. Auflage.

Hax, H.: siehe Franke, G.; Hax, H.

Heinen, E. (1976): Grundlagen betriebswirtschaftlicher Entscheidungen. Das Zielsystem der Unternehmung, Gabler, Wiesbaden, 3. Auflage.

Heinhold, M. (1999): Investitionsrechnung, Oldenbourg, München–Wien, 8. Auflage.

Heinrich, L. J.; Stelzer, D. (2011): Informationsmanagement, Oldenbourg, München, 10. Auflage.

Helber, S.: siehe Schimmelpfeng, K.; Helber, S.

Hellwig, K. (1987): Bewertung von Ressourcen, Physica, Heidelberg.

Hellwig, K. (1989): Flexible Planung und Kapitalerhaltung, Z betriebswirtsch Forsch 41, 404–414.

Hellwig, K.; Speckbacher, G.; Wentges, P. (2000): Utility maximization under capital growth constraints, J Math Econ 33, 1–12.

Helten, E. (1971): Zur Bayes-Analyse, Jahrb Natl Ökon Stat 185, 528–545.

Hempel, K.: siehe Kolisch, R.; Hempel, K.

Henn, R.; Opitz, O. (1970): Konsum und Produktionstheorie I, Springer, Berlin et al.

Hering, T. (2014): Unternehmensbewertung, De Gruyter Oldenbourg, Berlin–Boston, 3. Auflage.

Hering, T. (2017): Investitionstheorie, De Gruyter Oldenbourg, Berlin–Boston, 5. Auflage.

Herrmann, P.; Kundisch, D.; Rahman, M. (2014): Beating irrationality: Does delegating to IT alleviate the sunk cost effect?, Manag Sci 61, 831–850.

Herrmann-Pillath, C. (2002): Grundriß der Evolutionsökonomik, UTB/Wilhelm Fink, München.

Herstein, J. N.; Milnor, J. W. (1953): An axiomatic approach to measurable utility, Econometrica 21, 291–297.

Hertz, D. B. (1964): Risk analysis in capital investment, Harv Bus Rev 42, 95–106.

Heuer, G. A.; Leopold-Wildburger, U. (1995): Silverman's game: A special class of two-person zero-sum games, Springer, Heidelberg et al.

Hieronimus, A. (1979): Einbeziehung subjektiver Risikoeinstellungen in Entscheidungsmodelle, Deutsch, Thun–Frankfurt/M.

Hilbert, A.: siehe Bankhofer U.; Hilbert, A.

Hise, R. T.: siehe Jolson, M. A.; Hise, R. T.

Hodges, J. L.; Lehmann, E. L. (1952): The use of previous experience in reaching statistical decisions, Ann Math Stat 23, 396–407.

Hofmann, C. (2001): Anreizorientierte Controllingsysteme, Schäffer-Poeschel, Stuttgart.

Hofmann, C.: siehe Küpper, H.-U.; Friedl, G.; Hofmann, C.; Hofmann; Y., Pedell, B.

Hofmann, Y.: siehe Küpper, H.-U.; Friedl, G.; Hofmann, C.; Hofmann; Y., Pedell, B.

Holler, M. J.; Illing, G. (2009): Einführung in die Spieltheorie, Springer, Berlin–Heidelberg, 7. Auflage.

Homburg, C. (2000): Quantitative Betriebswirtschaftslehre, Gabler, Wiesbaden, 3. Auflage.

Hundsdörfer, J.; Sichtmann, C. (2009): The importance of taxes in entrepreneurial decisions: An analysis of practicing physiciansí behavior, Rev Manag Sci 3, 19–40.

Hurwicz, L. (1951): Optimality criteria for decision making under ignorance, Cowles Commission Discussion Paper, Statistics 370.

Huschens, S. (1985): Entscheidungen bei Unsicherheit, Fischer, Frankfurt/M.

Husmann, S. (2007): Bewertung von Investitionsprojekten bei steuerlich optimaler Finanzierung, Betriebswirtsch 67, 363–380.

Ijiri, Y. (1965): Management goals and accounting for control, North Holland, Amsterdam.

Illing, G.: siehe Holler, M. J.; Illing, G.

Inderfurth, K. (1982): Starre und flexible Investitionsplanung, Gabler, Wiesbaden.

Inderfurth, K. (2004): Optimal Policies in Hybrid Manufacturing/Remanufacturing Systems with Product Substitution, Int J Prod Econ 90, 325–343.

Ingram, P. (2002): Interorganizational learning, in *Baum, J. A. C.* (Hrsg.), Companion to Organizations, Blackwell, Malden, MA, 642–663.

Isermann, H. (1979): Strukturierung von Entscheidungsprozessen bei mehrfacher Zielsetzung, Oper Res Spectr 1, 3–26.

Isoda, K.: siehe Nikaido, H.; Isoda, K.

Jacob, H. (1978): Anmerkungen zur Stellungnahme Krelles, Z Betriebswirtsch 48, 997.

Jacob, H.; Leber, W. (1976a): Bernoulli-Prinzip und rationale Entscheidung bei Unsicherheit, Z Betriebswirtsch 46, 177–204.

Jacob, H.; Leber, W. (1976b): Bernoulli-Prinzip und rationale Entscheidung bei Unsicherheit – Eine Erwiderung auf Bemerkungen Krelles, Z Betriebswirtsch 46, 831–833.

Jacob, H.; Leber, W. (1978): Bernoulli-Prinzip und rationale Entscheidung bei Unsicherheit – Ergänzung und Weiterführung, Z Betriebswirtsch 48, 978–993.

Jaehn, F.: siehe Boysen, N.; Jaehn, F.; Pesch, E.

Jahnke, H.; Chwolka, A. (1999): Preis- und Kapazitätsplanung mit Hilfe kostenorientierter Entscheidungsregeln, Betriebswirtsch Forsch Prax 51, 3–17.

Jammernegg, W. (1988): Sequential Binary Investment Decisions. A Bayesian Approach, Springer, Berlin et al.

Jammernegg, W.; Kischka, P. (2009): Risk preferences and robust inventory decisions, Int J Prod Econ 118, 269–274.

Janko, W. (1993): Informationswirtschaft, Springer, Berlin et al.

Jolson, M. A.; Hise, R. T. (1973): Quantitative techniques for marketing decisions, Macmillan, New York, NY–London.

Jost, P.-J. (Hrsg.) (2001): Die Prinzipal-Agenten-Theorie in der Betriebswirtschaftslehre, Schäffer-Poeschel, Stuttgart.

Junker, M.; Szimayer, A.; Wagner, N. (2006): Nonlinear term structure dependence: Copula functions, empirics, and risk implications, J Bank Finance 30, 1171–1199.

Kahle, E. (2001): Betriebliche Entscheidungen, Oldenbourg, München–Wien, 6. Auflage.

Kahneman, D.; Tversky, A. (1979): Prospect theory: An analysis of decisions under risk, Econometrica 47, 263–291.

Kaluza, B. (1979): Entscheidungsprozesse und empirische Zielforschung in Versicherungsunternehmen, Verlag Versicherungswirtschaft, Karlsruhe.

Kaluza, B. (1982): Entscheidungsziele und Unternehmungsziele von Versicherungsunternehmen, Proc Oper Res 11, 142–151.

Kanet, J. J.: siehe Gahm, C.; Kanet, J. J.; Tuma, A.

Keeney, R. L.; Raiffa, H. (1999): Decisions with multiple objectives: Preferences and value tradeoffs, Cambridge University Press, New York, NY et al.

Keiber, L. (2007): Reconsidering the impossibility of informationally efficient markets, Appl Financial Econ 17, 1113–1122.

Kempf, A.: siehe Bühler, W.; Kempf, A.

Kiesewetter, D.: siehe Dietrich, M.; Kiesewetter, D.

Kirman, A.P.; Sondermann, D. (1972): Arrow's theorem, many agents and invisible dictators, J Econ Theory 5, 267–277.

Kischka, P. (1984): Bestimmung optimaler Portfolios bei Ungewißheit, Athenäum, Königstein/Ts.

Kischka, P.; Puppe, C. (1992): Decisions Under Risk and Uncertainty: A Survey of Recent Developments, Z Oper Res 36, 125–147.

Kischka, P.: siehe Jammernegg, W.; Kischka, P.

Kistner, K.-P.; Steven, M. (2001): Produktionsplanung, Physica, Heidelberg, 3. Auflage.

Klamler, C.; Pferschy, U. (2007): The traveling group problem, Social Choice and Welfare 29, 429–452.

Klein, R.; Scholl, A. (2011): Planung und Entscheidung, Vahlen, München, 2. Auflage.

Klein, R.: siehe Domschke, W.; Drexl, A.; Klein, R.; Scholl, A.

Kleine, A. (1995): Entscheidungstheoretische Aspekte der Principal-Agent-Theorie, Physica, Heidelberg.

Kleine, A.: siehe Dinkelbach, W.; Kleine, A.

Kleine-Doepke, R.: siehe Bamberg, G.; Coenenberg, A. G.; Kleine-Doepke, R.

Kleine-Doepke, R.: siehe Coenenberg, A. G.; Kleine-Doepke, R.

Knight, F. H. (1921): Risk, uncertainty, and profit, University of Chicago Press, Boston–New York, NY, Nachdruck 1957, Chicago.

Knüppel, L. (1975): Entscheidungsorientierte Werbeträgerplanung, Girardet, Essen.

Koch, S.; Gönsch, J.; Steinhardt, C. (2017): Dynamic programming decomposition for choice-based revenue management with flexible products, Transp Sci 51, 1046–1062.

Kofler, E.; Menges, G. (1976): Entscheidungen bei unvollständiger Information, Springer, Berlin et al.

Kolisch, R.; Hempel, K. (1996): Experimentelle Evaluation der Kapazitätsplanung von Projektmanagementsoftware, Z betriebswirtsch Forsch 48, 999–1018.

König, R. (1991): Dividende und Jahresüberschuß, Z Betriebswirtsch 61, 1149–1155.

König, R.; Maßbaum, A.; Sureth-Sloane, C. (2016): Besteuerung und Rechtsformwahl, NWB, Herne, 7. Auflage.

König, W. (1965): Die Anwendung des mathematischen Stichprobenverfahrens bei der Abschlußprüfung, Wirtsch Prüf 18, 333–335.

Körth, H. (1969): Zur Berücksichtigung mehrerer Zielfunktionen bei der Optimierung von Produktionsplänen, in *Mathematik und Wirtschaft, 6. Bd.*, Die Wirtschaft, Berlin, 184–201.

Kortanek, K.: siehe Charnes, A.; Davidson, H. J.; Kortanek, K.

Kosmol, P. (2010): Optimierung und Approximation, de Gruyter, Berlin–New York, NY, 2. Auflage.

Krafft, O. (1978): Lineare statistische Modelle und optimale Versuchspläne, Vandenhoeck & Ruprecht, Göttingen.

Kraft, H.; Steffensen, M. (2008): How to invest optimally in corporate bonds, J Econ Dyn Control 32, 348–385.

Krahnen, J.P.; Meran, G. (1989): Why Leasing? An Introduction to Comparative Contractual Analysis, in *Bamberg, G.; Spremann, K.* (Hrsg.), Agency Theory. Information, and Incentives, Springer, Berlin et al., 255–280.

Kräkel, M. (1992): Auktionstheorie und interne Organisation, Gabler, Wiesbaden.

Kräkel, M. (2015): Organisation und Management, Mohr Siebeck, Tübingen, 6. Auflage.

Kramer, G. (1967): Entscheidungsproblem, Entscheidungskriterien bei völliger Ungewißheit und Chernoffsches Axiomensystem, Metrika 11, 15–38.

Krapp, M. (1999): Anreizverträge bei Kollusionsgefahr, Z Betriebswirtsch 69, 211–232.

Krapp, M. (2000a): Kooperation und Konkurrenz in Prinzipal-Agent-Beziehungen, Gabler, Wiesbaden.

Krapp, M. (2000b): Relative Leistungsbewertung im dynamischen Kontext, Z betriebswirtsch Forsch 52, 257–277.

Krapp, M.; Sandner, K. (2016): Impact of an equal pay norm on the optimal design of incentive contracts, J Bus Econ 86, 301–338.

Krapp, M.; Wotschofsky, S. (2004): Vorteilhafte Leasinggestaltungen bei asymmetrischer Besteuerung: Allokation und Implementierung mithilfe axiomatischer Verhandlungslösungen, Z Betriebswirtsch 74, 811–835.

Krapp, M.: siehe Bamberg, G.; Baur, F.; Krapp, M.

Krapp, M.: siehe Bamberg, G.; Dorfleitner, G.; Krapp, M.

Krapp, M.: siehe Bamberg, G.; Krapp, M.

Krelle, W. (1961): Preistheorie, Mohr Siebeck, Tübingen–Zürich.

Krelle, W. (1968): Präferenz- und Entscheidungstheorie, Mohr Siebeck, Tübingen.

Krelle, W. (1976): Einige Bemerkungen zu Jacobs und Lebers „Rationaler Entscheidung bei Unsicherheit", Z Betriebswirtsch 46, 522–527.

Krelle, W. (1978a): Replik zur Erwiderung von Jacob und Leber auf meine Bemerkungen zu ihrem Artikel „Rationale Entscheidung bei Unsicherheit", Z Betriebswirtsch 48, 490–498.

Krelle, W. (1978b): Erwiderung von Jacob und Leber: Ad hoc Entscheidungen oder Gesamtkonzept, Z Betriebswirtsch 48, 994–996.

Krelle, W.; Coenen, D. (1965): Das nichtkooperative Nichtnullsummen-Zweipersonenspiel, Unternehmensforsch 9, 57–79 und 137–163.

Kromschröder, B. (1979): Unternehmensbewertung und Risiko, Springer, Berlin et al.

Kruschwitz, L. (2012): Finanzierung und Investition, Oldenbourg, München, 7. Auflage.

Kruschwitz, L.; Löffler, A. (2003): Semi-subjektive Bewertung, Z Betriebswirtsch 73, 1335–1345.

Kruschwitz, L.; Löffler, A. (2006): Discounted Cash Flow, John Wiley & Sons, New York, NY.

Kruschwitz, L.; Lorenz, D. (2019): Investitionsrechnung, De Gruyter Oldenbourg, Berlin–Boston, 15. Auflage.

Kruschwitz, L.; Schöbel, R. (1987): Die Beurteilung riskanter Investitionen und das Capital Asset Pricing Model (CAPM), Wirtsch Wiss Stud 16, 67–71.

Kruschwitz, L.: siehe Bernoulli, D.

Kruschwitz, P.: siehe Bernoulli, D.

Kruse, K.-O. (1997): Kardinalität und die Aufspaltung von Höhen- und Risikopräferenz beim Bernoulli-Prinzip, Oper Res Spectr 19, 31–34.

Kuhn, H. (1990): Einlastungsplanung von flexiblen Fertigungssystemen, Physica, Heidelberg.

Kuhn, H. W. (1953): Extensive games and the problem of information, Ann Math Stud 28, 193–216.

Kühn, M.: siehe Schneeweiß; C., Kühn, M.

Kundisch, D.: siehe Herrmann, P.; Kundisch, D.; Rahman, M.

Küpper, H.-U.; Friedl, G.; Hofmann, C.; Hofmann; Y., Pedell, B. (2013): Controlling: Konzeption, Aufgaben, Instrumente, Schäffer-Poeschel, Stuttgart, 6. Auflage.

Kürsten, W. (1992a): Präferenzmessung, Kardinalität und sinnmachende Aussagen: Enttäuschung über die Kardinalität des Bernoulli-Nutzens, Z Betriebswirtsch 62, 459–477.

Kürsten, W. (1992b): Meßtheorie, Axiomatik und Bernoulli-Prinzip: Erwiderung zur Stellungnahme von Prof. Dr. Thomas Schildbach, Z Betriebswirtsch 62, 485–488.

Kürsten, W. (1994): Finanzkontrakte und Risikoanreizproblem, Gabler, Wiesbaden.

Kuzmics, C.: siehe Steg, J.-H.; Kuzmics, C.

Langer, T.: siehe Eisenführ, F.; Weber, M.; Langer, T.

Lasch, R.; Schulte, G. (2018): Quantitative Logistik-Fallstudien, Springer Gabler, Wiesbaden, 4. Auflage.

Lasch, R.: siehe Bamberg, G.; Dorfleitner, G.; Lasch, R.

Laux, H. (1971): Unternehmensbewertung bei Unsicherheit, Z Betriebswirtsch 41, 525–540.

Laux, H. (1990): Risiko, Anreiz und Kontrolle, Springer, Berlin et al.

Laux, H.; Gillenkirch, R. M.; Schenk-Mathes, H. Y. (2018): Entscheidungstheorie, Springer Gabler, Berlin, 10. Auflage.

LaValle, I. H.; Wapman, K. R. (1986): Rolling back decision trees requires the independence axiom, Manag Sci 32, 382–385.

Leber, W. (1975): Zur Rationalität von Entscheidungskriterien bei Unsicherheit, Z Betriebswirtsch 45, 493–496.

Leber, W.: siehe Jacob, H.; Leber, W.

Lehmann, E. L.: siehe Hodges, J. L.; Lehmann, E. L.

Leisten, R. (1996): Iterative Aggregation und mehrstufige Entscheidungsmodelle, Physica, Heidelberg.

Leisten, R.: siehe Ellinger, T.; Beuermann, G.; Leisten, R.

Leopold-Wildburger, U.: siehe Heuer, G. A.; Leopold-Wildburger, U.

Letmathe, P.; Steven, M. (1995): Die Berücksichtigung von Maßnahmen der staatlichen Umweltpolitik bei betrieblichen Investitionsentscheidungen, Wirtsch Wiss Stud 24, 120–123.

Leuz, C.: siehe Pfaff, D.; Leuz, C.

Levy, H. (1992): Stochastic Dominance and Expected Utility: Survey and Analysis, Manag Sci 38, 555–593.

Lillich, L. (1992): Nutzwertverfahren, Physica, Heidelberg.

Litzenberger, R. H.: siehe Grauer, F. L. A.; Litzenberger, R. H.; Stehle, R. E.

Locarek, H.: siehe Bamberg, G.; Locarek, H.

Loeb, M.: siehe Groves, T.; Loeb, M.

Löffler, A. (2001): Ein Paradox der Portfoliotheorie und vermögensabhängige Nutzenfunktionen, Gabler, Wiesbaden.

Löffler, A.: siehe Kruschwitz, L.; Löffler, A.

Loistl, O. (1994): Kapitalmarkttheorie, Oldenbourg, München–Wien, 3. Auflage.

Lorenz, D.: siehe Kruschwitz, L.; Lorenz, D.

Lorscheider, U.: siehe Dinkelbach, W.; Lorscheider, U.

Lucas, W. F. (1968): A game with no solution, Bull Am Math Soc 74, 237–239.

Luce, R. D.; Raiffa, H. (1957): Games and decisions, John Wiley & Sons, New York, NY, Nachdruck 2012, Dover Publications, Mineola, NY.

Luhmer, A.: siehe Budde, J.; Göx, R. F.; Luhmer, A.

Mag, W. (1973): Sequentielle Informationsbeschaffung für unternehmerische Entscheidungen, Z Betriebswirtsch 43, 829–846.

Mag, W. (1975): Zur Frage der Reduktion des notwendigen Informationsumfanges und der Kostenersparnis bei sequentieller Informationsbeschaffung, Z Betriebswirtsch 45, 313–332.

Mag, W. (1976): Mehrfachziele, Zielbeziehungen und Zielkonfliktlösungen, Wirtsch Wiss Stud 5, 49–55.

Mahayni, A.: siehe Branger, N.; Mahayni, A.

Maltry, H. (1990): Überlegungen zur Entscheidungsrelevanz von Fixkosten im Rahmen operativer Planungsrechnungen, Betriebswirtsch Forsch Prax 42, 294–311.

March, J. G.; Simon, H. A. (1993): Organizations, Blackwell, Cambridge, MA–Oxford, 2. Auflage.

March, J. G.: siehe Augier, M.; March, J. G.

March, J. G.: siehe Cyert, R. M.; March, J. G.

Markowitz, H. M. (1959): Portfolio selection, John Wiley & Sons, New York, NY, Nachdruck 2008, FinanzBuch-Verlag, München.

Marschak, J. (1950): Rational behavior, uncertain prospects, and measurable utility, Econometrica 18, 111–141.

Maschler, M.: siehe Aumann, J.; Maschler, M.

Massé, P. (1953): Réflexions sur les comportements rationnels en économie aléatoire, Cah Sem Econ 2, 11–58.

Maurer, R.: siehe Albrecht, P.; Maurer, R.

Maurer, R.: siehe Albrecht, P.; Maurer, R.; Möller, M.

Maurer, R.: siehe Albrecht, P.; Maurer, R.; Schradin, H. R.

Maßbaum, A.: siehe König, R.; Maßbaum, A.; Sureth-Sloane, C.

McCreary, E. A. (1967): How to grow a decision tree, Think Mag (March-April), 13–18.

McKinsey, J. C. C. (2003): Introduction to the theory of games, Dover Publications, Mineola, NY.

Menger, K. (1934): Das Unsicherheitsmoment in der Wertlehre: Betrachtungen im Anschluß an das sog. Petersburger Spiel, Z Natl Ökon 5, 459–485.

Menges, G.: siehe Kofler, E.; Menges, G.

Meran, G.: siehe Krahnen, J. P.; Meran, G.

Mertens, P. (1982): Simulation, Poeschel, Stuttgart, 2. Auflage.

Meyer, M.; Hansen, K. (1996): Planungsverfahren des Operations Research, Vahlen, München, 4. Auflage.

Meyer, R. (2008): Entscheidungstheorie, Gabler, Wiesbaden, 3. Auflage.

Meyer-Bullerdiek, F.: siehe Steiner, M.; Meyer-Bullerdiek, F.; Spanderen, D.

Milde, H. (1989): Managerial Contracting with Public and Private Information, in *Bamberg, G.; Spremann, K.* (Hrsg.), Agency Theory, Information, and Incentives, Springer, Berlin et al., 39–59.

Milling, P. (1982): Entscheidungen bei unscharfen Prämissen – Betriebswirtschaftliche Aspekte der Theorie unscharfer Mengen, Z Betriebswirtsch 52, 716–734.

Milnor, J. W. (1954): Games against nature, in *Thrall, R. M.; Coombs, C. H.; Davis, R. L.* (Hrsg.), Decision processes, John Wiley & Sons, New York, NY, Nachdruck 2011, Nabu Press, Charleston, SC, 49–59.

Milnor, J. W.: siehe Herstein, J. N.; Milnor, J. W.

Missler-Behr, M.: siehe Rosenkranz, F.; Missler-Behr, M.

Möller, H.P. (1988): Die Bewertung risikobehafteter Anlagen an deutschen Wertpapierbörsen, Z betriebswirtsch Forsch 40, 779–797.

Möller, M.: siehe Albrecht, P.; Maurer, R.; Möller, M.

Morgenstern, O.: siehe Neumann, J. v.; Morgenstern, O.

Morlat, G. (1960): Un article de Milnor, J. W.: Les jeux contre la nature, Econ Appl 13, 29–42.

Morlock, M.: siehe Neumann, K.; Morlock, M.

Moses, L. E.: siehe Chernoff, H.; Moses, L. E.

Mosler, K. (1982): Entscheidungsregeln bei Risiko: Multivariate stochastische Dominanz, Springer, Berlin et al.

Mosler, K. (1991): Multivariate utility functions, partial information on coefficients, and efficient choice, Oper Res Spectr 13, 87–94.

Müller, S. (1985): Arbitrage Pricing of Contingent Claims, Springer, Berlin et al.

Müller, S.: siehe Röder, K.; Müller, S.

Murakami, Y. (1961): A note on the general possibility theorem of the social welfare function, Econometrica 29, 244–246.

Nash, J. F. (1950): The bargaining problem, Econometrica 18, 155–162.

Nash, J. F. (1951): Non-cooperative games, Ann Math 54, 286–295.

Nash, J. F. (1953): Two person cooperative games, Econometrica 21, 128–140.

Nelson, R. R.: siehe Dosi, G.; Nelson, R. R.; Winter, S. G.

Neubürger, K. W. (1980): Risikobeurteilung bei strategischen Unternehmensentscheidungen, Poeschel, Stuttgart.

Neumann, J. v. (1928): Zur Theorie der Gesellschaftsspiele, Math Ann 100, 295–320.

Neumann, J. v.; Morgenstern, O. (1947): Theory of games and economic behavior, Princeton University Press, Princeton, NJ, 2. Auflage, deutsche Ausgabe: Spieltheorie und wirtschaftliches Verhalten, 3. Auflage, Physica, Würzburg 1973.

Neumann, K.; Morlock, M. (2002): Operations Research, Hanser, München–Wien, 2. Auflage.

Neus, W. (1989): Die Aussagekraft von Agency Costs, Z betriebswirtsch Forsch 41, 472–490.

Neus, W. (2018): Einführung in die Betriebswirtschaftslehre aus institutionenökonomischer Sicht, Mohr Siebeck, Tübingen, 10. Auflage.

Niehans, J. (1948): Zur Preisbildung bei ungewissen Erwartungen, Schweiz Z Volkswirtsch Stat 84, 433–456.

Niemann, R. (2006): Wirkungen der Abschnittsbesteuerung auf internationale Investitions- und Repatriierungsentscheidungen, Z betriebswirtsch Forsch 58, 928–957.

Nietert, B. (2003): Portfolio Insurance and Model Uuncertainty, Oper Res Spectr 25, 295–316.

Nikaido, H.; Isoda, K. (1955): Note on noncooperative convex games, Pac J Math 5, 807–815.

Nippel, P. (1996): Die Finanzierung von Realoptionen unter Informationsasymmetrie, Kred Kap 29, 123–152.

Nitzsch, R. v. (1992): Entscheidungsrelevanz aktionsfixer Größen in deskriptiver und präskriptiver Sicht, Betriebswirtsch 52, 605–619.

Nitzsch, R. v. (2014): Entscheidungslehre, Verlag Mainz, Aachen, 7. Auflage.

Obermaier, R.; Saliger, E. (2014): Binanzwirtschaftliche Entscheidungstheorie. Einführung in die Logik individueller und kollektiver Entscheidungen, Oldenbourg, München–Wien, 6. Auflage.

Oehler, A.; Unser, M. (2002): Finanzwirtschaftliches Risikomanagement, Springer, Berlin et al., 2. Auflage.

Ophir, R.: siehe Argote, L.; Ophir, R.

Opitz, O. (1969): Eine Konkurrenzsituation bei endlichen Zweipersonen-Spielen, Oper Res Verfahr 6, 220–226.

Opitz, O. (1970): Geometrische Kriterien für endliche Zweipersonen-Spiele, Oper Res Verfahr 7, 161–196.

Opitz, O.: siehe Hauke, W.; Opitz, O.

Opitz, O.: siehe Henn, R.; Opitz, O.

Orwant, C.: siehe Rapoport, A.; Orwant, C.

Osband, K.: siehe Reichelstein, S.; Osband, K.

Paul, H. (1974): Zur Anwendung binomialverteilter Stichproben bei Unternehmensprüfungen, Z Betriebswirtsch 44, 111–124.

Pedell, B.: siehe Küpper, H.-U.; Friedl, G.; Hofmann, C.; Hofmann; Y., Pedell, B.

Pellens, B. (2003): Editorial: Shareholder Value – Was ist nach dem Börsencrash davon übrig geblieben?, Betriebswirtsch 63, 1–4.

Perridon, L.; Steiner, M.; Rathgeber, A. W. (2017): Finanzwirtschaft der Unternehmung, Vahlen, München, 17. Auflage.

Pesch, E.: siehe Boysen, N.; Jaehn, F.; Pesch, E.

Petersen, T. (1988): Optimale Anreizsysteme. Betriebswirtschaftliche Implikationen der Prinzipal-Agenten-Theorie, Gabler, Wiesbaden.

Pfaff, D. (1995): Der Wert von Kosteninformationen für die Verhaltenssteuerung in Unternehmen, Z betriebswirtsch Forsch Sonderh 34, 119–156.

Pfaff, D.; Leuz, C. (1995): Groves-Schemata – Ein geeignetes Instrument zur Steuerung der Ressourcenallokation in Unternehmen?, Z betriebswirtsch Forsch 47, 659–690

Pfaff, D.; Zweifel, P. (1998): Die Principal-Agent Theorie, Wirtsch Wiss Stud 27, 184–190.

Pfeiffer, T. (2000): Good and bad news for the implementation of shareholder-value concepts in decentralized organizations, Schmalenbach Bus Rev 52, 68–91.

Pfeiffer, T. (2004): The Value of Information in the Hold-Up Problem, Ger Econ Rev 5, 177–203.

Pferschy, U.: siehe Klamler, C.; Pferschy, U.

Pfingsten, A. (1989): Der Einsatz von monetären Anreizsystemen in der Planung, Z Betriebswirtsch 59, 1285–1296.

Pfingsten, A.: siehe Eichner, T.; Pfingsten, A.; Wagener, A.

Pfingsten, A.: siehe Guthoff, A.; Pfingsten, A.; Wolf, J.

Pfingsten, A.: siehe Hartmann-Wendels, T.; Pfingsten, A.; Weber, M.

PongWong, K.: siehe Adam-Müller, A.; Pong Wong, K.

Pratt, J. W. (1964): Risk aversion in the small and in the large, Econometrica 32, 122–136.

Pratt, J. W.; Raiffa, H.; Schlaifer, R. (1995): Introduction to statistical decision theory, MIT Press, Cambridge, MA.

Pratt, J. W.; Zeckhauser, R. J. (Hrsg.) (1985): Principals and Agents: The Structure of Business, Harvard Business School, Boston, MA.

Pull, K.: siehe Fischer, S.; Güth, W.; Pull, K.

Puppe, C. (1991): Distorted Probabilities and Choice under Risk, Springer, Berlin et al.

Puppe, C.: siehe Kischka, P.; Puppe, C.

Rahman, M.: siehe Herrmann, P.; Kundisch, D.; Rahman, M.

Raiffa, H. (1997): Decision analysis, McGraw-Hill, New York, NY.

Raiffa, H.; Schlaifer, R. (2000): Applied statistical decision theory, John Wiley& Sons, New York, NY.

Raiffa, H.: siehe Luce, R. D.; Raiffa, H.

Raiffa, H.: siehe Keeney, R. L.; Raiffa, H.

Raiffa, H.: siehe Pratt, J. W.; Raiffa, H.; Schlaifer, R.

Ramsey, F. P. (1931): The foundations of mathematics and other logic essays, Routledge & Kegan Paul, London.

Rapoport, A. (1989): Decision Theory and Decision Behavior, Springer Netherland, Berlin.

Rapoport, A.; Chammah, A. M. (1965): Prisoner's dilemma, University of Michigan, Ann Arbor, MI.

Rapoport, A.; Orwant, C. (1962): Experimental games: A review, Behav Sci 7, 1–37.

Rathgeber, A. W.: siehe Perridon, L.; Steiner, M.; Rathgeber, A. W.

Rathgeber, A. W.: siehe Schulz, M.; Rathgeber, A. W.; Stöckl, S.; Wagner, M.

Rauhut, B.; Schmitz, N.; Zachow, E.-W. (1979): Spieltheorie, Teubner, Stuttgart.

Rehkugler, H.; Schindel, V. (1990): Entscheidungstheorie, VVF, München, 5. Auflage.

Reichelstein, H. E.; Reichelstein, S. (1987): Leistungsanreize bei öffentlichen Aufträgen, Z Wehrtech (März), 44–49.

Reichelstein, S.; Osband, K. (1984): Incentives in Government Contracts, J Pub Econ 26, 257–270.

Reichling, P. (1996): Safety-First-Ansätze in der Portfolio-Selektion, Z betriebswirtsch Forsch 66, 31–55.

Richter, K. (1996): Modellierung von kombinierten Wiederverwendungs- und Entsorgungsprozessen, in *Wildemann, H.* (Hrsg.), Produktions- und Zuliefernetzwerke, Transfer-Centrum, München, 279–291.

Richter, W. F.: siehe Bamberg, G.; Richter, W. F.

Rieck, C. (2006): Spieltheorie. Eine Einführung für Wirtschafts- und Sozialwissenschaftler, Rieck, Eschborn, 5. Auflage.

Röder, K.; Müller, S. (2001): Mehrperiodige Anwendung des CAPM im Rahmen von DCF-Verfahren, Finanz Betr 3, 225–233.

Rogusch, M.: siehe Bitz, M.; Rogusch, M.

Roland, F.: siehe Bloech, J.; Bogaschewsky, R.; Buscher, U.; Daub, A.; Götze, U.; Roland, F.

Rommelfanger, H. (1994): Fuzzy Decision Support-Systeme. Entscheiden bei Unschärfe, Springer, Berlin et al., 2. Auflage.

Rommelfanger, H.; Eickemeier, S. (2002): Entscheidungstheorie: Klassische Konzepte und Fuzzy-Erweiterungen, Springer, Berlin et al.

Rosenberg, O.: siehe Dinkelbach, W.; Rosenberg, O.

Rosenkranz, F.; Missler-Behr, M. (2005): Unternehmensrisiken erkennen und managen, Springer, Berlin et al.

Rosenmüller, J. (1971): Kooperative Spiele und Märkte, Springer, Berlin et al.

Roy, B. (1980): Selektieren, Sortieren und Ordnen mit Hilfe von Prävalenzrelationen: Neue Ansätze auf dem Gebiet der Entscheidungshilfe für Multikriteria-Probleme, Z betriebswirtsch Forsch 32, 465–497.

Rückle, D. (1992): Entscheidungstheoretische Ansätze zur Handhabung umweltbezogener Unternehmensrisiken, in *Wagner, G.* (Hrsg.), Ökonomische Risiken und Umweltschutz, Vahlen, München, 44–66.

Rudolf, W.; Wolter, H.-J.; Zimmermann, H. (1999): A Linear Modell for Tracking Error Minimization, J Bank Finance 23, 85–103.

Rudolph, B. (1979): Kapitalkosten bei unsicheren Erwartungen, Springer, Berlin et al.

Rudolph, B. (1981): Eine Strategie zur Immunisierung der Portefeuilleentnahmen gegen Zinsänderungsrisiken, Z betriebswirtsch Forsch 33, 22–35.

Runzheimer, B. (1989): Operations Research II: Methoden der Entscheidungsvorbereitung bei Risiko, Gabler, Wiesbaden, 2. Auflage.

Saaty, T. L. (1980): The Analytic Hierarchy Process, McGraw-Hill, New York, NY.

Sabel, H. (1971): Produktpolitik in absatzwirtschaftlicher Sicht, Gabler, Wiesbaden.

Saliger, E.: siehe Obermaier, R.; Saliger, E.

Samuelson, P. A. (1952): Probability, utility, and the independence axiom, Econometrica 20, 670–678.

Sandner, K.: siehe Krapp, M.; Sandner, K.

Sarin, R. K.: siehe Dyer, J. S., Sarin, R. K.

Satterthwaite, M. A. (1975): Strategy-proofness and Arrow's conditions: Existence and correspondence theorems for voting procedures and social welfare functions, J Econ Theory 10, 187–217.

Savage, L. J. (1951): The theory of statistical decision, J Am Stat Assoc 46, 55–67.

Savage, L. J. (1972): The foundations of statistics, Dover Publications, Mineola, NY.

Savage, L. J.: siehe Friedman, M.; Savage, L. J.

Schade, C. (1997): Marketing für Unternehmensberatung; ein institutionenökonomischer Ansatz, Gabler, Wiesbaden, 2. Auflage.

Schader, M.: siehe Gaul, W.; Schader, M.

Schäfer, W. (1998): Investitionsentscheidungen bei Risiko, in *Runzheimer, B.; Barkovic, D.* (Hrsg.), Investitionsentscheidungen in der Praxis, Gabler, Wiesbaden, 139–150.

Schauenberg, B. (1987): Die Höhe des Delegationswertes, Proc Oper Res 16, 496–504.

Schauenberg, B. (1990): Dreiecksdiagramme in der Diskussion um die Erwartungsnutzentheorie, Z betriebswirtsch Forsch 42, 135–151.

Schauenberg, B. (1992a): Die Hare-Regel und das IOC, Z betriebswirtsch Forsch 44, 426–444.

Schauenberg, B. (1992b): Entscheidungsregeln, kollektive, in *Frese, E.* (Hrsg.), Handwörterbuch der Organisation, Poeschel, Stuttgart, 3. Auflage, 566–575.

Schenk-Mathes, H. Y.: siehe Laux, H.; Gillenkirch, R. M.; Schenk-Mathes, H. Y.

Schierenbeck, H. (2011): Grundzüge der Betriebswirtschaftlehre, Oldenbourg, München, 18. Auflage.

Schildbach, T. (1989): Zur Diskussion über das Bernoulli-Prinzip in Deutschland und im Ausland, Z Betriebswirtsch 59, 766–778.

Schildbach, T. (1992): Zur Aussagefähigkeit des Bernoulli-Nutzens: Stellungnahme zum Beitrag von Dr. Wolfgang Kürsten, Z Betriebswirtsch 62, 479–483.

Schildbach, T. (1996): Zum Charakter des Bernoulli-Nutzens, Betriebswirtsch Forsch Prax 48, 585–614.

Schildbach, T. (1999): Stellungnahme zu dem Beitrag von Michael Bitz „Bernoulli-Prinzip und Risikoeinstellung", Z betriebswirtsch Forsch 51, 480–483.

Schildbach, T.; Ewert, R. (1983): Einige Bemerkungen zur Kritik der Kritik am Bernoulli-Prinzip – Stellungnahme zum Beitrag von Peter Albrecht, Z Betriebswirtsch 53, 583–590.

Schildbach, T.; Ewert, R. (1984a): Bernoulli-Prinzip und Risikopräferenz, Z Betriebswirtsch 54, 891–893.

Schildbach, T.; Ewert, R. (1984b): Gegenposition zum Beitrag von M. Bitz „Zur Diskussion um die präferenzentheoretischen Implikationen des Bernoulli-Prinzips", Z Betriebswirtsch 54, 1237–1241.

Schimmelpfeng, K.; Helber, S. (2007): Application of a real-world university-course timetabling model solved by integer programming, Oper Res Spectr 29, 783–803.

Schildbach, T.: siehe Sieben, G.; Schildbach, T.

Schindel, V. (1977): Risikoanalyse, Florentz, München.

Schindel, V.: siehe Rehkugler, H.; Schindel, V.

Schirmeister, R. (1981): Modell und Entscheidung, Poeschel, Stuttgart.

Schirmeister, R.; ThenBergh, F. (1995): Entscheidungsrelevanz fixer Kosten bei Risiko, Wirtsch Wiss Stud 24, 21–25.

Schlag, C.: siehe Branger, N.; Schlag, C.

Schlaifer, R. (1961): Introduction to statistics for business decisions, McGraw-Hill, New York, NY.

Schlaifer, R. (1969): Analysis of decisions under uncertainty, McGraw-Hill, New York, NY, Nachdruck 1983, Krieger, Melbourne, FL.

Schlaifer, R.: siehe Pratt, J. W., Raiffa, H., Schlaifer, R.

Schlaifer, R.: siehe Raiffa, H., Schlaifer, R.

Schmeiser, H.: siehe Gründl, H.; Schmeiser, H.

Schmidt, R. H.; Terberger, E. (1997): Grundzüge der Investitions- und Finanzierungstheorie, Gabler, Wiesbaden, 4. Auflage.

Schmitting, W.: siehe Berens, W.; Delfmann, W.; Schmitting, W.

Schmitz, N. (1977): A further note on Arrow's impossibility theorem, J Math Econ 4, 189–196.

Schmitz, N.: siehe Rauhut, B.; Schmitz, N.; Zachow, E.-W.

Schmitz, N.: siehe Zachow, E.-W.; Schmitz, N.

Schneeweiß, C. (1974): Dynamisches Programmieren, Physica, Würzburg–Wien.

Schneeweiß, C. (1991, 1992): Planung 1, 2, Springer, Berlin et al.

Schneeweiß, C. (2003): Distributed Decision Making, Springer, Berlin et al., 2. Auflage.

Schneeweiß, C.; Kühn, M. (1990): Zur Definition und gegenseitiger Abgrenzung der Begriffe Flexibilität, Elastizität und Robustheit, Z betriebswirtsch Forsch 42, 378–395.

Schneeweiß, H. (1963): Nutzenaxiomatik und Theorie des Messens, Stat H 4, 178–220.

Schneeweiß, H. (1967): Entscheidungskriterien bei Risiko, Springer, Berlin et al.

Schneider, D. (1984): Entscheidungsrelevante fixe Kosten, Abschreibungen und Zinsen zur Substanzerhaltung, Betr 37, 2521–2528.

Schöbel, A.: siehe Geldermann, J.; Schöbel, A.

Schöbel, R. (1987): Zur Theorie der Rentenoption, Duncker & Humblot, Berlin.

Schöbel, R.: siehe Kruschwitz, L.; Schöbel, R.

Scholl, A.: siehe Domschke, W.; Drexl, A.; Klein, R.; Scholl, A.

Scholl, A.: siehe Domschke, W.; Scholl, A.

Scholl, A.: siehe Klein, R.; Scholl, A.

Schosser, J. (2012): Zur „Präferenzabhängigkeit" von Unternehmenswerten bei persönlicher Besteuerung, Z Betriebswirtsch 82, 29–45.

Schott, W. (1990): Ein Beitrag zur Diskussion um das Verhältnis von Risikopräferenzfunktionen und Höhenpräferenzfunktionen, Z Betriebswirtsch 60, 587–593.

Schott, W. (1993): Die Eignung des Bernoulli-Prinzips für betriebswirtschaftliche Entscheidungen: Eine Stellungnahme zu den Beiträgen von W. Kürsten und T. Schildbach, Z Betriebswirtsch 63, 197–200.

Schradin, H. R.: siehe Albrecht, P.; Maurer, R.; Schradin, H. R.

Schredelseker, K. (2002): Grundlagen der Finanzwirtschaft, Oldenbourg, München–Wien.

Schröter, M.: siehe Spengler, T.; Schröter, M.

Schulte, E. B. (1970): Quantitative Methoden der Urteilsgewinnung bei Unternehmensprüfungen, Verlagsbuchhandlung des Instituts der Wirtschaftsprüfer, Düsseldorf.

Schulte, G.: siehe Lasch, R.; Schulte, G.

Schultze, W. (2003): Methoden der Unternehmensbewertung, Verlagsbuchhandlung des Instituts der Wirtschaftsprüfer, Düsseldorf, 2. Auflage.

Schulz, M. (2005): Organizational learning, in *Baum, J. A. C.* (Hrsg.), Companion to Organizations, Blackwell, Malden, MA, 415–441.

Schulz, M.; Rathgeber, A. W.; Stöckl, S.; Wagner, M. (2017): Übungen zur Finanzwirtschaft der Unternehmung, Vahlen, München.

Schuster, K.: siehe Selten, R.; Schuster, K.

Schwaiger, M. (1997): Multivariate Werbewirkungskontrolle, Gabler, Wiesbaden.

Schweizer, U. (1999): Vertragstheorie, Mohr Siebeck, Tübingen.

Schwetzler, B. (2000): Unternehmensbewertung unter Unsicherheit. Sicherheitsäquivalent- oder Risikozuschlagsmethode?, Z betriebswirtsch Forsch 52, 469–486.

Seelbach, H. (Hrsg.) (1980): Finanzierung (Reader), Vahlen, München.

Selten, R. (1965): Spieltheoretische Behandlung eines Oligopolmodells mit Nachfrageträgheit, Z gesamte Staatswiss 12, 301–324 und 667–689.

Selten, R. (1970): Preispolitik der Mehrproduktenunternehmung in der statischen Theorie, Springer, Berlin et al.

Selten, R. (1975): Reexamination of the perfectness concept for equilibrium points in extensive games, Int J Game Theory 4, 25–55.

Selten, R.; Schuster, K. (1968): Psychological variables and coalition forming behavior, in *Borch, K.; Mossin, J.* (Hrsg.), Risk and uncertainty, MacMillan, London et al., 221–240.

Selten, R.: siehe Albers, W.; Bamberg, G.; Selten, R.

Sen, A. (2017): Collective choice and social welfare: Expanded edition, Penguin, London.

Shapley, L. S. (1953): A value for n-person games, Ann Math Stud 28, 307–317.

Shapley, L. S.; Shubik, M. (1969): On market games, J Econ Theory 1, 9–25.

Sharpe, W. F. (1970): Portfolio theory and capital markets, McGraw-Hill, New York, NY.

Shubik, M.: siehe Shapley, L. S.; Shubik, M.

textitSichtmann, C.: siehe Hundsdörfer, J.; Sichtmann, C.

Sieben, G.; Schildbach, T. (1994): Betriebswirtschaftliche Entscheidungstheorie, Werner, Düsseldorf, 4. Auflage.

Siegel, T. (1985): Zur Irrelevanz fixer Kosten bei Unsicherheit, Betr 38, 2157–2159.

Siegel, T. (1991): Sichere Fixkosten bei Unsicherheit: Ein semantischer Dissens, Betriebswirtsch Forsch Prax 43, 482–489.

Siegel, T. (1992): Zur Diskussion um die Entscheidungsrelevanz sicherer Fixkosten bei sonstiger Unsicherheit, Betriebswirtsch 52, 715–721.

Simon, H. A. (1957): Models of Man, John Wiley & Sons, New York, NY.

Simon, H. A. (1981): Entscheidungsverhalten in Organisationen (deutsche Übersetzung der 3. Auflage von „Administrative Behavior"), Verlag Moderne Industrie, Landsberg.

Simon, H. A.: siehe March, J. G.; Simon, H. A.

Skala, H. J. (1981): On the foundations of the social ordering problem, in *Moeschlin, O.; Pallaschke, D.* (Hrsg.), Game theory and mathematical economics, Elsevier, Amsterdam et al., 249–261.

Sliwka, D. (2007): Trust as a signal of a social norm and the hidden costs of incentive schemes, Am Econ Rev 97, 999–1012.

Sondermann, D.: siehe Kirman, A. P.; Sondermann, D.

Sorensen, J. E. (1969): Bayesian analysis in auditing, Account Rev 44, 555–561.

Spanderen, D.: siehe Steiner, M.; Meyer-Bullerdiek, F.; Spanderen, D.

Speckbacher, G.: siehe Hellwig, K.; Speckbacher, G.; Wentges, P.

Spengler, T.;Schröter, M. (2001): Einsatz von Operations Research im produktbezogenen Umweltschutzstand und Perspektiven, Betriebswirtsch Forsch Prax 53, 227–244.

Spremann, K. (1999): Vermögensverwaltung, Oldenbourg, München–Wien.

Spremann, K. (2007): Wirtschaft, Investition und Finanzierung, Oldenbourg, München, 6. Auflage.

Spremann, K. (2008): Portfoliomanagement, Oldenbourg, München, 4. Auflage.

Spremann, K. (2010): Finanzanalyse und Unternehmensbewertung, Oldenbourg, München.

Spremann, K.: siehe Bamberg, G.; Spremann, K.

Steffensen, M.: siehe Kraft, H.; Steffensen, M.

Steg, J.-H.; Kuzmics, C. (2017): On public good provision mechanisms with dominant strategies and balanced budget, J Econ Theory 170, 56–69.

Stehle, R. E.: siehe Grauer, F. L. A.; Litzenberger, R. H.; Stehle, R. E.

Stehling, F.: siehe Bossert, W.; Stehling, F.

Steiner, M.; Bruns, C.; Stöckl, S. (2012): Wertpapiermanagement, Schäffer-Poeschel, Stuttgart, 10. Auflage.

Steiner, M.; Meyer-Bullerdiek, F.; Spanderen, D. (1996): Erfolgsmessung von Wertpapierportefeuilles mit Hilfe der stochastischen Dominanz und des Mean-Gini-Ansatzes, Betriebswirtsch 56, 49–61.

Steiner, M.: siehe Perridon, L.; Steiner, M.; Rathgeber, A. W.

Steiner, M.: siehe Perridon, L.; Steiner, M.

Steiner, P.; Uhlir, H. (2000): Wertpapieranalyse, Physica, Heidelberg, 4. Auflage.

Steinhardt, C.: siehe Koch, S.; Gönsch, J.; Steinhardt, C.

Stelzer, D.: siehe Heinrich, L. J.; Stelzer, D.

Stepan, A.; Fischer, E.O. (2009): Betriebswirtschaftliche Optimierung, Oldenbourg, München, 8. Auflage.

Steven, M.: siehe Kistner, K.-P.; Steven, M.

Steven, M.: siehe Letmathe, P.; Steven, M.

Stöckl, S.: siehe Schulz, M.; Rathgeber, A. W.; Stöckl, S.; Wagner, M.

Strebel, H. (1978): Scoring-Modelle im Lichte neuer Gesichtspunkte zur Konstruktion praxisorientierter Entscheidungsmodelle, Betr 31, 2181–2186.

Streitferdt, L. (1973): Grundlagen und Probleme der betriebswirtschaftlichen Risikotheorie, Gabler, Wiesbaden.

Sturm, S. (1970): Mehrstufige Entscheidungen unter Ungewißheit, Hain, Meisenheim.

Sureth-Sloane, C.: siehe König, R.; Maßbaum, A.; Sureth-Sloane, C.

Swoboda, P. (1989): The Liquidation Decision as a Principal-Agent-Problem, in *Bamberg, G.; Spremann, K.* (Hrsg.), Agency Theory, Information, and Incentives, Springer, Berlin et al., 167–177.

Szimayer, A.: siehe Junker, M.; Szimayer, A.; Wagner, N.

Taudes, A.: siehe Frisch, W.; Taudes, A.

Tempelmeier, H.: siehe Günther, H.-O.; Tempelmeier, H.

Terberger, E.: siehe Schmidt, R. H.; Terberger, E.

Terberger, E.: siehe Wenger, E.; Terberger, E.

ThenBergh, F.: siehe Schirmeister, R.; ThenBergh, F.

Tirole, J. (1988): Theory of Industrial Organization, MIT Press, Cambridge, MA.

Topritzhofer, E. (1972): Marketingentscheidungen unter Risiko – das Bayessche Konzept (I,II), Wirtsch Wiss Stud 1, 301–306 und 350–354.

Tracy, J. A. (1969): Bayesian statistical methods in auditing, Account Rev 44, 90–98.

Trautmann, S. (2007): Investitionen. Bewertung, Auswahl und Risikomanagement, Springer, Berlin et al., 2. Auflage.

Trautmann, S.: siehe Egle, K.; Trautmann, S.

Trost, R. (1991): Entscheidungen unter Risiko: Bernoulli-Prinzip und duale Theorie, Lang, Frankfurt/M. et al.

Trost, R.: siehe Bamberg, G.; Trost, R.

Tuma, A. (2001): Betriebswirtschaftliche Aspekte der Produktionssteuerung. Ein entscheidungsorientierter Ansatz zur Koordinierung flexibler Produktionsnetzwerke, Habilitationsschrift, Universität Bremen.

Tuma, A.: siehe Gahm, C.; Kanet, J. J.; Tuma, A.

Tversky, A.: siehe Kahneman, D.; Tversky, A.

Uhlir, H.: siehe Steiner, P.; Uhlir, H.

Uhrig-Homburg, M. (1999): Die Bedeutung von Mean-Reversion von Zinsprozessen für Optionswerte: Das Beispiel der Korridor-Zinsoption, Oper Res Spectr 21, 183–203.

Unser, M.: siehe Oehler, A.; Unser, M.

Vetschera, R. (1984): Welche „Risikopräferenzen" berücksichtigt das Bernoulli–Prinzip?, Z Betriebswirtsch 54, 401–407.

Vetschera, R. (1992): Entscheidungstheorie in Lehre und Forschung, Betriebswirtsch 52, 397–410.

Voß, S. (1993): Intelligent Search, Habilitationsschrift, TH Darmstadt.

Wagener, A.: siehe Eichner, T.; Pfingsten, A.; Wagener, A.

Wagenhofer, A. (1988): Die Bestimmung von Argumentationspreisen in der Unternehmensbewertung,
Z betriebswirtsch Forsch 40, 340–359.

Wagenhofer, A. (1990): Informationspolitik im Jahresabschluß, Physica, Heidelberg.

Wagenhofer, A. (1992): Verrechnungspreise zur Koordination bei Informationsasymmetrie, in *Spremann, K.; Zur, E.* (Hrsg.), Controlling, Gabler, Wiesbaden, 637–656.

Wagenhofer, A.; Ewert, R. (1993): Linearität und Optimalität in ökonomischen Agency Modellen. Zur Rechtfertigung des LEN-Modells, Z Betriebswirtsch 63, 373–391.

Wagenhofer, A.: siehe Ewert, R., Wagenhofer, A.

Wagner, F. W. (1978): Kapitalerhaltung, Geldentwertung und Gewinnbesteuerung, Springer, Berlin et al.

Wagner, H. M. (1975): Principles of Operations Research, with applications to managerial decisions, Prentice Hall, Englewood Cliffs, NJ, 2. Auflage.

Wagner, M.: siehe Schulz, M.; Rathgeber, A. W.; Stöckl, S.; Wagner, M.

Wagner, N.: siehe Junker, M.; Szimayer, A.; Wagner, N.

Wahl, J. (1983): Informationsbewertung und -effizienz auf dem Kapitalmarkt, Physica, Würzburg–Wien.

Wahl, J.; Broll, U. (2001): Zur Vorteilhaftigkeit des Hedgings für Banken, Kred Kap 34, 579–589.

Wald, A. (1945): Statistical decisions functions which minimize maximum risk, Ann Math 46, 265–280.

Wald, A. (1947): Sequential analysis, John Wiley & Sons, New York, NY.

Wald, A. (1950): Statistical decision functions, John Wiley & Sons, New York, NY.

Waldmann, K.-H. (1988): On Optimal Dividend Payments and Related Topics, Insur Math Econ 7, 237–249.

Wallmeier, M. (1999): Kapitalkosten und Fianzierungsprämissen, Z Betriebswirtsch 69, 1473–1489.

Wapman, K. R.: siehe La Valle, I. H.; Wapman, K. R.

Weber, M. (1983): Entscheidungen bei Mehrfachzielen, Gabler, Wiesbaden.

Weber, M. (1985): Entscheidungen bei Mehrfachzielen und unvollständiger Information, Z betriebswirtsch Forsch 37, 311–331.

Weber, M. (1989): Ambiguität in Finanz- und Kapitalmärkten, Z betriebswirtsch Forsch 41, 447–471.

Weber, M. (1993): Besitztumseffekte. Eine theoretische und experimentelle Analyse, Betriebswirtsch 53, 479–490.

Weber, M.; Camerer, C. (1987): Recent Developments in Modelling Preferences under Risk, Oper Res Spectr 9, 129–151.

Weber, M.: siehe Brachinger, H. W.; Weber, M.

Weber, M.: siehe Eisenführ, F.; Weber, M.; Langer, T.

Weber, M.: siehe Hartmann-Wendels, T.; Pfingsten, A.; Weber, M.

Wenger, E.; Terberger, E. (1988): Die Beziehung zwischen Agent und Prinzipal als Baustein einer ökonomischen Theorie der Organisation, Wirtsch Wiss Stud 17, 506–514.

Wentges, P.: siehe Hellwig, K.; Speckbacher, G.; Wentges, P.

Wenzel, F.: siehe Bitz, M.; Wenzel, F.

Werner, A.: siehe Backes-Gellner, U.; Werner, A.

Werners, B. (2000): Projektsteuerung durch Zuweisung von Vorgangspuffern, Wirtsch Wiss Stud 29, 422–427.

Wetherill, G. B.; Glazebrook, K. D. (1986): Sequential methods in statistics, Chapman and Hall, New York, NY, 3. Auflage

Wiese, H. (2002): Entscheidungs- und Spieltheorie, Springer, Berlin et al.

Wilhelm, J. (1977): Zur Diskussion um das Bernoulli-Prinzip, Z Betriebswirtsch 47, 203–205.

Wilhelm, J. (1983): Finanztitelmärkte und Unternehmensfinanzierung, Springer, Berlin et al.

Wilhelm, J. (1985): Das Bernoulli-Prinzip – und kein Ende?, Z Betriebswirtsch 55, 635–639.

Wilhelm, J. (1986): Zum Verhältnis von Höhenpräferenz und Risikopräferenz – eine theoretische Analyse, Z betriebswirtsch Forsch 38, 467–492.

Wilkens, M. (1994): Risiko-Management mit Zins-Futures in Banken, Spitz, Berlin.

Winkels, H.-M. (1980): Interaktive Lösungsverfahren für lineare Probleme mit mehrfacher Zielsetzung, in *Henn, R.; Schips, B.; Stähly, P.* (Hrsg.), Quantitative Wirtschafts- und Unternehmensforschung, Springer, Berlin et al., 560–585.

Winter, S. G.: siehe Dosi, G.; Nelson, R. R.; Winter, S. G.

Wittmann, F. (2007): Investitionsplanung und Steuern, in *Handwörterbuch der BWL*, Schäffer-Poeschel, Stuttgart, 6. Auflage, 2000–2001.

Wöhe, G.; Döring, U. (2010): Einführung in die Allgemeine Betriebswirtschaftslehre, Vahlen, München, 24. Auflage.

Wolf, J.: siehe Guthoff, A.; Pfingsten, A.; Wolf, J.

Wolter, H.-J.: siehe Rudolf, W.; Wolter, H.-J.; Zimmermann, H.

Wosnitza, M. (1991): Das Agency-theoretische Unterinvestitionsproblem in der Publikumsgesellschaft, Physica, Heidelberg.

Wossidlo, P. R. (1975): Zum gegenwärtigen Stand der empirischen Entscheidungstheorie aus mikroökonomischer Sicht, in *Brandstätter, H.; Gahlen, B.* (Hrsg.), Entscheidungsforschung, Mohr Siebeck, Tübingen, 98–135.

Wotschofsky, S.: siehe Krapp, M.; Wotschofsky, S.

Wysocki, K. v. (1988): Grundlagen des betriebswirtschaftlichen Prüfungswesens, Vahlen, München, 3. Auflage.

Zachow, E.-W.; Schmitz, N. (1977): Eine Axiomatisierung des erwarteten Nutzens, in *Henn, R.; Moeschlin, O.* (Hrsg.), Mathematical Economics and Game Theory. Essays in the Honor of Oskar Morgenstern, Springer, Berlin et al., 250–264.

Zachow, E.-W.: siehe Rauhut, B.; Schmitz, N.; Zachow, E.-W.

Zadeh, L. A. (1965): Fuzzy sets, Information and control 8, 338–353.

Zäpfel, G. (1975): Ausgewählte fertigungswirtschaftliche Optimierungsprobleme von Fließfertigungssystemen, Beuth, Berlin et al.

Zangemeister, C. (1976): Nutzwertanalyse in der Systemtechnik, Wittemann, München, 4. Auflage.

Zechner, J. (1996): Financial Market-Product Market Interactions in Industry Equilibrium: Implications for Information Acquisition Decisions, Eur Econ Rev 40, 883–896.

Zeckhauser, R. J.: siehe Pratt, J. W.; Zeckhauser, R. J.

Zeckhauser, R. J. (1969): Majority rule with lotteries on alternatives, Q J Econ 83, 696–703.

Zentes, J. (1976): Die Optimalkomplexion von Entscheidungsmodellen, Heymann, Köln et al.

Zimmermann, H.: siehe Rudolf, W.; Wolter, H.-J.; Zimmermann, H.

Zimmermann, H.-J. (1975): Optimale Entscheidungen bei unscharfen Problembeschreibungen, Z betriebswirtsch Forsch 27, 785–795.

Zweifel, P.: siehe Pfaff, D.; Zweifel, P.

Stichwortverzeichnis